智慧羊生产学

任清长　主编

合肥工業大學出版社

编 委 会

主　编　任清长（安徽科技学院）

副主编　贺绍君（安徽科技学院）

宣晶晶（安徽科技学院）

参　编　张　浩（扬州大学）

王　福（霍山县畜牧产业发展中心）

王晶晶（江苏宝和教育科技有限公司）

孔　伟（江苏宝和教育科技有限公司）

石　旭（江苏宝和教育科技有限公司）

主　审　刘德义（安徽科技学院）

审　稿　李志伟（安徽科技学院）

陈　华（安徽科技学院）

前　言

羊产业作为现代畜牧业的重要组成部分，在推进现代农业结构调整，丰富城乡居民“菜篮子”，巩固脱贫攻坚成果，全面助力乡村振兴，促进国民经济发展，维护民族团结，保障国家粮食安全等方面发挥了重要作用。随着科学技术快速发展，智能化技术与机械在畜牧生产中得到深入推广与应用，羊产业集约化、智能化水平显著提升，从而对羊的养殖技术与管理方式提出了新的要求。

羊生产学是高等学校动物科学专业的核心课程，以现代养羊技术为主线，要求学生了解国内外羊生产的前沿动态；掌握现代化羊生产中饲养管理、环境控制、繁育技术、饲料加工和品质控制等生产环节及其相关的技术；培养良好的学习、沟通、交流能力，在此基础上具备羊场规划与设计，组织、协调、管理、经营现代化羊场并预防重大人畜共患病发生的能力。此外，如何挖掘、阐明课程中以“羊”为特色的思政元素，用以提高学生综合能力，并有效提升学生“三农”情怀及职业素养，也是广大教师群体在本课程建设过程中需要思考的问题。

编者长期执教安徽省高等学校示范课、省线上线下混合式一流专业建设课程——羊生产学，在课程建设方面积累了一些经验。为满足现代养羊业对专业人才培养提出的新任务与要求，进一步提高羊生产学课程育人质量，本书在三个方面进行了改革与创新：一是在新农科视域下重塑了教学内容，及时将现代分子育种技术、乡村振兴、生态文明建设及羊常见疾病诊疗技术融入教材，以期能够更加有效地提高人才培养质量。二是注重思政案例建设，将思政教育贯穿于专业教育全过程。本书充分发掘以羊为元素的思政案例，并将案例融入每章专业内容之中，进而使思政教育显性化并与专业知识学习同向同行。三是注重校企协同育人，将校外优质教育资源引入教材建设。本书的参编人员中不仅有高校经验丰富的专业人才，还有来自江苏宝和数据股份有限公司专门从事畜牧智慧化研究、应用的专业技术人员。通过校企协同育人，能够更好地实现理论和实践相结合，形成“以学生为中心、以产出为导向，持续改进”的课程结构体系与教学模式，提高人才培养质量。

由于编写时间仓促、编者水平有限，本书存在一定的不足之处，敬请广大读者指正。

编　者

二〇二四年十月

目　录

第 1 章　绪　　论

畜牧业是关系国计民生的重要产业，肉、蛋、奶是百姓“菜篮子”中的重要品种。近年来，我国畜牧业综合生产能力不断提升，在保障国家食物安全、繁荣农村经济、促进农牧民增收等方面发挥了重要作用。羊生产作为畜牧业的重要组成部分之一，发展羊产业对推进农业结构调整、丰富城乡居民“菜篮子”、巩固拓展脱贫攻坚成果、全面推进乡村振兴，促进国民经济社会稳定发展均具有十分重要的意义。

第 1 节　发展羊产业的重要意义

1.1　“羊文化”是我国悠久历史文明的重要艺术符号

中国的羊文化是指中华民族在不同的历史发展阶段，在发展养羊业过程中，由劳动人民创造、加工的富有羊内容特色的文字、艺术、文学、科学技术以及羊的遗迹、遗物等的总和。它是中华文化的重要组成部分，是中华民族宝贵的精神财富与智慧结晶。

1.1.1　图腾文化

我国自古以来就是一个人口众多的农业大国，人们对于风调雨顺，粮食丰收有着特殊的情感诉求。所以，在我国文明系统中，羊这一瑞兽成了中国文化的重要组成部分。中国的先民把羊视为仁义的动物，并赋予其一定的宗教含义，所以“羊”又进一步演化成为某些民族的吉祥物。如古代西北地区的羌族是西北地区中一个以牧羊为主的民族，《说文解字》中说道：“羌，西戎牧羊人也，从人从羊，羊亦声。”由于羊对于羌族人的生活有支柱作用，所以，古代的羌人崇拜羊，并以羊作为民族图腾，由来已久，这一民俗一直延续至今，未曾改变，我国悠久的羊图腾文化如图 1－1 所示。

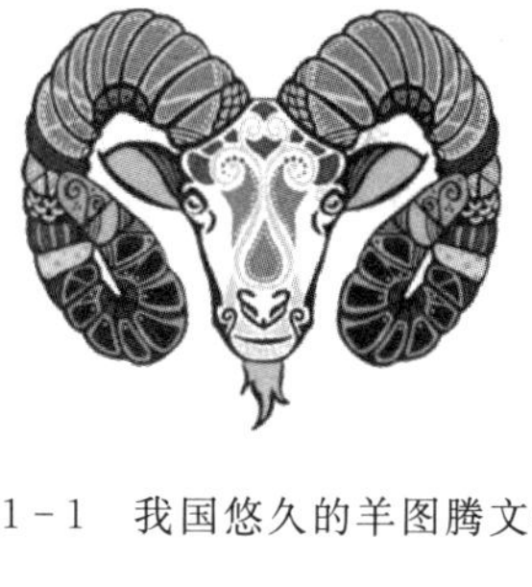

图 1－1　我国悠久的羊图腾文化

十二生肖是我国传统文化瑰宝之一，每个中国人都有自己的生肖。生，即出生年份；肖则为类似、相似的意思。所以生肖就是表示出生年份的象征物。“生肖”又称属相，一共有十二个。用来表示属相和人出生年的则有十二种动物，这十二种动物又同十二地支相配：子为鼠，丑为牛，寅为虎，卯为兔，辰为龙，巳为蛇，午为马，未为羊，申为猴，酉为鸡，戌为狗，亥为猪，以此记人生年；十二年一循环，出生在哪一年属相就是哪一年的动物。十二生肖作为一种历史悠久、源远流长的文化现象，已经深深扎根于我们的文化传统中。而在民间流行的羊生肖图、生肖卡、生肖剪纸等不胜枚举。

1.1.2 汉字艺术

羊是一种重要的家畜，温顺并带有羞怯的性情，与世无争，惹人喜爱，所以带有羊的汉字都与温顺有一定的联系。从古至今，羊与人们的生活息息相关，并影响着我国的文化、美学等的产生与发展。“羊”字在古代通“祥”字，并且两字通假。在古器物所刻铭文中“吉祥”都作“吉羊”。避邪物件上所刻的大吉羊，实则是大吉祥的意思，这就赋予了纹样中羊的形象以吉利、祈福的内涵。在《汉语大字典》中，以羊为部首的汉字就有204个之多，充分说明羊对我们祖先生活的巨大影响力，以羊为部首的汉字“鲜”，如图1－2所示。

图1－2　以羊为部首的汉字“鲜”

1.1.3 礼仪文化

羊的美不仅在于表象，而其美的价值还来自对羊内在品质的认同，就是我们所说的人们对羊的精神性的感受。在传统记载中，古人常把羊描述为具有各种美德的动物。《诗经·小雅·无羊》中讲道：“尔羊来思，矜矜兢兢，不骞不崩，麾之以肱，毕来既升。”又认为羊是坚强和顺从的形象。“羔有角而不任，设备而不用，类好仁者；执之不鸣，杀之不谛，类死义者；羔食于其母，必跪而受之，类知礼者。故羊之为言犹祥与?”在董仲舒的世界里，羊是属于那种有角不顶人，杀它而不嚎叫，感恩跪乳，集仁义礼美德于一身的动物，所以是君子学习的楷模。

思政教育案例1－1　“羊”孝文化，礼仪进万家

“孝”是会意字，由“老”字头和“子”字组成。从字形上看，好像一个儿子背着一个老子，说明老一代和子一代是融为一体的。孝道在我国拥有极其悠久的历史，古代在经历过《孝经》《二十四孝图》《论语》《弟子规》《三字经》等数次注译和争论后，已经将孝道提升到“孝者治国”的层面上，悠久的孝文化体现在各种文艺作品中如图1－3所示，1－4所示。

中华孝道文化是一个复合概念，内容丰富，涉及面广，既有文化理念，又有制度礼仪。从敬养上分析，主要包含6个词语，即：奉养、敬亲、侍疾、立身、谏诤、善终。所谓奉养，即从物质上供养父母；敬亲，即对父母和长辈首先要“敬”与“爱”；侍疾，老年父母生病，要及

时诊治，精心照料，多给父母生活和精神上的关照；立身，做子女的要“立身”并成就一番事业；谏诤，在父母有不义的时候，不仅不能顺从，而应谏诤父母，使其改正不义，这样可以防止父母陷于不义；善终，“孝子之事亲也，居则致其敬，养则致其乐，病则致其忧，丧则致其哀，祭则致其严，五者备矣，然后能事亲”。

图 1－3　悠久的孝文化

图 1－4　百事孝为先

牛有舐犊之意，鱼有弓身救子之情，羊有跪乳之恩，鸦有反哺之义。自古以来，羊就被塑造成懂得感恩的典范，被无数文人墨客称颂。古有“父母在，不远游”的说法，意思是父母健在，子女尽量不要长期在外地，应尽孝道。随着时代的发展，传统孝道观念虽然被逐渐淡化，但也被赋予了更丰富的时代内涵。如今尽孝不仅重赡养，更重视关怀和内心愉悦，一些新的尽孝形式也跃然而生。数亿人的春运归途，实质上就是一次“尽孝道”之旅，春节也因亲情而显得格外温暖。羊年春运如图 1－5。

亲爱的同学们，请根据你们自己的生活经历，谈一谈“何谓孝道”。

图 1－5　羊年春运

1.1.4 彩陶文化

彩陶也是早期人类的艺术形式，属于新石器时代的产物。在原始彩陶作品中，有关羊的形象经常出现，特别是河姆渡陶羊（图 1－6），用夸张手法塑造羊的臀部，以显示其肥壮的体态，给人们朴实、健美的感觉。

我国考古工作者发掘出的古代社会文化中羊的遗址遍及全国 22 个省、自治区、直辖市，共 130 余处，发掘的遗存有羊骨、羊骨架、下颌骨、臼齿、羊牙床、陶羊、羊头及陶羊圈等，证明我国黄河、长江、珠江、黑龙江等各流域，以及沿海各省和西北、西南等地区，在新石器时代就已有养羊业，据碳-14 技术测定把我国养羊历史推进到八千年前。近代的一次抢救性考古发掘，使新疆首件五羊纹彩陶（图 1－7）展现在人们眼前：瓶颈部分有菱形、三角形等几何图案，瓶身部分饰以一只跪卧状的盘羊、一只小羊、三只站立的大羊。彩陶造型别致，图案精美，五只羊体态健壮，昂首仰望；整体画面以静为主，静中有动。在为数不多的随葬品里还发现了大量的羊距骨等和羊相关的随葬品，说明羊在当时很重要，先民对羊十分重视和崇拜，羊是财富和吉祥的象征。

图 1－6 河姆渡陶羊

图 1－7 五羊纹彩陶

1.1.5 青铜器和玉器

我国的青铜器历史源远流长，殷商时期则是青铜器大发展的时代。殷商时期有关羊的青铜器制品，大多可称为稀世珍品。在各种礼器上大多刻有各种各样的动物纹饰，其中包括大量的羊形青铜器、玉器。这些精美的纹饰使青铜器显得非常华贵，同时充满了神秘的色彩。四羊方尊、双羊尊、羊尊、三羊垒、四羊首垒等就是铸有突起羊头的青铜礼器，对人们了解并研究我国羊文化有十分重要的意义。殷墟出土大量玉器、骨器中发现有许多写实性羊头或羊头形器。

图 1－8 四羊方尊

四羊方尊（图 1－8）是中国现存商代青铜方

尊中最大的一件，其每边边长为52.4厘米，高58.3厘米，重量为34.5千克，长颈，高圈足，颈部高耸，四边上装饰有蕉叶纹、三角夔纹和兽面纹，尊的中部是器的重心所在，肩部四角是4个卷角羊头，羊头与羊颈伸出器外，羊身与羊腿附着于尊腹部及圈足上。同时，方尊肩饰高浮雕蛇身而有爪的龙纹，尊四面正中即两羊比邻处，各一双角龙首探出器表，从方尊每边右肩蜿蜒于前居的中间。整个器物用块范法浇铸，一气呵成，巧夺天工，显示了高超的铸造水平，被史学界称为"臻于极致的青铜典范"，位列十大传世国宝之一。

1.1.6 诗歌文化

《诗经》是我国第一部诗歌总集，收录了西周初年至春秋中叶500多年间的诗歌，共305篇，分为《风》《雅》《颂》三部分。《诗经》中咏及"羊"的有14首。如《诗经·小雅·无羊》为我们展现了一幅古代人民的放牧图：

谁谓尔无羊？三百维群。谁谓尔无牛？九十其犉。
尔羊来思，其角濈濈。尔牛来思，其耳湿湿。
或降于阿，或饮于池，或寝或讹。尔牧来思，
何蓑何笠，或负其餱。三十维物，尔牲则具。
尔牧来思，以薪以蒸，以雌以雄。尔羊来思，
矜矜兢兢，不骞不崩。麾之以肱，毕来既升。
牧人乃梦，众维鱼矣，旐维旟矣。大人占之：
众维鱼矣，实维丰年；旐维旟矣，室家溱溱。

南北朝时期的北魏，政局稳定，地域广大，畜牧业发达，至今仍广为流传《敕勒歌》："敕勒川，阴山下。天似穹庐，笼盖四野。天苍苍，野茫茫，风吹草低见牛羊。"唐诗是我国古代文学艺术的极品，吟咏羊的唐诗中也有不少佳作，以诗咏羊，以羊寓情。李峤的《羊》诗为五律，将历史上有关羊的典故串联在一起，取意积极："绝饮惩浇俗，行驱梦逸材。仙人拥石去，童子驭车来。夜玉含星动，晨毡映雪开。莫言鸿渐力，长牧上林隈。"爱国英雄文天祥撰写《咏羊》诗一首，以诗言志，备见节操："长髯主簿有佳名，羵首柔毛似雪明。牵引驾车如卫玠，叱教起石羡初平。出都不失成君义，跪乳能知报母情。千载匈奴多牧养，坚持苦节汉苏卿。"

1.1.7 羊画及羊的工艺美术作品

人类早期的一种艺术——岩画，其内容丰富多彩，而动物图像占绝大多数，其中羊的形象又占相当大的比例，羊的岩画（图1-9）生动反映了远古时期人与羊的关系。岩画的创作手法是拙朴的，却又是传神的。有猎羊图、牧羊图，也有表现羊在草原上嬉戏的母子同乐图、人羊共嬉图、双羊角力图等，内容非常丰富。当我们面对这些岩

图1-9 羊的岩画

画中千姿百态的羊的形象，不禁会感叹远古先民与羊真是息息相关，先民把它刻在岩石峭壁上，历经几千年甚至几万年的风雨沧桑，向后人讲述着遥远的故事。

南宋画家陈居中创作了一幅关于羊的佳作——《四羊图》，如图 1－10 所示。该图描绘在秋天，四只羊在山坡上自由自在地吃草、嬉戏的情景，其中两只羊追斗嬉戏的场面生趣盎然。

图 1－10 《四羊图》

元朝画家赵孟頫画的《二羊图卷》为墨笔纸本，二羊一肥硕，一毛长，相映成趣，是一幅传世佳作，如图 1－11 所示。在中国的羊文化中，“三羊(阳)开泰”工艺美术作品几乎历朝历代都有，大多为阳光下有三只羊的形象，寓意辞旧迎新，吉祥、安泰。

图 1－11 《二羊图卷》

1.1.8　神话传说

广州市别名“羊城”“五羊城”。这与羊有关的别名源于一个美丽的传说：周朝时有 5 位仙人骑着 5 只五色羊降临楚庭（广州古称），给当地百姓五穗仙谷，并祝该地永无饥荒。仙人言毕腾空而去，5 只羊化为巨石。于是，羊在当地人心目中成了谷神的化身、吉祥和幸福的象征。1959 年，广州市越秀山公园建造了一座花岗石的五羊雕塑（图 1－12）。作为广州市的标志，这座五羊石雕已成为海内外著名的城徽雕塑，引来众多的游客参观。

图 1－12　广州市越秀山公园的五羊雕塑

青羊宫坐落在成都市青羊区辖区内（图 1－13），位于成都西南郊。相传宫观始于周，初名“青羊肆”。据考证，三国之际取名“青羊观”。到了唐代改名“玄中观”，在唐僖宗时改“观”为“宫”。五代时改称“青羊观”，宋代又复名为“青羊宫”，直至今日。传说青羊宫是神仙聚会、老君传道的著名道教圣地，今天的青羊宫已是成都市 AAAAA 级国家风景旅游景区。每年农历二月十五日既是青羊宫传统的庙会日，又是青羊宫历史悠久的“花会”日。那时宫内香烟缭绕，磬声悠悠，人如潮涌，宫外园内各种名花异卉争奇斗艳，人来人往、车水马龙、热闹非凡。

图 1－13　成都市青羊宫

青羊为信众奉为圣物，也称为“神羊”，是青羊宫的镇宫之宝，位于青羊宫三清殿阶沿之上两旁，两只羊现置三清殿左右两侧，相映成趣，给人们带来无穷的遐想。青羊宫的青羊是清代雍正年间从北京运来的两只铜羊。铜羊都是黄铜铸成，长 90 厘米、高 60 厘米，俗称青羊。其中单角铜羊是清雍正元年(1723 年)由大学士张鹏翮(别号信阳子)从北京买来送给青羊宫的，以负青羊宫之名的。其底座有记事性诗文：“京师市场得铜羊，移往成都古道场。出关尹喜似相识，寻到华阳乐未央。”下款有“信阳子题”四字。单角铜羊其实是十二属相化身，即鼠耳、牛鼻、虎爪、兔背、龙角、蛇尾、马嘴、羊须、猴颈、鸡眼、狗腹、猪臀。相传这只青铜异兽是宋代河南开封经梅阁之物(羊颈部补疤处原有“红梅阁”三字)。另一双角铜羊是清道光九年(1829 年)由成都张柯氏延请云南匠师陈文炳、顾体仁铸造，献给青羊宫的。

1.1.9 美食文化

中国是具有 5000 多年历史的文明古国，有着悠久、丰富多彩的饮食文化。说起羊肉(绵羊肉和山羊肉)，人们就会提起极具地方特色和风味，誉满国内外的新疆的烤羊肉串、羊肉抓饭，甘肃、宁夏、青海的手抓羊肉，陕西的羊肉泡馍，内蒙古的烤全羊，北京东来顺的涮羊肉，成都的羊肉汤锅，苏州的藏书羊肉，重庆大足区的烤全羊，贵州的羊肉粉……

图 1-14 全羊席

“全羊席”(图 1-14)在我国已经有 200 多年的历史，它是宫廷中招待信奉伊斯兰教客人的最高宴席。所谓“全羊席”，是指用整个羊体的各个不同的部位，烹制出各种不同品名、不同品位的菜肴，也就是由头至脚，每一处都是一道菜。品种五花八门，名称各有千秋。而且，从头至尾，在所有的菜名中不露一个“羊”字，全都以生动、美丽、形象的别名代之。“全羊席”除了有干、鲜菜肴之外，还有冷热菜。一桌“全羊席”，至少要有四十四个菜。

《羊肉制品 678 例》一书收集了国内外羊肉制品共 678 个品种。每个品种都以介绍原料配方、工艺流程、制作方法、产品特点或质量标准为主，同时还介绍一些食用方法。我国各地还有许许多多各具风格和特色的羊肉烹饪技术和加工方法，深受市场、消费者的欢迎和好评。

1.1.10 娱乐活动

叼羊是哈萨克族、塔吉克族、维吾尔族和柯尔克孜族等民族传统的民间体育游戏和群众性娱乐活动，以叼到指定的羊为胜者，能表现出骑手的勇敢和娴熟的马术。如图 1－15 所示为新疆牧民骑牦牛叼羊比赛。清朝王树楠在《新疆礼俗志》中记载："叼羊者，刲羊擿于地，群年少子弟飞骑拾之。攊诸马上，彼此驰逐相攘夺，支解血肉，赫然劀落，众人随之以攫一脔，致亲友为吉祥喜事，受者亦必厚报之。"现代叼羊比赛一般有两种形式：第一种是将一只割去头、蹄、内脏的山羊置于马背上，由一名身强力壮的骑士策马飞驰，其他人则骑马追赶，以夺得该羊并将其送到指定地点的人为胜者；第二种是赛前将骑手分为数队，聚集在草场上等候，然后将一只羊放到几百米外的地上作为目标，一声令下，参加比赛者骑马飞奔从地上拾羊，并施展各种技巧，以叼到羊并达终点者胜。整个比赛过程充满惊险与欢乐，旁观者高声为骑手们呐喊助威，场面热烈而壮观，并极富民族特色。

图 1－15　新疆牧民骑牦牛叼羊比赛

斗羊的场面也非常精彩，如图 1－16 所示为广西斗羊大赛。两头要斗殴的公羊，先是彼此神气十足地打个照面，然后退约 8～10 米，突然彼此发力直冲，用头向对方猛烈冲击。若不分胜负，再来，直至一方退让，结果往往双方头破血流。获胜者，披红挂绿，而养羊的主人则得意扬扬，十分自豪。公羊斗殴的原因很多，有的是互相争配偶，有的

图 1－16　广西斗羊大赛

是争食，有的是互相挑弄，有的则是为了娱乐。比赛的斗羊品种或个体是专门培养的，山东、河南、江苏、安徽交界地区，从三国时代起就盛行这一特有的民俗活动，一直流传至今，并成为该地区独有的民间文化，反映出当地古朴、强悍的民风和、永不言败的精神。

剪纸是我国流行的传统民间艺术形式。根据考古发现其历史可追溯到公元6世纪，但人们认为它实际开始的时间比这还要早几百年。剪纸常用于宗教仪式、装饰和造型艺术等方面，羊剪纸种类繁多(图1-17)。2006年5月20日，经国务院批准，剪纸艺术被列入第一批国家级非物质文化遗产名录。2007年6月8日，上海市李守白剪纸大师工作室获文化部颁发的首届文化遗产日奖。甘肃省庆阳地区的民间剪纸《双猴献羊》《羊头》充满了吉祥、喜庆的意境。在陕西定边《母羊与羔羊》的剪纸中，母羊的嘴衔着苜蓿，羔羊在母羊腹下吃奶，充分表现了母子的亲情。

图1-17　羊剪纸

思政教育案例1-2　传承传统中华文化　遗传优秀“羊基因”

传统中国人性格的羊化特征是农耕文明的产物，有报纸报道“羊文化”溯源，如图1-18所示。“羊”已经不仅是一种生物，还作为一种观念或者说精神渗透中国传统文化之中，甚至渗透传统中国人的性格中：勤劳务实，和平文弱，因循守旧，纯朴简单等。

我国长期以“龙”为中华民族的精神象征，甚至有人把所谓“龙文化”视为中国传统文化的核心。“龙”张牙舞爪、面目可怖，表现的是帝王的威严和权力，它应当是中国帝王文化或者说是封建政治文化的一部分，尽管其刚健有为和昂扬向上的精神值得人们敬仰，但它毕竟不是代表广大普通中国人的文化形象。倒是“羊”，却在相当大的程度上准确反映了大部分中国人的基本性格特征、思维方法、行为方式。因此，羊文化也是中国传统文化的精神支柱之一。

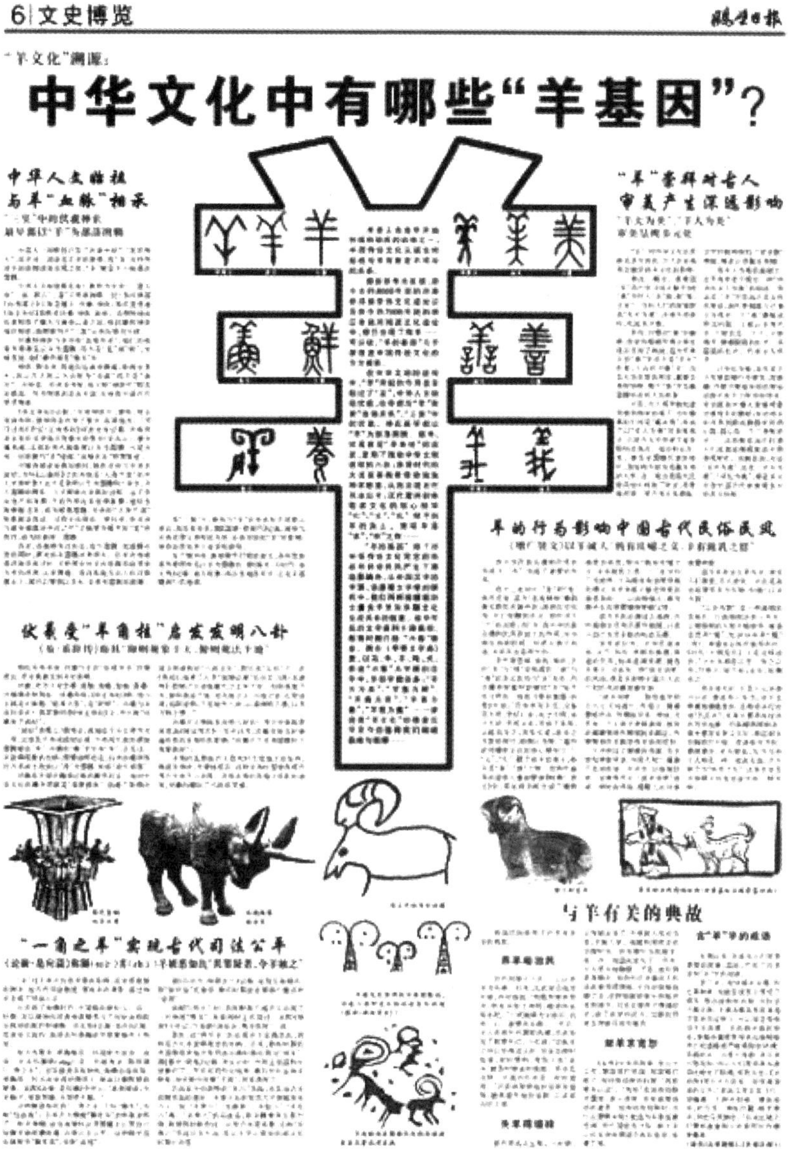
6|文史博览

“羊文化”溯源：

中华文化中有哪些“羊基因”？

中华人文始祖与羊“血脉”相承

“羊”崇拜对古人审美产生深远影响

羊的行为影响中国古代民俗民风

伏羲受“羊角柱”启发发明八卦

“一角之羊”实现古代司法公平

与羊有关的典故

图1-18 “羊文化”溯源

1.2 羊的产品及其特殊价值

羊能够给人们提供羊毛、羊肉、羊奶、羔皮、裘皮等丰富的产品，并且这些产品与其他动物产品相比，具有特殊的生产和应用价值。

1.2.1 羊毛及羊毛织品(图1-19)

生活中常见的毛线、毛毯、呢绒、粗制呢服等粗纺织品以及全毛哔叽、全毛华达呢、羊绒衫等高级精纺织品都是由羊毛加工而成的。羊毛织品在市场上一直很受欢迎，供不应求，价格不断上涨。为什么羊毛织品深受消费者青睐呢？因为羊毛织品与其他纤维织品相比，有着无法比拟的优点。

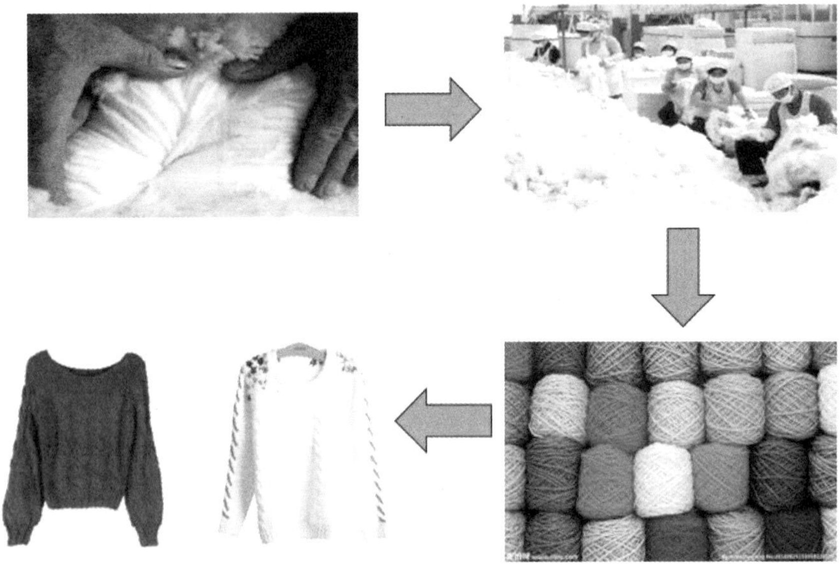

图 1-19　羊毛及羊毛织品

1.2.1.1　羊毛织品的优点

1.2.1.1.1　调节潮湿。羊毛具有一个重要的物理性能，那就是吸收水分和保持水分的能力很强，但在不同的条件下，其含水量差异很大。原毛在一般情况下含水量可达15%～18%，当空气中湿度大时，则吸水量可达其本身重量的40%以上。

1.2.1.1.2　抗热抗冷。羊毛是热的不良导体，因为羊毛是多孔性物质，如图 1-20 所示为羊毛纤维组织结构，羊毛纤维内部和羊毛纤维之间有很多孔隙，起到一个保温层的作用，所以羊毛导热性低，保温力强，制成衣服，在冬季能够御寒，在夏季能够抗热。

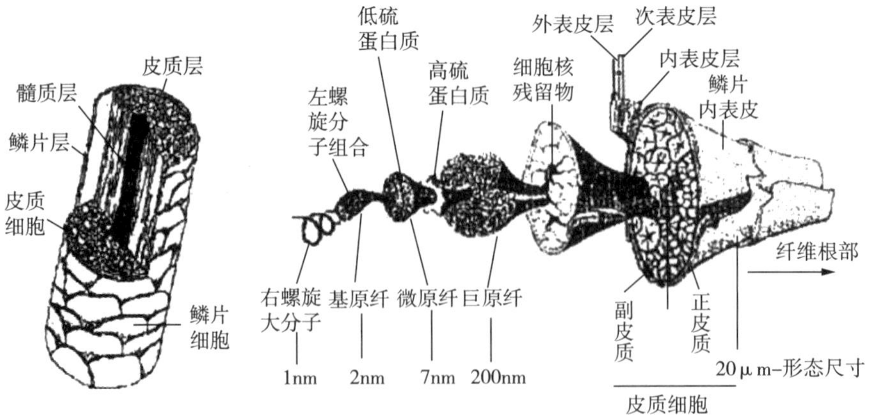

图 1-20　羊毛纤维的组织结构

1.2.1.1.3　减轻重量。衣服以轻为贵，羊毛的比重是 1.32，棉花为 1.54，涤纶为 1.38，粘胶纤维为 1.50～1.52，轻重明显，羊毛比重轻，制成的衣服比较轻便。

1.2.1.1.4　经久耐用。羊毛具有惊人的强度，一根羊毛纤维所承受的拉力与同等粗细度的钢丝相同。此外，羊毛纤维还生长着无数个肉眼所不能看见的鳞片(图 1-21)，可以使羊毛纤维很好地黏合在一起，形成强度很大的毛纱，所以棉纱的强度远远不如毛纱的强度大，羊毛加工成的织品具有经久耐用的特点。

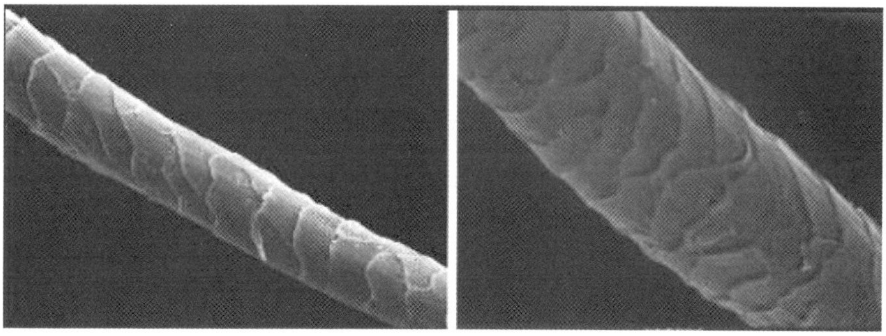

图 1-21　羊毛纤维的鳞片

1.2.1.1.5　保持样式。羊毛纤维伸度大，弹性好，将羊毛拉长到自身长度的 20%～25%，放松后，仍然能恢复到原来状态，对羊毛毫无损伤。所以羊毛制成的衣服富有弹性，经久不变形，加工成的毛衣宽紧随意，制成的毛毯经久耐用。

1.2.1.1.6　不易褪色。羊毛的染色性能很强，羊毛纤维的皮质细胞能吸收染料，所以羊毛纤维能染成人们所喜爱的各种颜色，而且不褪颜色，经过染色后的羊毛织品光泽柔和，美丽悦目。色泽艳丽的毛线如图 1-22 所示。

图 1-22　色泽艳丽的毛线

1.2.1.1.7　保持清洁、有益健康。羊毛织品不易沾污，不用常洗，还能透过紫外线，有益于身体健康。深受消费者青睐的羊毛织品如图 1-23 所示。

1.2.1.1.8　不易着火。羊毛一般不能自动燃烧，一旦离开火源，会自动熄灭。物品燃烧的 3 个条件缺一不可(图 1-24)，羊毛的着火点一般在 349℃。

图 1-23　深受消费者青睐的羊毛织品

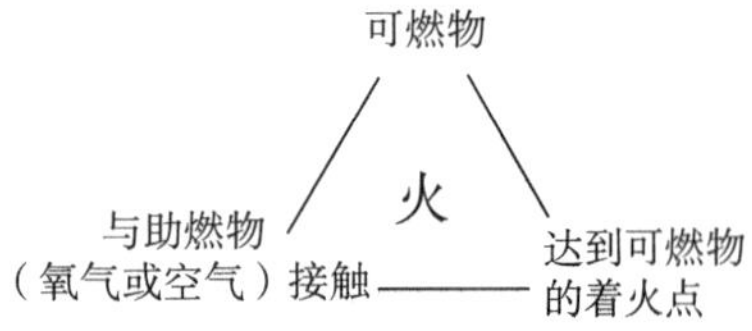

图 1-24　物品燃烧的条件

1.2.1.2　羊毛织品的缺点

1.2.1.2.1　不耐虫蛀(图 1-25)。羊毛的化学成分是角蛋白，容易招虫子，特别是皮蠹虫。皮蠹(*dermestid beetle*)为鞘翅目(Coleoptera)皮蠹科(Dermestidae)甲虫，约 700 种。是室内害虫，因为其幼虫以毛皮、羽毛、角质和毛发为食而闻名。成虫通常为褐或黑色，不过有的种色彩鲜艳或有斑纹以及覆有易擦掉的绒毛或鳞片。形状不一，从长形到卵圆形都有，长 1～12 厘米，似蠕虫的幼虫是唯一被毛的鞘翅目幼虫。为了预防虫蛀，晾晒过的羊毛织品要用干净的塑料袋加入樟脑将其密封存放。同时衣柜内四周放入防霉、防蛀虫片剂，以免羊毛织品受潮发霉生虫，但切忌防蛀剂与羊绒衫直接接触。

图 1-25　羊毛织品不耐虫蛀

1.2.1.1.2　不耐强碱。羊毛的主要成分为角蛋白，它由多种 α-氨基酸残基构成，后者可联结成呈螺旋形的长链分子，其上含有羧基、氨基和羟基等，在分子间形成盐键和氢键等。羊毛织品耐酸而不耐强碱(图 1-26)，是由于碱容易分解羊毛胱氨酸中的二硫基，使毛质受损。在煮沸的 NaOH(3%以上浓度)溶液中，羊毛能够全部溶解，不耐碱缺陷突出。由于羊毛织品不耐碱，故要用中性洗涤剂或皂片进行洗涤。

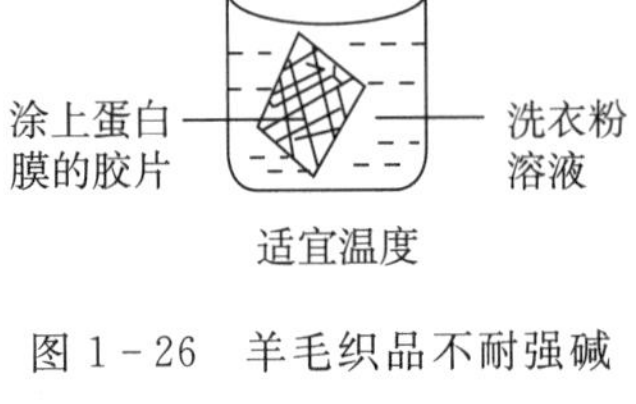

图 1-26　羊毛织品不耐强碱

1.2.1.1.3　羊毛织品的耐磨性和抗氧化的能力差(图 1-27)。羊毛纤维的表面有鳞片覆盖，鳞片的自由端指向羊毛纤维尖端方向。对羊毛施加一定的外力，羊毛纤维将产生移动，由于表面鳞片的运动具有方向性摩擦效应，其运动方向必然是指向根端的。去掉外力后，由于相邻的羊毛纤维鳞片互相交错，就使得羊毛停留在新的位置，当再次受到外力的作用时，又使羊毛纤维产生相对位移，这样反复多次外力作用，使羊毛不断产生缓缓蠕动，从而使纤维缠结，毛端突出在表面，产生缩绒现象。所以说鳞片的存在是毛纤维能够进行缩绒的最根本原因。也就是说只有具有鳞片结构外表的纤维才有缩绒性，鳞片越多，则越有利于缩绒；而没有鳞片结构外表的纤维，就不具有缩绒性，如腈纶等化学纤维，其不具有缩绒性。

由于羊毛中含有胱氨酸、半胱氨酸等含硫氨基酸，在紫外线照射下，易氧化发黄。因此，羊毛织品洗涤后应在阴凉通风处晾晒（图 1－28），不要在强日光下暴晒，以防织物失去光泽和弹性以及引起强力的下降。

图 1－27 羊毛织品的耐磨性和抗氧化能力差

图 1－28 羊毛织品的晾晒

1.2.2 羊肉

羊肉（图 1－29）古时称为羖肉、羝肉、羯肉，在世界上分布很广，几乎遍及各地。羊肉的营养价值高，是我国主要的肉食品来源之一。羊肉既不像猪肉那样肥腻，也不像牛肉那样粗糙。羊肉具有芳香可口，细嫩多汁，味道鲜美的特点，不过羊肉具有一种特有的气味——膻味。

图 1－29 羊肉

羊肉能量高，但胆固醇含量低，每 100 克山羊肉中含胆固醇 60 毫克，而牛肉为 106 毫克，猪肉为 126 毫克，兔肉为 65 毫克，鸡肉为 60～90 毫克，鸭肉为 70～90 毫克，绵羊肉为 70 毫克。羊肉的蛋白质含量低于牛肉高于猪肉，羊肉的脂肪含量低于猪肉高于牛肉。特别是羔羊肉，营养更丰富，具有膻味轻、瘦肉多、脂肪少、鲜嫩多汁、易消化的特点。

《本草纲目》记载："羊肉能暖中补虚，补中益气，开胃健身，益肾气，养胆明目，治虚劳寒冷，五劳七伤。"加上羔羊肉具有瘦肉多、肌肉纤维细嫩、脂肪少、膻味轻、味美多汁、容易消化等特点，历来广受人们，特别是上流社会人士喜爱。相传，宋代官员青睐羊肉：北宋建立不久，定都于杭州的吴越国王钱弘俶去东京朝拜宋太祖赵匡胤，赵匡胤命御厨烹制南方菜肴招待。御厨仓促上阵，"取肥羊肉为醢"，一夕腌制而成，叫作"旋鲊"，深受宋太祖及客人欢迎。因此，宋代皇室大宴，"首荐是味，为本朝故事"。皇家盛行，自然上行下效，从官员到民间，羊肉成了宋朝餐桌的头等肉食，图 1－30 为宋代宴客图。而民间无论婚丧嫁娶，或是秀才中第，还是烧香还愿，都会精心准备一只羊在案上放着。然而在当时，猪肉却是低档的肉食。

图 1-30 宋代宴客图

1.2.3 羔皮与裘皮

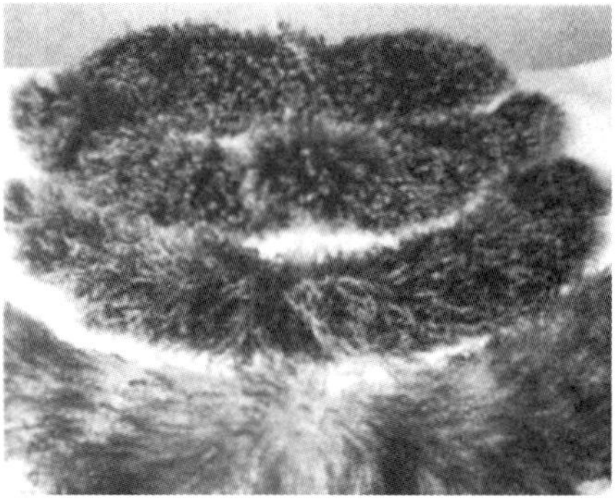

图 1-31 羔皮

羔皮(图 1-31)和裘皮也是羊的重要产品。羔皮经加工鞣制变得轻薄、柔软,毛丝细密、丰满、光亮、灵活、不发黏、不打绺、无灰无味,成品依然保持着自然卷曲的美丽花纹,独具风格。而且耐水洗,抗热性能好,不回生。绵羊的羔皮具有独特的花卷类型和各种天然的毛色,图案美观,花卷坚实,光泽宜人,可制作翻毛大衣、皮帽、皮领和披肩等高档服饰,图 1-32 为 2021 年中国(余姚)国际裘皮时装博览会展示的裘皮服装。从山羊的羊羔身上所剥取的皮又称为猾子皮。猾子皮具有皮板结实、毛紧密、有光泽、花纹明显、有波浪形弯曲等特点,适合做毛朝外的女式长短大衣、帽子、衣领和衣服的镶边,很受消费者的欢迎。

图 1-32 2021 年中国(余姚)国际裘皮时装博览会展示的裘皮服装

裘皮服装根据其用途可分为两类：一类是以御寒为目的的毛朝里穿服装；另一类是以装饰为主要用途的毛朝外穿裘皮服装（也叫翻毛裘皮服装）。用作服装材料的毛皮，以具有密生的绒毛、厚度适中、重量轻、透气性好而为上乘。

裘皮主要来源于毛皮动物，一般兽毛皮是由表皮层及其表面密生着的针毛、绒毛、粗毛所组成，但因动物种类不同，则这几种毛组成比例不同，因而决定了毛皮的质量有高低、好坏的差异。我国毛皮动物有 400 余种，大小不等，主要有貂、狐狸、水獭、羊、兔、狗等。其中，由羊皮生产的裘皮独具一格。

羊裘皮（图 1－33）主要有山羊皮、绵羊皮、滩羊皮、澳羊皮、改良羊皮等。山羊裘皮的毛比较稀并且不易掉毛，毛针粗而方向不完全顺，山羊裘皮正面全是皮的一面，它可以做成绒面、喷花、印花和滚成不同效果的图案并可以染成所需要的不同颜色。绵羊皮属中档毛皮，其毛多呈弯曲状，粗毛退化后成绒毛，光泽柔和，皮板厚薄均匀、不板结，主要用来做帽子、坎肩、衣里、褥垫等。

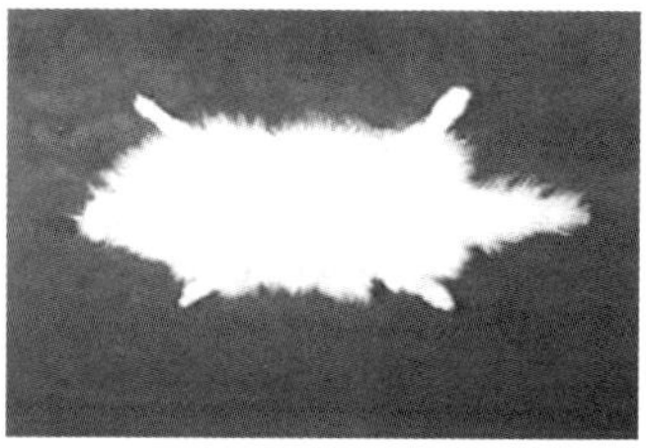

图 1－33　羊裘皮

1.2.4　羊奶

羊奶（图 1－34）是营养成分最完全而又最容易被消化吸收的食物之一。现代营养成分分析得知：鲜奶中含有 200 多种营养物质和生物活性物质，其中，含乳酸 64 种，氨基酸 20 种，维生素 20 种，矿物质 25 种，数十种酶和多种乳糖。由此可知，羊奶可以满足人和动物机体的各种营养成分的需要。

图 1－34　羊奶

1.2.4.1　羊奶的营养价值

1.2.4.1.1　干物质含量值。羊奶干物质含量与牛奶基本相近或稍高一些，每千克羊奶的热量比牛奶高 210 千焦。

1.2.4.1.2　脂肪含量。羊奶脂肪含量为 3.6％～4.5％，脂肪球直径 2 微米左右，牛奶脂肪球直径为 3～4 微米。羊奶富含短链脂肪酸，低级挥发性脂肪酸占所有脂肪酸含量的25%左右，而牛奶中则不到10%。羊奶脂肪球直径小，容易消化吸收。

1.2.4.1.3 蛋白质组成。羊奶蛋白质主要是酪蛋白和乳清蛋白。羊奶、牛奶、人乳三者的酪蛋白与乳清蛋白之比大致为75∶25(羊奶)、85∶15(牛奶)、60∶40(人乳)。可见羊奶比牛奶酪蛋白含量低，乳清蛋白含量高，与人奶接近。酪蛋白在胃酸的作用下可形成较大凝固物，其含量越高，蛋白质消化越低，所以羊奶蛋白质的消化率比牛奶高。

1.2.4.1.4 矿物质含量。羊奶矿物质含量为0.86%，比牛奶高0.14%，比牛奶含量高的元素主要是钙、磷、钾、镁、氯和锰等。

1.2.4.1.5 维生素含量。经研究证明，每100克羊奶所含的10种主要的维生素的总量为780微克，维生素A、维生素B_1、维生素B_2、维生素C、泛酸和烟酸的含量均可满足婴儿的需要。

1.2.4.1.6 酸度、缓冲性。羊奶的自然酸度(11.46)低于牛奶的自然酸度(13.69)，氢离子浓度分别为190.5纳摩/升和239.9纳摩/升(pH6.72和pH6.62)。羊奶的主要缓冲成分是蛋白质类和磷酸盐类。羊奶优越的缓冲性能使之成为治疗胃溃疡的理想食品。

1.2.4.1.7 胆固醇含量。每100克羊奶胆固醇含量为10～13毫克，每100克人乳可达20毫克，低含量胆固醇对降低人的动脉硬化和高血压的发病率有一定的意义。

1.2.4.1.8 核酸含量及组成。羊奶比牛奶和人乳的核酸(脱氧核糖核酸和核糖核酸)含量都高，构成核酸的基本单位是核苷酸，在羊奶的核苷酸中的三磷酸腺苷(ATP)的含量相当多。核酸是细胞的基本组成物质，在生物的生命活动中占有极其重要的地位。

1.2.4.2 羊奶的食疗价值

《本草纲目》记载："羊乳甘温无毒，可益五脏、补肾虚、益精气、养心肺；治消渴、疗虚劳；利皮肤、润毛发；和小肠、利大肠。"《中国药膳学》记载："羊乳煎沸后调入淮山药粉食用。治口渴，反胃，腰酸腿软。"现代研究也证实羊奶对胃肠炎、胃病、肾病、肝病等有促进康复作用。因此，羊奶具有重要的食疗价值(图1-35)。

图1-35 羊奶

1.2.4.2.1 羊奶的脂肪中不饱和脂肪酸含量高，其中约25%为水溶性低级脂肪酸，是能量的快速来源，不会造成脂肪堆积。

1.2.4.2.2 蛋白质中不含难消化的过敏原α-S1酪蛋白，不产生过敏。羊奶是喝牛奶腹胀、腹泻、哮喘、皮肤过敏等人群的珍贵食品，羊奶不含过敏源，可放心食用。

1.2.4.2.3 羊奶中含丰富的核酸，可促进新陈代谢，减少黑色素生成，使皮肤白净细腻。羊奶中含丰富的ATP和CAMP，它们是细胞中的核心物质，具有多种调节功能，维护着脏器组织正常的生理功能，这是羊奶在营养保健上的独到之处。

1.2.4.2.4 羊奶中含有独特的上皮细胞生长因子，能快速修补老化的皮肤细胞，增强皮肤的自我修护能力，使肌肤健康白皙光嫩。此外，上皮细胞生长因子还可帮助呼吸道和消化道的上皮黏膜细胞修复，提高人体对感染性疾病的抵抗力。对于脑力劳动者来说，睡前半小时饮用一杯羊奶，具有一定的镇静安神作用。

1.2.4.2.5　羊奶中超氧化物歧化酶(SOD)丰富，它是人体内主要的自由基清除剂，具有护肤、消炎、抗衰老的作用。

1.2.4.2.6　羊奶中的免疫球蛋白含量很高。羊奶含有丰富的活性免疫球蛋白、乳清蛋白和乳铁蛋白，蛋白质含量本身也高于牛奶。

1.2.4.2.7　羊乳中维生素C、维生素E，镁含量丰富。维生素C能促进胶原蛋白的合成，使肌肤光嫩有弹性，镁也是缓解压力不可缺少的物质；维生素E可阻止体内不饱和脂肪酸的氧化，延迟皮肤的衰老。现代人面对紧张的工作、沉重的压力，每天喝杯羊奶，可帮助舒缓精神压力，使大脑与身体得到休养生息的机会。

1.2.4.2.8　羊奶含有生物活性因子“环磷腺苷”“三磷酸腺苷”和“表皮生长因子(EGF)”，这些因子在体内具有多种调节功能。“环磷腺苷”是科学界公认的防癌抗癌因子，能使人体新陈代谢维持平衡，能增加血清蛋白和白蛋白的含量，增加人体的抗病力；可改善心肌营养，软化血管，对改善和防治动脉硬化、高血压具有良好的功效。

综上所述，羊还有其他特殊产品，用途很广，在毛纺、皮革、食品、医药、化工等行业都具有特殊的价值。

1.3　大力发展养羊业，助力国家粮食安全

1.3.1　我国的粮食生产现状

民为国基，谷为民命。粮食事关国运民生，粮食安全是国家安全的重要基础。新中国成立后，我国始终把解决人民吃饭问题作为治国安邦的首要任务。70年来，在中国共产党领导下，经过艰苦奋斗和不懈努力，中国在农业基础十分薄弱、人民生活极端贫困的基础上，依靠自己的力量实现了粮食基本自给，不仅成功解决了14亿人口的吃饭问题，而且居民生活质量和营养水平显著提升，粮食安全取得了举世瞩目的巨大成就。根据国家统计局发布的数据，2021年，我国全年粮食总产量13657亿斤，粮食总产量“十八连丰”。

1.3.2　我国居民肉类消费来源及结构

进入新时代，中国人民更加关注食物的营养与健康，既要“吃得饱”，更要“吃得好”，这意味着中国人民不仅要有饭吃，还要有肉吃。2019年，中国肉类产量7649万吨，人均54.6千克，进口猪牛羊肉约415万吨，人均消费量57.6千克，2019年畜禽产品消费比例如图1-36所示。但是，我国居民肉类消费结构并不合理。我国居民畜禽产品的消费对象主要是猪肉，其次是禽肉，牛羊肉消费较少。

2019年在非洲猪瘟影响下，我国猪肉供应不足以满足国内需求，需大量进口国外猪肉来弥补内需空缺。2019年畜禽产品进口比例如图1-37所示。我国自2020年1月1日起，将冻猪肉进口关税由12%暂时下调至8%，有利于增加猪肉进口量，有效缓解国内供应紧缺问题。2020年我国猪肉进口430.4万吨，同比增120%；猪杂碎进口135.7万吨，同比增19.8%。

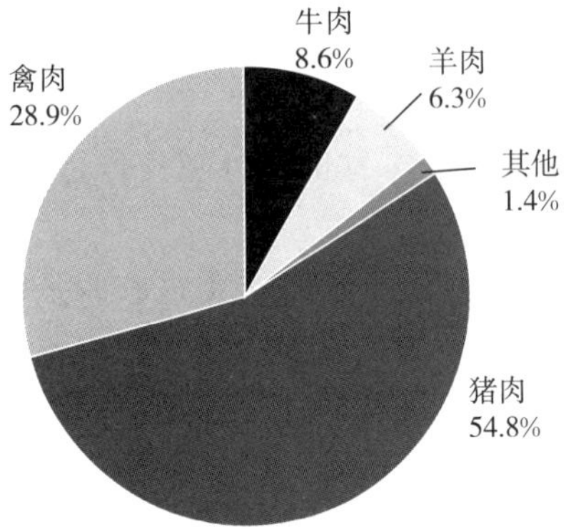

图 1-36　2019 年畜禽产品消费比例
（引自 2019 年国家统计局统计数据）

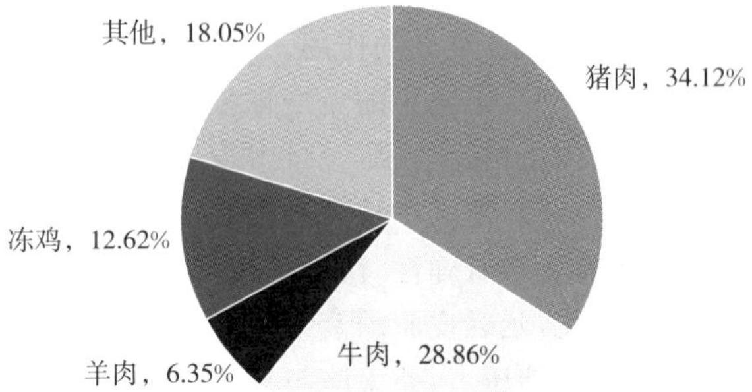

图 1-37　2019 年畜禽产品进口比例
（引自 2019 年前瞻产业研究院整理数据）

1.3.3　我国生猪饲粮消费简介

2020 年我国生猪出栏 52704 万头，比上年减少 1715 万头，产量下降 3.2%；生猪存栏 40650 万头，比上年末增加 9610 万头，同比增长 31.0%。同年，我国的猪肉产量约为 4113 万吨，约为全球猪肉产量（约 9787.5 万吨）的 42%，稳居全球各国之首。按照我国目前的养猪水平，以标猪体重 230 斤为例，优秀的养猪企业料肉比能做到 2.5∶1，一头猪从出生到出栏要消耗饲料 575 斤；技术水平一般的猪场料肉比大概在 3∶1，一头猪从出生到出栏要消耗饲料 750 斤；养殖水平差的猪场，由于猪的死淘率高，生长速度慢，平均下来料肉比甚至超过 3.5∶1，全程需要消耗饲料超过 800 斤。能繁母猪一年有三个阶段，分别是妊娠、哺乳和空怀。其中，妊娠期一般 114 天，哺乳期一般 28～35 天，空怀期 3～7 天。现在假设管理得当，那么一年当中妊娠期总共占到大约是 280 天，哺乳期大约是 65 天，空怀期大约是 20 天。那么妊娠期猪每天吃的饲料大约是 2.8 千克，哺乳期每天吃的饲料平均 5 千克，空怀期跟哺乳期相似，一年一头能繁母猪消耗饲料约 1200 斤。根据上述数据计算可知，2020 年我国出栏的生猪饲料消耗总量在 3030 亿～4200 亿斤，存栏的能繁母猪料消耗总量约为 4878 亿斤，全年生猪养殖饲料消费约占 2021 年粮食总产量的 57.9%～66.4%。此外，家禽生产也需要消耗大量的日粮。

1.3.4　我国的粮食进口与生产状况

根据海关总署公布的数据显示，2020 年 1—12 月，我国粮食累计进口额 14262.1 万吨，同比增加 3117.5 万吨，增幅达到 27.97%，不论是进口量还是增幅都创最近几年新高。2020 年，我国谷物进口 3579.1 万吨，同比增长 99.8%；小麦进口 837.6 万吨，同比增长 140%；玉米进口 1129.6 万吨；同比增长 140%；大米进口 294.3 万吨，同比增长 15.6%；大麦进口 807.9 万吨，同比增长 36.3%；高粱进口 481.3 万吨，同比增 480%；木薯（主要是干木薯）进口 335.5 万吨，增长 18.2%。在过去的几年时间，我国每年进口的粮食数量都是非常庞大的，其中在 2020 年进口的大豆量超过 1 亿吨，大豆占总体粮食进口量比例达到 70%以上，目前我国大豆对外依存度达到 90%以上。

当前，全球粮食面临很多不确定因素，特别是 2020 年受到疫情、蝗灾、自然因素影响等多种压力，联合国曾经发布过全球粮食危机警告。在这种背景之下，很多国家对粮食出口都比较谨慎，比如2020年年中的时候，甚至有部分国家禁止粮食出口。鉴于此，确保国家粮食安全这根弦一刻也不能放松。此外，从国内经济发展形势看，另一方面，农业结构调整，农民更倾向于种植附加值更高的蔬菜瓜果等经济作物。从需求形势上看，随着经济社会发展，人均口粮消费将稳中略降，饲料和工业转化用粮消费继续增加，粮食消费总量刚性增长，粮食消费结构不断升级。从生产形势上看，农业生产成本仍在攀升，资源环境承载能力趋紧，农业基础设施相对薄弱，抗灾减灾能力有待提升，在确保绿色发展和资源永续利用的同时，稳定发展粮食生产压力较大。从流通形势看，粮食生产将继续向核心产区集中，跨区域粮食流通量将进一步增加，粮食市场大幅波动的风险依然存在。

与生猪、家禽相比，羊是食草动物，可以避免与人争粮。因此，发展养羊业不仅能够优化居民肉类消费结构、节约大量饲粮，而且有利于保障我国的粮食安全。

思政教育案例1-3 国人要把饭碗端在自己手里，而且要装自己的粮食

2020年，联合国发布的《世界粮食安全与营养状况》报告显示，全世界6.9亿人遭受饥饿，其中有3000万人如果不及时得到世界粮食计划署的救助就会有生命危险。粮食问题一直是个重大问题，跟空气类似，充足的时候感觉不到它的存在，但如果稍微有点问题，就会是个大问题。基辛格说过一句话："如果把主粮作为武器，对于那些被援助的国家来说，要么屈服，要么绝育，要么饿死。"印度和苏联都遭受过这样的待遇，都是粮食危机的时候被要挟，引发民众恐慌，如图1-38所示。20世纪60年代，粮食没有办法自足的苏联被迫开始向西方大国进口粮食，美国作为粮食产出大国逼迫苏联用低价的石油来兑换粮食。但是美国没有放弃对苏联的打压，对苏联实行粮食贸易自由化，加深了苏联对外部世界的粮食依赖，最终将苏联卷入西方的贸易体系中，逼得苏联在油价下跌的时代拼命开采石油赚取外汇，用来购买粮食，最终的结果就是加速了苏联的解体。

图1-38 粮食危机

粮食安全是国家安全的重要基础。"洪范八政，食为政首。"粮食关乎国家命运，自古以来，粮食就被看作"政之本务"。马克思也曾指出："最文明的民族也同最不发达的未开化的民族一样，必须保证自己有食物，然后才能去照顾其他事情。""我国十三亿多张嘴要

吃饭，不吃饭就不能生存，悠悠万事、吃饭为大，只要粮食不出大问题，中国的事就能稳得住。”习近平总书记高度重视国家粮食安全，一再重申我国人口众多的基本国情，将解决粮食安全作为治国理政的头等大事，并指出要确保重要农产品特别是粮食供给，这是实施乡村振兴战略的首要前提。

党的十八大以来，习近平总书记始终把粮食安全作为治国理政的头等大事，高屋建瓴地提出了“确保谷物基本自给、口粮绝对安全”的新粮食安全观，确立了“以我为主、立足国内、确保产能、适度进口、科技支撑”的国家粮食安全战略，“饭碗论”“底线论”“红线论”……形成了一系列具有重要意义的粮食安全理论创新与实践创新，带领全国人民走出了一条中国特色的粮食安全之路，为国家长治久安奠定了重要的物质基础，并且为维护世界粮食安全作出了重要贡献。

单胃动物(如猪等)只有简单的消化道，消化器官容积小，不能分泌纤维素酶和半纤维素酶，唾液中含有大量的α淀粉酶，可水解淀粉中的α-1,4葡萄糖有链，使其成为麦芽糖、α糊精等。在小肠段的小肠黏膜上皮细胞可以产生多种酶，如乳糖酶、麦芽糖酶等，它可以水解乳糖纤维二糖、麦芽糖、异麦芽糖α-1,6链的糊精、淀粉等等。因此。单胃动物适用于各种谷类等精致饲料。反刍动物的胃多分为四个胃室，分别为瘤胃、网胃、重瓣胃和皱胃。图1-39为牛羊等反刍动物与猪的生理区别。牛羊前两个胃室(瘤胃和网胃)将食物和唾液混合，特别是使用共生细菌将纤维素分解为葡萄糖。然后食物再反刍，经缓慢咀嚼以充分混合，进一步分解纤维。然后重新吞咽，经过瘤胃到重瓣胃，进行脱水。然后送到皱胃、小肠进行吸收。反刍动物因其相当发达的复胃和肠道，能够消化纤维含量较高的饲草、饲料。因此，发展养羊业能够节约大量饲粮，有利于保障我国的粮食安全。

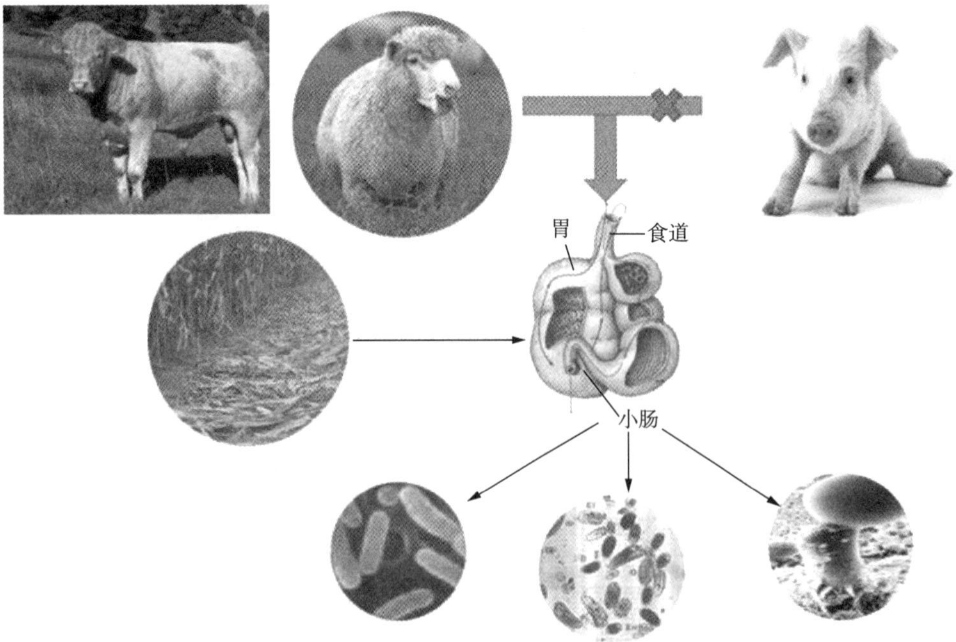

图1-39　牛羊等反刍动物与猪的生理区别

1.4　大力发展养羊业，促进生态文明建设

长三角地区拥有丰富的水稻、小麦、玉米、油菜等秸秆资源，每年约生产 1.2 亿吨秸秆，每年未被利用的秸秆资源超过 2000 万吨。加上长三角地区南北经济发展的不平衡及水稻、小麦、玉米等农作物种植品种的差异等特点，在经济相对落后的苏北和皖北地区，往往因为缺少秸秆收集机械，秸秆便捷处理设施不配套，农民收集处理秸秆的难度大，秸秆综合利用成本高、秸秆处理附加值小、经济性差、加工企业少而小、产业化程度低；秸秆综合利用新技术应用规模较小，尤其是适宜农户分散经营的小型化、实用化技术缺乏等因素，开始出现了地区性、季节性、结构性的秸秆过剩。再加上抢农时等问题，苏北和皖北地区随意遗弃和露天焚烧秸秆的现象时有发生。秸秆焚烧会释放大量的颗粒物及一氧化碳、二氧化碳、氮氧化物、挥发性有机物等有毒有害气体，而且造成大气污染物的长距离输送。研究表明，以前南京、杭州、合肥等城市出现的重霾污染天气多与城市周边地区秸秆焚烧有关，图 1-40 为 2012 年长三角地区秸秆焚烧总量分布和焚烧密度分布图。

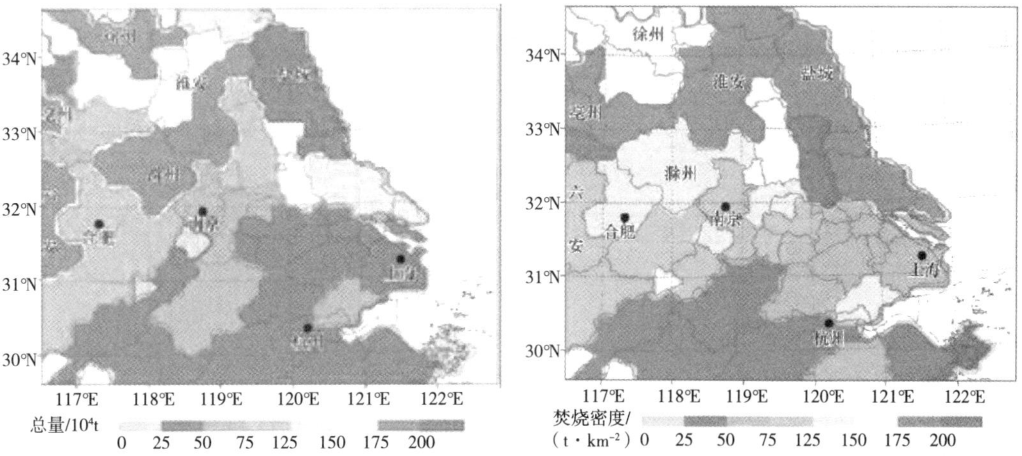

图 1-40　2012 年长三角地区秸秆焚烧总量分布和焚烧密度分布图

在上海、浙江及苏南，农作物以水稻种植为主；在皖北和苏北，以小麦和玉米种植为主，并且皖北和苏北秸秆资源相对丰富。青贮玉米秸秆是肉羊所需的优质饲料，4 吨秸秆的营养价值相当于 1 吨粮食，可为畜牧业持续发展提供物质保障。目前，皖北和苏北的肉羊产业发展很快，大型肉羊场林立，急需优质的饲草资源。图 1-41 为长三角地区秸秆综合利用现状图，将丰富的秸秆资源转化为优质的饲料，不仅可以缓解该地区优质饲草紧缺的局面，还可以降低饲养成本，提高肉羊的竞争力；同时秸秆经过腹还田，还能够为耕地提供优质的有机肥。

充分发挥山区自然生态环境和优良特色肉羊品种优势，大力发展黑山羊等地方优

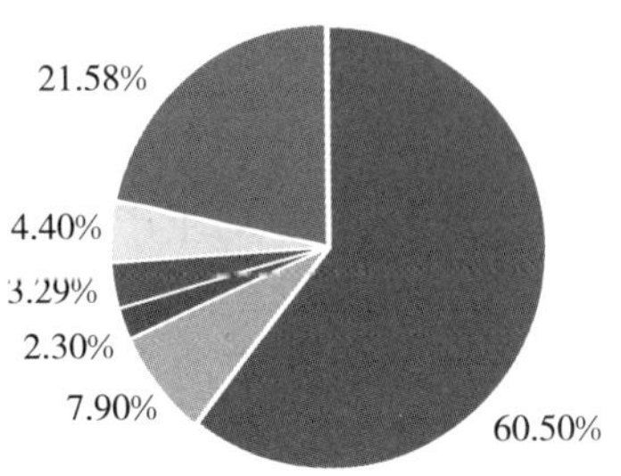

图 1－41　长三角地区秸秆综合利用现状图

良品种，建设山区牧场养殖基地，以绿色羊肉产品系列开发为突破口，打造皖西大别山“羊-茶”特色产业带，图 1－42 为茶园养羊控草。以皖西大别山地区为例，其是安徽省重要的茶生产基地，可采的茶园面积超过 40 万亩，并形成了以六安瓜片为首，霍山黄芽、金寨翠眉、舒城兰花等众多名优茶共同发展的格局。但是，目前有机茶生产基地不足 3 万亩。鉴于羊群具有天然的除草功能，且羊的粪便直排茶园，能够促进茶树生长。因此，羊-茶生态特色养殖模式不仅是有机茶产品的最佳模式，还能够实现经济、社会、生态效益的统一。

图 1－42　茶园养羊控草

1.5　大力发展养羊业，助力乡村振兴

“三农”问题是关系国计民生的根本性问题，必须始终把解决好“三农”问题作为重中之重，并且要实施乡村振兴战略，要坚持农业农村优先发展，按照产业兴旺、生态宜居、乡风文明、治理有效、生活富裕的总要求。

羊肉在我国肉类的整体消费当中占比在 5%左右，排在猪肉、禽肉、牛肉之后的第四名。根据近几年的数据来看，羊肉的产量和进口量都是呈逐年递增的态势，这说明我国对羊肉的需求量越来越高，消费前景十分看好。此外，肉羊养殖收入可观，肉羊的生长周期短，成本回报速度快，再加上国家政策扶贫助农，养羊门槛相对较低，能够较好解决产业发展所需的资金、人力、土地和饲草资源投入等问题。鉴于此，大力发展肉羊生产，对于增强羊肉供给保障能力、巩固拓展脱贫攻坚成果、全面推进乡村振兴，促进经济社会稳定发展也具有十分重要的意义（图 1－43）。

图 1－43　发展肉羊养殖，助力乡村产业振兴

知识点小结

“羊文化”是我国劳动人民的智慧结晶，也是中华优秀传统文化的重要组成部分。发展养羊业，不仅可以丰富城镇居民的精神生活与“菜篮子”，还可以节约大量饲粮，有助于保障我国的粮食安全；同时，还有助于维护民族团结，保障边疆稳定，促进生态文明建设，助力乡村振兴。养羊业已经超出传统副业范畴，逐渐成为我国重点发展的战略产业和富国利民的朝阳产业。

第 2 节　我国养羊业的历史、现状及前景

我国是世界四大文明古国之一，养羊业已有五千多年的历史，且具有丰富的绵羊和山羊品种资源及位居世界第一的羊只存栏量。但是，我国的肉羊发展起步较晚、基点低，和先进国家的差距较大。正确认识我国养羊业的历史及生产现状，并解决存在的问题，将发展潜力更好地挖掘出来，能够更好地促进我国羊业健康、快速地发展。

2.1　我国养羊业的历史

2.1.1　悠久的古代养羊史

羊和人类生活密不可分，并且历史悠久。早在原始社会，羊就是最早被人饲养的六畜之一。我国关于“羊”最早的文字记载出现在甲骨文象形文字里。在甲骨文中，“羊”字上面为弯曲的双角，下面为上翘的两个鼻孔，中间一竖为鼻尖，状如一个羊头。如图 1－44 所示为“羊”字的演变。虽然最早的“羊”字出现在殷商时期，但其说明在商代之前，羊已经出现在我国劳动人民的生活中，只是相关记载较少而已。

在周代为发展养羊，统治阶级采取了羊繁殖的保护政策，规定“大夫无故不杀羊”。这个阶段，我国养羊业的专业化程度非常高，并出现了专业的牧羊人。据《周礼》记载：“羊人，下士二人，史一人，贾二人，徒八人。”“掌羊牲，凡祭礼，饰羔祭祀，割羊牲，牲登其首；凡祈珥，共其羊，牲宾客；共其法。”这时期，羊的主要作用是作为祭品，奉献于神灵而非食用的。也许正因为如此，羊作为人与神灵沟通的使者，表达了人们对于至高无上神灵的崇敬和向往，受到了人们极大的礼遇和崇拜。进入春秋战国时期，羊作为六畜之一已被大规模饲养。经过漫长的发展，人们开始总结出部分养羊经验并用于实践，如发现并借助领头羊进行放牧和管理，又如羊的选种、繁育、饲养管理以及挤羊奶、制羊酪、剪羊毛、织毛毡等方面的经验。到了汉代，养羊业进一步发展，较具代表性的是上林苑的卜式，放牧着1000多只羊。汉武帝时期，由于连年与犯边的匈奴作战，国库渐趋空虚，卜式把家财多次捐献支援输边，也就是“输财助边”典故的来源。卜式养羊爱国，汉武帝为此召封他为中郎将，并赐爵号，卜式不愿为官，汉武帝就要他管理皇家的牧场“上林”。卜式不仅把羊养得肥壮、繁殖很多，而且还写出了我国最早的一部养羊书——《养羊法》。书虽没有传下去，但卜式养羊的事迹及经验却为后世歌颂和吸收。由于养羊业的发展，汉代的纺织业也很发达。在汉墓出土的文物中就有羊毛地毯的残片。唐宋时期，我国的养羊业进入快速发展的阶段。唐朝贵族养羊成风（图1-45），天宝后“王侯、将相、外戚牛驼羊马之牧布诸道，百倍于县官，皆以封邑名号为印自别”、太平公主的“马牧羊牧田园质库，数年征敛不尽”。开元中，陇右监牧马的数量降至27万匹。

图1-44 “羊”字的演变（引自360图片）

图1-45 唐朝宴会（引自圣个人图书馆图片）

古代时期，我国的南北地区都有养羊的记载，但仍以朝廷监牧饲养为主，民间养羊或为小群零星饲养，原因主要有以下几方面：一是饮食限制。据《国语》卷十八《楚语下》记载：“天子食太牢，牛羊豕三牲俱全，诸侯食牛，卿食羊，大夫食豕，士食鱼炙，庶人食菜。”《唐律》规定以620只羊为一群（不包括羊羔），每群设一牧长和几名“牧子”，十五牧长由尉一人率领，另规定孳生课羔的制度和奖罚的办法。宋以后典牧署改称牛羊司，属光禄寺管辖，并改羊牧为羊务，另有一套制度。明代宫廷所需的羊，除由各省派拨外，也由上林苑饲养繁殖。永乐以后在北京市郊各县的上林苑，其规模不亚于秦、汉，同时兼养其他畜群，也是一个皇家狩猎场。清代的羊场主要集中在两处：一处在察哈尔锡林郭勒盟，专供皇室取用，牧羊约 21 万只；另一处在伊犁地区，归地方军政当局主办，称伊犁羊场，全盛时期牧羊曾达 14 万只。二是连年不断的战争和掠夺，促使养羊业发展。从汉武帝到宋朝，战争的掠夺就没有停止过。公元前 127 年，“卫青复出云中以西至陇西，击胡之楼烦、白羊王于河南，得胡首虏数千，牛羊百余万”。魏道武帝时期掠夺的例子很多，仅登国六年(391 年)十二月，破卫辰部，获名马 30 余万匹，获牛羊 400 余万头。三是北方民族大融合对我国养羊业产生了较大影响。虽然我国民族之间的交往与融合在历史上从未停止过，但到汉唐时期出现了北方民族大融合，在汉朝优待而安居塞内的吸引下，南匈奴南下归附移居塞内的人数不断增加。如永平二年(59 年)，北匈奴护于率千人降。隋朝时“突厥部落大人相率遣使贡马万匹、羊二万口，驼、牛各五百头。寻遣使请缘边置市，与中国贸易。诏许之”。到唐朝，由于唐太宗对少数民族采取了以恩惠抚和为主的政策，又有许多部落、部族相率内附。四是附将领与少数民族的纳贡。据《资治通鉴》卷 197 记载：“贞观十七年(公元 643 年)，薛延陀真珠可汗使其侄突利设来纳币，献马五万匹，牛、橐驼万头，羊十万口”。这一切也为官营养羊业的发展奠定了基础。另一方面，由于人口的不断增加，对畜产品的需求量也随之增加，从而促进了内地畜牧业的发展和畜类数量的增长，同时也影响到内地人群的饮食观念与习惯，食肉者不断增多。羊肉由贵族消费的肉食逐渐进入寻常百姓家，也促进了民间养羊业的发展。

2.1.2　我国近代养羊史

自 1840 年鸦片战争后，我国由封建社会进入半殖民地半封建社会，标志着中国近代史的开端。受封建主义、帝国主义和官僚资本主义压迫，我国养羊业发展缓慢。至 1949 年，全国绵羊数仅为 2622 万只，比 1937 年抗日战争前的最高存栏数少 33%，而山羊全国只有 1600 余万只，质量也很差，毛纺工业用毛几乎全部依靠进口。

近代以来，受近代科技和资本主义的竞争刺激，新的优良畜种不断培育。与我国本土畜种相比，近代西方的畜禽品种具有个体大、生长快、经济价值高等特点。在西方近代化农业科技传入中国的时候，西方部分优良绵羊和山羊也传了进来，包括美利奴绵羊、萨能奶山羊等。为了最终能够在中国推广和应用，我国人民在有条件的地方办起了试验场。其中，农工商部农事试验场是全国性的农事试验机构，其他的农事试验场有省属的，还有更多为府、州、县所属。宣统元年(1909)，奉天农业试验场试养优良品种美利奴绵羊 32 头，取得了较好的效果：“曾在场试养，并令与本地种牝羊交配，以验其适于本地土宜与否，及其改良土种之功效若何。二年以来，发育畅适，孳生多数，其产毛成绩、改良效果实有足惊者。据去年结果，职场美利奴大牡羊六头，平均每头每年产上等羊毛十二斤六两三钱，大牝羊 35 头，平均每头每年产上等羊毛 9 斤零 2 钱，比之本地种牡羊平均每头每年产粗毛三斤二两，牝羊平均每头每年产粗毛二斤十一两八钱者，足多三倍有奇，……南洋劝业会评定为一等奏奖”。

光绪初年，由于美英法等西方国家工业经济发展较快，需要大量的羊皮与羊毛，但是国际供货量却严重不足。于是，外国洋行在西北广大近牧区或产毛当地纷纷设立分行，占据有利地势，疯狂廉价抢购优质羊皮与羊毛，对我国养羊食肉的养殖方式产生了冲击：许多牧民养羊不再只是为了食用羊肉、制衣、手工织毯等，而是将以羊毛为原料的手工作坊发展起来。1916 年，宁夏仅有毯坊 13 家，到 1931 年，宁夏省城毯坊已有 34 家，工人近 300 人，主要生产炕毡、毡帽、毡鞋等。其原料全是细柔的秋羊毛，以手工操作。产品除供应本省城乡居民外，还远销包头、兰州、西宁，甚至太原、西安、天津等地。其中，著名的私人裁毯坊数家，如“福盛刘”“兴盛肖”“天荣龚”等。但是，终因本地毛纺织业极其薄弱，而只能将绝大部分羊皮、羊毛售于天津洋行，再输入国际市场。我国的羊皮、羊毛产业与贸易被外国洋行所垄断，处于非常不利的地位。

民国以来，有识之士深感国产羊毛不适于毛纺需要，纷纷引进国外优良绵羊品种，开展羊种改良，成绩显著。1934 年，甘肃甘坪坝寺创建西北种畜场，以美利奴羊改良藏羊。1935 年，实业部在南京汤山创设中央种畜场，从美国引入美利奴进行纯种繁殖，以备推广，抗战时西迁，成为改良西北羊种的一支力量。抗战前，引大批苏联细毛羊种入境，供哈萨克羊改良用，为新疆细毛羊新品种培育之滥觞。1940 年，农林部在兰州成立西北羊毛改进处，在岷县设立种羊场，并于河西及甘南设置推广站，同时在甘肃各地推行人工授精。1946 年，由联合国援助，从新西兰引入考力代绵羊 1000 只，一部分留在南京中央畜牧实验所和安徽滁县牛场外，其中 400 只次年运抵西北羊毛改进处，其他 200 只运往中畜所北平分所；另拨公羊 10 只，母羊 100 只，运抵浙江硖石镇，成立中畜所浙江嘉区绵羊场，为湖羊改良打下始基。

资本主义列强的经济掠夺给我国各地各民族的生产与生活带来了许多灾难，却也冲击了中国原有的自给自足的封建经济与思想，使当地思想文化与外界文化及思想不断发生交流和碰撞，并逐渐萌发了近代养羊业，特别是以羊毛、羊皮为原料的手工业逐渐发展并壮大，为现代养羊业的发展奠定了一定的基础。

思政教育案例 1－4　国人只有把主权掌握在自己手里才能发“羊”财

自鸦片战争后，我国的主权逐渐丧失，先后与西方列强签订了许多不平等条约，致使经济发展处处受制于人。外国洋行自清光绪年间进驻西北广大近牧区或产毛当地至 1926 年先后撤离，一直占据着当地羊皮、羊毛贸易的主流市场，并处于垄断的地位如图 1－46所示为原怡和洋行大楼标牌。外国洋行通过低价买进，高价卖出，使得许多洋商成了百万富翁，为之卖命的买办亦多发了横财。一些商贩、商号、商队也适时融入，从中得到收益。因为流产羔皮质量佳，且多其值三倍于大毛羊皮，一些洋行就多派买办深入牧区收买胎羊皮，并造成孕有羔羊之母羊被惨杀，造成我国羊的存栏量迅速下降。此外，凭借不平等条约，洋行买办手持可以免除内地运输过程中全部税收的“三联单”，横行在西北的收购与运输中心，经营毛业几十年却不上税。羊皮(毛)运至天津只需付一次性少量的海关税。洋行在享受税收制度特权、谋取暴利的同时，自然也扰乱了当时正处于稚嫩发展中的西北经济市场。利用种种特权及雄厚的资金支持，他们占据并排挤着逐步发展起来的晋商、回商等的经济利益，廉价收购当地羊皮毛，并占有地方劳动力市场，违背了贸易往来中的平等竞争关系。但是，面对这种不平等贸易，软弱无能的晚清政府却束手无策。

1916—1919年，甘肃督军张广建加强审查收税手续后，对洋行羊皮毛业税务征收由5%增至15%，同时，加强了稽查工作，要求毛、票数字相符，包件与斤称相符，查出多余皮毛充公并受罚。青海马麒则禁止卖毛给洋行，由自己垄断，直接运往天津。1925年，冯玉祥率军进驻西北，废除了英美等国洋行经商的种种特权，外国洋行的营利受到多方限制，加上西北连年兵燹，国际皮毛市场又变幻莫测等原因，1921—1926年，外商洋行先后撤离了西北广大近牧区或产毛当地，取而代之的是我国地方商栈和本地羊毛产业的崛起。

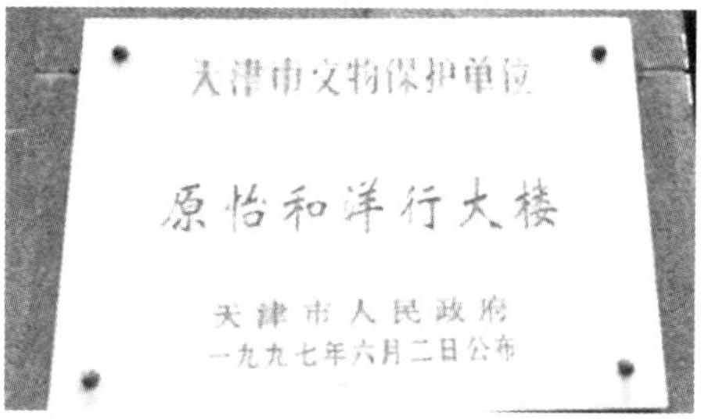

图1-46 原怡和洋行大楼标牌
(引自360图片)

2.1.3 我国现代羊业发展历程

新中国成立后，全国广大畜牧工作者和家庭养殖户及边疆牧民，在党和政府的领导下，采取各种措施使我国养羊业有了较大的发展，绵羊、山羊的数量和质量有了显著的提高。在此阶段，我国养羊业经历了“毛主肉从”向“肉主毛从”的两个阶段的趋势转变。

第一阶段是解放初期至改革开放90年代初期，这个时期羊业发展的特点是养羊业主要以毛用为主，重点开展了细毛羊和半细毛羊选育，并培育出了以新疆细毛羊、中国美利奴羊、青海高原半细毛羊、中国卡拉库尔羊等为代表的毛用羊等品种。

新中国成立时，全国羊存栏量只有4235万只，至改革开放则达到1.7亿只，到1992年上升到2.04亿只。养羊业的生产水平和商品化程度亦显著提高，突出表现在全国绵羊、山羊的良种覆盖率分别达到46%和54%；羊出栏率由1978年的16.2%提升至1992年的47%左右；羊肉产量由1979年的38万吨增至1992年的近120万吨；羊毛产量由18.9万吨提高到25.7万吨；羊奶、羊绒的产量也分别提高了6倍和72.7%。据20世纪90年代末统计，我国已有绵羊品种79个，山羊品种48个。其中，我国新培育的细毛羊、半细毛羊、羔皮羊品种19个；以澳洲美利奴羊、考力代羊、边区莱斯特羊、无角陶赛羊、卡拉库尔羊等为代表从国外引入的细毛羊、肉毛用半细毛羊、肉用羊和羔皮羊品种25个；我国地方良种和地方品种35个。在地方良种中，其中以小尾寒羊、湖羊为代表的多胎品种是发展肉羊产业的极佳母本品种，还有世界著名的裘皮品种——滩羊都是我国的“国宝”品种。在山羊品种中，我国新培育西农奶山羊、关中奶山羊、崂山奶山羊、南江黄羊等奶用、肉用品种4个；同时从国外引入萨能羊、波尔羊、安哥拉羊等奶用、肉用、毛用品种5个；以中卫裘皮山羊、内蒙古白绒山羊、辽宁绒山羊为代表的我国地方良种39个，这些品种分属绒用、羔裘皮用、肉用、毛用等不同用途。如此丰富多样的品种资源为我国养羊持续、快速发展奠定了坚实的基础。如图1-47所示为居民在织毛衣、毛裤等。

第二阶段是20世纪90年代中期至今，这个时期羊业发展的特点是养羊业主要以肉

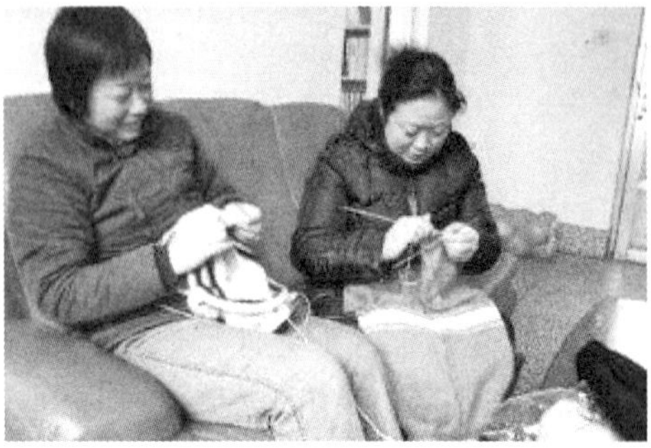

图 1－47　居民在织毛衣、毛裤等(引自 360 图片)

用为主。伴随着社会经济的快速发展，居民收入大幅增加，生活水平显著提高，羊肉已经成为我国城乡居民消费的重要畜产品，逐渐由地区性、季节性消费向全国性、全年性消费品转变，养羊业的主导方向由毛用快速转向肉用为主。图 1－48为我国城镇居民羊肉消费变化。

到 2015 年末，全国羊存栏数为约 3.117 亿只，其中绵羊 1.667 亿只，山羊量 1.450 亿只。同年，我国羊肉产量约 441 万吨，羊肉进口 22.29 万吨，进口金额 7.30 亿美元；出口 0.38 万吨，出口金额 0.34 亿美元。肉羊存栏量与羊肉产量持续、稳步增长，稳居世界第一。但是，我国羊肉出口量仅占羊肉产量的很小一部分，并远低于羊肉进口量，属于典型的羊肉生产大国，贸易小国。随着我国居民生活水平进一步提高和消费观念的转变，餐桌肉类消费结构也逐渐发生变化。鉴于羊肉含有较高的蛋白质和较低的脂肪和胆固醇含量，其逐渐受到消费者的青睐，且需求量不断上升。2015 年，国内人均羊肉消费 3.37 千克，较 2013 年增长 5.61%，因此当年我国羊肉供需缺口大，进口量猛涨。由于国内羊肉生产无法满足消费者需求量，再加上肉羊的生产周期长、繁殖率低，无法快速满足市场需求，只能依靠进口羊肉填补国内羊肉供需缺口，其中新西兰、澳大利亚和乌拉圭是我国羊肉进口的主要来源国。当年，羊肉进口单价为 3.27 美元/千克，国内羊肉销售价格则高达 61.26 元/千克。虽然进口一定数量的羊肉有助于缓解国内羊肉供需缺口，但不是长久之计：大量低价进口羊肉不仅对我国肉羊产业造成巨大的冲击，打击国内一些中小型养羊企业及散养户的积极性，导致其退出肉羊养殖产业，且我国进口来源国过于集中，长久依赖就会给进口国可乘之机用于操控我国羊肉市场供应，不利于国内肉羊产业持续、健康发展，我国的羊肉消费矛盾还得靠国内羊业发展来解决。

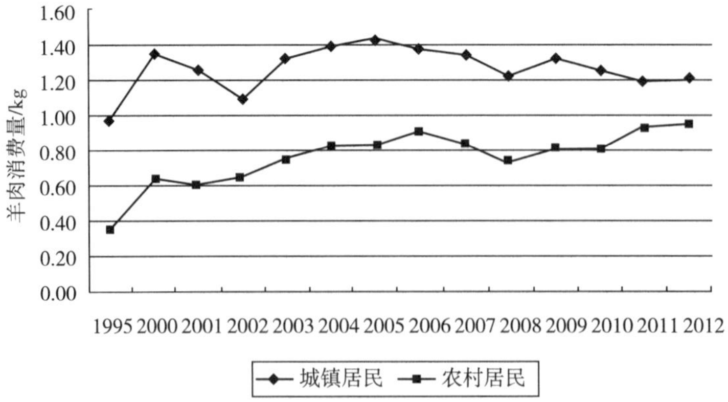

图 1－48　我国城镇居民羊肉消费变化(引自陈甜和肖海峰，2016)

我国的毛纺织工业是继棉纺工业、化纤之后的第三大纺织支柱产业，也是生产高档纺织品的行业。由于羊毛是一种天然动物毛纤维，且种类多、毛纺工艺性能优，可生产居民所需的多种毛纺织品，是我国毛纺工业的重要原料。2014 年，我国生产羊毛 40.72 万吨，较 2013 同比增长 1.26%，其中细毛产量 12.23 万吨，半细毛产量 13.27 万吨。但是同年国内毛纺工业羊毛需求量则高达 84.08 万吨，产毛量远远不能满足国内毛纺织工业发展的需求。为弥补毛纺原料不足，2015 年我国从澳大利亚、新西兰等国进口羊毛及毛条353 993吨，进口量几乎占澳大利亚出口量的 60%以上，新西兰羊毛出口量的三分之一，对国外进口羊毛的依赖性很大。

2.2　我国羊业的发展现状

2.2.1　羊肉产量稳步增长，羊业产能不断提升

从羊只存栏、出栏量来看，"十三五"期间，我国羊总存栏量从 3.117 亿只减少至 3.0655 亿只，降幅达 1.7%，年均降低超过 0.3%；而"十三五"时期，我国的羊出栏量从 2.94727 亿只增长到 3.19410 亿只，提高了 8.4%，年均增速超过 1.6%。尽管羊只存栏量有所下降，但是羊肉产量却持续增长。"十三五"期间，我国羊肉产量稳步增长。截至 2020 年底，我国羊肉产量 492 万吨，较 2015 年增长 11.56%，平均年增长率超过 2.31%。2016 年，我国羊出栏量首次超过存栏量，表明我国羊业产能不断提升，如图 1-49所示。

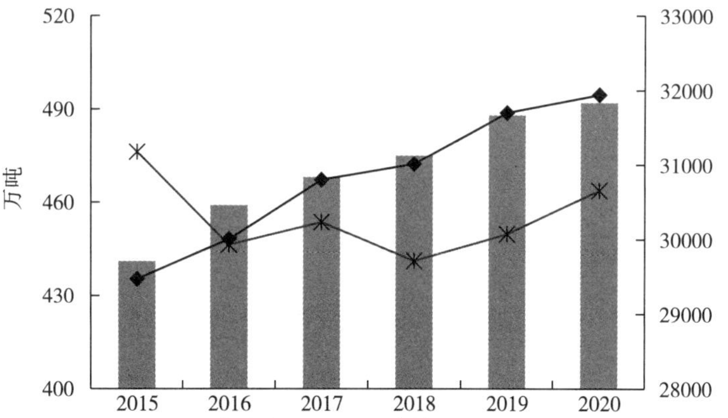

图 1-49　"十三五"期间我国羊肉产量及羊只存栏、出栏情况(数据引自 2021 中国统计年鉴)

"十三五"期间，我国绵羊存栏量从 1.666 亿只增长至 1.730 亿只，增幅达 3.85%，年均增长超过 0.77%；但是，同一时期山羊存栏量从 1.450 亿只降低至 1.334 亿只，降幅达 8.01%，年均降低超过 1.60%，如图 1-50、图 1-51 所示为"十三五"期间我国绵羊和山羊存栏情况。从我国各省(区)羊生产情况看，内蒙古、新疆、山东、河北、四川依然是"十三五"期间羊业发展的主产区。从规模化发展程度分析，"十三五"期末我国羊养殖综合规模化率为 43.1%，仅比"十二五"期末上升了 6.4 个百分点，说明规模化养殖发展速度较慢，我国的肉羊养殖仍然以千家万户的家庭式散养为主。

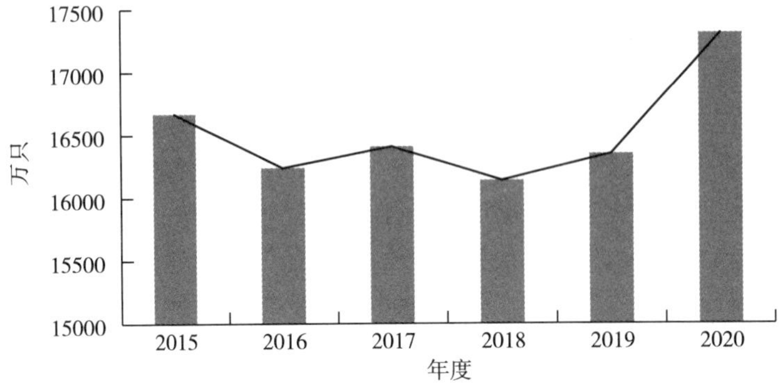

图 1-50 “十三五”期间我国绵羊存栏情况(数据引自 2021 中国统计年鉴)

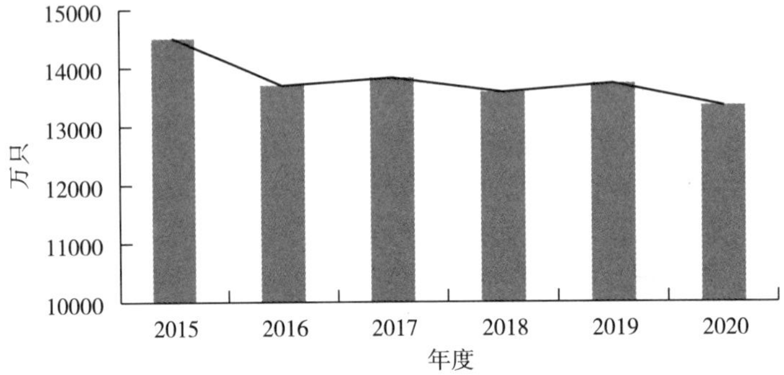

图 1-51 “十三五”期间我国山羊存栏情况(数据引自 2021 中国统计年鉴)

2.2.2 羊肉进口量持续高位,国内羊肉市场供给依旧偏紧

“十三五”时期,我国的羊肉进口规模持续扩大,出口规模则持续缩小(图 1-52)。进口方面,2015—2020 年,我国的羊肉进口量从 22.3 万吨增长到 36.5 万吨,提高了 63.7%,年均增长率 10.4%,增速较“十二五”时期下降了 21.0%。受新冠疫情影响,2020 年各国对冷冻羊肉进出口限制加强,我国的羊肉进口量出现了 5 年来的首次下降,进口量较 2019 年下降了 7.0%。羊肉进口额的变动趋势与其进口量类似,分别从 2015 年 7.3 亿美元增长到 2020 年的 17.4 亿美元,5 年共增长了 1.4 倍,年均增长率达到 19.0%,增速较“十二五”时期下降了 17.0%。“十三五”时期,我国羊肉主要进口来源国变动不大,依然是澳大利亚、新西兰、乌拉圭和智利。出口方面,“十三五”时期我国羊肉出口量呈下降趋势,从 2015 年的 0.38 万吨下降至 2020 年的 0.17 万吨,下降了 54.1%,年均降幅达到 14.4 百分点,较“十二五”时期减少 8.1%。我国的羊肉出口规模历年来比较小,且出口区域较集中,主要集中在我国香港、澳门特别行政区及阿联酋、以色列等中东地区。但是,“十三五”时期我国也开始向柬埔寨、越南等东南亚国家出口羊肉。出口市场较“十二五”期间有所拓宽。

上述数据表明,我国虽然是世界第一大养羊国,也是羊肉净进口大国,但国内的羊肉产品出口竞争力较弱。主要原因是国内养羊周期长、出栏率低、商品率低、羊肉品质不

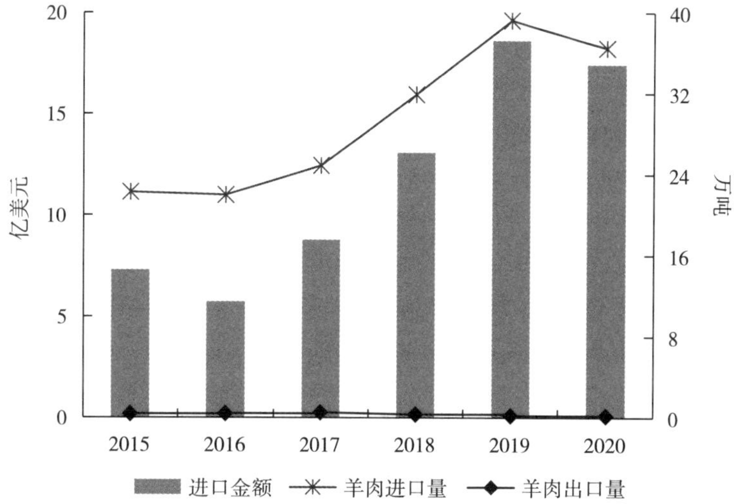

图 1-52　“十三五”期间我国羊肉进口、出口量及进口金额(数据来源于中国海关)

佳、羊只死亡率高、草原载畜量与冬春季节饲草料短缺之间的矛盾加剧等，传统的饲养习惯及千家万户的分散饲养依然是制约我国羊肉生产水平提高的主要障碍。另外，由于管理粗放、靠天养畜，在市场经济迅速发展的今天，传统养羊模式已不能充分有效地利用当地资源，不能批量生产适销对路的产品并有效地进入市场、参与市场竞争，导致我国羊肉进口量持续高位，严重制约了国内养羊业的进一步发展。

2.2.3　羊毛产量与进口量双双下降，羊毛制品消费需求低迷

“十三五”时期，我国的羊毛产量与进口量双双下降(图 1-53，图 1-54)。在产量方面，2015—2020 年，我国的羊毛产量从 46.63 万吨下降到 37.29 万吨，下降了 20.03%，年均下降率 4.01%。从类型上看，绵羊毛产量从 2015 年的 41.21 万吨下降至 2020 年的 33.36 万吨，降幅高达 19.04%；同一时期，山羊粗毛和羊绒则分别显著降低 32.27% 和 18.41%。在羊毛进口方面，2015—2020 年，我国的羊毛进口量从 35.32 万吨下降到 22.39 万吨，下降了 36.60%，年均下降率 7.32%。羊毛进口额的变动则迅速提高，从

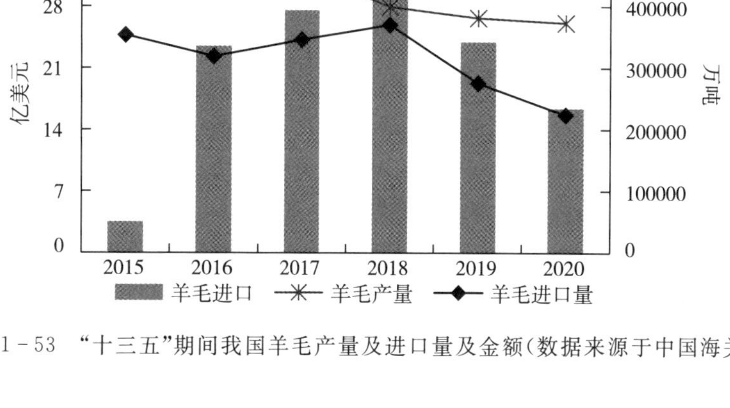

图 1-53　“十三五”期间我国羊毛产量及进口量及金额(数据来源于中国海关)

2015 年 3.53 亿美元增长到 2020 年的 16.43 亿美元，5 年共增长了 4.65 倍，年均增长率达到 93.01%。"十三五"时期，我国羊毛主要进口来源国变动不大，主要是澳大利亚、新西兰等。羊毛产量与进口量双双下降的主要原因是受贸易摩擦、羊毛制品消费需求低迷及羊毛减产等影响，国内毛纺企业的羊毛原料采购量明显减少，导致羊毛产量与进口量均大幅减少。

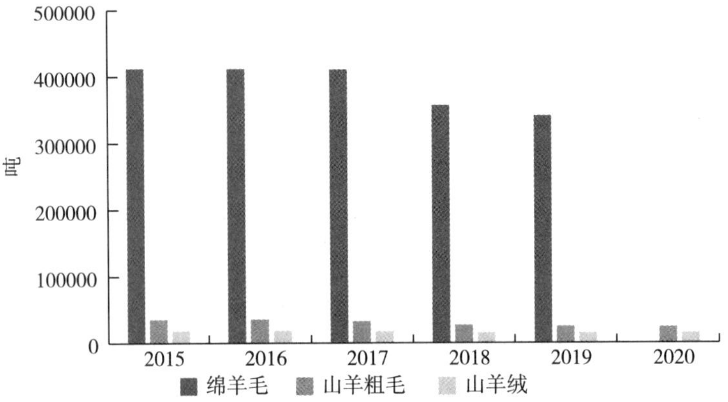

图 1-54 "十三五"期间我国羊毛产量分类(数据来源于 2021 中国统计年鉴)

2.2.4 羊奶及其制品异军突起，消费需求旺盛

近年来，羊奶的异军突起成为羊产品行业中的一大亮点。2008 年，羊奶主要制品之一羊奶粉的市场销售额仅 3 亿元左右，2014 年则达到 35 亿元，2015 年的销售额突破 50 亿，2019 年则达到 122 亿元。羊奶及其制品正式崛起始于 2008 年：一方面得益于羊奶脱膻工艺的成熟，从技术上根本解决了之前推广中羊奶中有膻味的一大阻力；另一方面则是因为在影响广泛的安全事件中羊奶能够独善其身，这些因素最终为羊奶的发展提供了有利条件。2013 年国家将羊奶制品——羊奶粉正式列入法规，羊奶粉成为继牛奶粉之后"唯二"的母乳选择产品之一。2018 年，我国绵羊奶产量为1 180 276吨，山羊奶的产量为237 109吨。其中，奶绵羊的生产与经营主要分布在内蒙古、新疆、西藏等边疆地区，奶山羊的生产与经营则主要集中在陕西、甘肃、山西、山东一带。当前，我国羊奶产品国内生产和进口的市场份额分别为 59.6%和 40.4%，其中荷兰、新西兰、澳大利亚、爱尔兰和法国是我国主要的羊奶产品进口来源国，2019 年羊奶产品的进口额分别为 29 亿元、15 亿元、3 亿元、2 亿元和 1 亿元。

2.2.5 羔皮与裘皮产业发展保持稳步增长的良好态势

"十三五"期间，随着我国人民生活水平不断提高及消费水平不断升级，皮革制品的需求呈稳步上升趋势。此外，由于国内房地产、汽车等行业的快速发展，也带动了家私革、汽车革等皮革制品的需求，羔皮与裘皮产业行业发展强劲。2020 年，我国的皮革产品产量已位居世界第一，国际市场的占有率超过 50%。从原料皮来源看，仍然以牛皮为主，约占 70%；而以羔皮与裘皮为代表的羊皮约占 18%，销售收入超过 400 亿元。目前，我国生产羔皮主要绵羊品种是太湖流域的湖羊和三北地区(西北、华北和东北)的卡拉库尔羊以及济宁青山羊。生产裘皮的绵羊、山羊品种主要有 7 个。其中，著名的绵羊品种有滩羊，贵德黑裘皮羊，岷县黑裘皮羊，太行裘皮羊与泗水裘皮羊，山羊品种有中卫山羊与子午岭黑山羊，已全部被列入《中国畜禽遗传资源志・羊志》和《中国羊品种志》。

2.3　我国羊业存在的主要问题及发展措施

2.3.1　我国绵、山羊品种良种化程度低，羊肉、羊毛等产品水平不高

近年来，我国陆陆续续从国外引进了萨福克羊、夏洛莱羊、特克塞尔羊、德国肉用美利奴羊、无角陶赛特羊（澳大利亚系及新西兰系）、澳洲白、杜泊羊等肉用绵羊以及波尔山羊，另外还有毛肉兼用品种如林肯羊、考力代羊、波德代羊、边区莱斯特羊、英国罗姆尼羊、新西兰罗姆尼羊等用于开展杂交改良、培育新品种以及地方优良品种改良，并先后培育出巴美肉羊、昭乌达肉羊、鲁西黑头羊等肉用绵羊品种及南江黄羊、简阳大耳羊、天府肉羊等山羊品种，但时至今日，绵山羊良种化依旧是我国羊业发展面临的卡脖子问题。一方面，绵羊良种化程度依然较低，仅占全国绵羊总数的 38%；而对于山羊，良种化程度则更低，大大影响了我国养羊业的总体生产水平和产品质量的提升。另一方面，优良的肉用品种匮乏，羊肉生产水平与发达国家相比差距较大。我国的绵羊品种多为毛用或毛肉兼用型，而繁殖力高、生长速度快、羊肉品质好、饲料报酬高的肉用优良品种除了从国外引进外，新培育的肉羊新品种如巴美肉羊、昭乌达肉羊、鲁西黑头羊推广主要在内蒙古等局部地区，对我国肉羊产业的整体提升作用十分有限。山羊品种除了南江黄羊、简州大耳羊为优良肉用山羊良种资源外，其余大部分为普通山羊，存在着生长速度慢、产肉性能差、繁殖和饲料转化率低等问题，严重制约了我国肉羊产业的快速发展。目前，羊肉生产仍以地方品种与细毛杂种羊为主，且细毛羊及半细毛羊的良种普及率也比较低，导致我国虽然是养羊大国却不是强国，依然需要大量进口羊肉、羊毛、羊奶等羊产品。

良种是战略性、基础性核心产业，是促进肉羊可持续发展、保障羊肉产品供应安全的根本。为促进肉羊产业高质量发展、全面提升羊肉产品供应安全保障能力，国务院于 2020 年 09 月提出了《国务院办公厅关于促进畜牧业高质量发展的意见》。意见指出，要继续实施肉羊遗传改良计划和现代种业提升工程，健全产学研联合育种机制，加快牛羊专门化品种选育，逐步提高核心种源自给率。一是要根据我国现阶段肉羊生产现状及联合育种技术的需要加快肉羊良种繁育体系建设，重点抓好原种场、核心育种场的建设。二是加快技术推广与人员培训，积极推广肉羊同期发情与人工授精技术，大力推广优秀种公羊及其经营的使用，提高肉羊良种化生产水平。三是注重国内地方肉羊品种资源的保护与开发利用，通过引进国外优良肉羊品种，改进本地品种，培育适合地方发展的肉羊新品种、新品系。四是积极探索养羊龙头企业与科研院所“产学研”结合的育种新机制，做大做强肉羊良种企业发展，加快良种鉴定方法研究与新品种培育力度。

2.3.2　养殖模式粗放，规模化、标准化养殖比重比较低

当前，我国千家万户散养模式依然是羊业发展的基础，其饲养模式的特点主要为小规模、大群体、饲养模式粗放。一方面，从事养羊的人员主要为农村剩余劳动力，以老人、妇女为主。由于养殖人员文化素质偏低，缺乏经过专业培养训练的技术人员，对新技术、

新成果、新信息反应慢，缺乏及时接纳、应用先进技术的能力，养殖水平比较低。另一方面，农村养羊的饲料主要来源为玉米、小麦、水稻等农作物的秸秆及田间杂草等，全年优质饲草供应不足，造成养羊周期长、育肥效果差、产品的市场竞争力小。最后，养羊基础设施不完善，建设标准化羊舍，修建草场围栏、购买饲草饲料加工机械等均需投入大量资金。当前，我国养羊业多处于落后的农村和山区，这些地区经济欠发达。因此，天然草场围栏、引水灌溉工程、人工草地改良及建设养羊业配套设施等缺乏资金投入，造成我国规模化、标准化肉羊养殖比重较小，导致出栏的羊只参差不齐、屠宰率低，产品质量差，养殖户经济效益低。

肉羊产业化发展的重要优势之一是羊群集中且出栏能够达到一定的规模。因此，要想改变养殖规模小、分散经营的养殖状况，首先要建立稳定的肉羊生产基地或产业带，形成区域化布局、规模化经营、标准化生产、科学化管理，才能够较好地确保羊产品持续供应，提高市场竞争力。其次，要加强简单、实用技术推广。组织专家编写简单实用养羊科技手册，如简单的饲料配制、饲草加工与利用、消毒免疫和日常管理等技术以图文并茂的形式进行推广，有效提高群众养羊技术与生产水平。第三，要加快制订养羊科技服务体系并完善服务措施。尽快完善技术服务体系，增加乡镇防疫和技术人员数量、编制及资金投入，鼓励社会资本及群众组建专业、高效的合作组织及服务体系；同时创新服务方式，鼓励高校及科研院所专业人员科技下乡、技术入户、技术承包等服务方式，扩大技术覆盖面，为我国羊业发展提供坚实的科技支撑与智力支持。

2.3.3 草场退化严重，优质饲草短缺

目前，天然草场、草山、草坡仍然是我国养羊业发展的主要物质基础。然而，多年来，许多地区盲目地扩大羊群规模，掠夺式地开发、利用，加上滥垦、乱挖及鼠、虫害的严重破坏，天然草场退化、沙化、盐碱化严重。当前，我国单位面积草地产肉量仅为世界平均水平的三分之一，严重落后于澳大利亚、美国和荷兰。此外，我国肉羊产业发展过程中还面临着优质饲草短缺的局面。2011 年—2020 年，我国的苜蓿草进口规模由 27.57 万吨扩大至 135.94 万吨，年均增速为 19.40%；燕麦草进口规模由 1.27 万吨扩大至 33.47 万吨，增长超过 25 倍，年均增速为 43.84%。其中，95%以上进口的苜蓿、燕麦、黑麦草等优质饲草，加上国内生产的大部分优质全株青贮玉米等均流向奶业生产，用于肉羊生产的优质饲草不仅品种少、数量小，而且质量差，优质饲草短缺。

针对草场退化严重，优质饲草短缺的困境，需要及时调整、优化肉羊产业区域布局，打造新的肉羊产业优势带。牧区虽然有 37 亿亩可利用草原，拥有独特的天然放牧条件，是羊生产的传统区域，但草原生态压力大，基础脆弱。因此，要围绕“提质、增效、绿色、可持续”基本方针，不断加强草原基础设施建设，提升草原生产能力。及时引导牧民流转、整合草场及牲畜等生产要素，大力发展家庭农（牧）场，并采用“轮牧＋补饲”的养殖模式，提高生产效率，建设现代草原羊业。农区的粮食、秸秆资源丰富，且种养业结合发展基础好，养殖技术普及程度高，发展肉羊规模养殖潜力很大，但养殖用地和资金制约比较大。鉴于此，要按照“以畜定草”的原则，优化调整农业结构，逐步建立粮改饲三元种植业结构，大力推进“种养结合、农牧循环、适度规模”的发展模式。同时，落实用地政策，积极为肉羊发展规模养殖创造条件，推进饲粮就地过腹转化，并加强饲草资源和秸秆高效利用

技术研究与应用，加快发展标准化规模养殖，促进羊生产上规模、上水平、增效益。南方拥有丰富的草山、草地自然资源和水、热等条件，其中万亩以上连片天然草山草地3345块，总面积超过9531万亩，是我国发展肉羊产业的希望之地。但是，目前南方草地资源利用还不充分，羊良种繁育滞后、规模化比重低。建议深入实施南方现代草地畜牧业推进行动，加快天然草山、草坡改良，大力开展优质饲草和羊良种繁育，推广草一田轮作、饲草青贮与干草调制、舍饲育肥等技术，努力打造南方新的肉羊产业优势带。

2.3.4　羊养殖防疫体系不完善

当前，千家万户的分散饲养模式依然是我国羊业发展的主体，许多羊场建立在距离居民区很近的地方，致使防疫不具备足够的安全距离。其次，大多数养殖户没有科学防疫意识，缺乏专门的消毒室，饲养条件比较简陋，场地面积小、羊只密度大，疫情防控难度大。前期，各省(区)已经建立了畜牧兽医行政主管单位及动物卫生监督执法和动物疾病预防控制相关机构。但是，机构改革后，特别是农业农村局成立后，大部分地方的动物防疫机构与畜牧发展部门合并，存在着机构设置不统一、职责不清等情况。目前，动物防疫体系与现代畜牧业高质量发展的规模不相适应。同时，随着肉羊养殖规模和数量扩张，活羊运输监管、疫情应急处置等工作量也随之增加，加上从事诊断、监测、检疫的专业技术人员缺乏，造成羊的疫病防控等环节监管缺失。随着养羊业集约化、规模化的发展，流通渠道将日益增多、范围也将随之扩大，由于饲养管理及条件的不完善，使肉羊疾病种类增多，且危害增大，特别是寄生虫及代谢病的危害更为普遍和突出，由于缺乏有效的监测手段，不少种类的病原广泛存在于羊的生产环境和流通过程之中，且疾病的发生与流行表现出了新的特点：实际生产中常见许多病例通常由两种或两种以上病原微生物感染引起，混合感染和继发感染为后续诊断和防治带来诸多困难。其次，肉羊普通病以散发、多发和不定时等特点发生，防治难度加大，常导致肉羊生长速度慢、羊群个体生长差异大、羊产品质量下降等问题，对我国羊业健康、快速发展造成沉重打击。

为加强羊疫病防控水平，应结合大数据、云计算等现代智能技术发展，提高羊防疫信息化、智能化水平，并开发、运行羊疫病强制免疫所需疫苗信息管理系统、检疫电子出证系统、智慧疫控平台等信息系统，及时将电子出证系统与羊屠宰、流通、销售管理系统互联互通，信息共享，探索建立从养殖、运输、屠宰、销售为一体的检疫闭环管理机制。当前，部分地区开发了“动物标识管理系统”，以“耳标”为主线，着力打通养殖保险、检疫出栏、无害化处理等环节的信息孤岛，并实时更新养殖场的入保、防疫、出栏、无害化、屠宰等数据，实现数据关联互通。互联网＋动物防疫，不仅能够增强动物疫情的监测、预警、追溯能力，有效缓解基层缺人的矛盾，减轻基层防疫人员工作强度，也为科学决策指挥提供了有效辅助。此外，还需深入开展肉羊疾病综合防治技术研究与应用。针对危害肉羊生产较为严重的寄生虫病、传染性疫病、营养代谢病、繁殖障碍病、呼吸系统等疾病，研究有效的防治技术。调查、研究肉羊常见疾病的发病原因及主要危害肉羊生产的病原微生物种类，开展重大疫病和群发病的综合防治技术的研究与应用，并建立科学的监测和防治体系；科学制定出集约化、规模化肉羊养殖场疾病防治操作规范，减少重大疫病的发生、传播与危害。同时，积极探索政府购买服务，将社会资本与技术引入兽医社会化服务，促进兽医服务的规范化、标准化和效率化发展。

2.3.5 羊的营养研究与饲草、饲料加工利用技术滞后

我国有多个绵羊和山羊品种，每个品种的生长和生产性能各不相同。在羊生产过程中，不仅要保证饲料种类的丰富和储量的充足，还需要根据羊的营养需要和饲料的营养成分配制全价日粮，以满足羊的生长和生产需要。但是，当前我国羊的营养研究严重滞后于生产，已成为制约肉羊生产从粗放型向集约型转变的“瓶颈”。在羊生产过程中，羊场大都借用美国的 NRC、英国的 AFRC 及 2004 肉羊饲养标准规定的肉用羊营养需要量来配制肉羊饲料。但是，由于饲养的肉羊具有养殖品种、饲料种类、环境条件等诸多方面的特殊性和地域性，完全套用概括性的标准缺乏科学性和实用性，在很大程度上制约了地方肉羊生产的发展。此外，我国可用于养羊的草料资源非常丰富，但因饲草饲料生产、加工技术落后，肉羊的饲料还没有完全实现商品化生产，大量的农作物秸秆如小麦、水稻秸秆等农副产品也未得到有效利用，造成资源浪费。由于小麦秸、玉米秸和稻草等秸秆的纤维素含量高、蛋白含量低，需要物理、化学或微生物处理等技术措施才能提高其营养价值和消化率。花生秧蛋白含量较高，是目前肉羊养殖中利用较多的秸秆饲草资源，但因种植过程中使用薄膜阻碍了其应有的应用价值，主要体现在收集、保存方法原始，加工、去膜手段落后，技术科技含量低等方面。

针对上述问题，应针对肉羊品种、养殖方式和饲料原料特点，研究安全、高效的肉羊饲料配制技术，开发肉羊饲料资源并制定具体品种的饲养标准，建立科学的肉羊营养需要和饲料营养价值体系，为合理利用饲料、有效发挥肉羊生产性能、降低饲养成本、提高养羊业经济效益提供科学参考。我国农区养羊的饲料资源非常丰富，特别是大量的农作物秸秆、农副产品以及食品等轻工业副产品等，4 吨秸秆的营养价值相当于 1 吨粮食，可为畜牧业持续发展提供物质保障。因此，应加强肉羊常用农作物秸秆高效利用的机理研究，为攻克农作物秸秆资源长期利用率不高、浪费严重，同时氮磷污染严重的共性问题提供解决思路。将研究成果示范化，优化肉羊日粮结构、提高肉羊生产性能及产业竞争力，及时引领我国肉羊产业快速走向生态化和规模化，并带动经济发展。

2.4 我国羊业的发展趋势

2.4.1 重视羊肉生产，肉羊产业将持续发展

随着经济的快速发展，羊肉消费将逐渐成为潮流，其在肉类消费中的占比也将大幅度提高，将由目前的 5%左右上升到 10%以上。一方面，将促进肉质鲜美、膻味小的肉羊新品种不断得到培育，能够更好地走进全民餐桌。众所周知，羊肉虽然肉质鲜嫩、胆固醇含量相对较低，具有性温进补的功效并受到人们的喜爱。但其膻味大、产量小、价格高是其未能成为大众主要肉食品的几大限制因素。未来，这些问题将随着新品种的培育成功及推广得到全部解决，使人们对羊肉美味的享用将成为潮流。另一方面，毛用羊将加速向毛肉兼用羊及肉毛兼用羊转化，进而扩大了羊肉生产基础。当前，肉贵毛贱的市场行情长期持续，加上毛纺企业主要依靠进口，使国产羊毛价格长期低迷，导致在细毛羊产区肉毛比价不合理，已经出现用土种羊替代细毛羊，甚至“倒改”的现象，有力推动了全国绵

羊育种重点开始转移，由毛用转向肉用。

2.4.2　肥羔生产将替代大羊生产成为羊肉的主要来源

在养羊业发达的一些国家，如新西兰、澳大利亚等几乎都在繁育肉用羊的基础上进行肥羔生产。主要原因有三个，一是肥羔肉营养丰富，具有精肉多、脂肪少、膻味轻，鲜嫩多汁易消化的特点，受到消费者的广泛欢迎。二是羔羊生后最初几个月生长快、饲料报酬高、利润大、有利可图。三是肥羔生产周期短，风险小，而且能够解决许多地区四季草场不均衡的现象。未来，肥羔生产作为一个新的产业将得到蓬勃发展，并逐步向集约化，规格化的方向发展。在育种上，肥羔生产将充分利用杂种优势，使其在主要性状上表现一致；在繁殖上，将采用同期发情、超数排卵和控制分娩，使羊群集中配种、集中产羔和集中管理，进一步缩短肥羔出栏天数。当前，我国肉羊产业发展正处于"两转双增"的关键阶段：生产方式由放牧生产向规模化、标准化舍饲方向转型，羊肉产品市场需求由大羊肉向羔羊肉和肥羔肉转变，将进一步推动肥羔生产。

2.4.3　羊业全产业链或集团化运营将成为主流方向

随着经济发展的加快，城镇化水平逐渐提高，土地资源紧缺和生态环境约束紧的"双紧"现象已成为新常态，生态资源、土地资源的刚性约束与养殖业的可持续发展之间的矛盾日益尖锐。目前，规模养殖用地难、粪污处理难等问题逐步显现，加上部分肉羊养殖户粪污处理意识薄弱，肉羊养殖业污染已经成为制约现代肉羊产业发展的瓶颈。解决上述问题的有效途径是科学规划肉羊养殖区或产业带，实现肉羊全生产要素集聚。目前，生猪、家禽生产已初步实现全产业链或集团化运营，并形成以正大、天邦、牧原、正邦、双胞胎等知名企业和集团动态博弈的格局，而肉羊行业巨头则凤毛麟角。随着羊肉及其他产品消费驱动，加上生猪与家禽生产知名企业和集团博弈格局稳定后，社会资本必将流向起步晚的养羊行业竞逐财富。届时，大规模、集团化运营、产业链式运作模式等会主导肉羊市场，促进肉羊生产、屠宰、产品深加工、品牌、营销实现一体化运营，导致羊肉生产成本也将大幅度下降，降幅 30%左右，拉动肉羊产业快速发展。

2.4.4　肉羊联合育种机制将逐渐形成，分子育种技术开始逐渐发挥作用

自 20 世纪 90 年代肉羊产业开始兴起，社会资金开始投入养羊，纷纷组建不同规模的民营养羊企业，这些企业应市场而生，随市场而动，投机性炒种贩种，大多数企业缺乏育种概念，更无长期育种计划。2016 年国家实施了《全国肉羊遗传改良计划 2015—2025》，2021 年又相继颁布了全国羊遗传改良计划（2021—2035 年），开始从养羊企业中遴选国家级核心育种场，从国家层面上，组织开展有计划的联合育种工作。目前，全国有种羊场 1272 个，其中种山羊场 449 个，大部分分布在南方地区；种绵羊场 823 个，大部分分布在北方地区。针对单场群体规模小的问题，开展以种公羊交换为遗传联系的多场联合育种，实施开放式的联合育种方案，能够有效增加育种群体的规模，缩短新品种培育周期。自 2016 年采用肉羊联合育种机制以来，新品种选育取得丰硕成果。内蒙古选育出"戈壁短尾羊""草原短尾羊"；河南育成了"黄淮肉羊"；山东育成了"鲁中肉羊"；吉林省育成了"乾华肉用美利奴羊"；西藏育成了"象雄半细毛羊"；"贵州半细毛羊"通过现场审定。

常规育种按照表型值选种对遗传力高且容易度量的性状有效，而对于低遗传力或者难以度量的性状选择效果差。伴随分子育种技术的快速发展，按基因型选择技术能够有效解决低遗传力及难以度量的性状选择问题，使分子育种技术开始在绵羊育种中得到应用：产羔数属低遗传力性状，肉羊的产肉性能属难度量性状，采用相关基因检测技术，可以实现按基因型选择，已在“鲁中肉羊”新品种选育中取得了良好效果。全基因组选择已开始在绵羊育种中探索应用，其前景可期。

2.4.5 优良种源将由依赖进口转向以自主选育为主

长期以来，由于单纯追求羊肉产量增长需要，缺乏对肉羊种质资源重要性认识，多数羊场存在“重引进、轻培育，重杂交、轻保护”现象，造成品种混杂、部分地方优良种质资源流失严重。其次，由于国家统筹、分级负责保护体系尚不完善，导致资源保护成本持续增加，养殖场保护主体内生动力不足。加上种业科技创新滞后，资源鉴定评价体系不完善，许多优良地方羊品种重要经济性状没有被发掘，依然停留在分子遗传机理探索阶段。我国虽然是养羊大国，绵羊、山羊存栏量和出栏量均居世界第一，但不是种业强国。目前，支撑我国羊肉产量核心种源很大程度上是依赖进口，而进口国主要来自澳大利亚、新西兰、英国等发达国家。特别是在当前新冠疫情肆虐、全球经济衰退、中美战略博弈加剧的特殊背景下，一旦出现断供，势必对我国养羊业乃至国民经济产生深远影响。良种资源既是羊业现代化的基础，也是肉羊产业发展中亟待加强的薄弱环节。依托我国丰富的羊种质资源开展种业“卡脖子”技术攻关，加快培育具有自主知识产权的突破性优良品种以提高我国核心种源自给率，坚决打好种业翻身仗已成为我国养羊业发展的头等大事。党和国家历来高度重视，并下决心要把我国种业搞上去，逐步形成以国家为主的种质资源保护局面，且种质资源保护体系趋于完善。未来，优良种源将由依赖进口逐步转向以自主选育为主。

知识点小结

我国是世界上养羊历史悠久的国家之一，且具有丰富的绵羊和山羊品种资源。当前，我国经济发展迅速，羊肉、羊奶等产品逐渐成为消费潮流。但是，我国的羊产业发展起步晚，羊肉、羊奶、羊毛等产品产量不足，进口依赖性强，加上良种化程度低、养殖模式粗放、优质饲草短缺、防疫体系不完善、饲养标准不科学等问题，严重制约了我国肉羊产业的健康、快速发展。未来，受羊肉为主导的羊产品消费驱动，我国羊业发展将加快向肉用及新品种培育转型，新的生产方式和技术将不断涌现。

第3节 世界养羊业的概况与发展趋势

3.1 世界养羊业概况

3.1.1 世界羊存栏量

据联合国粮食与农业组织(FAO)官网发布的统计资料显示，截至2020年底，全世界羊只存栏量为2 391 242 880只，较 2019 年增长 1.78 个百分点。其中，绵羊存栏1 263 136 644只，山羊为1 128 106 236只，与 2019 年相比，分别增长了 1.84%和 1.72%(图 1-55)。2020 年，中国绵羊存栏量为173 095 534只，山羊133 583 755只，占全世界绵、山羊总存栏的 10.84%和 13.70%，稳居世界第一位。第二位印度绵羊存栏量为68 099 762只，山羊150 248 487只；第三位巴基斯坦绵羊存栏量为78 207 000只，山羊26 125 430只；澳大利亚绵羊存栏量为63 529 366只，山羊3 880 645只；新西兰绵羊存栏量为26 028 935只，山羊96 495只。

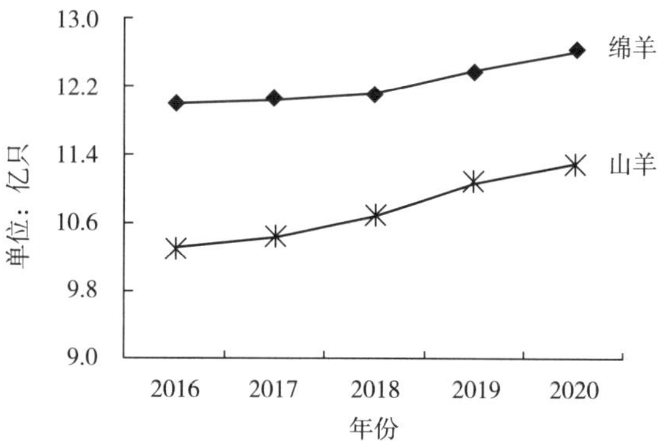

图 1-55　2016—2020 全球绵羊、山羊数量变化
(数据来源于联合国粮食及农业组织 2021 官网)

3.1.2　世界羊肉产量

截至 2020 年底，全球肉类总产量达337 179 926吨，与 2019 年基本持平，其中羊肉产量实现增长，达到16 027 615吨，较 2019 年增长 3.07%，如图 1-56 所示。其中，山羊肉为6 142 140吨，绵羊肉为9 885 475吨。从羊肉生产区域看，2020 年亚洲羊肉产量第一，为9 720 255吨，其次是非洲 3 382 460 吨、欧洲(27 国，以下同)为 1 189 265 吨、大洋洲1 177 721吨、南美洲为466 965吨、北美洲为90 949吨。从羊肉生产国看，中国绝对是世界第一，2020 年，中国羊肉总产量为5 054 730吨(其中台湾省1 900吨，香港和澳门特别行政区分别为 81 和 25 吨)，占全世界羊肉生产总量的 31.53%。第二位是印度为835 564吨，第三位是澳大利亚为716 862吨，第四位是新西兰为460 370吨。

3.1.3　世界羊奶产量

截至 2020 年底，全世界鲜奶总产量达886 861 798吨，与 2019 年相比，增长 1.14 个百分点。其中，牛奶、驼奶、山羊奶产量均实现较大提升，分别达到718 038 443吨、3 149 997吨、20 629 610吨，较 2019 年分别增长 1.38%、2.81%和 0.005%。2020 年，绵羊奶产量基本与 2019 年产量持平，为10 618 551吨；水牛奶产量有所下降，为134 425 197吨，较2019 年下降 2.72%。

从羊奶生产区域看，2020 年亚洲羊奶产量第一，山羊奶为12 219 732吨，绵羊奶为4 919 117吨；其次是非洲山羊奶为4 487 005吨，绵羊奶为2 497 630吨；欧洲为山羊奶为2 502 527吨，绵羊奶为2 967 554吨；南美洲山羊奶为356 277吨，绵羊奶为35 733吨；北美洲山羊奶为25 982吨；大洋洲山羊奶为 40 吨。从羊奶生产国看，印度羊奶产量位居世界

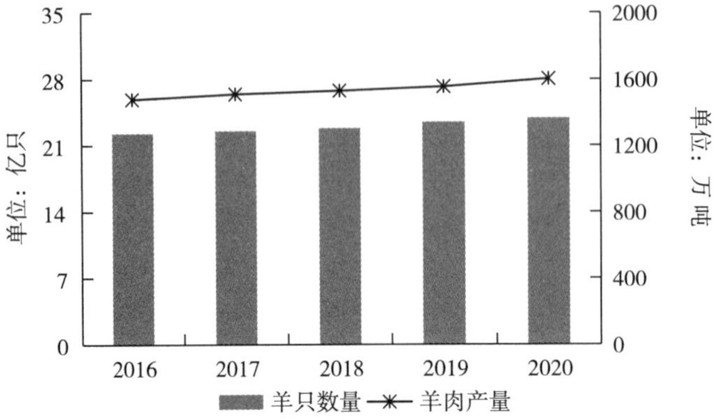

图 1-56　2016—2020 全球羊只数量及羊肉产量变化
（数据来源于联合国粮食及农业组织 2021 官网）

第一，2020 年，印度山羊奶为5 888 077吨，绵羊奶为212 113吨，占全球羊奶总产量的19.52%。中国山羊奶为233 080吨（其中台湾省13 199吨），绵羊奶为1 211 831吨，占全世界羊奶生产总量的 4.62%。荷兰山羊奶产量为407 000吨；澳大利亚山羊奶为25 370吨，绵羊奶为11 420吨，如图 1-57 所示。

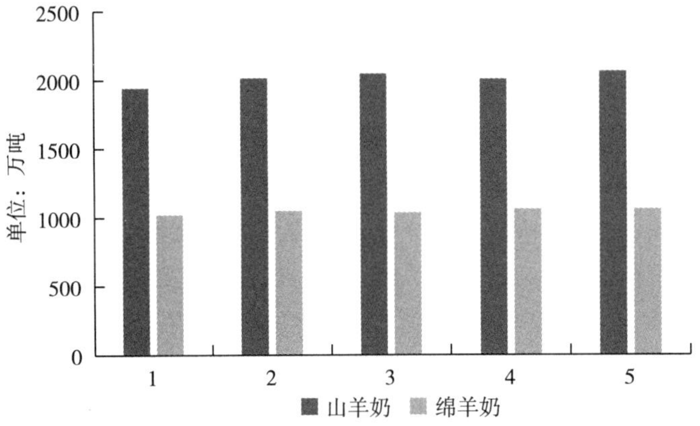

图 1-57　2016—2020 全球绵、山羊产奶量变化
（数据来源于联合国粮食及农业组织 2021 官网）

3.1.4　世界羊皮产量

截至 2020 年底，全世界生羊皮总产量达3 152 436吨，与 2019 年相比，增长 3.54 个百分点。其中，山羊皮、绵羊皮产量均实现较大提升，分别达到1 232 880吨、1 919 556吨，较 2019 年分别增长 1.56%和 4.86%（图 1-58）。从羊皮生产区域看，2020 年亚洲羊皮产量第一，山羊皮为918 554吨，绵羊皮为1 047 854吨；其次是非洲山羊皮为263 922吨，绵羊皮为335 768吨；大洋洲山羊皮为8 222吨，绵羊皮为235 209吨；欧洲山羊皮为9 428吨，绵羊皮为97 415吨；南美洲山羊皮为14 440吨，绵羊皮为65 433吨；北美洲山羊皮为1 777吨，绵羊皮为9 295吨。从羊皮生产国看，中国羊皮产量位居世界第一，2020 年中国山羊皮为461 576吨，绵羊皮为616 626吨，分别占全球山羊和绵羊皮总产量的 37.43%和 32.12%。印度山羊皮为100 875吨，绵羊皮为42 633吨；新西兰山羊皮产量336吨，绵羊皮为83 440吨。

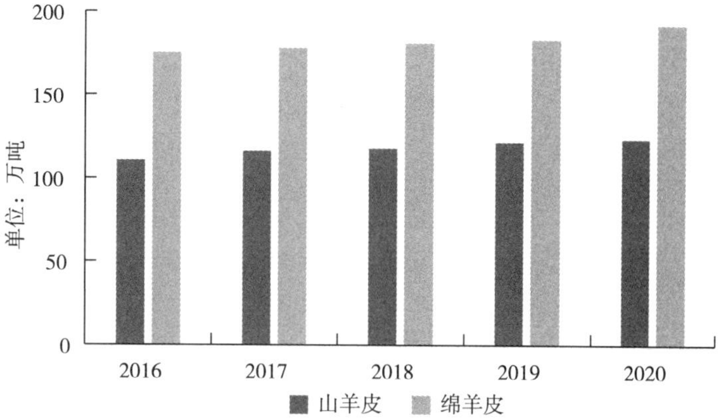

图1-58　2016—2020全球绵、山羊生皮量变化
（数据来源于联合国粮食及农业组织2021官网）

3.1.5　世界羊毛产量

截至2020年底，全世界油性羊毛总产量达1 784 925吨，与2019年相比，降低2.335个百分点（图1-59）。从羊毛生产区域看，2020年亚洲羊毛产量第一，羊毛为843 034吨；其余依次是大洋洲羊毛产量为434 986吨；非洲羊毛产量为201 430吨；南美洲羊毛产量为99 618吨；欧洲羊毛产量为51 000吨；北美洲羊毛产量为11 735吨。除亚洲、非洲羊毛产量实现增长外，其余各洲羊毛产量均有所下滑，其中大洋洲下降9.44%，南美洲和北美洲分别下降4.18%和3.22%。从羊毛生产国看，中国羊毛产量位居世界第一，2020年中国羊毛产量为333 624吨，占全球羊毛总产量的18.69%；其余依次是澳大利亚，羊毛产量为283 794吨，占比15.90%；新西兰151 192吨，占比8.47%；印度45 844吨，占比2.57%；巴基斯坦45 112吨，占比2.53%；乌拉圭24 720吨，占比1.38%。在羊毛主要生产国中，除巴基斯坦羊毛产量在2020年实现增长外，其余各国与2019年相比，澳大利亚降低13.64%，乌拉圭降低6.92%，中国降低2.20%，印度和新西兰分别降低0.38%和0.34%，全球羊毛产量变化如图1-59所示。

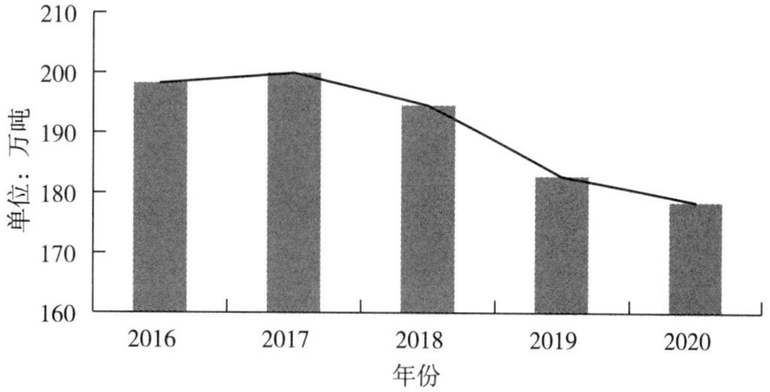

图1-59　2016—2020全球羊毛产量变化
（数据来源于联合国粮食及农业组织2021官网）

3.2 世界养羊业发展趋势

3.2.1 全世界普遍重视羊肉生产,羊肉和羊皮产量将持续增长

2020年,全球羊肉、羊皮产量伴随着绵羊、山羊数量的增加而持续增长,一个主要的原因是主要养羊国由以前把羊肉生产放在从属的地位即"毛主肉从"逐渐转向"肉主毛从"。以澳大利亚为例,2020年澳大利亚是世界养羊业最发达的国家之一,以澳洲美利奴羊为代表的绵羊数量和优质原毛产量分别占世界绵羊数量和产毛量的5%和16%左右。澳大利亚虽然以生产羊毛为主,但同时对羊肉生产也非常重视,并且羊肉生产多以生产羔羊肉为主,特别是注重利用英国早熟肉用品种羊做父本与澳洲美利奴母羊杂交生产羔羊肉,并培育出澳洲白等肉用新品种用于羊肉生产。当前,澳大利亚生产的羔羊肉不仅向中东阿拉伯国家出口,也是中国羊肉进口主要来源国之一。新西兰养羊历史较早,也是世界生产羊肉最多的国家之一。早期,新西兰也是养细毛羊用于生产羊毛,后因气候不适原因改养半细毛羊。由于国内外对羊肉的需求量非常大,特别是人们喜欢胴体肉质好、产肉量高的羔羊品种。为此,新西兰从英国引入了许多肉毛兼用的长毛型和短毛型半细毛羊品种用于本土品种杂交改良,并培育出考力代羊等优秀的半细毛品种。目前,新西兰有三十多个绵羊品种,其中以罗姆尼羊为代表的肉毛兼用半细毛羊品种占新西兰绵羊总数的98%左右。与此同时,法国绵羊品种中肉羊品种占比50%左右;英国每年羊毛收入仅占全国羊业经济总值的8%,而羊肉收入却高达85%以上。特别是近年来受非洲猪瘟影响,猪肉产能下降,包括中国、菲律宾等以猪肉为主的亚洲国家和其他地区纷纷转向羊肉消费,羊肉供需失衡日益加剧。综上可以看出,国外羊肉产量较高的国家,如英国、法国、俄罗斯、美国、巴西、墨西哥、印度、巴基斯坦等许多国家均已将羊业发展重点转移到羊肉生产上,并充分利用国内生产优势,大力发展肉羊产业。随着全世界普遍重视羊肉生产,未来羊肉和羊皮产量将持续增长。

3.2.2 羔羊肉消费将成为羊肉消费中的主流

由于6～9月龄的断奶羔羊生长速度快、饲料报酬高、生产成本低,并且羊肉具有膻味轻、瘦肉多、脂肪少、鲜嫩可口、易消化等特点,国外许多养羊比较发达的国家如新西兰、澳大利亚、英国、法国、美国等都开始重点生产肥羔,且专业化生产程度日益提升。目前,新西兰已成为世界上生产羔羊肉最多的国家,而美国的羔羊肉生产同样已成为其国内养羊业的支柱产业,两国的肥羔肉产量均已达到其国内羊肉总产量的75%以上,澳大利亚也已超过70%,英国生产的羔羊肉则占国内羊肉生产的90%以上。由于中国羊业起步晚,与发达国家相比处于落后阶段,特别是千家万户的分散养殖模式依然处于主体地位,肥羔生产相对滞后。但是,随着经济快速发展,中国居民肉类消费结构正在逐渐发生变化,羊肉由季节性消费转向全年消费,2020年人均羊肉消费突破3.5千克,羊肉进口量达到36.5万吨。未来,受国外羔羊肉产品刺激,中国的羊肉消费占比将由原来不足5%逐渐提升至10%,将进一步推动羔羊肉消费。

3.2.3 绵羊、山羊肉用品种的良种化程度将大幅提高，多胎品种将成为培育趋势

当前，国内外养羊大国纷纷选择萨福克羊、南丘羊、汉普夏羊、雪维特羊、牛津羊等优良品种作为父本，考力代羊、兰布列羊、兰德瑞斯羊等作为母本进行杂交或改良，生产商品肥羔，其杂交后代的增重速度不仅高于亲本，而且体质健壮、死亡率低。以萨福克为例，美国在其国内将其作为从毛用转向肉用的主要品种进行积极推广。由于该品种的产肉性能非常突出，特别是屠宰率能够达到55%以上，其成年羊体重和生长速度均居美国其他品种之首。此外，萨福克也是杂交效果最好的杂交父本用其生产3～4月龄的断奶羔羊，在6月龄出栏屠宰后，羔羊的活体重可达40～45千克，胴体重则在22千克以上。鉴于此，英国、美国、新西兰等养羊大国将萨福克羊作为肉羊生产的终端父本。近期，澳大利亚通过在萨福克原有基础上导入白头和多产基因，新培育出澳洲白优秀肉用品种并广泛推广。中国从20世纪70年代起，先后从澳大利亚、新西兰等国引进萨福克作为杂交改良的父本，并在宁夏、吉林、河北、新疆、内蒙古、北京和山西等省(区)用当地的母羊作为母本进行经济杂交，母羊产羔率173%，190日龄杂交羔羊宰前活重为37.25千克，胴体重为18.33千克，屠宰率均接近50%，胴体净肉率则突破70%。

随着羊肉市场走俏，未来绵、山羊肉用品种的良种化程度将日益提升，同时将转向培育高饲料报酬的多胎品种。目前，国外多胎品种主要以芬兰羊和俄罗斯的罗曼洛夫羊为代表。这两个品种繁殖率非常高，母羊平均每胎产羔2～4只，最高可达8～9只。目前，全球多国都非常重视这两个多胎品种，实践也表明利用它们来提高羊群的繁殖率非常显著。在我国地方绵羊品种中，湖羊和小尾寒羊的繁殖率也很高，每胎2～3羔，小尾寒羊最高也可达8～9只。在品种培育中，也特别注意各品种饲料报酬的提高。将引入的萨福克公羊分别与湖羊、小尾寒羊进行杂交，试验结果表明，无论是萨×湖还是萨×寒杂一代羔羊6月龄体重42千克左右，平均日增重均比同龄对照组湖羊、寒羊显著提高，胴体重均为20千克左右。

3.2.4 利用现代化新技术向集约化方向发展羊业成为未来的重要生产方式

养羊业发达的西方国家基本实现品种良种化、草原改良化、放牧围栏化和育肥标准化的过程中，非常注重利用现代繁殖技术，如调节光照、使用胚胎移植技术、早期断奶技术、统一分娩等来缩短肉羊非繁殖期的时间，并结合同期发情和人工授精技术，实现统一配种、集中产羔、规模育肥、标准出栏，已形成技术先进的肥羔生产体系，从而大大提高了劳动生产率，使养羊生产逐渐向集约化、现代化方向迈进。目前，中国正在利用现代化新技术实现生猪、家禽产业向集约化方向发展，并处于动态博弈的格局。随着羊肉及其他产品消费驱动，利用现代化新技术向集约化方向发展羊业也必将成为未来的重要生产方式。

3.2.5 羊毛产量将持续下滑，细毛和羊绒依然走俏

自2017年起，全世界羊毛产量连续四年下降，主要有以下原因导致：一是普通羊毛的替代属性较强。棉纺和合成纤维加工工艺快速发展，与毛纺产业产生了激烈竞争。以合成纤维为例，其平均单价不到羊毛的三分之一，大大挤占了羊毛市场份额，导致羊毛市场疲软，羊毛价格下跌，造成绵羊饲养量下降，羊毛产量持续减少。另一方面，随着羊肉

消费比重的增加，羊肉市场走俏。但是，羊业原来以毛用或毛肉兼用为主导，造成羊肉供不应求。加上羊毛价格降低，毛贱肉贵的格局正逐渐形成，引起养殖户纷纷转向羊肉生产。近年来，主要养羊国如澳大利亚毛用绵羊减少32%，新西兰减少37%，阿根廷、乌拉圭、南非均减少50%。在中国，甚至出现"毛改肉"的倒改现象。未来，羊肉的主体地位将进一步增强，羊毛产量则持续下降。虽然羊毛总产量在减少，但同时细毛和羊绒销量却十分走俏，其价格也远高于中支毛。原因在于细毛和羊绒不仅重量轻，其独特的组织结构所具有的保暖、调节潮湿、清洁健康等性能令棉织品和合成纤维无法企及。因此，世界各国依然注重对细毛羊和绒山羊品种的选育，并结合分子育种技术开展降低羊毛细度研究，以开发更高端的新产品。

3.2.6 绵、山羊奶及其制品市场发展迅速

绵羊奶、山羊奶与牛奶相比，乳脂含量高出50%左右；同时，乳蛋白、乳糖含量也比牛奶高。由于羊奶的营养较高，加上羊奶的营养成分比较接近人乳，是生产婴幼儿代乳粉的理想奶源。近年来，随着羊奶脱膻技术的成熟应用，人们逐渐认同羊奶的营养价值，消费结构、消费意识、消费观念也渐渐发生深刻变化，羊奶消费已经开始从导入期走向成长期。目前，羊奶已解决了在不破坏营养价值的前提下常温灭菌、保持原色原味、常温保存等技术难题。与此同时，羊奶及其制品业得到不断丰富，除液态羊奶之外，还有羊奶粉、羊奶酪、羊奶片、酸羊奶等也逐渐推向市场，并为广大消费者所青睐。目前，全世界的奶山羊存栏约2亿只，主要分布在南亚印度、孟加拉国等10多个国家。中国虽然有奶山羊1200多万只，但是能够开展商业化产奶的羊的数量却不足500万只，其中陕西是中国奶山羊关中奶山羊较集中的省份，现存栏约240万只；分布在山东、山西、河北、内蒙古、黑龙江等地的奶山羊约170万只。当前，羊奶粉市场规模的增速在20%～30%，支撑羊奶及其制品高增长的原因除了羊奶价值高、牛奶源不足、消费者对羊奶粉认知度提升以外，还有消费升级背景下，羊奶企业在寻找差异化定位。未来，绵、山羊奶及其制品市场份额将进一步增加。

知识点小结

目前，全世界养羊业持续发展，羊存栏量稳步提高，羊肉成为羊产品中的消费主流。为满足羊肉需求量，世界各国普遍重视羔羊肉生产，积极提高肉用品种的良种化程度和产羔率，并利用现代化新技术向集约化方向发展养羊业。未来，羊毛产量将持续下滑，绵羊奶、山羊奶及其制品的市场则发展迅速。

第 2 章　羊毛生产

羊毛纤维是毛纺工业的重要原料，具有保暖、轻便、调节潮湿、清洁舒适等独特的优良性能。我国是羊毛纤维生产大国，2020 年，我国绵羊毛纤维产量333 625吨，山羊粗毛产量24 034吨，山羊绒产量15 244吨。羊毛纤维产业作为我国畜牧业的重要组成部分，在满足人们毛纺消费需求、提高农牧民收入、促进乡村振兴等方面一直发挥着重要作用。但是，近年来随着人们毛纺消费需求的日益旺盛，国内优质羊毛纤维自给能力严重不足。据海关统计数据显示，2020 年，我国羊毛纤维及毛条进口数量为223 963吨，占我国羊毛纤维生产总量的 60.05%，进口金额超过 16.4 亿美元。与国产羊毛纤维相比，进口羊毛纤维具有品质好、净毛率高、市场价格低等优点。随着我国毛纺工行业由中低端生产向高端生产转变，对优质羊毛纤维的需求日益旺盛，虽然大量进口国外优质羊毛纤维在一定程度上能够弥补国内供给缺口，但也会对国内羊毛纤维产业造成严重冲击，并加大国内羊毛纤维制品产业对国际市场依赖的风险。因此，了解、学习和掌握羊毛纤维生产的知识与技能并应用于实践，对促进我国羊毛纤维产业高质量发展具有重要的意义。

第 1 节　羊毛纤维的化学结构、性质及物理特性

1.1　羊毛纤维的化学结构与性质

羊毛纤维与植物纤维、矿物纤维是天然纤维的重要组成部分，但是三者的化学结构却截然不同：植物纤维的主要化学成分是纤维素，故也称纤维素纤维；矿物纤维是从纤维状结构的矿物岩石中获得的纤维，其主要组成物质为各种氧化物，如氧化铝、氧化镁、二氧化硅等，其主要来源为各类石棉；而羊毛纤维则是天然的蛋白质纤维。

1.1.1　羊毛纤维的化学结构

羊毛纤维是天然蛋白质纤维，其主要组成物质是角朊蛋白质。羊毛纤维角蛋白由近 20 种 α-氨基酸组成，各种氨基酸中以胱氨酸、合氨酸、亮氨酸和精氨酸的含量最多，且氨基酸之间用—CO—NH—肽键构成多肽长链。羊毛纤维大分子的单基是 α-氨基酸剩基，其结构特点是大分子间除了依靠范德华力、氢键结合外，还通过盐式键、二硫键、疏水

键相结合，从而使大分子具有网状结构。如图 2－1 所示 X 射线衍射图谱分析结果显示：羊毛纤维角蛋白质中存在有 3 种规整的结构，即 α 螺旋链、β 曲折链与超缩结构，并形成纤维的结晶区和非结晶区，其结构非常复杂且致密。

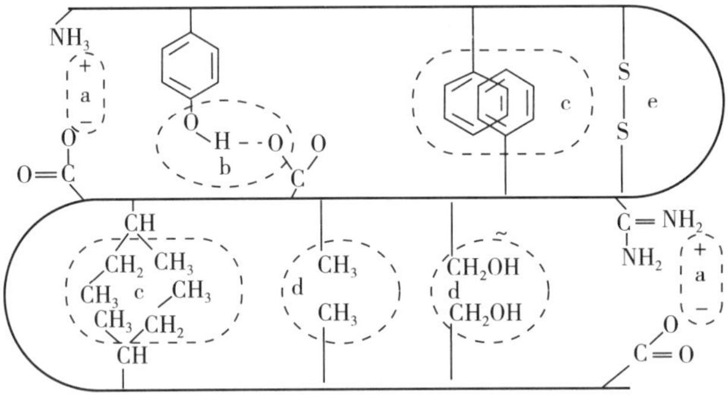

（a）离子键（b）氢键（c）疏水键（d）范德华力（e）二硫键

图 2－1　羊毛纤维蛋白分子结构的各种化学键

1.1.2　羊毛纤维的化学成分

羊毛纤维主要含有碳、氢、氧、氮、硫 5 种元素，其中碳元素含量最高，在 49.0%～52.0%之间；其余依次是氧（17.8%～23.7%）、氮（14.4%～21.3%）、氢（6.0%～8.8%）、硫（2.2%～5.4%）。含硫是羊毛纤维所特有的，也是羊毛纤维特性的化学物质基础。含硫的氨基酸主要是胱氨酸和甲硫氨酸，其中胱氨酸占羊毛纤维总含硫量的 95%～99%。

1.1.3　羊毛纤维的化学性质

羊毛纤维的化学性质由羊毛纤维的化学结构及成分决定。由于氨基酸含有羧基-COOH 和氨基-NH2 基团，羊毛纤维角朊蛋白质是一种两性化合物，既可以与酸作用，又可以与碱作用。羊毛纤维的等电点 PH 值为 4.2～4.8，当达到羊毛纤维的等电点时，羊毛纤维角蛋白质的溶肤、溶解度、电导率均最低。鉴于角朊蛋白质不溶于水，且结构中有二硫键相连，所以羊毛纤维具有较强的耐酸、碱及酶的能力。但是，当胱氨酸中链的二硫基被氧化剂、还原剂以及阳光中的紫外线及碱侵蚀后，则会引起羊毛纤维化学结构的改变和破坏，主要表现为羊毛纤维能在稀碱液中很快膨胀、溶解；高温变性、氧化发黄等。

1.1.3.1　碱对羊毛纤维的作用

羊毛纤维容易被碱溶解，如图 2－2 所示，在常温下用 pH 为 11 的氢氯化钠溶液处理 2h 对羊毛纤维鳞片层的破坏严重，这是羊毛纤维的一种重要化学特性，主要是由于胱氨酸中的二硫键和盐键被破坏。用 5%的 NaOH 溶液，将羊毛纤维放入煮沸 2～3 分钟，羊毛纤维即可全部溶化，成为黄色的浑浊液体。但弱碱及其盐类对羊毛纤维的破坏作用比较轻微，如 0.4 克/升浓度以下的氢氧化钠、7 克/升以下的碳酸钠溶液。尽管弱碱溶液在常温下对羊毛纤维化学结构影响不大，但是在洗羊毛纤维制品时还是尽量避免使用盐碱类洗涤物如碳酸钠、肥皂等，以免长期洗涤对羊毛纤维制品造成损伤。

1.1.3.2 酸对羊毛纤维的作用

羊毛纤维角蛋白是一种耐酸、不耐碱的角朊，因此羊毛纤维的抗酸能力较强，除非溶液浓度很大，否则羊毛纤维是不会溶解的。在浓度达80%的硫酸溶液中，短时间处理（在不加热的条件下）羊毛纤维，羊毛纤维的化学结构几乎不受损伤如图2-3所示常温下用pH为2的硫酸钠溶液处理2小时对羊毛纤维鳞片层几乎没有影响。羊毛纤维的这种耐酸的化学特性，主要是因为羊毛纤维结构中含有碱基。但是，高浓度的强酸在高温下对羊毛纤维有破坏作用，如将羊毛纤维放在30%的浓硫酸溶液中加热处理，则羊毛纤维会全部溶解、消化，此时酸对羊毛纤维的作用主要是破坏了氨基酸之间的盐键。鉴于羊毛纤维的这种耐酸的化学特性，毛纺过程中常利用羊毛纤维抗弱酸的这种特性进行"炭化除杂"和"酸性染色"：将羊毛纤维用1.5%～4%的稀硫酸进行处理，羊毛纤维中外来的一般植物纤维则会全部分解，但是羊毛纤维却不受损失，进而达到清除羊毛纤维原料中所含的植物杂质；利用酸性染料（如醋酸、蚁酸等）染羊毛纤维时，不但对羊毛纤维无损害，反而能够使染色更加牢固，同时成本降低。

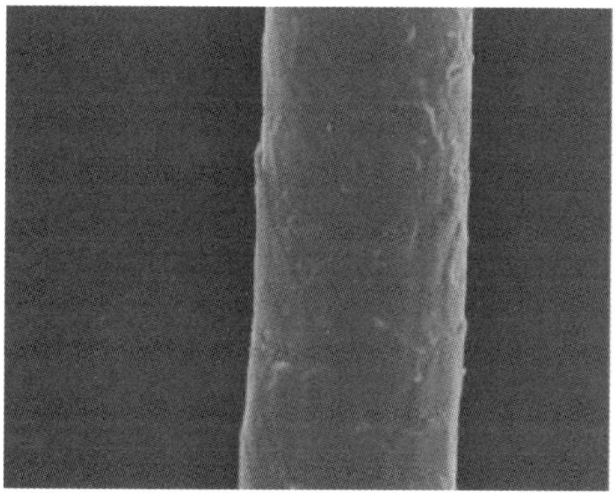

图2-2 常温下用pH为11的氢氧化钠溶液处理2小时对羊毛纤维鳞片层的破坏严重

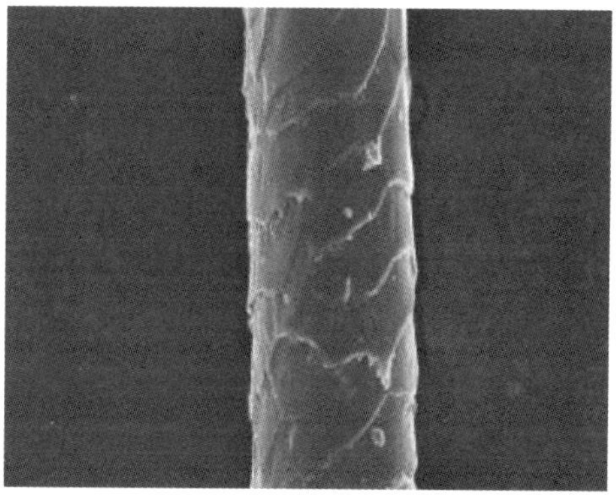

图2-3 常温下用pH为2的硫酸钠溶液处理2小时对羊毛纤维鳞片层几乎没有影响

1.1.3.3 温度对羊毛纤维的作用

羊毛纤维耐低温而不耐高温是羊毛纤维的另一化学特性。图2-4为沸水处理时间对羊毛纤维溶解、硫及胱氨酸含量的影响图，低温对羊毛纤维的化学结构无损害作用，因此毛纺工业上常采用低温洗毛法除杂：将羊毛纤维在-40～-51℃低温处理，羊毛纤维仍然保持本身的特性，但所含的植物质和油脂受冰冻后则变脆、变硬，此时利用机械作用即可将植物纤维等杂质从羊毛纤维中除去。除此之外，还可以进行低温染色，不但节省时间、着色率高，使羊毛纤维染色后手感柔软，还能够避免高温处理造成羊毛纤维变性。当温度达到30～70℃时，羊毛纤维的回潮率降低，纤维逐渐粗糙；当温度进一步升高至100～110℃时，羊毛纤维开始发黄，此时再经过长时间处理，则羊毛纤维就会分解、变性，并释放硫化氢和氨气，同时羊毛纤维的强度下降；当温度进一步升高至240～300℃时，羊毛纤维发生碳化作用；当达到羊毛纤维着火点（349℃）后，羊毛纤维就会燃烧。

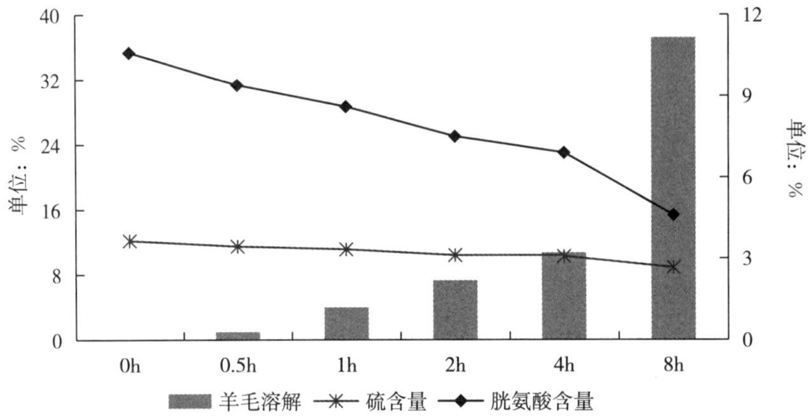

图 2-4 沸水处理时间对羊毛纤维溶解、硫及胱氨酸含量的影响图

1.1.3.4 阳光对羊毛纤维的作用

绵羊的背部、腹部的羊毛纤维由于经常受到日晒，使毛尖发黄，如图 2-5 所示为烈日烤灼造成羊毛纤维表面发黄，同时手感有些粗糙，这是因为光照造成油汗挥发，失去保护的羊毛纤维在紫外线的作用下，角蛋白中所含的硫元素被氧化的缘故。此时，羊毛纤维也变得脆弱。因此，应避免绵羊在烈日下放牧，防止被毛被阳光烤灼。此外，羊毛纤维和羊毛纤维织品也要避免在强烈阳光下长时间暴晒，以免发黄影响羊毛纤维制品的美观和性能。

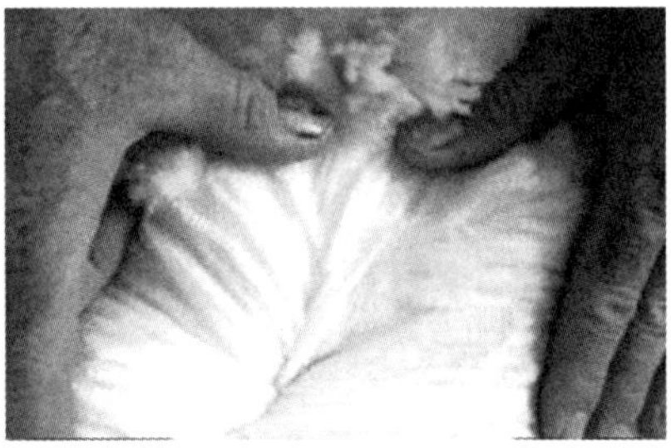

图 2-5 烈日烤灼造成羊毛纤维表面发黄

1.2 羊毛纤维的物理特性

羊毛纤维的物理特性亦称毛纺工艺特性，是生产、收购、毛纺加工等部门评定羊毛纤维品质的主要依据，也是毛用羊和毛肉兼用型羊选种的主要指标。

1.2.1 羊毛纤维细度

羊毛纤维细度是羊毛纤维物理特性的最重要指标之一，羊毛纤维的可纺性 80%是由羊毛纤维细度决定的。

1.2.1.1 羊毛纤维细度的表示方法

1.2.1.1.1 横切片法。最早的原始方法，用哈氏切片仪将羊毛纤维切成横断面，用横切面的(长径+短径)/2 表示，单位用微米来表示，这种方法复杂、烦琐。

1.2.1.1.2 宽度法。用直径表示羊毛纤维细度，是以假定羊毛纤维的横切面形状呈圆形为基础的。单位用微米来表示，这种方法简单易行。

1.2.1.1.3 品质支数法。其含义是在英制中的一磅净梳毛能纺成 560 码(约 512

米)长度的毛纱数,如纺成 60 个 560 码长度的毛纱,即为 60 支纱。在公制中是以 1 千克净梳毛能纺成 1000 米长度的毛纱数,能纺成多少个 1000 米长度的毛纱,就叫多少支纱。

品质支数这种方法主要适用于同质毛,羊毛纤维越细,单位重量内羊毛纤维的根数愈多,羊毛纤维的品质支数越高,羊毛纤维品质支数与细度参考范围见表 2-1。

表 2-1　羊毛纤维品质支数与细度参考范围

品质支数	羊毛纤维参考细度(μm)
80	18.1～19.0
70	19.1～20.0
66	20.1～21.5
64	21.6～23.0
60	23.1～25.0
58	25.1～27.0
56	27.1～29.0
50	29.1～31.0
48	31.1～34.0
46	34.1～37.0
42	37.1～43.0
36	43.1～55.0
32	55.1～67.0

1.2.1.2　羊毛纤维细度的影响因素

1.2.1.2.1　品种。不同生产方向的品种之间,其羊毛纤维细度差异很大。如细毛羊品种其羊毛纤维细度一般均集中在 60～70 支(18.1～25.0 微米),半细毛羊品种,其羊毛纤维细度在不同品种之间,范围差异很大,32～58 支(25.1～67.0 微米)粗毛羊因为是异质毛,谈平均细度无实际意义。

1.2.1.2.2　性别。一般情况下,同一品种内,公羊毛纤维比母羊毛纤维粗一些,而羯羊介于公母羊之间,所以我们在选种时要求公羊毛纤维细度高于母羊毛纤维细度。从匀度上讲,羯羊最好,其次为公羊,母羊较差。

1.2.1.2.3　年龄。3～5 岁时羊毛纤维最粗,羔羊毛纤维较细(毛球发育尚未十分成熟)5 岁以后的老羊羊毛纤维偏细。

1.2.1.2.4　身体不同部位。头、髻甲、背、腰、十字部的羊毛纤维较粗,腹部的羊毛纤维较细,体侧介于二者之间。

1.2.1.2.5　营养条件。饲养条件对羊毛纤维细度有重大影响。绵羊全年营养丰富而又均衡,所生长的羊毛纤维较粗,羊毛纤维均匀度好。如果营养不良、患病、生理负担较重等,羊毛纤维变细,羊毛纤维的细度不均匀,严重时产生饥饿毛或饥饿细部,其强度和工艺特性大幅降低。羊毛纤维细度与季节性有很大关系,夏秋季羊毛纤维生长较好,冬、春季羊毛纤维生长较细，且匀度较差。

1.2.2 羊毛纤维长度

羊毛纤维长度的重要性仅次于细度，在其他条件相同的情况下，羊毛纤维越长，其产毛量越高，纺织性能也越好。

1.2.2.1 羊毛纤维长度的表示方法

1.2.2.1.1 自然长度。羊毛纤维处在自然弯曲状态下的长度，又称毛丛长度。

1.2.2.1.2 伸直长度。将羊毛纤维拉直，使弯曲刚刚消失时的长度。

1.2.2.2 羊毛纤维长度的影响因素

1.2.2.2.1 品种。品种是决定羊毛纤维长度的重要因素，不同品种其羊毛纤维长度差异很大。

长毛种：羊毛长度为15～20厘米，如林肯羊，边区来斯特羊。

中毛种：羊毛长度为8～10厘米，如萨福克羊，汉普夏羊。

细毛种：羊毛长度为8～9厘米，如澳洲美利奴羊，新疆细毛羊。

1.2.2.2.2 性别。公羊的羊毛纤维长度一般比母羊长。

1.2.2.2.3 年龄。周岁时，羊毛纤维的长度是其一生中最长的长度。通常一般到5～6岁以后，由于羊只生理机能减退的关系，羊毛纤维长度也逐渐变短。

1.2.2.2.4 身体不同部位。羊体各部位羊毛纤维的长度是不一致的，一般以肩、颈、背部羊毛纤维较长，腹部的羊毛纤维最短，体侧介于中间。

1.2.2.2.5 饲养管理与环境条件。日粮营养是影响羊毛纤维长度的重要因素，均衡给予丰富营养的绵羊，羊毛纤维的生长较快；饲养粗放，营养不良的绵羊，羊毛纤维生长则缓慢。在夏、秋季，羊毛纤维的生长速度较快，冬、春季生长较慢。剪毛能刺激羊毛纤维加速生长。剪毛次数越多，羊毛纤维的累积长度愈长，剪毛量也相对增加。苏联育种专家伊万诺夫保留了九年(羊的一生)未剪毛的美利奴羊作试验：第一年7厘米，第二年4厘米，第八年1～1.5厘米，第九年0.5～0.75厘米。结果表明，羊毛纤维的长度逐年减少。

1.2.3 羊毛纤维弯曲

在自然状态下，羊毛纤维沿着自身长度呈现规则性弯曲的状态，称为羊毛纤维的弯曲。单位长度内，羊毛纤维弯曲的数目和大小，称为弯曲度。

1.2.3.1 羊毛纤维弯曲的类型

按羊毛纤维弯曲的深浅、高低不同分为7种，即平弯曲、长弯曲、浅弯曲、正常弯曲、扁圆弯曲、高弯曲和折线状弯曲，如图2-6所示。

1.2.3.2 羊毛纤维弯曲与羊毛纤维品质的关系

毛发开始发生弯曲后，从皮肤毛囊生长，形成波浪形弯曲和环状螺旋，从而形成羊毛纤维弯曲的表型。羊毛纤维天然卷曲的性质决定着羊毛纤维与其他纤维的区别，这种特殊的纤维影响着羊毛纤维的工艺价值和羊毛纤维产量，而且卷曲度也是评判不同绵羊品种和个体之间毛品质等级的重要标准，并可作为对品种选育的依据之一。羊毛纤维的弯曲度是羊毛纤维加工和制造工业非常关注的羊毛纤维品质特性之一，浅弯曲和正常弯曲

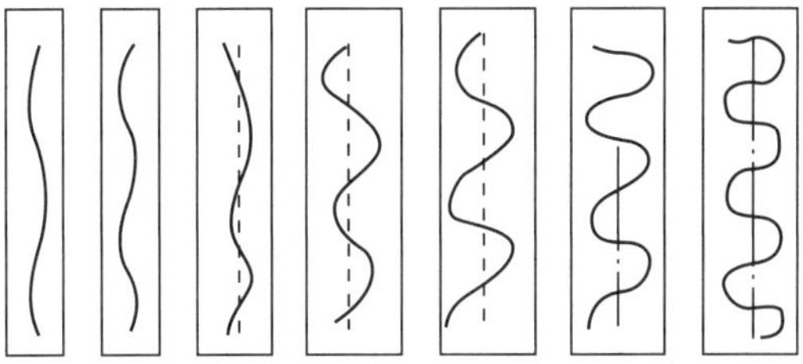

图 2－6　羊毛纤维弯曲的类型

1－平弯曲；2－长弯曲；3－浅弯曲；4－正常弯曲；5－扁圆弯曲；6－高弯曲；7－折线状弯曲。

适于制作精纺织品，可以纺成平滑光洁的毛纱，扁圆弯曲和高弯曲适于制作粗纺织品。在绵羊鉴定时，正常弯曲是细毛羊特有的，半细毛羊大多数为浅弯曲。拆线状弯曲是羊毛纤维的一种疵点，很不利于纺织，这种弯曲遗传性很强，主要分布在腹部，选种时，发现这种弯曲应降低等级或淘汰。

1.2.4　羊毛纤维强度和伸度

1.2.4.1　羊毛纤维强度

羊毛纤维强度是指羊毛纤维被拉断时所用的力，即羊毛纤维的抗断能力。羊毛纤维强度有两种表示方法：

1.2.4.1.1　绝对强度。将单根纤维或一束纤维拉断时所需用的力量，直接用克或千克来表示：一般 20～30 微米的细毛，其绝对强度为 4.6～11.4 克。

1.2.4.1.2　相对强度。将羊毛纤维拉断时，在单位横切面积上所需用的力量，单位用千克/平方厘米来表示。

羊毛纤维的拉伸强度是常用天然纤维中较低的，一般羊毛纤维纤度越细，髓质层越少，其强度越高。羊毛纤维的初始模量比较低，屈服应力和断裂强度小，但断裂延伸度却是常用天然纤维中较大的，断裂功也比较大，因而羊毛纤维在很小的应力下即可产生较大的形变，尤其是在超过屈服应力时，更是如此。

1.2.4.2　羊毛纤维伸度

将已伸直的羊毛纤维，再拉伸到断裂时所增加的长度，这种增加的长度占原来的伸直长度的百分比，称为羊毛纤维的伸度，以百分数来表示。羊毛纤维从拉伸中回复的性能比较突出，一般条件下仅次于锦纶，而优于其他纺织纤维，特别是低形变量时，羊毛纤维的回复性能最好。由于羊毛纤维具有优良的弹性，所以毛织物穿着挺括，不易起皱。羊毛纤维的伸度为 20％～50％、棉花为 4％～10％、麻为 3％～5％、蚕丝为 20％～25％。

羊毛纤维的拉伸和回复性能与其分子结构及聚集态结构有关。羊毛纤维的多肽链是卷曲的，并具有螺旋构象，肽链之间存在着各种次价键包括共价的二硫键，而当受到外力拉伸时，螺旋的 α－构象可以转变成伸直的 β－构象，肽链之间的交联键能阻止分子链之间的相对滑移，所以，羊毛纤维既具有较大的延伸性能，又具有良好的回复性能。

1.2.5　羊毛纤维的缩绒性和可塑性

1.2.5.1　羊毛纤维的缩绒性

羊毛纤维在湿、热条件下经外力的反复作用，纤维之间互相穿插纠缠，纤维集合体逐渐收缩变得紧密，这种性能称为羊毛纤维的缩绒性。羊毛纤维的缩绒性主要是由于其表面有鳞片结构，纤维移动时，顺鳞片方向和逆鳞片方向的摩擦系数不同（两者之差称为定向摩擦效应），在反复的外力作用下，每根纤维都带着与它缠结在一起的纤维随着毛根的指向缓缓蠕动，从而使纤维紧密纠缠毡合。此外，羊毛纤维的高度拉伸与回复性能以及羊毛纤维具有的稳定卷曲，也是促进羊毛纤维缩绒的因素。毛纺工业利用羊毛纤维的这一特性，将毛织物在湿热状态下经机械力的反复作用，使织物的长度和幅宽收缩、厚度增加，表面露出一层绒毛，从而获得外观优美、手感柔软丰满和保暖性较好的效果，这一加工工序称为缩绒或缩呢，如图 2-7 所示为利用缩绒工艺生产的羊毛纤维毡帽。目前针对羊毛纤维的缩绒性，对纤维进行防毡缩整理，以保证羊毛纤维织物在加工及穿着使用过程中的尺寸稳定性。羊毛纤维防毡缩的方法一般分为两种，即化学降解法以及聚合物沉积法。

图 2-7　利用缩绒工艺生产的羊毛纤维毡帽

1.2.5.2　羊毛纤维的可塑性

羊毛纤维的可塑性是指羊毛纤维在湿热条件下，可使其因在加工过程中受到各种外力的作用而产生的内应力迅速衰减，并可按外力作用改变现有形态，再经冷却或烘干使形态保持下来的性能。如利用可塑工艺生产的羊毛纤维毡手机壳（图 2-8），创意美观。

羊毛纤维在加工过程中常受到拉伸、弯曲、扭转等各种外力的作用，使纤维改变原来形态，由于其具有良好的弹性，纤维力图恢复到原来形态，因此纤维内部产生各种应力。这种内应力需要在相当长的时间内逐渐衰减直至消除，它常给羊毛纤维制品的加工造成困难，也是羊毛纤维制品在加工和使用过程中尺寸与形态不稳定的因素之一。利用羊毛纤维的可塑性，能够有效解决羊毛纤维织品尺寸与形态不稳定的现象。毛织物的定型就是利用羊毛纤维的可塑性来完成的，将毛织物置于一定的温度、湿度及外力作用下处理一定时间，通过肽链间次价键的拆散和重建，使其获得稳定的尺寸和形态。毛料服装的熨烫也是利用羊毛纤维的可塑性，即在湿、热和压力作用下，使服装变得平整无皱，形成的褶裥也可保持较长时间。

图 2-8　利用可塑工艺生产的羊毛纤维毡手机壳

1.2.6　羊毛纤维的颜色与光泽

1.2.6.1　羊毛纤维的颜色

羊毛纤维一般分为白色、灰色、黑色、棕色、褐色和杂色等，极少数为彩色。一般来说，细毛羊、半细毛羊品种的羊毛纤维主要是白色，其他类型品种多为有色毛。

1.2.6.2　羊毛纤维的光泽

羊毛纤维的光泽是指洗净的羊毛纤维对光线的反射能力。羊毛纤维的光泽主要决定于羊毛纤维的鳞片结构，光泽按照强弱可分为四种。

1.2.6.2.1　玻光。玻光是羊毛纤维最强的光泽，看上去有些刺眼，像玻璃反光一样的光泽，代表性羊毛纤维如安哥拉山羊毛纤维(马海毛)(图 2-9)、茫羊的西宁毛。

1.2.6.2.2　丝光。丝光比玻光弱，像丝绸一样的光泽，如林肯羊(图 2-10)等。

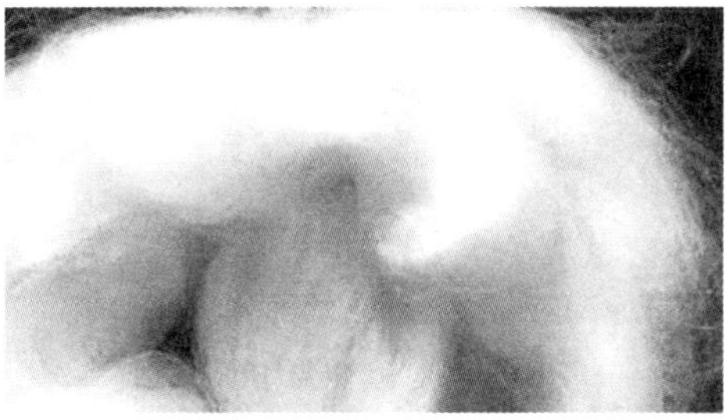

图 2-9　马海毛

图 2-10　林肯羊

1.2.6.2.3　银光。光泽比较柔和，如美利奴羊类型的羊毛纤维。

1.2.6.2.4　弱光。弱光是羊毛纤维比较黯淡的光泽，主要因为羊毛纤维的鳞片为非环状鳞片或鳞片遭受破坏，表面非常粗糙，失去光滑性，就使羊毛纤维呈现弱光。我国的国产毛与外国毛相比显得暗淡、光泽差。

知识点小结

羊毛是一种天然蛋白质纤维，主要组成物质是含有羧基-COOH和氨基-NH_2基团的角朊蛋白质，具有耐酸不耐碱、耐低温而不耐高温、易被紫外线氧化的化学特性。羊毛纤维细度、长度、弯曲度、强度与伸度、缩绒性和可塑性及颜色与光泽是羊毛纤维的重要物理特性，并且受品种、部位、年龄、性别、饲养管理条件等多种因素影响。

第2节 羊毛纤维的构造、类型及毛被

2.1 羊毛纤维的构造

羊毛纤维的构造是决定毛纺工艺性能极为重要的因素，主要与羊毛纤维的类型和来源有关。根据形态特征和组织构成，一般将羊毛纤维的构造分为形态构造和组织学构造。

2.1.1 羊毛纤维的形态学特征

2.1.1.1 绵羊毛纤维的形态学特征

纵向形态分析显示，绵羊毛的鳞片大多呈环状或非环形的瓦块状。横向形态特征观察显示，绵羊毛呈现近圆形或椭圆形，无髓毛能够清晰地展现黑色髓质(图2-11)。

2.1.1.2 山羊绒的形态学特征

纵向形态特征观察显示，山羊绒的鳞片大多呈环状，边缘光滑，间距较大，张角较小。横截面观察显示，山羊绒纤维呈现较为规则的圆形(图2-12)。

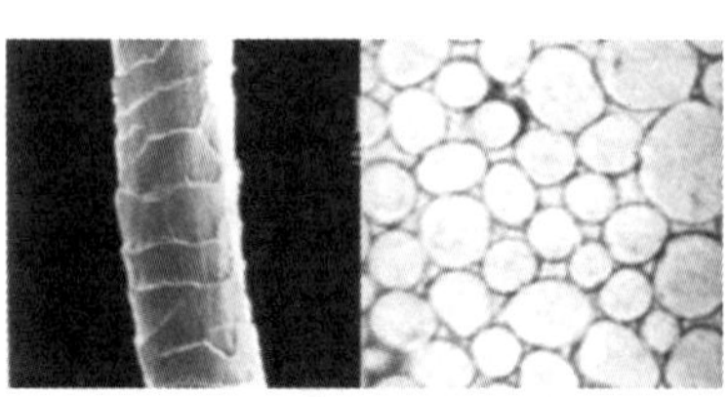

图2-11 绵羊无髓毛纤维纵横向形态学特征

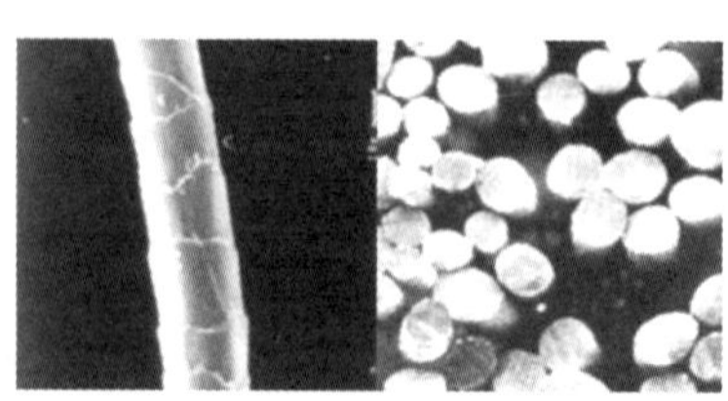

图2-12 山羊绒纤维纵横向形态特征观察

2.1.2 羊毛纤维的形态学构造

在形态学上，一般将羊毛纤维分成三个主要部分，即毛干、毛根和毛球(图2-13)。

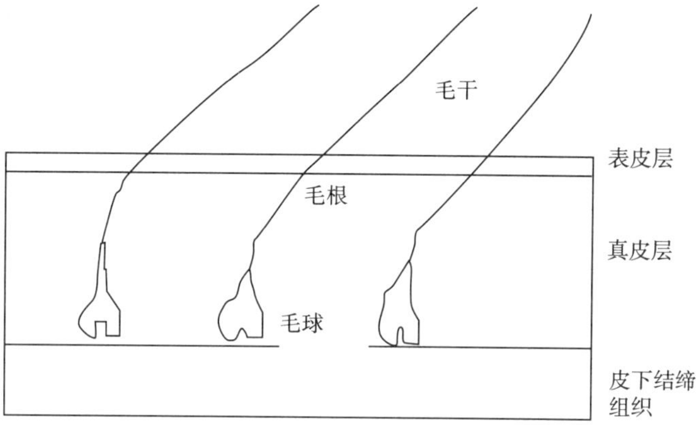

图 2－13　羊毛纤维形态结构

2.1.2.1　毛干

毛干是羊毛纤维露出皮肤表面的部分，这一部分通常称羊毛纤维。

2.1.2.2　毛根

毛根是羊毛纤维在皮肤内的部分，上接毛干，下接毛球。

2.1.2.3　毛球

毛球位于毛根下部，外形膨大成球状，内有毛乳头。

2.1.2.4　羊毛纤维的附属结构（图 2－14）

2.1.2.4.1　毛乳头。毛乳头是供毛球细胞营养的重要部位。

2.1.2.4.2　毛鞘。毛鞘是由几层表皮细胞形成的圆管，它包围着毛根。

2.1.2.4.3　毛囊。毛囊是毛鞘周围的结缔组织层，形成毛鞘的外膜，形似囊状。

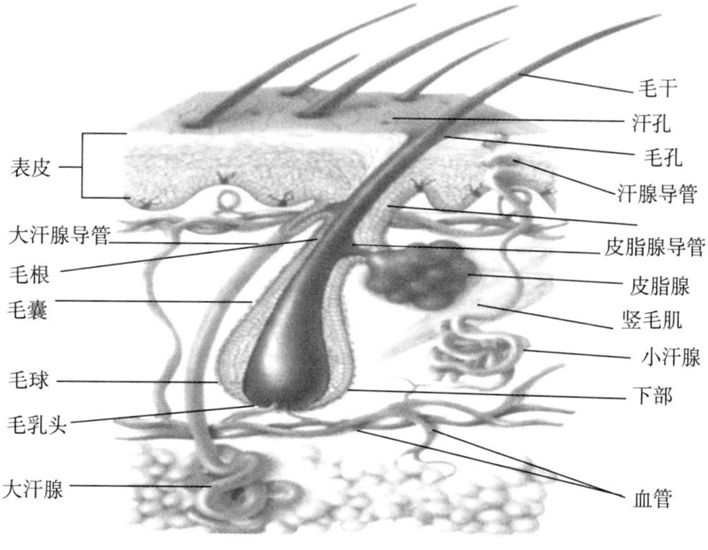

图 2－14　羊毛纤维的附属结构

2.1.2.4.4 脂腺。脂腺位于皮肤中沿毛鞘的两侧，分泌导管在毛鞘中开口。

2.1.2.4.5 汗腺。汗腺位于皮肤深处，分泌管直接开口在皮肤表面，有时靠近毛孔。脂腺所分泌的油脂，汗腺所分泌的汗液在皮肤表面化合或混合而形成的物质，称为油汗。

2.1.2.4.6 竖毛肌。竖毛肌是皮肤内层一种很小的肌纤维，当重大应激发生时，竖毛肌能够刺激脂肪分解供能。

2.1.3 羊毛纤维的组织学构造(图 2－15)

有髓毛分为三层，即鳞片层、皮质层和髓质层。无髓毛则分为二层，即鳞片层和皮质层。

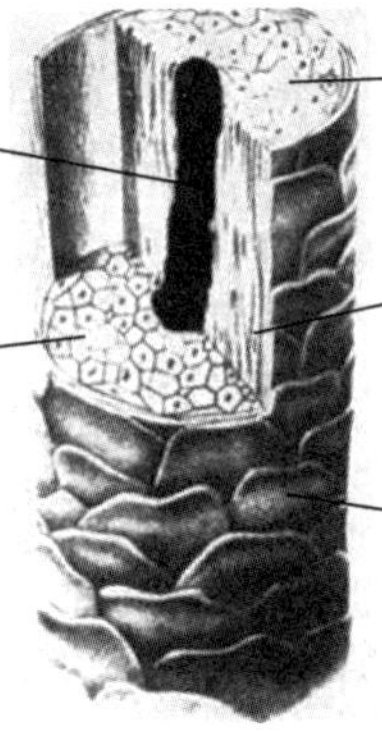

图 2－15 羊毛纤维的组织学构造

2.1.3.1 羊毛纤维鳞片层

羊毛纤维鳞片(图 2－16)由扁平、无核、形状不规则的角质鳞片细胞组成，约占羊毛组织结构的 10%。鳞片细胞又分为性质不同的外表皮层、次表皮层和内表皮层。鳞片外表皮层是鳞片的主要保护层，为高硫含量的细胞膜，2～4 纳米厚。主要含有磷脂化合物、角质化蛋白质及少量的碳水化合物，具有极好的化学惰性，难以被酶消化。鳞片外表皮层之所以稳定，与其独特的化学结构有关：羊毛鳞片表面具有整齐的类脂层排列，其主要成分是 18－甲基二十酸和二十酸，它们和鳞片外表皮层的蛋白以酯键和硫酯键相结合，使类脂层的厚度达到 0.9 纳米。在类脂层之下是蛋白层，该蛋白层在肽链间有二硫键交联和酰胺交联。酰胺交联的存在，是鳞片外表皮层具有较强耐化学性能的原因之一。由于酰胺交联的链长约为二硫交联的两倍，这样就使肽链之间具有较大的伸缩空间，从而使鳞片细胞膜不易破裂。

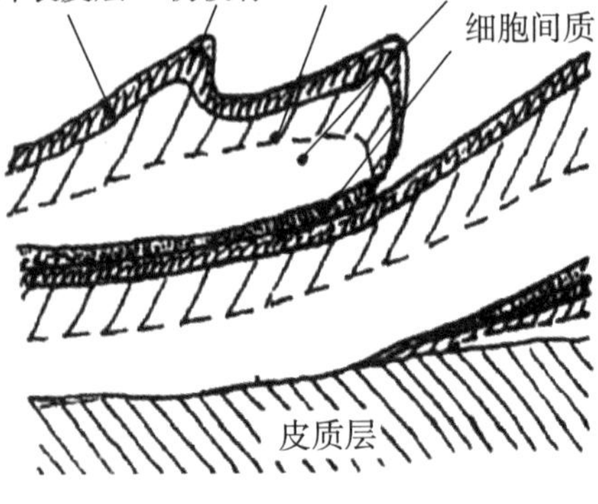

图 2－16 羊毛纤维鳞片

羊毛纤维鳞片形似鱼鳞，一端附着于

毛干，另一端向外游离，朝向纤维的顶端。按鳞片的形状可分为环状鳞片和非环状鳞片。其中，细毛羊和山羊绒的鳞片多为环状鳞片，粗毛羊生产的羊毛纤维的鳞片多为非环状鳞片。各种羊毛的鳞片大小基本上相近，平均宽度约 28 微米、长度约 36 微米、厚度约 0.5～1.0 微米。但鳞片在毛干上的覆盖密度，却因羊毛品种和粗细的不同存在较大差异，因而鳞片的可见高度和鳞片层的总厚度也不一样：一般细羊毛纤维的鳞片的可见高度低于粗羊毛，其鳞片层的总厚度则高于粗羊毛。

2.1.3.1.1　环状鳞片（图 2－17）。每一鳞片围绕毛干一周。

2.1.3.1.2　非环状鳞片（图 2－18）。由 2～3 个或更多的各种形状鳞片包围着毛纤维。

羊毛纤维鳞片的形状和排列与羊毛纤维的光泽有很大的关系。具有环状鳞片的羊毛纤维，其排列紧密，游离端大，且质地均匀、表面光滑，对光的反射能力强，光泽较亮。非环状鳞片正好相反，表面凹凸不平，对光线反射能力较弱，通常是漫反射。此外，鳞片对羊毛纤维具有保护作用，对羊毛纤维纱性、毡合性和缩绒性有着重要的作用。羊毛的鳞片层导致的定向摩擦效应是羊毛具有毡缩性能的结构基础，是羊毛化学改性的主要对象。总之，羊毛纤维的鳞片层对化学药剂和酶具有较强的抵抗能力，能保护皮质层并体现羊毛的光泽和缩绒等特性，它不仅赋予羊毛纤维特殊的定向摩擦性能、毡缩性、吸湿性等，并且其与羊毛纤维的加工工艺、毛纱上浆性能、毛织物染色性能和毛产品穿着舒适性等皆有着密切的关系。

图 2－17　环状鳞片

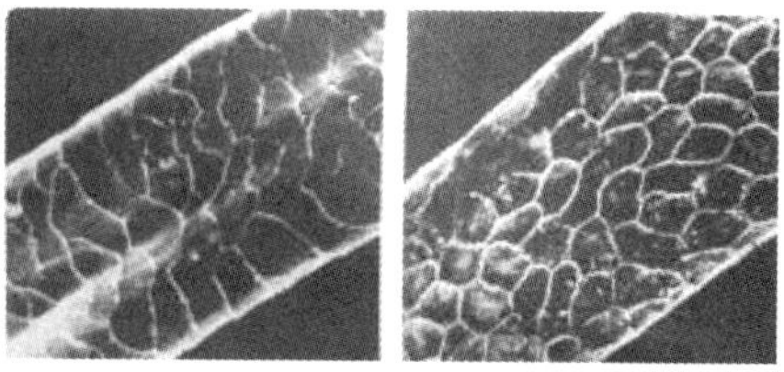

图 2－18　非环状鳞片

2.1.3.2　*羊毛纤维皮质层*（图 2－19）

羊毛纤维皮质层是由皮质细胞通过细胞间质粘连而成，它是羊毛纤维的主要组成部分，占羊毛组织结构的 75%～90%。皮质层是由纺锤形细胞组成的，其主要成分是由谷氨酸、胱氨酸等组成的角蛋白质，又称为角朊。羊毛纤维皮质层决定着羊毛的主要物理、化学和纺织工艺性能（如细度、长度、断裂伸长、强度、弹性等）。羊毛纤维皮质细胞总长约 80～130 微米，粗约 2～5 微米，一般分为两种：结构相对疏松的正皮质细胞（又称 O 皮质细胞）和结构相对紧密的副皮质细胞（又称 P 皮质细胞）。个别纤维中有时还同时含有介于两者之间的皮质细胞，但较为少见。

正皮质细胞由大原纤组成，其直径为 2 微米左右。正皮质分为两类，一类是软皮质，因其具有结晶区较小、细胞含硫量较偏皮质细胞低、吸湿性较强、吸湿膨胀率较大等特性，软皮质的机械性质和化学性能较柔软，对碱性染料的亲和力较强，易于染色，并且对酶和一些化学试剂的反应活泼性也较高；另一类叫偏皮质，含硫量相对较高，对化学试剂

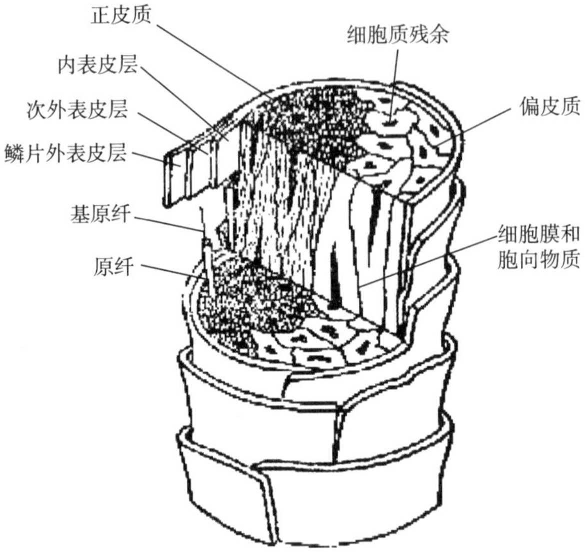

图 2-19　羊毛纤维皮质层

的反应性稍差，对酸性染料的亲和力较强。偏皮质直接由原纤比较均匀致密地堆砌而成，其中有10纳米的缝隙和孔洞，结晶区较大，吸湿性较小，吸湿后的膨胀率较低，机械性质和化学性能较硬，因此又叫硬皮质。皮质层是羊毛纤维的主体，皮质层所占的比例越大，纺织工艺越高。

2.1.3.3　毛纤维髓质层

羊毛纤维的髓质层是由结构疏松、内部充有空气的薄膜细胞所组成。髓质层在羊毛纤维横截面上彼此联系成网状，细胞壁由疏密不等的角质物组成，除两型毛的羊毛纤维具有不连续的髓质层外，髓质层贯通整根羊毛纤维。

在有髓毛中，髓质层比例越低，羊毛纤维的工艺价值越高。这是因为羊毛中髓腔的存在或加大，会造成皮质层体积减小，细胞之间的联系很弱，导致羊毛纤维的物理机械性能变差，甚至脆断。因此，髓质比例越多越大，羊毛纤维的弹性和强度越低，羊毛的品质越差。当髓质层占羊毛中腔三分之二以上时，脆断更为明显，已无纺纱价值，称之为死毛。

2.1.3.4　毛纤维细胞膜复合物(Cell Membrane Complex，CMC)

细胞膜复合物是指两相邻细胞的细胞膜原生质和细胞间质所组成的整体，由轻微交联的球状蛋白、类脂双分子结构和处于球状蛋白和类脂结构之间的耐化学纤状蛋白层三部分构成。细胞膜复合物在毛囊中形成，由活性细胞的细胞膜和细胞间质演化而来。细胞膜复合物的含量虽然很少，仅占羊毛组织结构的3%～5%，但由于细胞膜复合物以网状结构存在于整个羊毛组织结构中，是羊毛纤维内部唯一连续的组织，因而对羊毛的可纺性能起着至关重要的作用。羊毛纤维各层次结构如图2-20所示。

细胞膜复合物是羊毛除鳞片表层以外的内部脂质，脂质分布约占整个毛干纤维的57%左右，是羊毛纤维的主要结构脂质，约占羊毛质量分数的5%～7%，在鳞片和皮质细

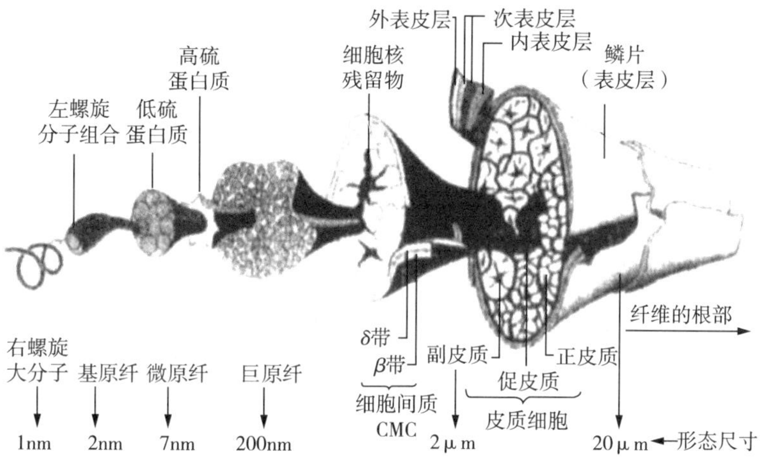

图 2-20　羊毛纤维各层次结构

胞之间的细胞膜复合物厚约 28 纳米。由于细胞膜复合物脂质与蛋白质结合形成脂蛋白，能围绕羊毛纤维形成一个连续的网状结构，是鳞片和皮质细胞的重要黏合剂，能够起到对鳞片细胞之间、鳞片与皮质细胞之间的黏合作用。因此，当羊毛纤维受到各种物理、化学因素影响时，会导致羊毛中细胞膜复合物含量减少，结果会使鳞片细胞脱落、鳞片翘起。

2.2　羊毛纤维的类型

根据羊毛纤维的组织学结构、形态特征和工艺性能，可将羊毛纤维分为无髓毛、有髓毛和两型毛三类(图 2-21)。根据羊毛纤维其所含的纤维类型，又可以将其分为同质毛和异质毛两类。其中，同质毛是由同一纤维类型组成的羊毛纤维，如细毛和大部分半细毛纤维；异质毛是由多种纤维类型组成的羊毛纤维，如粗毛和部分半细毛纤维。

2.2.1　无髓毛

无髓毛的组织学结构为：鳞片的结构为环状鳞片，皮质层所占的比例大，无髓质。形态特征：直径一般不超过 40 微米，羊毛长度 5～15 厘米，弯曲多。工艺性能：在各类型羊毛中是最好的，无髓毛是毛纺工业上的优质原料。所有的细毛和大部分的半细毛以及山羊绒均属于无髓毛。

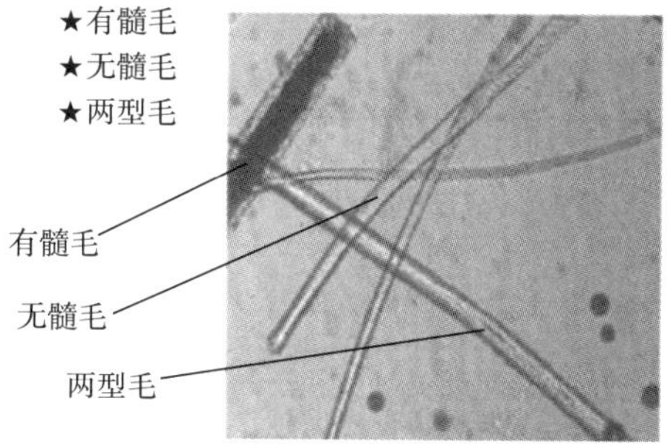

图 2-21　无髓毛、有髓毛和两型毛

2.2.2　有髓毛

有髓毛的组织学结构为：鳞片的结构为非环状鳞片，皮质层所占的比例小，有髓质(髓质呈连续状)。形态特征：羊毛比较粗长，细度一般为 40～120 微米，弯曲少。工艺性能:含有有髓毛的羊毛一般只能用作加工粗纺织品以及毛毯、地毯和毡制品等,有髓毛的含量及其粗细,直接反映粗毛品质的好坏。有髓毛主要存在于粗毛中,它组成了粗毛羊毛被的外层毛。在有髓毛中,还有两种类型的羊毛纤维,即干毛和死毛。

2.2.2.1　干毛

干毛的组织学结构为有髓毛,外形特点是纤维上端粗硬、较脆、缺乏光泽,羊毛纤维干枯,其工艺价值低,是羊毛的缺点。

2.2.2.2　死毛

死毛的组织学结构为有髓毛,其髓质充满着整个纤维,达三分之二以上,外形特点为:色泽灰白、无光泽、粗硬、脆弱易断,是一种遗传性很强的羊毛,无工艺价值,是毛纺工业的一害。

2.2.3　两型毛

两型毛又称中间型羊毛。两型毛的组织学结构接近于无髓毛,它一部分有髓,一部分无髓,但髓质较细,多呈点状或间断状,它的鳞片也多呈环形。外形特点:两型毛的细度、长度和弯曲度介于无髓毛和有髓毛之间,一般羊毛细度在30～50微米,羊毛纤维较长。两型毛的工艺性能:介于无髓毛和有髓毛之间,在粗毛羊品种中,两型毛是和无髓毛、有髓毛混合存在于毛被中;在半细毛羊品种中,两型毛的含量不等,以林肯羊两型毛的含量最高(达50%以上)。两型毛比例大的羊毛,适合于制造提花毛毯和一般毛毯、长毛绒、地毯等。

2.2.4　不同羊毛纤维类型结构特点与工艺性能比较(表2-2)

表2-2　不同羊毛纤维类型结构特点与工艺性能比较

类　型	组织学结构	形态特征	毛纺工艺性能
无髓毛	环状鳞片,皮质层比例大,无髓质	细度≤40微米,羊毛长度短,5～15厘米,弯曲多	工艺性能最好
有髓毛	非环状鳞片,皮质层比例小,有髓质(髓质呈连续状)	羊毛比较粗长,细度为40～120微米,弯曲少	工艺性能差
两型毛	介于无髓毛和有髓毛之间(髓质较细,多呈点状或间断状)	介于无髓毛和有髓毛之间	介于无髓毛和有髓毛之间

2.3　毛被

羊身上的全部羊毛称之为被毛,而毛被是指从羊身上剪下来的并能完整连成一块的套毛,称之毛被如图2-22所示。毛被由毛丛组成,毛丛由毛束或毛股组成。

2.3.1　毛束与毛股(图2-23)

毛束或毛股是毛被的最小组成单位,毛纤维在皮肤上是成群生长的(因为毛囊是成群生长的),毛囊群中的每个毛囊基本上处于相似的生理环境,在细毛羊和半细毛羊中,它们长出的羊毛,长短粗细,弯曲形状大致相同,彼此互相黏合,紧密结集,再加上油汗的

图 2-22　毛被

滋润，就形成毛束。细毛羊的毛被中，毛束的形成非常明显，半细毛羊不太明显。

在粗毛羊的毛囊群中，初级毛囊生长的是有髓毛或两型毛，而次级毛囊生长的是无髓毛，它们之间的细度、长度、弯曲形状差异很大，所以不能形成毛束，而形成毛股，如图 2-23 所示。因为无髓毛（绒毛）细短，数量多，形成毛股的基部，有髓毛和两型毛粗长，数量少，形成毛股的尖部。

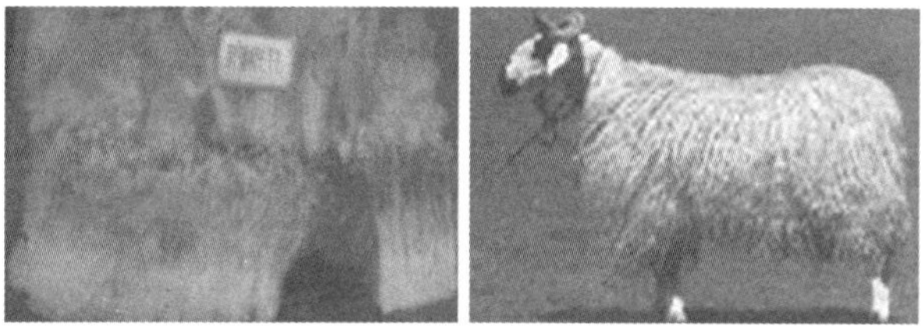

（a）毛束　　（b）毛股

图 2-23　毛束与毛股

2.3.2　毛丛

若干个毛束（或毛股）组成小毛丛，若干个小毛丛再组成毛丛，毛丛和毛丛之间是由皮肤上各种不同的缝隙所隔开。按毛丛的形态可分为内毛丛和外毛丛。

2.3.2.1　内毛丛

内毛丛是指毛丛内部羊毛纤维的结集形状，可分为圆柱形毛丛、圆椎形毛丛和倒圆椎形毛丛三种。

2.3.2.1.1　圆柱形毛丛，即毛丛形状如圆柱形，上下粗细一致。同一毛丛内部羊毛纤维细度均匀，长度相同，弯曲一致，油汗正常，密度大，排列较紧密。因此，圆柱形毛丛是羊毛综合品质好的表现。外来杂质也不易污染羊毛，能保持羊毛固有的品质，是最理想的一种毛丛类型。细毛羊和半细毛羊品种的毛丛多呈圆柱形。

2.3.2.1.2　圆椎形毛丛，即毛丛基部，接近皮肤的一端较宽，而顶部较窄，形如圆椎。毛丛内部纤维长短不齐，粗细不均，密度小，油汗少，排列松散。这种毛丛是不理想的毛丛类型，易受外界理化因素的影响，羊毛品质差，粗毛羊品种的毛丛多呈圆椎形。

2.3.2.1.3　倒圆椎形毛丛，其形状如漏斗，上大下小。形成原因是羊毛纤维下部弯曲小而密，油汗多，使毛纤维黏结在一起，而上部弯曲大，且稀，油汗较少，因而松散，形成倒圆椎形。长期营养不良的羊易形成这种毛丛，这种毛丛属于不正常状态，是羊毛品质不良的表现。

2.3.2.2 外毛丛

外毛丛是指毛丛表面纤维结集的形状，可分为平顶形毛丛和辫形毛丛两类。

2.3.2.2.1 平顶形毛丛。毛丛的表面平整一致，没有特长的毛纤维露出在毛丛上面。这种形状的外毛丛，闭合性好，杂质不易进入毛丛内，又称闭合性毛丛。平顶形毛丛是细毛羊和部分半细毛羊的正常形态，其细度、长度、密度和弯曲都很均匀。

2.3.2.2.2 辫形毛丛，是粗毛的正常形态。绒毛只生长在毛丛下部，有髓毛和两型毛则突出在毛丛顶端，并且互相盘结，形成辫形毛丛结构。这种形状的毛丛闭合性不好，又叫散开形毛丛。它们的细度、长度和弯曲很不一致，但半细毛羊的辫形毛丛如林肯羊，上下粗细一致，其羊毛细度、长度、弯曲均一致。

综上所述，细毛羊和半细毛羊常由圆柱形内毛丛和平顶形外毛丛组成，而粗毛羊则由圆椎形内毛丛和辫形外毛丛组成。

2.3.3 羊毛纤维密度

羊毛纤维密度是指绵羊皮肤上单位面积所着生的羊毛纤维的根数，一般用根数/平方厘米或根数/平方毫米来表示。羊毛密度的大小是决定羊毛产量的最重要指标之一，羊毛密度越大，产毛量越高。羊毛密度的大小决定于绵羊的品种、性别、年龄、身体部位，胚胎发育条件及羔羊出生以后的饲养管理条件等因素。

2.3.3.1 品种

细毛羊身上每平方厘米的羊毛纤维密度一般在5000～8000根;半细毛羊为2000～4000根，粗毛羊则更低，为700～800根/平方厘米。

2.3.3.2 性别

公羊的羊毛纤维密度一般大于母羊，羯羊介于二者之间。

2.3.3.3 年龄

羊一般在2岁时，羊毛纤维密度最大，5岁以后开始变稀。

2.3.3.4 身体部位

同一品种的羊，不同部位，羊毛密度不同。一般表现为距背线越近的部位，羊毛越密，而距腹线越近的部位，羊毛越稀，如细毛羊：背部6785根/平方厘米，腹部则为3700根/平方厘米。

2.3.3.5 饲养管理条件

加强怀孕母羊和出生后羔羊的饲养管理，能明显提高羊毛纤维的密度，使其未发育好的毛囊原始体，继续发育，长出更多羊毛纤维。

2.3.4 羊毛纤维的杂质

2.3.4.1 原毛的组成

直接从绵羊体躯剪下来的羊毛，称为原毛。在原毛中，除纯净的羊毛外，还有绵羊本身的分泌物和其他植物性、矿物性等杂质。

2.3.4.1　国产原毛各类杂质含量

国产羊毛各类杂质的含量因绵羊品种、饲养条件和当地气候环境的不同,差异较大,各种成分的比例表2-3:

表2-3　国产羊毛各类杂质的含量分析

羊毛纤维组成	比例
净毛	20%~50%
油汗	20%~50%
土、沙	5%~40%
植物杂质	0.2%~20%
水分	8%~16%

思政教育案例2-1　让诚信为中国羊毛品质代言

我国是羊毛及其制品消费大国,也是羊毛生产大国,且拥有中国美利奴、新疆细毛羊、辽宁绒山羊、内蒙古绒山羊等多个毛用绵羊和山羊品种。以中国美利奴为例,公羊平均产毛量为16~18千克,母羊平均产毛量约为6千克,毛长9~12厘米,细度64~70支,以66支为主,净毛率在50%以上,产量和细度均居世界一流。虽然国内近年来人们对毛纺的消费需求日益旺盛,但是国内毛纺厂依然倾向于选择来源于澳大利亚、新西兰等国生产的羊毛,除了进口羊毛纤维具有品质好、市场价格低等因素外,另一个重要的因素是国产羊毛净毛率低,主要原因是沙尘含量高,国产羊毛与进口羊毛各类杂质的含量比较见表2-4所列。

表2-4　国产羊毛与进口羊毛各类杂质的含量比较

羊毛纤维组成	中　国	澳大利亚(平均)	新西兰(平均)
净毛	20%~50%	58.1%	73.5%
油汗	20%~50%	16.1%	13.2%
土、沙	5%~40%	19.6%	5.2%
植物杂质	0.2%~20%	0.1%	0.1%
水分	8%~16%	6.1%	8.0%

国产羊毛纤维的沙尘含量一部分来自放牧、剪毛等过程中产生的,另外一部分则来自人为掺入的沙尘。在整个近代时期,羊毛中人为掺沙的问题一直存在,在10%~60%不等,一直严重影响着我国近代皮毛商品的声誉,时至今日国产羊毛在国际市场上的口碑也大受影响。据考证,近代经营皮毛的洋商评价中国皮毛存在的主要问题是"中国皮毛之最不为人所欢迎之处,其惟掺杂水分或沙土之陋习,据称几无一宗交易,能免此弊。"掺杂沙土的过程大多在产地,也有贩户在皮毛运输途中掺杂。皮毛商考虑运输中发生盗窃行为,经常掺入杂质以补所失重量。到达津海关检查时查验,羊毛内

约有50%的泥土，无论洋商如何清洁，质量仍无法保证，必经挑选、清洗、晒干、打包等环节才能出口海外。

沙尘含量大，不仅影响羊毛质量，对加工机器也大有损伤，因此国产羊毛质量常常难以与国外羊毛纤维品质相提并论。羊毛纤维作为中国现代我国消费市场供不应求的毛纺原料，贸易发展一片坦途。因此，在羊毛生产中，我们不仅要想方设法提高羊毛纤维的产量，同时应尽量减少杂质的进入，坚决杜绝人为掺沙事件的发生，让诚信为中国羊毛品质代言，为国内羊毛产业健康发展保驾护航。

2.3.5 油汗

羊毛纤维的油汗是指皮脂腺所分泌的油脂和汗腺所分泌的汗液在皮肤表面经过化合和混合而形成的一种物质，主要由油脂和汗质组成。

2.3.5.1 油脂

又称羊毛脂，主要成分是由高级一元醇和其他几种有机脂肪酸所形成的复杂混合物。羊毛脂中的高级脂肪酸遇碱能起皂化作用，生产肥皂溶于水中，但是高级一元醇遇碱不能皂化。故洗羊毛时，单纯用碱不能洗净羊毛，必须用合成洗剂并采用乳化的方法，才能除去羊毛脂。羊毛脂的熔点一般为37～45℃，所以在常温下羊毛脂为黏稠状物质，洗羊毛的温度应高于羊毛脂的熔点。此外，羊毛脂能溶解于有机溶剂，如四氯化碳、乙醚、苯、汽油等。

2.3.5.2 汗质

汗质的主要成分是碳酸钾，占80%以上，还有少量的硫酸钾和氯化钾等物质，汗质能直接溶于水。

2.3.5.3 油汗的颜色

白色、乳白色、淡黄色是油汗的主要颜色，这几种颜色的油汗在洗毛过程中容易洗去，又叫做良性油汗。深黄、橙黄色的油汗在洗毛过程中不易洗去，影响羊毛品质的白度和光泽，所以又叫做恶性油汗。恶性油汗给毛纺工业洗毛工序带来很大困难，在洗毛过程中，必须用强性洗剂，才能洗去，既增加了成本，又影响羊毛的品质。

2.3.5.4 油汗的作用

2.3.5.4.1 集聚羊毛纤维作用。因为油汗具有黏性，并使纤维联合成密集的毛束和毛丛，因此油汗可以保护被毛，减少外界杂质侵入。

2.3.5.4.2 可以防止羊毛纤维变干。因为羊毛脂存在于纤维的表面，并有一部分渗透到纤维内部，可以保护羊毛的物理性质，使纤维不至于干枯而影响强度、伸度和光泽。如果羊毛的油脂含量少于1%时，羊毛的物理特性就显著降低，油脂含量在2%～3%的范围内，羊毛的物理特性最为优良。

2.3.5.4.3 防止毛纤维毡合。油汗具有润滑作用，促进被毛内毛丛的自然形成可防止羊毛在羊体上发生毡合现象。

2.3.5.5 影响油汗含量的主要因素

2.3.5.5.1 品种。不同品种，油汗含量差异很大，细毛羊毛被中油汗含量最高，半细毛羊次之，粗毛羊最少。一般来说羊毛越细，油汗越大。

2.3.5.5.2　个体。同一品种不同个体的油汗含量，也有很大的差异。澳洲美利奴羊羊毛中油脂含量可以从 10%到 25.4%，汗的含量从 2%到 12%。一般来说皱褶多的羊(Wrinkle sheep)，油汗含量高。

2.3.5.5.3　部位。同一个体，不同部位，油汗含量也不相同。腹部油脂含量最高，背部最低，体侧介于中间。

2.3.5.5.4　毛丛。在每一个毛丛的上、中、下三个部位也有差别，以靠近皮肤下端的为最多，毛尖最少。

2.3.5.5.5　性别。在同一品种内，公羊的羊毛脂含量一般略高于母羊，而汗的含量母羊要略高于公羊。

2.3.5.5.6　年龄。羊毛中的油脂含量，随着绵羊年龄增长而增多，但到 6～7 岁以后，由于绵羊年老，生活力衰退，油脂分泌量也就随之而减少。

2.3.5.5.7　营养与环境。营养水平高的羊，油汗含量也高，如果营养不足，油汗明显减少，羊毛出现干枯。环境好坏，对油汗含量也有影响。牧区绵羊常年放牧，毛被经常遭受风雨侵袭，故毛脂含量较少；农区绵羊管理比较周到，气候湿润，毛被遭受风雨侵袭较少，故油脂含量相对较高。

2.3.6　净毛率

从羊体上剪下、未经加工处理的羊毛叫污毛，也称原毛。经过洗毛后，将油汗和杂质洗去干燥后的羊毛称为净毛。

2.3.6.1　净毛率的表示方法

2.3.6.1.1　普通净毛率。普通净毛率是羊场、羊毛收购单位和毛纺部门普遍采用的测定方法。根据国家标准 GB 2427—1981 规定，细毛的标准回潮率为 17%，半细毛及异质毛的标准回潮率为 16%；洗后所得净毛，必须含有不超过 1.5%的油脂，这种含脂量也是保持羊毛正常物理性质所必需的；洗净后的羊毛，允许含有不超过 1%的植物质。

普通净毛率(%)＝净毛绝对干燥重×(1＋标准回潮率)×100%/原毛毛样重

2.3.6.1.2　标准净毛率。标准净毛率是国际上羊毛贸易所采用的方法，比较精密准确。标准净毛率的组成成分为：绝对净毛占 86%、水分占 12%，油脂占 1.5%，灰分占 0.5%，植物质为 0，共计 100%。如果含量超过规定的标准，就需在毛价中扣除超过的分量。

2.3.6.2　影响净毛率的因素

2.3.6.2.1　品种与类型。细毛羊的净毛率一般在 30%～45%，半细毛羊在 50%，粗毛羊在 60%～70%。

2.3.6.2.2　个体特性。个体的被毛长度、细度、密度、油汗大小和被毛结构不同，其净毛率差别也很大。被毛在相同的密度下，羊毛愈长，其净毛率越高，羊毛越细，净毛率越低。

2.3.6.2.3　饲养管理条件。饲草、饲料丰富、管理条件好、净毛率高。在贫瘠草地和风沙大的地区，净毛率低，管理不善，被毛经常与干草、粪便和尘土接触，杂质含量多，故净毛率低。

智能化生产案例2-1　净毛智能生产方案研究与应用

2-1-1　背景分析

梳毛机是毛纺工业中最核心的机械之一，从耙子式手工梳理、机械罗拉滚筒梳理、盖板梳理和罗拉盖板的结合式梳理，其发展有200多年历史。尽管用于纺织原料的羊毛主要是绵羊毛，但是不同品种、不同气候条件、不同区域养殖的绵羊所生产羊毛，在长度、细度、含杂方面有较大差别，比如其长度范围有40～180毫米，细度有10～25微米，导致梳毛机在针布配备、机构设计、工艺等方面要求更高。同时，随着人工成本的大幅度提高和相应产业操作工人减少，机器的机械化、智能化以及操作标准化是大势所趋。

现有市场上的精纺梳毛机设备，无论是国内制造的还是国外的，均存在草刺大、毛粒多、纤维损伤严重和制成率低问题。草刺大是由于现有技术排杂点都设计在锡林或刺辊的中上部，空间狭小，而且排杂点只有2～3处，排杂部件结构设计不合理。洗净羊毛几乎不含毛粒，毛粒产生主要是道夫对主锡林上纤维转移量不够，导致主锡林负载过大，形成厚厚一层毛被，再被工作辊和拔毛辊反复揉搓而产生大量毛粒，如果进一步搓捻，会形成死结，这又导致制成率下降。同时，由于前道工序开松不够和除杂不够，又会增加主锡林毛被表面摩擦力，导致更多的毛粒产生。而纤维损伤严重主要是由于针布设计不合理、机构配合不合理、部件结构设计不合理、排杂空间和位置不合理等多方面因素，在相关锡林强开松、强梳理过程中导致毛纤维被拉断。制成率低主要是产生的死毛粒较多，毛纤维损伤大导致不可纺短毛多，草刺大后导致后面精梳、针梳次数增加以排杂，而精梳、针梳次数又会导致毛纤维损伤进一步降低制成率。因此，新型智能化羊毛梳理、除杂、成条联合机的出现，不仅能提高制成率，又能降低用工量，节能降耗将具有广阔的市场前景。

2-1-2　净毛智能生产方案研究

本方案涉及纺织工程机构技术领域，特指一种用于净毛智能生产的联合机(如图2-24所示)，包括送料机构、喂入预开松机构、开松除杂机构、除杂转移机构、梳理机构、成条和出条机构以及智通控制系统，送料机构用于将洗净羊毛抓取后均匀恒重送入喂入预开松机构中，喂入预开松机构用于将送入的洗净羊毛进行首次开松后送入开松除杂机构中，开松除杂机构用于将送入的洗净羊毛进行二次开松以及首次除杂后送入除杂转移机构中，除杂转移机构用于将送入的洗净羊毛进行二次除杂后送入梳理机构中，梳理机构用于将送入的洗净羊毛进行梳理后送入成条和出条机构中，成条和出条机构用于将送入的洗净羊毛进行成条以及出条。本方案的应用领域涉及纺织工程机构技术领域，尤其涉及一种适用于净羊毛精纺梳理、除杂、制条智能联合机。

2-1-3　技术原理

智能联合机，包括送料机构、喂入预开松机构、开松除杂机构、除杂转移机构、梳理机构、成条和出条机构以及智通控制系统，送料机构用于将洗净羊毛抓取后均匀恒重送入喂入预开松机构中，喂入预开松机构用于将送入的洗净羊毛进行首次开松后送入到开松除杂机构中，开松除杂机构用于将送入的洗净羊毛进行二次开松以及首次除杂后送入除杂转移机构中，除杂转移机构用于将送入的洗净羊毛进行二次除杂后送入梳理机构中，梳理机构用于将送入的洗净羊毛进行梳理后送入成条和出条机构中，成条和出条机构用于将送入的洗净羊毛进行成条以及出条，送料机构、喂入预开松机构、开松除杂机构、除杂转移机构、梳理机构以及成条和出条机构均通过智能控制系统控制工作。

1. 喂入预开松机构(图2-25)

包括喂入罗拉组件、沟槽罗拉组件、第一除杂刀以及转移刺辊，喂入罗拉组件与沟槽罗拉组件交替设置，喂入罗拉组件包括第一喂入罗拉、第二喂入罗拉、第三喂入罗拉、第四喂入罗拉、第五喂入罗拉以及第六喂入罗拉。第一喂入罗拉与第二喂入罗拉呈上下设置于喂入预开松机构的收料通道前部，且第一喂入罗拉与第二喂入罗拉之间设有用于洗净羊毛穿过的过道，第三喂入罗拉与第四喂入罗拉呈上下设置于喂入预开松机构的收料通道中部，且第三喂入罗拉与第四喂入罗拉之间设有用于洗净羊毛穿过的过道，第五喂入罗拉与第六喂入罗拉呈上下设置于喂入预开松机构的收料通道后部，且第五喂入罗拉与第六喂入罗拉之间设有用于洗净羊毛穿过的过道，沟槽罗拉组件包括第一沟槽罗拉、第二沟槽罗拉、第三沟槽罗拉以及第四沟槽罗拉，第一沟槽罗拉与第二沟槽罗拉呈上下设置于第一喂入罗拉与第二喂入罗拉后面，且第一沟槽罗拉与第二沟槽罗拉之间设有用于洗净羊毛穿过的过道，第三沟槽罗拉与第四沟槽罗拉呈上下设置于第三喂入罗拉与第四喂入罗拉后面，且第三沟槽罗拉与第四沟槽罗拉之间设有用于洗净羊毛穿过的过道，第一除杂刀安装于转移刺辊上，转移刺辊设于第五喂入罗拉与第六喂入罗拉后面，并与开松除杂机构对应设置。

2. 开松除杂机构(图2-26)

包括开松锡林、第一工作辊、第一剥毛辊、第二工作辊、第二剥毛辊、第三工作辊、第三剥毛辊、第二除杂刀、第三除杂刀、第四除杂刀，第一工作辊、第一剥毛辊、第二工作辊、第二剥毛辊、第三工作辊以及第三剥毛辊依次设于开松锡林上部，第二除杂刀、第三除杂刀以及第四除杂刀依次设于开松锡林下部，开松锡林一侧与喂入预开松机构的转移刺辊对应设置，开松锡林另一侧与除杂转移机构对应设置。

3. 除杂转移机构(图2-27)

包括第一平梳辊、第二平梳辊、第三平梳辊、第五除杂刀、第六除杂刀，第一平梳辊、第二平梳辊以及第三平梳辊并排设置，第五除杂刀设于第二平梳辊的下部，第六除杂刀设于第三平梳辊的下部，第一平梳辊与开松除杂机构的开松锡林对应设置，第三平梳辊与梳理机构对应设置。

4. 梳理机构(图2-28)

包括主锡林、主锡林第一工作辊、主锡林第一剥毛辊、主锡林第二工作辊、主锡林第二剥毛辊、主锡林第三工作辊、主锡林第三剥毛辊、主锡林第四工作辊、主锡林第四剥毛辊、主锡林第五工作辊、主锡林第五剥毛辊、白棕辊、清洁辊，主锡林第一工作辊、主锡林第一剥毛辊、主锡林第二工作辊、主锡林第二剥毛辊、主锡林第三工作辊、主锡林第三剥毛辊、主锡林第四工作辊、主锡林第四剥毛辊、主锡林第五剥毛辊以及主锡林第五工作辊依次设于主锡林的上部，白棕辊与清洁辊设于主锡林的下部，主锡林的一侧与除杂转移机构的第三平梳辊对应设置，主锡林的另一侧与成条和出条机构对应设置。

5. 成条和出条机构

包括道夫、斩刀、毛网传输板、高速 CCD 相机、龙头、导条器以及条桶。道夫的一侧与主锡林对应设置，斩刀设于道夫的另一侧，毛网传输板设于斩刀的下方，导条器的一端连接于毛网传输板，导条器的另一端连接于龙头，条桶设于龙头的下方，高速 CCD 相机设于网传输板与导条器的上方。

6. 智能控制系统(图 2－29)

包括电脑控制中心、电机驱动模块、电机变频控制模块、速度检测模块、喂入量控制模块以及 CCD 线扫描图像识别处理模块，电机驱动模块、电机变频控制模块、速度检测模块、喂入量控制模块以及 CCD 线扫描图像识别处理模块分别电连接于电脑控制中心。

7. 联合机除杂系统

联合机除杂系统包括设于喂入预开松机构与开松除杂机构下方的第一排杂收集帘、设于除杂转移机构与梳理机构下方的第二排杂收集帘以及连接于第一排杂收集帘与第二排杂收集帘的排杂输出帘。

8. 送料机构

包括毛斗，毛斗内设有斜钉帘与恒重配毛器，毛斗上部设有进料口，毛斗下部设有出料口，出料口与喂入预开松机构的收料通道前部对应设置。

2－1－4　应用前景

智能化净毛生产联合机，解决了现有市场上的精纺梳毛机设备，无论是国内制造的还是国外的均存在的草刺大、毛粒多、纤维损伤严重和制成率低问题。设备具备的送料功能、开松功能、除杂功能、梳理功能、成条功能，不仅能提高制成率，又能降低用工量，节能降耗。

2－1－5　附图及说明

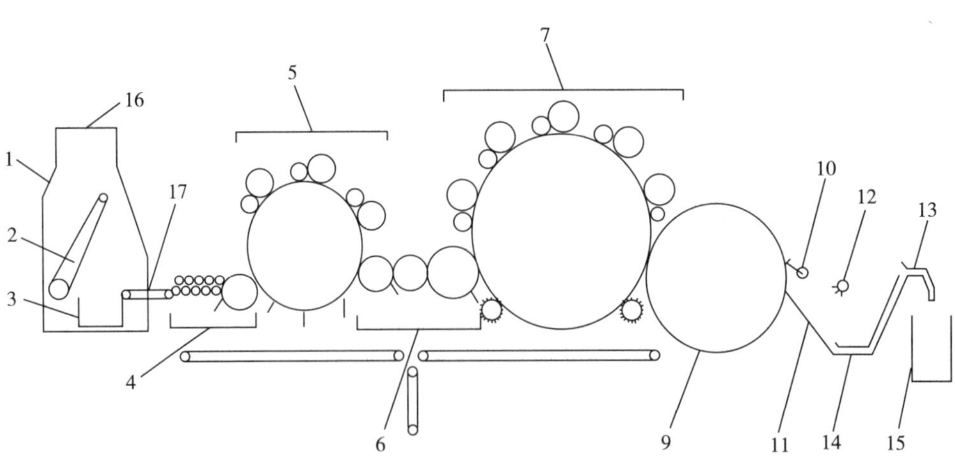

图 2－24　净毛智能生产设备整体

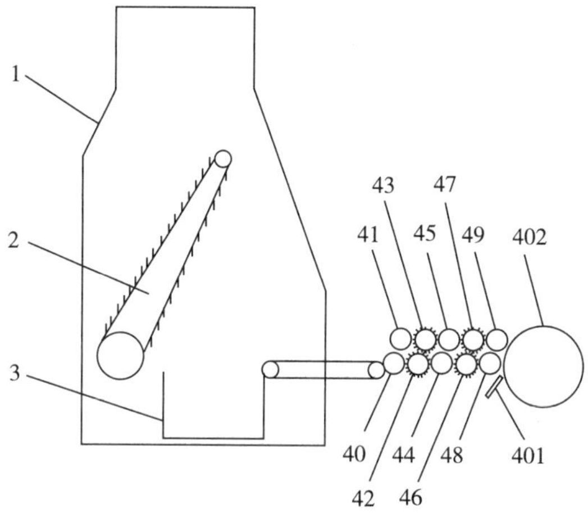

图 2-25　喂入预开松机构

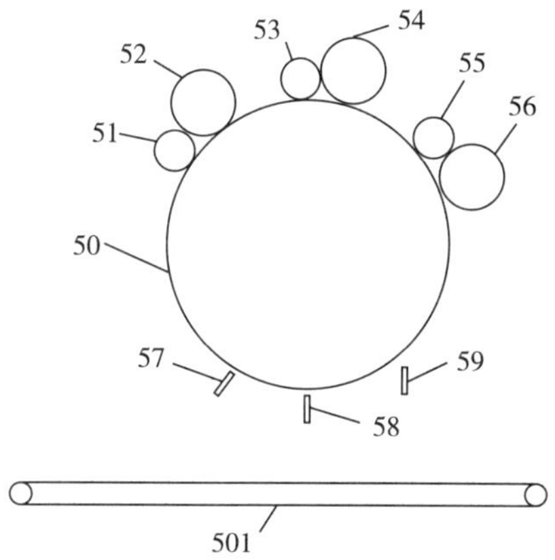

图 2-26　开松除杂机构

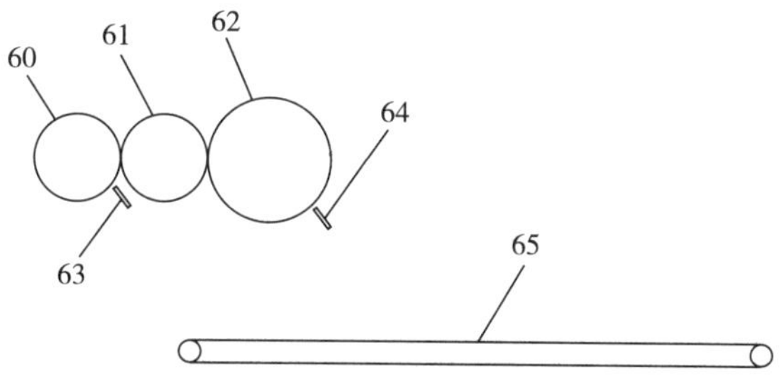

图 2-27　除杂转移机构

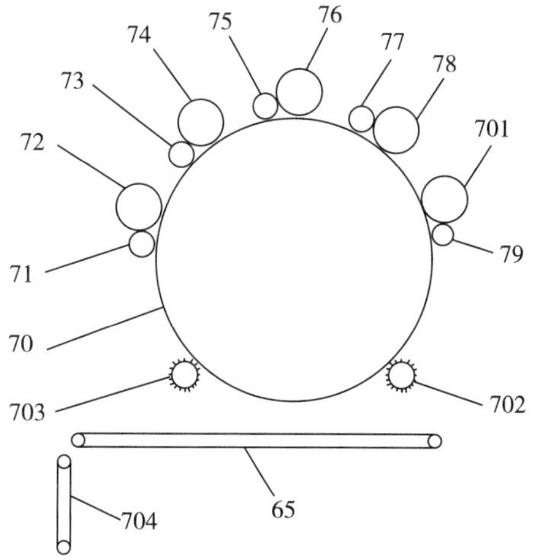

图 2-28　梳理机构

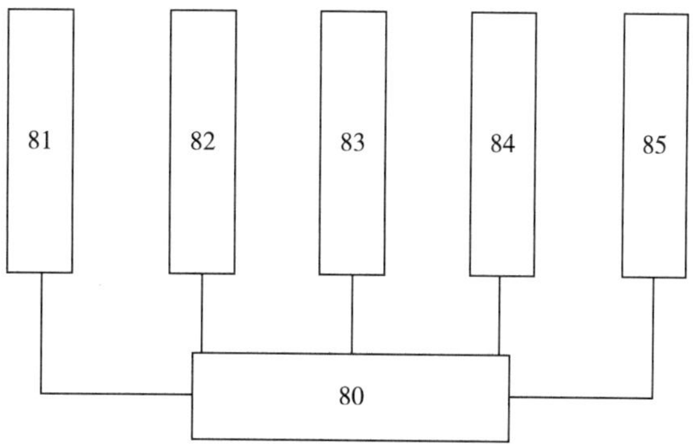

图 2-29　智能控制系统结构图

注:1. 毛斗;2. 斜钉帘;3. 恒重配毛器;9. 道夫;10. 斩刀;11. 毛网传输板;12. 高速CCD相机 13. 龙头;14. 导条器;15. 条桶;16. 进料口;17. 出料口;4. 喂入预开松机构;40. 第一喂入罗拉;41. 第二喂入罗拉;42. 第一沟槽罗拉;43. 第二沟槽罗拉;44. 第三喂入罗拉;45. 第四喂入罗拉;46. 第三沟槽罗拉;47. 第四沟槽罗拉;48. 第五喂入罗拉;49. 第六喂入罗拉;401. 第一除杂刀;402. 转移刺辊;5. 开松除杂机构;50. 开松锡林;51. 第一工作辊;52. 第一剥毛辊;53. 第二工作辊;54. 第二剥毛辊;55. 第三工作辊;56. 第三剥毛辊;57. 第二除杂刀;58. 第三除杂刀;59. 第四除杂刀;501. 第一排杂收集帘;6. 除杂转移机构;60. 第一平梳辊;61. 第二平梳辊;62. 第三平梳辊;63. 第五除杂刀;64. 第六除杂刀;65. 第二排杂收集帘;7. 梳理机构;70. 主锡林;71. 主锡林第一工作辊;72. 主锡林第一剥毛辊;73. 主锡林第二工作辊;74. 主锡林第二剥毛辊;75. 主锡林第三工作辊;76. 主锡林第三剥毛辊;77. 主锡林第四工作辊;78. 主锡林第四剥毛辊;79. 主锡林第五工作辊;701. 主锡林第五剥毛辊;702. 白棕辊;703. 清洁辊;704. 排杂输出帘;80. 电脑控制中心;81. 电机驱动模块;82. 电机变频控制模块;83. 速度检测模块;84. 喂入量控制模块;85. CCD线扫描图像识别处理模块;

知识点小结

羊毛纤维由毛干、毛根和毛球组成,包含鳞片层、皮质层、髓质层和细胞膜复合物四部分组织结构。根据羊毛纤维的组织学结构、形态特征和工艺性能,可将羊毛纤维分为无髓毛、有髓毛和两型毛三类。在油汗的作用下,羊毛纤维形成毛束或毛股,进而组成毛丛。细毛羊和半细毛羊常由圆柱形内毛丛和平顶形外毛丛组成,而粗毛羊则由圆椎形内毛丛和辫形外毛丛组成。羊毛纤维的密度、杂质及净毛率受羊的品种、性别、年龄、身体部位及饲养管理条件等多种因素影响。油汗作为羊毛纤维正常的杂质,具有重要的功能。

第3节　羊毛纤维的形成过程及影响羊毛生产的因素

3.1　羊毛纤维的形成过程

羊毛纤维裸露于皮肤之外,是皮肤的衍生物。了解羊毛纤维的形成,首先需要知道绵羊皮肤的构造。皮肤在胚胎时期由外胚叶和中胚叶形成。由外胚叶发育成皮肤的表皮,由中胚叶形成皮肤的真皮和皮下结缔组织。绵羊的皮肤按其构造可分为表皮、真皮和皮下结缔组织三层。

3.1.1　皮肤的构造(图 2-30)

3.1.1.1　表皮层

羊的表皮层约占皮肤总厚度的1%,由多层上皮细胞组成的皮肤表面层,又可分为角

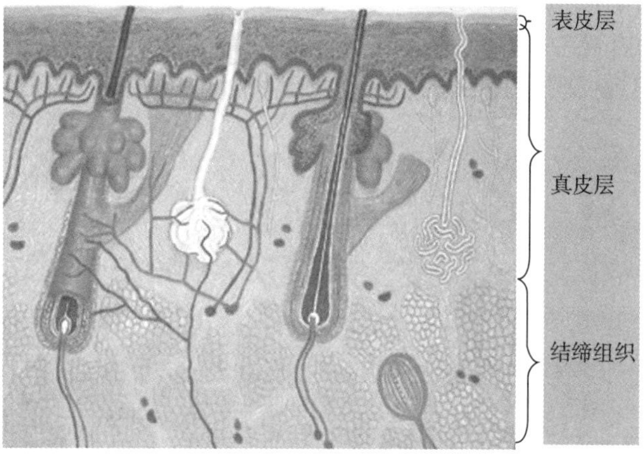

图 2 - 30　皮肤的构造

质层、颗粒层、生发层三层。

3.1.1.1.1　角质层。角质层由扁平的角质化细胞组成，组织坚硬，可以抵抗外界环境对绵羊机体的各种不良影响。

3.1.1.1.2　颗粒层。颗粒层由一层或数层梭状细胞组成。

3.1.1.1.3　生发层。生发层由柔软的呈椭圆柱形状的活细胞组成，这层细胞能进行细胞分裂，补充逐渐脱落的角质化细胞。

3.1.1.2　真皮层

真皮层是羊皮的主体，是生产羊毛纤维的基地，也是皮革的主要部分，这一层占皮肤总厚度的 84%左右，是最坚固的皮层，由乳头层和网状层形成。

3.1.1.2.1　乳头层。乳头层是由网状和部分疏松结缔组织构成，并含有少量的弹性纤维，这一层约占真皮厚度的 1/5。这一层分布有大量血管和神经末梢，为富有血液且皮肤最敏感的部分。

3.1.1.2.2　网状层。网状层由弹性纤维和紧密结缔组织构成，占真皮厚度的 4/5。

3.1.1.3　结缔组织

皮下结缔组织是由疏松的网状结缔组织构成的，它联结着真皮层和绵羊体驱的肌肉组织。由于皮下结缔组织的结构很疏松，所以羊的皮肤就有了很好的灵活性或可动性，同时也是绵羊育肥时蓄积脂肪的地方。皮下结缔组织约占皮肤总厚度的 15%左右。绵羊的皮肤，在整个体躯上有着不同的厚度，一般为 1～2 毫米。毛用羊真皮组织发达，而皮下结缔组织又极不发达，因而形成了皮肤皱褶。

3.1.2　羊毛纤维的形成过程

羊毛纤维的形成，开始于胚胎时期，要经历一个复杂的生物学过程，从毛囊干细胞的发生到形成羊毛纤维，它是和胎儿的皮肤细胞发育同时发生。一般绵羊胚胎发育到 50～70 天时，表皮的分化已达到最强烈的程度，在生发层与乳头层交界而将要生毛的地方，出现一些特殊的细胞集团，这些细胞集团由初级毛囊、发育成熟和正在发育的次级毛囊组成，如图 2 - 31 所示为辽宁绒山羊的初级毛囊、次级毛囊、毛囊群及其附属结构皮脂腺观察，共同形成表面性毛囊原始体。初级毛囊发生早，有完整的附属结构(皮脂腺、汗腺和竖毛肌),对于粗毛羊,形成的羊毛纤维是有髓毛,而对于细毛羊来说形成的纤维是粗大的无髓毛和少量的有髓毛(浮毛)。次级毛囊发生晚,没有汗腺和竖毛肌,仅有不发达的皮脂腺,所以次级毛囊没有完整的附属结构,所形成的纤维是较细的无髓毛。

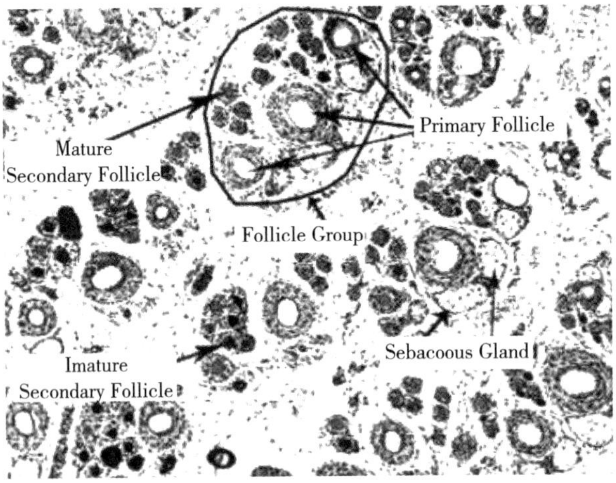

图 2-31　辽宁绒山羊的初级毛囊(primary follicle)、次级毛囊(secondary follicle)、毛囊群(follicle group)及其附属结构皮脂腺(sebaceous gland)

毛囊原始体在皮肤上是成群排列的,每个毛囊群由三个初级毛囊和若干个次级毛囊组成。初级毛囊可分为中央初级毛囊和边侧初级毛囊,次级毛囊可分为原次级毛囊和分支次级毛囊。每个毛囊群内初级毛囊的数目差别不大,一般有三个初级毛囊组成,也有一个或两个初级毛囊组成,但数量较少。而次级毛囊的数目因类型、品种不同差异很大,由几个到几十个不等。毛囊原始体从原定位的隆突部中不断发育、分化、伸出,逐渐形成羊毛纤维,整个形成过程大致经历五个不同时期,如图 2-32 为辽宁绒山羊初级毛囊和次级毛囊发育图。

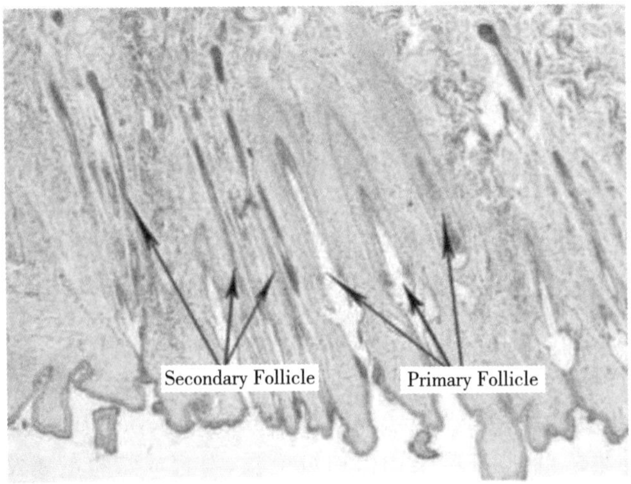

图 2-32　辽宁绒山羊初级毛囊(primary follicle)和次级毛囊(secondary follicle)发育

3.1.2.1　结节(或瘤状物)的形成时期

出现毛囊原始体以后,皮肤血液向此点流向加强,使这些细胞集团获得丰富的营养物质,开始迅速地增殖。由于细胞数量和体积的增加、增大,结果就形成了结节。初期瘤状物的形成如图2-33所示。

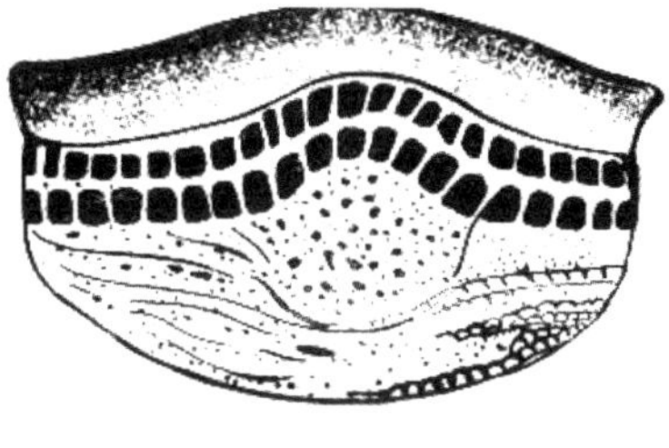

图2-33　初期瘤状物的形成

3.1.2.2　结节伸入时期(或叫管状物形成时期)

已经形成的结节5～10天内便开始向真皮伸入生长(图2-34),渐渐形成了一个充满生发层细胞的管状物。即开始时的毛囊,此时约比原始体增大了10倍。

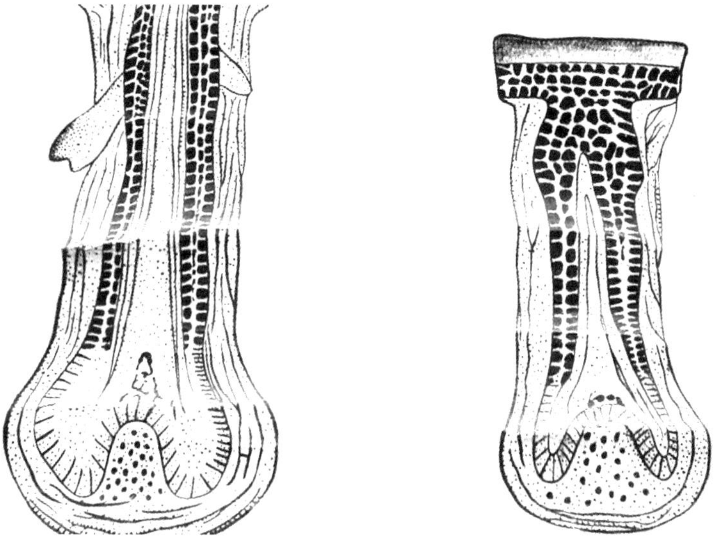

图2-34　初期瘤状物向真皮伸入生长

3.1.2.3　形成各组织时期

管状物中充满了生长细胞,发生了形态上的变化,这时在管状物的附近出现了汗腺、皮脂腺和竖毛肌的原始细胞,并分别发育为汗腺、皮脂腺和竖毛肌。管状物下端生发层细胞继续增殖,把顶端的皮乳头包围起来就形成了毛球。

3.1.2.4　羊毛纤维形成时期

由于毛球膨大包围了毛乳头,在毛乳头中有血管供给养料,进行经常性的物质代谢,毛球细胞不断增殖并开始分化,边沿的细胞形成毛鞘,中间的则形成毛根。随着毛球细胞的急剧增殖,新的细胞在毛鞘里连续向上生长,并且在毛球上部逐渐角质化,不断角质化的细胞沿着毛鞘增长,就形成了毛纤维,并且继续向上冲出。

3.1.2.5　羊毛纤维伸出体外时期

由于新生的角质化细胞不断增长,生长的羊毛便愈来愈沿着毛鞘向体表上升,加以毛囊的周期性规律运动,毛纤维最后穿过表皮,伸出体外,如图2-35所示。羊毛纤维的整个生长，从表皮原始点起，到突出胎儿体表止，共持续了 30～40 天。

初级毛囊与次级毛囊的比值称为毛囊比。毛囊比可以说明毛囊群的大小，并与产毛量密切相关。一般来说，粗毛羊毛囊比为 1∶3～4，半细毛羊为 1∶5～10，细毛羊 1∶10～20。毛囊比与纤维直径的关系：毛囊比例越大，纤维直径越细；毛囊比越小，纤维直径越粗。

由初级毛囊发生的羊毛纤维在胎儿出生前几乎全部长出，而次级毛囊分化的羊毛纤维，大部分是在羔羊出生后长出的。羔羊出生后，大部分次级毛囊是以不同的发育阶段存在于皮肤内，羔羊离开母体后，皮毛结构继续发育，在羔羊生后的第一个月是毛纤维发展最快的时期，如果这个时期，羔羊在丰富的营养条件下，直到生后 5 个月或更长一些时间，其余未发育好的毛囊原始体可以继续发育长出羊毛纤维。

图 2-35　羊毛纤维伸出体外

3.2　影响羊毛生产的因素

影响羊毛纤维产量和品质的因素很多，其中羊的品种与类型、个体、性别、年龄、饲养管理和气候对羊毛纤维生产具有重要影响。

3.2.1　羊的品种和类型

羊毛的产量和品质，如羊毛纤维密度、长度、细度、油汗、弯曲度和强度等，都因羊品种的不同而有很大的差异，主要原因是初级毛囊和次级毛囊数量及比例不同造成的。羊毛纤维是由毛囊组成毛群而形成的，不同品种的羊单位皮肤内的毛囊数是不相同的。以伯列考斯羊为例，其在一岁时每平方毫米内毛囊数为 130 个，而同岁的莱斯特羊皮肤每平方毫米内的毛囊才有 42 个，茨盖羊则有 477 个，高加索羊则更高，达到 655 个。一般情况下，我国的粗毛羊每年产毛量只有 1 千克左右，而且是异质毛，毛纺工艺价值很低。但是，一只优良的澳洲美利奴公羊产毛量可达 20 千克以上，而且羊毛纤维的品质支数能够超过 80 支，毛纺工艺价值较高。在羊毛长度方面，以英国林肯羊为代表的长毛种羊毛纤维长度可达 30 厘米以上，而细毛羊羊毛纤维一般为 7 厘米左右。在羊毛细度方面，细毛羊一般在 60 支以上，半细毛羊在 32～58 支之间，粗毛羊是异质毛，其中有髓毛很粗，山羊绒毛则很细。从羊毛纤维的生长情况看，不同品种的羊之间差异也很大，美利奴羊毛纤维每日生长的羊毛长度相当于罗姆尼羊的一半。

3.2.2　羊的个体

羊只在健康情况下，虽属同一品种，但由于个体大小不同，羊毛生产也有很大的差别。同一品种的羊，一般体格越大，皮肤的面积也大，产毛量比体格小得多，以澳洲美利奴羊为例，体格越大、颈部皱褶越多，个体羊毛产量越高。

3.2.3　羊的性别

一般情况下，由于公羊体格大，处于优势地位，获取的饲料资源多，造成公羊的毛纤维密度比母羊的高，毛粗且长，但是母羊的毛一般比公羊均匀。羯羊居于公羊和母羊之间。

3.2.4　羊身体的部位和年龄

羊的身体部位不同，皮肤中血管和神经分布不同，羊毛纤维的生长发育也不一样，也影响羊毛纤维的密度、长度。一般靠近背侧部位皮肤厚，血管和神经分布多，毛囊的密度较大；反之靠近腹部，血管和神经分布少，羊毛密度小。由于皮肤性状的差异，毛丛长度、毛纤维长度、油汗含量在各部位也不相同。年龄对羊毛产量和品种也有影响，羔羊羊毛纤维较成年羊毛细，羊一般在 3 岁左右时羊毛纤维最粗，以后逐渐变细，羊毛产量也是在 3 岁左右时最高。

3.2.5　饲养管理条件

营养水平是影响羊毛纤维生产的重要因素。羊毛纤维是由毛囊发育形成的，而毛囊是在羊体内胎儿时期开始形成。胎儿通过母体吸收营养生长发育，营养水平的高低不仅影响胎儿身体的发育，也对胎儿皮肤、毛囊的形成和发育都有直接的影响。初生毛囊在胎儿发育的早期形成，但是次生毛囊是在后期形成，对于一些羊而言，有些次生毛囊则在胎儿出生之后在皮肤里发育。如果饲养条件好、日粮营养丰富，这些在皮肤里的次生毛囊则迅速发育形成羊毛纤维；如果营养不足、饲养条件差时，次级毛囊发育迟缓甚至迟滞，就长不成羊毛纤维。营养水平不仅影响胚胎时期毛纤维的形成与发育，也影响羔羊生后毛的生长速度。国外试验结果表明，通过改善美利奴羊的营养条件可使羊毛产量提高 40%以上，羊毛长度增加 30%以上。营养条件好时，羊毛纤维的遗传性能够得到充分表现，并且羊毛密度大、油汗增加、强度好，生长速度也加快。影响羊毛纤维生产的主要营养物质有蛋白质、能量、矿物质和维生素等。羊毛纤维是由蛋白质所构成，生产 1 千克羊毛纤维约需消耗 8～10 千克的植物性蛋白质。在羊的日粮总可消化营养物质中，当可消化蛋白质应不低于 18%时，才能满足产毛的需要。构成羊毛的角蛋白是由多种氨基酸所组成的，其中含硫氨基酸最为重要，约占羊毛角质蛋白中的 9%左右。因此，矿物质对羊毛品质有明显影响，其中以硫和铜元素比较重要，缺铜时毛囊内代谢受阻，毛的弯曲会减少，羊毛纤维的色素形成也受影响，并会引起铁的代谢紊乱而出现贫血，导致毛产量下降。维生素也是羊毛生长所必需的营养元素。其中维生素 B_2 及维生素 A 直接影响羊毛生长，并能够有效防止皮炎，维持皮肤正常生理机能。植物蛋白和碳水化合物对毛囊发育的影响，如图 2－36 所示。

饲养管理也是不可忽略的重要因素。羊毛被粪尿污染后色泽发黄、不易洗掉，且油脂损失、强度下降，羊毛的理化性质受到严重破坏，一般只能加工深色的低档产品。圈黄毛是由于饲养管理不科学引起的，如平养过程中羊圈潮湿、垫草经久不换、绵羊消化不良引起腹泻等。这种羊毛主要在四肢、腹部、臀部和尾部。防止办法：采用高床养殖；羊舍要保持干燥清洁或勤换垫草，防止粪尿污染；选择干燥的地方作为野外营地；因为潮湿

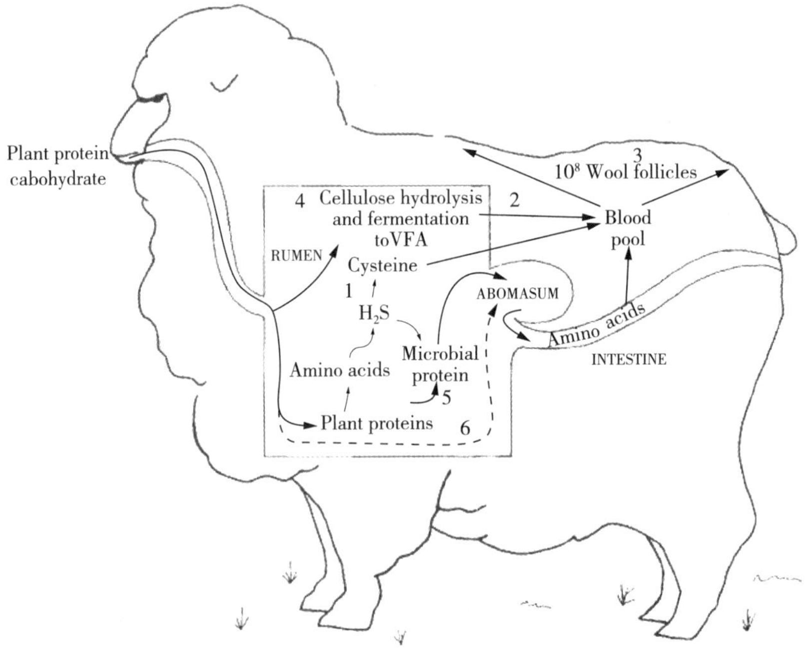

图 2-36 植物蛋白和碳水化合物对毛囊发育的影响

的营地也易产生圈黄毛;饲喂的饲料不能是腐败发霉的,以免引起消化不良导致绵羊拉稀,污染羊毛。及时给羊断尾,把绵羊的尾巴断得很短,或者把易污染的臀部皮肤割掉。长期舍饲会对羊毛产量和品质造成不利影响。在碳酸钠、氢化钙和硫酸镁等含量较多的牧地放牧,可使羊毛纤维变得脆弱。疾病能够引起皮肤血液循环受阻、营养代谢受到严重破坏,导致羊毛变细、均匀度差,甚至脱毛。此外,羊分娩期的早晚也影响周岁羔羊的产毛量,研究表明:伯列考斯冬羔比春羔出生多产羊毛 11.6%~33.5%。剪毛次数也可影响羊毛生产,剪毛后羊的皮肤生理条件得到改善,单位羊毛纤维获得的营养量增加,且毛根部的毛乳头吸收营养更快,进而促进羊毛快速生长。研究表明,细毛羊一年剪两次毛比剪一次毛多产毛 12%~25%。有些羊场在羊分群、配种或母羊产羔后,常用油漆、沥青以及其他油料颜色等在羊体上作记号。这些涂料在洗毛时不易洗掉,极小的一点油漆或沥青在加工过程中,经过一蒸煮可以扩散一大片,降低了羊毛的工艺价值。

3.2.6 气候

不同季节,温度、湿度、气压、风速、光照等相差较大,对羊毛产量、长度和细度及净毛率都有影响。一般情况下,寒冷可使毛的密度和异质毛中的绒毛含量增加。气候干燥、温暖则有利于细毛生产,气候湿润有利于半细毛生产。夏季羊毛生长速度快且较冬季粗。长期以来,我国细毛羊所采食的牧草来多源于天然草场,羊"夏壮、秋肥、冬春瘦"的局面至今没有较大改变。绵羊的羊毛纤维季节性变化成了羊毛生产过程中突出性的问题之一,且在我国各大牧区普遍存在,对我国毛纺织品的质量影响极大。若不及时改进,将难以提高羊毛产量和质量。

知识点小结

羊毛纤维形成于胚胎时期，在经历结节形成、结节伸入、形成各组织、羊毛纤维形成和伸出体外5个时期后最终裸露于皮肤之外。羊毛纤维由初级毛囊和次级毛囊发育而成，形成的毛囊群因大小和组成差异，是造成羊毛纤维产量和品质不同的重要原因。除此之外，影响羊毛纤维产量和品质的因素还有羊的品种与类型、个体、性别、年龄、饲养管理和气候等，这些因素对羊毛纤维生产均具有重要影响，在羊毛生产中应格外关注。

第3章 羊肉生产

肉类被定义为可食用部分，主要从包括山羊、牛、绵羊和猪在内的家畜及家禽、养殖和野生动物中获得。肉类富含高价值蛋白质、多种脂肪，包括 Omega-3 多不饱和脂肪酸、锌、铁、硒、钾、镁、钠、维生素 A、B 族复合维生素和叶酸。肉类的成分因品种、所摄取的饲料类型、气候条件以及加工方式而异，这使其营养和感官特性有很大差异。当与蔬菜、水果和碳水化合物一起食用时，肉类构成了人类均衡饮食的一部分，是大众可以获得的最重要、最有营养和最受欢迎的食物之一。与其他肉类相比，羊肉是一类特殊的肉类，无论是在营养成分组成，还是饲养管理、分割技术等方面与其他肉类均有所不同。本章将主要关注羊肉的营养成分、生产技术以及它们对人类的健康益处，以便深入了解和生产羊肉。

第1节 羊肉的营养成分组成及其与其他肉类的比较

1.1 羊肉常规营养成分分析

羊肉的常规营养成分主要指羊肉中含有的水分、蛋白质、脂肪及胆固醇等营养物质，见表 3-1 所列。肉类属于易腐食品，因为它含有大约 70%以上的水分。除了缩短保质期外，水分的存在还会对肉的肌肉组织的颜色、质地和风味产生强烈影响。脂肪组织(动物腹部的组织)含有较少的水分，这导致羊胴体中的水分含量较低。肉组织中的大部分水分以游离状态存在于肌肉纤维中，少量存在于结缔组织中。在加工条件下，例如固化和热处理以及随后的储存，一小部分水保留在肌肉纤维内，称为“结合水”。通过压力和温度强化的肌肉纤维的三维结构有助于水在加工条件下保留在肌肉中，而在这些情况下，大部分水分“流失”，称为“游离水”。肉的持水能力可以通过其肌肉纤维的破坏来改变，从而有助于延长肉制品的保质期。在这方面涉及许多方法，包括切碎、研磨、盐渍、冷冻、解冻、通过酶促或化学方式分解结缔组织、加热应用以及使用改变肉类酸度(pH)的化学品或有机添加剂。与生鲜的牛肉、猪肉、鸡肉、驴肉相比，鲜羊肉具有水分、蛋白质、胆固醇含量低、腹下脂肪与能量含量高等特点。

表 3-1　羊肉的常规营养成分组成及其与其他肉类的比较(数据来自英国食品局,2002)

营养成分含量/100 克	羊肉	牛肉	猪肉	鸡肉	驴肉
水　分(g)	70.6	71.9	74.0	75.1	75.3
蛋白质(g)	20.2	22.5	21.8	22.3	22.6
脂肪(g)	8.0	4.3	4.0	2.1	1.6
能量(KJ)	539	542	519	457	443
胆固醇(mg)	60	58	81	106	70

1.2　羊肉氨基酸组成分析

与牛肉和猪肉相比,羊肉的精氨酸含量似乎更高。研究表明,必需氨基酸比例差异的主要原因在于品种、动物年龄和肌肉位置见表 3-2 所列。以往的研究表明,羊肉中缬氨酸、异亮氨酸、苯丙氨酸、精氨酸和蛋氨酸的含量随着年龄的增长而增加。必需氨基酸的含量也因胴体的不同部位而异。它们的组成也可能受到包括热和电离辐射在内的加工技术的应用的影响,但只有在应用这些条件的严重延长模式时才会产生。在某些情况下,有些氨基酸无法供人类使用。一项研究发现,在 160℃时只有 50%的赖氨酸可用,而在 70℃时则有 90%。有时,其他成分与蛋白质的相互作用会影响必需氨基酸的可用性。熏制和腌制肉类在这方面也发挥了作用。除了加工条件的影响外,储存也对氨基酸产生影响,例如肉类罐头。

表 3-2　羊肉的氨基酸组成及其与其他肉类的比较(数据来自英国食品局,2002)

营养成分含量/100 克	羊肉	牛肉	猪肉
必需氨基酸			
赖氨酸	7.5	8.2	7.9
亮氨酸	7.2	8.5	7.6
异亮氨酸	4.7	5.0	4.8
胱氨酸	1.5	1.5	1.2
苏氨酸	4.8	4.2	5.2
蛋氨酸	2.4	2.2	2.6
色氨酸	1.2	1.3	1.5
苯丙氨酸	3.8	4.1	4.3
精氨酸	6.8	6.4	6.6
组氨酸	2.9	2.8	3.1
缬氨酸	5.1	5.6	5.2

（续表）

营养成分含量/100克	羊肉	牛肉	猪肉
非必需氨基酸			
脯氨酸	4.7	5.2	4.4
谷氨酸	14.5	14.3	14.6
天冬氨酸	8.6	8.9	8.8
甘氨酸	6.8	7.2	6.0
酪氨酸	3.3	3.3	3.1
丝氨酸	3.8	3.9	4.1
丙氨酸	6.2	6.3	6.4

1.3 羊肉维生素组成分析

B族维生素是人体所需且参与新陈代谢-酶系统中的辅助因子，特别是维生素 B_{12} 是神经递质和DNA合成所必需的，是参与脂肪酸和氨基酸代谢的关键维生素。肉类及其他动物源性食物是维生素 B_{12} 的唯一天然来源。与牛肉、猪肉、鸡肉、驴肉相比，羊肉中的维生素A、B_{12} 及维生素E含量比较高，主要原因是羊瘤胃中的微生物合成维生素A、B_{12} 及维生素E的能力比较强，通过瘤胃和肠道吸收后储存在肌肉和肝脏中。因此，多吃羊肉能够补充维生素A、B_{12} 及维生素E，有助于提高细胞代谢、抗氧化，具有养颜的功效。表3－3羊肉维生素含量及其与其他肉类的维生素含量。

表3－3 羊肉维生素含量及其与其他肉类的比较

维生素	羊肉	牛肉	猪肉	鸡肉	驴肉
B_1(Thiamine，mg)	0.09	0.10	0.98	0.14	0.07
B_2(Riboflavin，mg)	0.20	0.21	0.24	0.18	0.22
B_3(Niacin，mg)	5.4	5.0	6.9	7.8	8.0
B_5(pantothenic acid，mg)	0.92	0.75	1.46	1.16	0.70
B_6(Pyridoxine，mg)	0.30	0.53	0.54	0.38	0.61
B_7(Biotin，μg)	2.0	1.0	2.0	2.0	2.0
B_9(Folic acid，μg)	6.0	19.0	3.0	19.0	17.00
B_{12}(Cobalamin，μg)	2.3	2.0	1.0	1.5	2.0
A(Retinol，μg)	11.0	4.7	4.8	6.0	5.8
C(Ascorbic，mg)	0	0	0	0	0
D(Cholecalciferol，μg)	0.4	0.5	0.5	0.1	0.3
E(α—tocopherol，mg)	0.31	0.13	0.05	0.15	0.01

1.4　羊肉脂肪酸组成分析

脂肪是肉类的三大主要营养素之一，包括碳水化合物和蛋白质。脂肪含量被称为甘油三酯，它是三个脂肪酸链和甘油结合的酯。在肉类中，脂肪含量从 8%到 20%不等。肉中的脂肪酸位于脂肪库的脂肪组织中，或在肌肉中的细胞膜中以大理石花纹的形式存在。在脂肪组织中，它们包含在三酰基甘油中，其中脂肪酸被酯化为甘油。这些分子没有净电荷，被称为中性脂质。在细胞膜中，脂肪酸包含在磷脂中，其中两个脂肪酸被酯化为甘油，第三个位置被包含磷酸盐的基团占据。磷脂是极性脂质，具有净电荷，它们结合在一起形成所有细胞膜的主要部分。NL 或 PL 中的脂肪酸分为三种类型：没有双键的 SFA、具有一个双键的单不饱和脂肪酸和具有多个双键的多不饱和脂肪酸，双键发生在氢原子从碳链中丢失的地方。不饱和脂肪酸根据碳链中的位置进行标记，从甲基末端开始计数，插入第一个双键（例如，$n-3$、$n-6$、$n-7$、$n-9$）。双键通常呈顺式构型，这意味着它们指向相同的方向，但在反刍动物中，形成指向不同方向的反式双键，使脂肪酸更直，熔点更高。反式脂肪酸是通过细菌生物加氢在瘤胃中形成的。同样的过程产生具有共轭型顺式和反式双键的脂肪酸。也就是说，它们没有被 CH_2 团隔开，该组包括共轭亚油酸，其主要异构体为 18∶2 cis－9，trans－11 和 18∶2 trans－10，cis－12。前者约占总量的 80%，除了在瘤胃中由亚油酸（LA）分解产生外，它在脂肪组织中由 18∶1 trans－11 合成，主要是 8∶1 反式脂肪酸。对 CLA 的兴趣源于它在饮食中对健康有益的证据。作为瘤胃代谢的结果，在反刍动物中还发现部分由氨基酸形成的支链脂肪酸。

在过去的 20 年中，人们对肉类脂肪酸成分的兴趣激增。这是因为某些脂肪酸的摄入与某些疾病的发病率有关，而且现在很清楚，在肉类动物的生产过程中，脂肪酸的组成可以通过营养来改变，从而改善人类饮食中肉类的健康状况。脂肪酸对肉质（保质期、质地、风味）的重要性也得到了更广泛的认可。与牛肉、猪肉和鸡肉相比，羊的肌肉中饱和脂肪酸的百分比更高，而多不饱和脂肪酸的比例更低，这种差异是由于日粮多不饱和脂肪酸在瘤胃中通过细菌生物氢化作用分解为饱和脂肪酸和单不饱和脂肪酸。近年来，人们越来越注重生产健康肉食，尤其是力求更低的 $n-6 : n-3$ 多不饱和脂肪酸比率，以及更高含量的共轭亚油酸，这是因为降低羊日粮中的 $n-6 : n-3$ 比率，可改变过氧化物酶体增生物激活受体基因表达、SCD（酰基-辅酶 A 去饱和酶）基因表达和脂肪生成基因的 mRNA（信使核糖核酸）表达，增加羊肉中的亚麻酸和 $n-3$ 亚油酸含量，从而生产出有利于人体健康的优质羊肉。羊肉脂肪酸组成及其与其他肉类的比较，见表 3－4 所列。

表 3－4　羊肉脂肪酸组成及其与其他肉类的比较

维生素	羊　肉		牛　肉		猪　肉		鸡　肉	
	%	mg	%	mg	%	mg	%	mg
12∶0	0.31	13.8	0.08	2.92	0.12	2.61	—	—
14∶0	3.30	155	2.66	103	1.33	30.0	0.37	6.5

（续表）

维生素	羊肉		牛肉		猪肉		鸡肉	
	%	mg	%	mg	%	mg	%	mg
16∶0	22.2	1101	25.0	962	23.2	526	17.4	306
16∶1 cis	2.20	109	4.54	175	2.71	62.0	2.68	47.1
18∶0	18.1	898	13.4	507	12.2	278	5.42	95.2
18∶1 $n-9$	32.5	1625	36.1	1395	32.8	759	39.0	686
18∶1 trans	4.67	231	2.75	104	—	—	—	—
18∶1 $n-7$	1.45	71.7	2.33	91.6	3.99	92.3	3.52	61.8
18∶2 $n-6$	2.70	125	2.42	89.0	14.2	302	24.5	430
18∶3 $n-3$	1.37	65.8	0.70	26.0	0.95	20.6	4.18	73.5
20∶2 $n-6$	—	—	—	—	0.42	9.05	0.20	3.60
20∶3 $n-6$	0.05	2.41	0.21	7.49	0.34	7.21	0.07	1.3
20∶3 $n-3$	—	—	0.01	0.34	0.12	2.72	—	—
20∶4 $n-6$	0.64	29.0	0.63	22.3	2.21	46.0	1.30	22.8
20∶4 $n-3$	—	—	0.08	3.03	0.01	0.19	—	—
20∶5 $n-3$	0.45	21.0	0.28	9.95	0.31	6.51	0.20	3.60
22∶4 $n-6$	—	—	0.04	1.57	0.23	4.97	—	—
22∶5 $n-3$	0.52	24.2	0.45	16.1	0.62	12.9	0.56	9.80
22∶6 $n-3$	0.15	7.20	0.05	1.63	0.39	8.33	0.28	5.01
Total	—	3835	—	4934	—	2255	—	1756
P∶S	—	0.15	—	0.09	—	0.38	—	1.23
$n-6$∶$n-3$	—	3.42	—	1.90	—	14.7	—	5.86

1.5 羊肉矿物元素组成分析

矿物元素如钙、磷、铁等是人类身体中较为常见的元素，它们几乎依靠从外界食物中获取并发挥重要的作用见表3－5所列。钙是构成骨骼及牙齿的主要成分，对神经系统也有很大的影响：当血液中钙的含量减少时，神经兴奋性增高，进而会发生肌肉抽搐。此外，钙还能加快血液凝固。磷是身体中多种酶、ATP、细胞核酸、脑磷脂和骨骼的重要成分；广泛参与肌肉和细胞的代谢。与牛肉、猪肉、鸡肉、驴肉相比，羊肉中钾、钙、铁、铜、锌及硒等矿物元素比较高，食用羊肉更有益于人类补充矿物元素和维持健康。

表3-5　羊肉矿物元素含量及其与其他肉类的比较

维生素	羊肉	牛肉	猪肉	鸡肉	驴肉
钠(sodium,mg)	70	63	63	77	68
钾(Potassium,mg)	403	350	380	380	340
钙(Calcium,mg)	12	5.0	7.0	6.0	5.0
镁(Magnesium,mg)	22	22	24	26	25
磷(Phosphorus,mg)	196	200	190	160	220
铁(Iron,mg)	3.9	2.7	0.7	0.7	0.6
铜(Copper,mg)	0.08	0.03	0.05	0.03	0.05
锌(Zinc,mg)	6.1	4.1	2.1	1.2	1.9
硒(Selenium,μg)	7.2	7.0	13	13	13

智能化生产案例3-1　乐享羊肉美味,智取烹饪方案

3-1-1　背景分析

我国是全球第一大肉羊生产国和消费国,随着居民生活水平的提高,对于羊肉的消费正在从原来的季节性消费向日常食品消费转变,随着社会的发展和城市化进程的加快,用户花费在烹饪上学习时间越来越小,很多用户甚至不会做简单的食物。与此同时,用户对食物的要求越来越高,越来越多的人会利用空闲时间进行烹饪。

用户根据已购买的食材,上网搜索菜谱进行烹饪;或者依照书本上的菜谱或网上的菜谱准备食材并进行烹饪;或者,参照电视上的烹饪节目进行烹饪。通常情况下,菜谱中包含该菜肴的食材种类、重量、辅料种类、辅料重量、烹饪时间等。用户按照菜谱提供的信息,一步步地进行烹饪。然而,实际烹饪中,用户并不能严格地遵守菜谱的规定。例如,购买的食材的重量与菜谱中食材的重量偏差;再如,用户并不具备菜谱中的某种辅料等。此时,经过烹饪得到的食物总是难以让人满意。因此,如何提出一种智能烹饪方法以提高烹饪质量,实为业界亟待解决的问题。本案例涉及智能烹饪领域,尤其涉及一种智能烹饪方法、烹饪设备及服务器。

3-1-2　智取烹饪方案研究

通过智能烹饪设备扫描食材包的二维码以获取食材包中食材的食材名称、食材重量等食材信息,将该食材信息发送给服务器,由服务器根据食材信息得到菜谱,将菜谱返回给智能烹饪设备,使得智能烹饪设备根据菜谱进行智能烹饪。该过程中,用户无需通过根据具体的食材名称进行搜索以得到菜谱,而是通过扫描食材包上的二维码获得食材信息并发送给服务器,由服务器根据食材信息得到菜谱,使得智能烹饪设备精准地进行智能烹饪,提高了烹饪质量。

3-1-3 技术原理

(1)智能烹饪设备

智能烹饪设备例如为设置有处理器的燃气灶、电压力锅、抽油烟机、微波炉、电磁炉等,通过智能烹饪设备上的处理器进行二维码扫描、参数调节等;另外,智能烹饪设备上还可以设置通信模块,例如蓝牙收发模块、Wi-Fi 模块、通用分组无线服务(General Packet Radio Service,GPRS)模块等,通过通信模块与其他设备,如服务器、中继设备等进行通信。

(2)服务器

服务器例如为设置有菜谱知识库的服务器,该服务器具备处理模块,通过处理模块对菜谱知识库中的菜谱进行处理,得到与用户目前具备的食材相符合的菜谱。智能烹饪方法信令图,如图 3-1 所示。

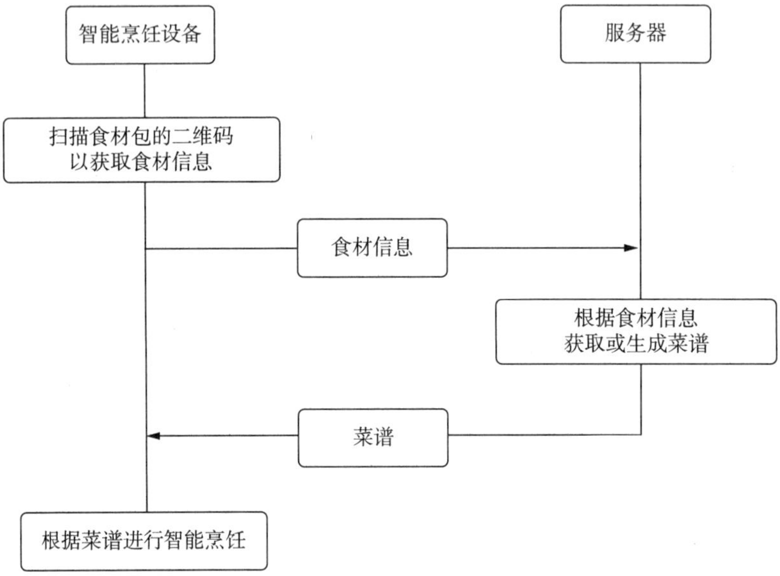

图 3-1 智能烹饪方法信令图

(1)智能烹饪设备扫描食材包的二维码以获取食材信息:

(2)智能烹饪设备对食材包上的二维码进行扫描从而获取食材信息,例如,预先在智能烹饪设备上安装一个具备识别二维码功能的应用程序(Application,APP),通过该 APP 扫描食材包上的二维码。在对二维码进行扫描后,对二维码进行解析,从而获得食材包中食材的食材名称以及食材重量等食材信息,食材名称为所有食材的名称,食材重量为每种食材的重量。其中,食材名称指示食材包中主要的食材。例如,食材包为羊排食材包,则食材名称为羊排;再如,食材包为羊蝎子食材包,则食材名称为羊蝎子。

(3)智能烹饪设备向服务器发送食材信息。在获取到食材信息后,智能烹饪设备向服务器发送食材信息。例如,智能烹饪设备上具备 Wi-Fi 模块,此时,智能烹饪设备通过 Wi-Fi 模块与服务器建立无线通信接,并基于该连接向服务器发送食材信息;再如,用户终端上设置有本地菜谱知识库,充当服务器的角色,用户终端与智能烹饪设备上均设置蓝牙模块，通过蓝牙配对，在用户终端与智能烹饪设备之间建立蓝牙连接，智能烹饪设备基于该蓝牙连接向用户终端发送食材信息；再如，用户终端作为中继设备，用户设备与服务器之间建立无线通信连接，智能烹饪设备上具备近距离通信模块，通过近距离通信模块与中继设备建立通信连接，并通过中继设备与服务器间接通信，此时，智能烹饪设备将食材信息发送给中继设备，由中继设备将该食材信息转发给服务器。

(4)服务器根据食材信息获取或生成菜谱。在接收到食材信息时，服务器根据食材信息中的食材名称，到菜谱知识库中获取菜谱，例如，到本地菜谱知识库获取菜谱；再如，到远程菜谱知识库获取菜谱；又如，自动生成菜谱。获取或生成的菜谱包含了根据该食材名称指示的食材的重量、辅料种类、辅料重量、烹饪时间、烹饪步骤等。

(5)服务器向智能烹饪设备发送菜谱。服务器将得到的与实际食材名称、食材重量相符的菜谱发送给智能烹饪设备。例如，若智能烹饪设备上具有 Wi-Fi 模块，智能烹饪设备通过 Wi-Fi 模块与服务器建立无线通信连接，则服务器基于无线通信连接向智能烹饪设备发送菜谱；再如，若智能烹饪设备与用户终端之间通过蓝牙配对建立蓝牙连接，用户终端上设置有本地菜谱知识库，并与服务器之间建立有无线通信连接或有线连接，此时，服务器将用户终端作为中继设备，将菜谱发送至中继设备，由中继设备将菜谱转发给智能烹饪设备。

(6)智能烹饪设备根据菜谱进行智能烹饪。

在得到菜谱后，智能烹饪设备根据菜谱进行智能烹饪，智能烹饪设备扫描食材包的二维码以获取食材包中食材的食材名称、食材重量等食材信息，将该食材信息发送给服务器，由服务器根据食材信息得到菜谱，将菜谱返回给智能烹饪设备，使得智能烹饪设备根据菜谱进行智能烹饪。该过程中，用户无需通过搜索具体的食材名称进行搜索以得到菜谱，而是通过扫描食材包上的二维码获得食材信息并发送给服务器，由服务器根据食材信息得到菜谱，使得智能烹饪设备精准地进行智能烹饪，提高了烹饪质量。

智能烹饪设备还能够向服务器发送烹饪信息，以使服务器根据食材信息以及烹饪信息生成菜谱；其中，烹饪信息包括下述信息中的至少一种：用餐人数、烹饪方法、口味、食用禁忌、身体状况。具体的，对于同一种食材，可以有多种不同的烹饪方法，服务器根据食材名称在菜谱知识库中匹配出的菜谱可能为多个，过多的菜谱要用户眼花缭乱，无从下手。然而实际中，不同的智能烹饪设备的烹饪方法不同，不同用户的口味、食用禁忌不同，不同家庭的用餐人数不同，而且智能烹饪设备除了包括用于烹饪的智能设备，如智能蒸锅、智能压力锅外，还包括辅助烹饪的智能设备，如智能抽油烟机、智能煤气灶等。因此，智能烹饪设备还可以结合实际情况，将烹饪信息发送给服务器。例如，用户为三口之家，智能烹饪设备扫描二维码发现食材名称为“羊肉”、食材重量为“3 斤”，于是智能烹饪设备将食材信息发送给服务器，同时，智能烹饪设备向服务器发送烹饪信息，指示自身为智能电炒锅，用餐人数为 3 人。服务器在接收到食材信息和烹饪信息后，根据烹饪信息识别出智能烹饪设备为智能电炒锅具备爆炒功能，则在匹配菜谱时，仅将包含该食材的、只适合爆炒的菜谱作为菜谱，如“爆炒羊肉”，进一步的，根据用餐人数，估算需求的食材重量，例如为 1.5 斤，此时，服务器根据从匹配出的多个菜谱，进一步地根据用餐人数得到最终菜谱，并将该菜谱推荐给智能烹饪设备，该菜谱中食材重量为 1.5 斤，服务器同时提醒用户仅用1.5斤羊肉即可。上述方法中，通过将烹饪信息发送给服务器，使得服务器在获取菜谱时考虑实际情况，提高菜谱匹配效率，提高烹饪过程的智能化，从而提高烹饪质量。

3-1-4　应用前景

未来，将健康监测数据和营养学数据相结合，为不同体质的群体推荐适宜的数字菜谱，并通过在烹饪过程中精确控制油温、油盐量等来保留营养元素，将成为重要智能厨房使用场景，可解决亚健康、慢性病人群的饮食困扰，帮助人们保持身体的健康。通过智能厨房记录各个菜系的烹饪步骤来实现烹饪的数字化，同时可以随时将烹饪方式上传共享。这种烹饪创新将对饮食文化的传播产生积极作用，也将有可能形成新的知识付费场景。

知识点小结

羊肉是一种特殊的食品，与牛肉，猪肉、鸡肉和驴肉相比，具有水分、胆固醇含量及 $n-6:n-3$ 比较低；能值、精氨酸、维生素A、B_{12}及维生素E含量、饱和脂肪酸的百分比，钾、钙、铁、铜、锌及硒等矿物元素比较高等特点。

第2节　影响羊肉品质的因素及胴体分割

羊肉的品质是综合反映羊肉颜色、膻味、脂肪纹理、嫩度及系水力等水平的重要指标，也是影响消费者购买、消费羊肉产品的重要因素。羊肉的品质受羊的品种、年龄、性别、饲养管理等多种因素影响。在羊肉生产过程中，应根据消费者的饮食文化及习惯，选择合适的品种及饲养模式进行羊肉生产。

2.1　羊肉品质

2.1.1　肉色

羊肉的颜色通常指肌肉的颜色和脂肪的颜色，是直接影响到消费者购买意愿的重要指标。肉色是由组成肌肉中的肌红蛋白和肌动蛋白的比例所决定，羊肉的肌红蛋白含量越多，颜色就越深。羊肉的颜色与性别、屠宰年龄、肥育程度、屠宰技术等因素有关，会因羊肉肌内脂肪和pH等不同而产生差异。在一般情况下，山羊肉的颜色较绵羊肉色红。同一品种，成年羊的肉呈鲜红色或红色，年龄大的羊肉呈暗红色，羔羊肉则呈淡红色。与舍饲相比，放牧过程中羊的运动量增加导致肌肉脂肪含量减少、肌红蛋白含量增加，因此放牧饲养有助于提高羊肉的红度值。羊肉的肉色评定可用色差仪精确测定肉的红度、黄度和亮度。

2.1.2　膻味

膻味是羊肉的标志性风味，是由羊肉中一些挥发性脂肪酸（如己酸、辛酸、癸酸等）按一定的比例结合形成或者通过氢键以相互缔合形式存在的一种较稳定的络合物。羊肉的膻味与羊的品种、年龄、性别、遗传、季节和去势与否等因素有关。一般情况下，山羊肉的膻味较绵羊肉重。同一品种，公羊肉的膻味最重，羯羊次之，母羊较轻；羔羊肉的膻味较轻，成年羊次之，老龄羊肉膻味较重。一般情况下，南方人偏爱消费膻味较轻的羊肉，北方人则对羊肉的膻味情有独钟。在羊肉生产过程中，应根据南北方消费者的消费差异选择合理的生产方式。

2.1.3　羊肉的嫩度

羊肉的嫩度是指羊肉煮熟后被咀嚼、切割、磨碎时需要牙齿的力量，主要取决于羊肉组织各组分及肌肉内部的生物化学变化程度。羊肉的嫩度通常用剪切力表示，剪切力值越大嫩度越低，反之嫩度越高，低于40牛顿被认为是消费者可接受羊肉嫩度的界限值。羊肉嫩度值越大，所需的力越小，意味着羊肉越容易被咀嚼、切割与磨碎，也越容易消化。羊肉的嫩度主要受羊的品种、性别、屠宰年龄、羊肉的处理、羊肉的部位、肌肉的结构、羊肉的成分、肌肉中结缔组织的含量及肉中脂肪的含量等因素的影响。由于绵羊肉中脂肪含量高，其相对于山羊肉则嫩度高；放牧羊肉的脂肪含量较少，其嫩度偏低。羔羊肉由于肌纤维细、水分含量高、结缔组织少，其肉质比较细嫩并受到消费者的青睐。

2.1.4　羊肉的大理石纹

羊肉的大理石纹（图3-2）是指肉眼可见的肌肉横切面红色中的白色脂肪纹状结构，其中红色为肌细胞，白色为肌束间的结缔组织和脂肪细胞。白色纹理多而显著，表示其中蓄积较多的脂肪，肉多汁性好。大理石花纹客观反映了肌肉中脂肪层的分布情况，与肌肉中脂肪含量有关。

图3-2　羊肉的大理石纹

2.1.5　羊肉的系水力

羊肉的系水力是指当羊肉受到外力作用，如加压、加热、冷冻、切碎时保持水分的能力。系水力的强弱直接影响肉的颜色、风味、嫩度和营养价值，系水力越高，羊肉表现为多汁、鲜嫩且表面干爽；系水力越低，则羊肉表面水分渗出，可溶性营养成分及风味损失严重，肌肉干硬导致肉质下降。影响羊肉系水力的因素很多，主要是羊肉的pH值、外界温度、脂质氧化程度等。pH值对羊肉系水力影响的实质是蛋白质分子的静电荷效应：当pH值下降，肌肉蛋白的静电强度减弱，使得电荷间的相互作用减小，引起肌蛋白纤维和肌动蛋白纤维之间的间隙缩小，导致水分从肌原纤维渗到肌浆中，并进一步渗到肌细胞外的间隙；随着系水力减小，羊肉的肌细胞空间减小，肌肉细胞液体外流，可溶性营养成分及风味损失，羊肉品质下降。加热会使保水性能非常重要的蛋白质变性，肉的蒸煮损失增加，系水力降低；肌质氧化会增加膜的通透性，并使蛋白质变性，导致肉的系水力降低，肌肉细胞液体外流增加。

2.1.6 羊肉的 pH

在正常情况下，羊肉的 pH 呈中性。屠宰后由于肌肉中糖原酵解产生大量乳酸，使肌肉略呈酸性，俗称排酸。排酸能抑制微生物的繁殖、防止肉质腐败。但在屠宰、加工、贮藏过程中，羊肉容易受到污染，微生物分泌的酶使肌肉中的游离氨基酸生成有机酸、碱、醇等，导致羊肉逐渐腐败、pH 值下降，同时羊肉颜色由鲜红变成暗红甚至呈灰褐色，失去弹性、表面发黏、气味变臭。因此，从羊肉的 pH 可以判断其新鲜程度。通常新鲜羊肉的 pH 值为 5.7～6.2；贮存较久时鲜度下降，pH 值为 6.3～6.6；如果 pH 值上升至 6.7 以上，则疑为不新鲜羊肉。

智能化生产案例 3－2　羊肉品质智能化检测体系——基于手机 APP 的羊肉品质快速智能检测方法

3－2－1　背景分析

羊肉因其营养丰富且含有较低的胆固醇、脂肪和丰富的蛋白质、维生素、钙、铁含量等，是滋补身体的绝佳肉类食品，深受人们的喜爱，但不同部位羊肉的蛋白质、脂肪酸等营养成分的含量不同，经过不同时间储藏后，其品质(嫩度、吸水力、风味、色泽等)会产生变化，随冷藏时间的增加和微生物烦殖作用，肉品新鲜度逐渐降低，其风味和口感也不同，因此不同部位不同储藏时间的羊肉的价格和品质也不一样的。但是市场上很多商家常用不同部位和不同储存时间的肉来相互混淆，导致市场上很多羊肉异质同价，削减了消费者对羊肉口味的评价。随着人们消费水平的提高，对羊肉的品质也越发的关注。故对不同部位不同储藏时间的羊肉品质指标的检测有较高的需求性。

目前传统肉品新鲜度检测方法包括感官检测、理化检测及微生物检测方法等，但以上肉品新鲜度测定方法存在费时费力、操作烦琐和测定结果滞后等缺点，同时对样品造成破坏且检测过程中采用的试剂多对环境具有污染，而现有的光学快速无损检测技术因装置价格昂贵，对操作人员专业要求高，不能便携和随时检测等缺点。本案例属于肉制品质量检测技术领域，具体涉及一种基于手机 APP 的羊肉品质指标快速智能检测方法，如图 3－3 所示。

3－2－2　基于手机 APP 的羊肉品质快速智能检测方法研究

利用手机 APP 的图像采集模块、图像处理模块、部位判别模块、储藏时间预测模块、品质指标预测模块和结果显示模块，可同时完成或依次分步完成对羊肉样品手机图像的采集、图像预处理和特征提取、不同部位的识别、不同储藏时间和品质指标的预测，并在结果显示模块显示检测结果，最终实现羊肉不同部位的判别、储藏时间的预测和品质指标的快速智能检测，如图 3－4 所示。本应用解决了现有检测方法费时费力、操作繁琐和检测装置价格昂贵，对操作人员专业要求高，不能便携，随时检测和测定结果滞后等问题。

3-2-3　技术原理

基于手机APP的羊肉品质指标快速智能检测方法，包括以下步骤。

步骤1：利用手机APP的图像采集模块，设定相机采集参数，采集待检测羊肉样品的手机图像。

步骤2：利用手机APP的图像处理模块，进行图像预处理和特征提取。

步骤3：利用手机APP上的部位判别模块，基于羊肉颜色和纹理特征所构建的不同部位判别模型，对采集到的羊肉样品进行不同部位羊肉的识别。

步骤4：利用手机APP上的储藏时间预测模块，基于羊肉颜色特征所构建的储藏时间定量预测模型，对步骤3中判别出的不同部位的羊肉样品进行储藏时间的预测。

步骤5：利用手机APP上的品质指标预测模块，基于羊肉品质指标随储藏时间变化的预测模型，进行待检测羊肉品质指标的预测。

通过以上步骤，可同时或依次分步完成对羊肉样品手机图像的采集（图3-5）、图像预处理和特征提取、不同部位的识别、不同储藏时间和品质指标的预测，并在结果显示模块显示检测结果，最终实现羊肉不同部位的判别、储藏时间的预测和品质指标的智能检测。手机APP包括图像采集模块、图像处理模块、部位判别模块、储藏时间预测模块、品质指标预测模块和结果显示模块。

（1）图像采集模块。基于手机图像采集模块进行相机采集参数的设定，采集参数包括感光度ISO、快门S、色温参数、白平衡，当进行图像采集时，感光度ISO设置为500、快门S为1/17s、色温参数为5600K、自动白平衡。

（2）图像处理模块。羊肉样品图像预处理是对样品图像中的背景、脂肪、筋膜非肌肉组织部分进行去除，以羊肉肌肉部位作为图像的感兴趣区域进行颜色和纹理特征提取，所述的特征提取是提取RGB、rgb、HIS和CIEL＊a＊b＊四种颜色空间模型下的R、G、B、r、g、b、H、I、S，L＊、a＊和b＊颜色特征以及角二阶矩、对比度、逆差距、熵和相关性的羊肉样品图像GLCM纹理特征。

其中的rgb颜色空间是将RGB归一化而得，与光照强度变化无关，可避免光照对图像颜色的影响，归一化公式为：

$$\begin{cases} r=R/(R+G+B) \\ g=G/(R+G+B) \\ b=1-r-g \end{cases} \tag{1}$$

（3）部位识别模块。根据手机APP提取的颜色特征和纹理特征，运用非线性建模方法建立分类判别模型，其优选模型为BP神经网络模型，利用所建立的不同部位判别模型对步骤1中采集的待检测羊肉样品进行羊背脊、羊前腿和羊后腿肉的判别预测，如图3-6所示。

（4）储藏时间预测模块。根据手机APP提取的颜色特征，运用非线性建模方法建立储藏时间定量预测模型，分别建立羊前腿、羊后腿和羊背脊肉储藏时间定量预测模型，其优选模型均为支持向量机回归模型（SVR），利用所建立的储藏时间定量预测模型，分别对步骤3所判别出的羊前腿、羊后腿和羊背脊肉进行储藏时间的预测。

(5)待测羊肉的品质指标(图3-7)。包括细菌总数TVC和挥发性盐基氮TVB-N，其中细菌总数TVC随储藏时间变化的预测模型为非线性多项式预测模型，模型参数通过细菌总数TVC随储藏时间变化规律进行拟合确定，挥发性盐基氮TVB-N随储藏时间变化的预测模型为非线性指数预测模型，模型参数通过挥发性盐基氮TVB-N随储藏时间变化规律进行拟合确定，利用所建立的羊肉品质指标随储藏时间变化的预测模型在步骤4的基础上进行挥发性盐基氮TVB-N和细菌总数TVC的指标含量预测。

(6)图像采集装置。由光源控制器(1)、手机(2)、暗箱上端盖(3)、环形光源(4)、暗箱下端盖(5)、背景底板(6)、样品(7)、螺柱(8)和光源连接线(9)组成的便携式图像采集装置，环形光源(4)利用螺柱(8)和暗箱下端盖(5)连接，暗箱上端盖(3)和暗箱下端盖(5)利用滑槽连接，通过上下移动暗箱上端盖(3)实现手机成像高度的调节，通过调整光源控制器(1)来实现光照强度的调节，当进行图像采集时，将手机(2)放在上端盖图像采集处，连接光源连接线(9)，通过调整光源控制器(1)使光照强度为70～80LUX之间，利用手机(2)设置好摄像头的参数后，聚焦进行图像采集。

3-2-4 应用前景

能够对检测样品没有任何损伤的前提下及时检测出肉品质指标，解决了现有检测技术因装置价格昂贵，对操作人员专业要求高，不能便携的问题，实现了肉类检测的快速、智能，成本低的优点，保证了肉品品质的安全。

3-2-5 附图及说明

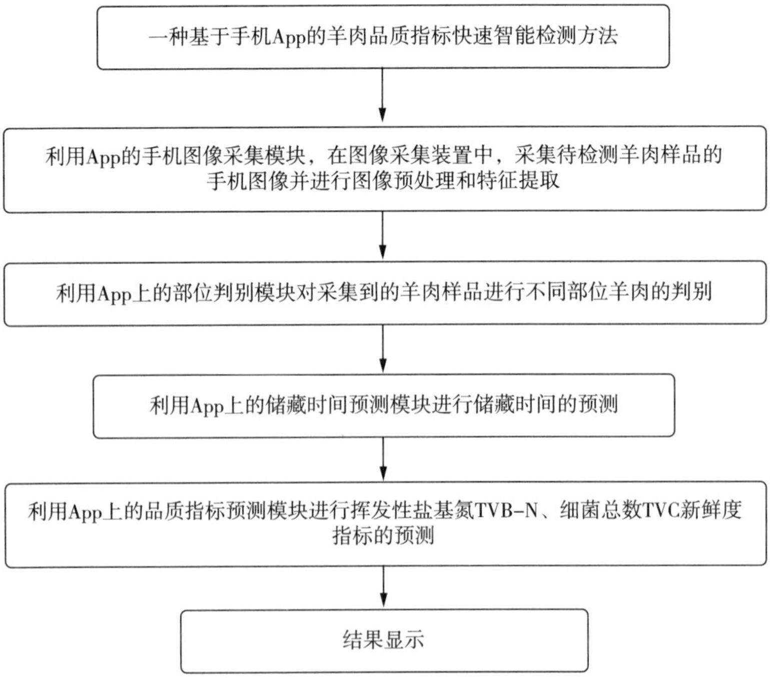

图3-3 基于手机APP的羊肉品质指标快速智能检测方法的基本流程示意图

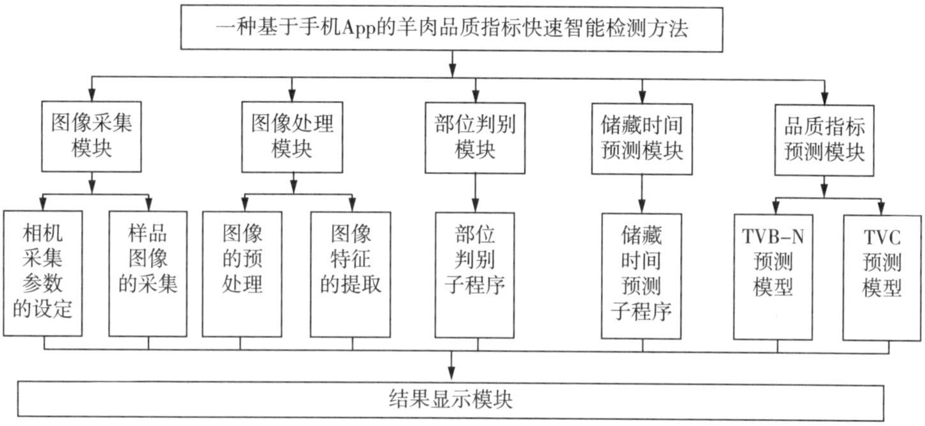

图 3-4　实施例 1 的手机检测 APP 的功能结构示意图

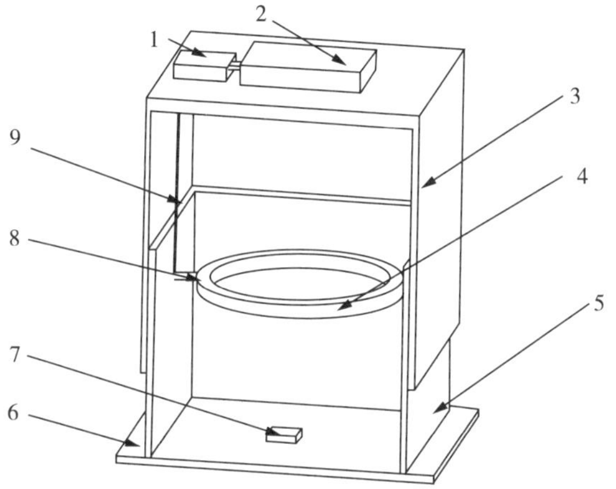

图 3-5　实施例 1 的手机图像采集装置剖面视图

1 光源控制器；2 手机；3 暗箱上端盖；4 环形光源；5 暗箱下端盖；6 背景底板；7 样品；8 螺柱；9 光源连接线。

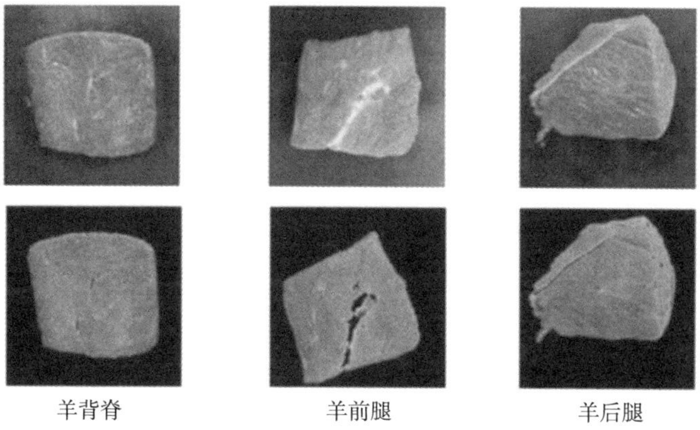

图 3-6　实施例 1 的冷却肉样品去背景去脂肪图

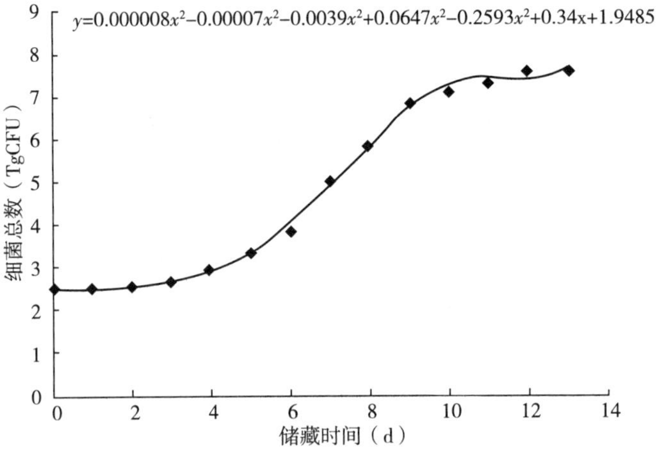

(a)羊前腿细菌总数 TVC

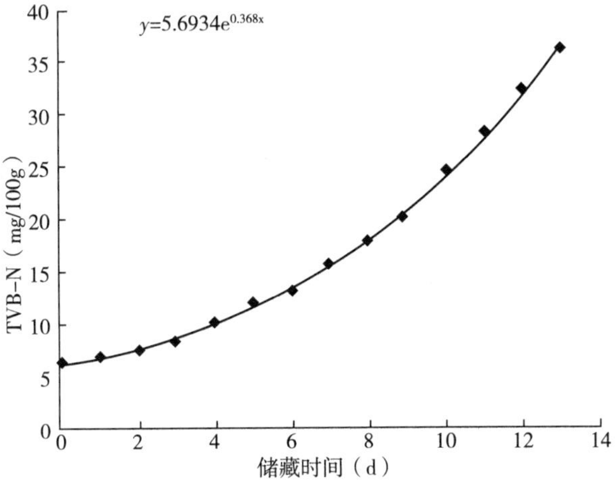

(b)挥发性盐基氮 TVB－N

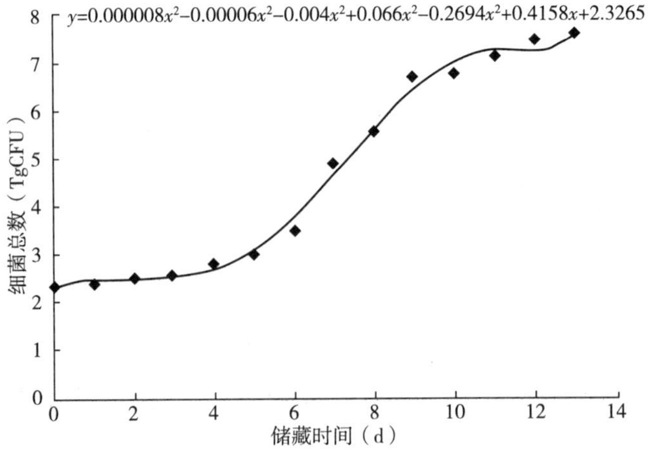

(c)羊后腿细菌总数 TVC

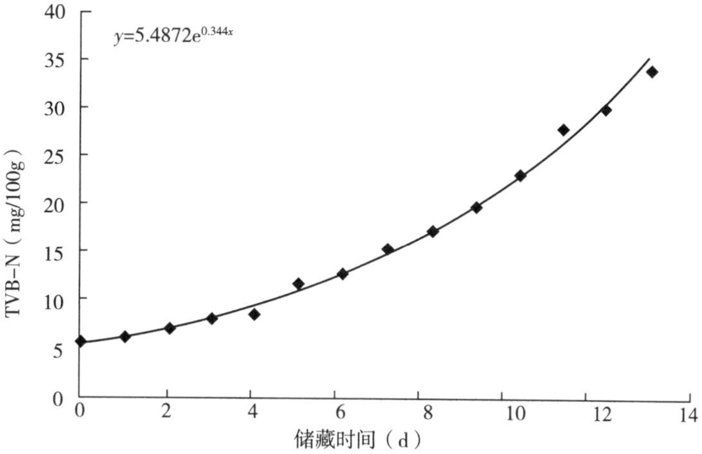

(d)挥发性盐基氮 TVB－N

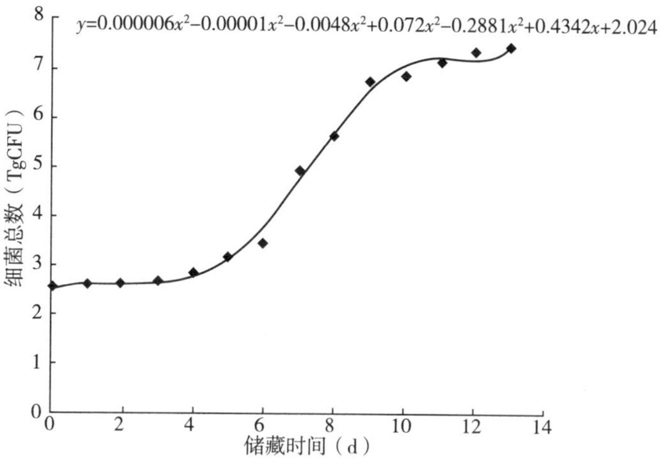

(e)羊背脊细菌总数 TVC

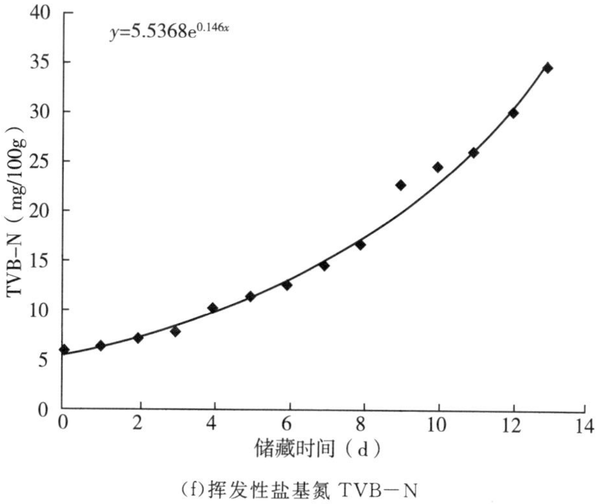

(f)挥发性盐基氮 TVB－N

图 3－7 羊前腿细菌总数 TVC(a)与挥发性盐基氮 TVB－N(b)、羊后腿细菌总数 TVC(c)与挥发性盐基氮 TVB－N(d)、羊背脊细菌总数 TVC(e)与挥发性盐基氮 TVB－N(f)随时间的变化图

2.2 影响羊肉品质及生产的因素

2.2.1 品种

山羊和绵羊属于不同的属，其肉品质有着明显的差异：从纹理上看，绵羊肉致密、横切面细密、肉质纤维柔软，一般肌肉间不夹杂脂肪，而山羊一般肌纤维较长。从颜色上看，绵羊中的老龄羊肉为暗红色，成年羊肉为鲜红色，山羊羔羊肉呈淡红色，老龄羊肉色较深。从营养成分上看，山羊肉的蛋白质含量高于绵羊肉，粗脂肪及胆固醇含量低于绵羊肉。但是，绵羊肉质较山羊好，主要是膻味轻、脂肪含量高、多汁性和嫩度超过山羊肉。

不同品种的羊之间肉品质有差异，是因为遗传因素的不同而造成肉品质不同。例如，我国甘南藏系绵羊肉的大理石纹评分约在1.6，略高于当地的蒙古羊，却极显著低于小尾寒羊、陶蒙羊、滩羊和波蒙羊。此外，甘南藏系绵羊系水力约为60%，低于当地蒙古羊、陶赛特羊、滩羊、波德羊和小尾寒羊。在嫩度方面，甘南藏系绵羊肉质的嫩度剪切值比当地蒙古羊低，比小尾寒羊、陶蒙羊、滩羊和波蒙羊高。有些特定基因的存在或突变也会影响羊肉的品质。研究发现，特克塞尔羊的18号染色体上的一个数量性状位点能增加背最长肌的厚度和面积，并且能够通过Y染色体遗传到杂一代的公羊中，能减少肌内脂肪含量导致嫩度降低。

2.2.2 年龄、性别与去势

羊肉的嫩度受年龄影响很大。随着年龄增长，羊肉组织中的脂肪会减少，体重增加，胴体肌纤维变硬而降低肉质感。因此，羔羊肉的嫩度较大，肉品质较好。陶×寒杂一代中，7月龄羔羊在宰后肌肉系水力、嫩度值和pH明显高于13月龄羔羊，虽然13月龄羔羊肌肉中肌红蛋白含量、干物质和粗脂肪较7月龄羔羊高。使用不同年龄的藏羯羊进行研究也发现，3～5岁羯羊肉嫩度好，剪切力值低，而6岁的羯羊剪切力较高。性别对嫩度、系水能力及羊肉化学组成均有显著影响。对于巴美肉羊，育成母羊的剪切力、系水力均显著低于育成公羊。性别不仅显著影响羊肉的颜色、剪切力、蒸煮损失、系水力，也影响肌内脂肪含量。公羊去势后，雄性激素分泌少、生长较快，不仅肉质较好，膻味相对公羊也较轻，且羯羊肉的肉色亮度、系水力也比公羊高。

2.2.3 生产模式与日粮营养水平

肉羊的饲养模式有放牧、半舍饲和舍饲3种。舍饲过程中管理及营养水平受人为调控，羊不具有选择性；但对于放牧模式，羊可以选择性进食，其营养水平与草场条件有关。当草场条件较差时，舍饲育肥效果较好，半舍饲模式次之，放牧较差，这与当前我国肉羊的育肥现状相似；当草场条件较好时，新西兰肉羊放牧模式，放牧育肥效果较好，半舍饲模式次之，舍饲较差。饲喂优质牧草的羊肉与直接放牧相比，舍饲和半舍饲不仅改善羊肉的感官质量、降低膻味，且产生较高的羊肉香味及嫩度，完全放牧羔羊的感官评价最差，完全舍饲的羔羊肉脂肪香味较高。

饲料营养水平和成分显著影响胴体品质。羊的日粮中提高蛋白质水平能增加体内脂肪沉积量，改善肉品质。研究发现，高蛋白组的山羊肌肉pH显著高于低蛋白组，而熟肉率则显著低于低蛋白组,其他指标各组间无显著差异。给羊采食优质牧草如苜蓿、紫花、油菜、燕麦草等不仅可以提高羊肉脂肪香味,而且能够缩短羊的育肥周期,提高羊肉产量。益生菌是一类定植于机体肠道、能够促进机体生长和健康的微生物活菌制剂,研究发现,在饲粮中添加益生菌制剂不仅能够提高肉羊平均日增重、降低山羊料重比,还能不同程度地提高背最长肌中单不饱和脂肪酸和多不饱和脂肪酸的含量,降低饱和脂肪酸的含量,能够使肉中的特征风味物质由风味较差的饱和直链醛转变为风味较好的不饱和醛,进而达到改善羊肉风味的目的。研究不同精粗料配比对豫东山羊生长性能、屠宰性能和肉品质的影响过程中发现,将日粮精粗比由 40∶60 提高至 55∶45,不仅显著提高山羊的日采食量,山羊的胴体率、屠宰率、净肉率也分别显著提高 15.30%、6.18%和 11.83%。

2.2.4　羊的身体部位

羊的身体不同部位,羊肉的物理性状也存在显著差异。以成都麻羊腰大肌、背最长肌和股二头肌为例,3 个部位羊肉嫩度为腰大肌＞股二头肌＞背最长肌,肌肉韧性则是股二头肌＞背最长肌＞腰大肌;系水力方面,背最长肌和股二头肌的系水力显著大于腰大肌。在加压条件下,股二头肌的失水率极显著小于背最长肌和腰大肌;但在加温蒸煮条件下,背最长肌的蒸煮损失则较小。在肉色方面,内收肌与半膜肌的亮度较低,而背阔肌和阔筋膜张肌亮度最高。腰大肌胶原蛋白纤维长度最长,腹侧锯肌的剪切力最低,半膜肌的剪切力则最高。

2.2.5　屠宰应激、方式、处理及季节

宰前应激,如运输、禁食、宰前休息及饲养管理条件等均会影响肉的品质。运输时间的长短影响羊肉 pH,运输时间较长与高密度运输,会导致羊的腰大肌和背最长肌的 pH 降低。研究发现,与长途运输 5 小时的羔羊相比,只经过 30 分钟运输的羔羊的羊肉具有较高的系水力。因屠宰方式不同,肉品质也会有差异。使用电击致晕后屠宰、二氧化碳致晕屠宰和常规屠宰 3 种方式屠宰,在熟化 24 小时后羊肉品质虽无明显差异,但在熟化 7 天后,常规屠宰生产的羊肉 pH、蒸煮损失和滴水损失均较低,红度和黄度较高。在剪切力值方面,随着时间的延长各组间也存在差异显著。电击和注射化学物质也会影响肉的品质,电刺激一侧背最长肌肌肉的 pH 和剪切力值极显著低于对照组;向肌肉中注射猕猴桃汁、蛋白酶对肌肉均有嫩化作用。熟化的时间、温度会影响羊肉的品质。在不同温度进行冷藏,冷藏 90 小时后,胴体的质量损失、pH、肉色随储藏温度降低而升高,亮度则随储藏温度降低而下降。在 2～4℃冷藏时,羊肉的韧性比在 0～2℃或 4～6℃要好。另外,通过骨盆悬挂法拉伸肌肉可以使羊肉嫩化。不同气候进行屠宰,也会影响羊肉的品质。一般情况下,冬季屠宰的绵羊背最长肌肌肉具有较深的颜色和较高的 pH,但肉质较硬,多汁性较小;反之在夏季(如三伏天)进行屠宰,羊肉的肉色、pH、肌原纤维断裂指数均显著高于凉爽的季节,且羊肉具有多汁性。

2.2.6　羔羊哺乳及维生素和矿物质元素等影响因素

处于哺乳期的羔羊,采用母乳喂养或用其他的乳品、代乳品喂养,因乳品或乳品添加物的不同也会引起肉羊品质的差异。与代乳品饲喂的羔羊相比,采用母乳饲喂的羔羊的背最长肌有较高的亮度、黄度及较低的红度。母乳饲喂的羔羊羊肉中视黄醇、生育酚的

含量显著高于代乳品饲喂的羔羊肉，但是代乳品饲喂的羔羊肉的脂质氧化稳定性较高，脂质氧化产生的挥发性化合物更丰富，且肉类颜色也比较稳定。研究发现，奶粉或代乳粉中添加低剂量的二十二碳六烯酸，生产的羔羊肉感官评价较好，但使用添加高剂量的二十二碳六烯酸代乳粉饲喂羔羊，羊肉感官品质则较差。

此外，维生素 E、维生素 A 等维生素均具有抗氧化特性，能够有效降低肌肉中脂肪和胆固醇的氧化程度，进而能够实现改善羊肉肉色并提高肌肉系水力的目的。补充赖氨酸对肌肉纤维类型虽然没有影响，但能提高肌肉面积和肌纤维的直径、增加背最长肌面积，并降低肌肉的多汁性和嫩度。屠宰前给羊适当饮用铬、镁和锌等电解质，可缓解应激引起的糖酵解，减少由于乳酸生成而导致的 pH 值下降，并提高肌肉的系水力。

2.3 羊胴体分割

羊的胴体是指羊被屠宰后去毛皮、头、四肢下部以及全部内脏，静置 30 分钟称得的重量。胴体分割对于提高羊肉的营养价值、食用价值及经济价值均具有重要的作用，在满足不同消费者的需求下能够保证羊肉的优质优价，但不同的分割技术也会影响羊肉的适口性及营养成分等品质。

2.3.1 美国羊胴体分割标准

在美国羊胴体分割标准中，羊的胴体主要被分割成颈部、肩部、肋排、腰部、腿部、腹部、胸部和前腿肉，在此基础上进一步分割成零售肉。切割模式分为 A 型（不区分上腰肉）和 B 型（从 A 型中间分割两部分）两种，B 型分割模式如图 3－8 所示。

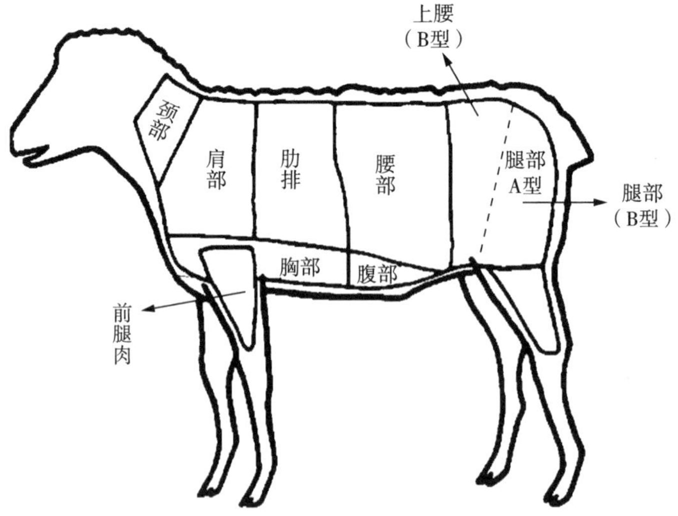

图 3－8　美国羊胴体 B 型分割模式

2.3.2 澳洲羊胴体分割标准

处于澳洲的澳大利亚（图 3－9）、新西兰（图 3－10）羊胴体采用的分割标准与美国 B 型分割模式非常接近，但次级分割方式却有所不同：澳洲肉类规格管理局给羊胴体的每个分割肉切块及副产品都编有四位数的号码，分割后肉切块可能是一块肌肉，也可能是一组带骨或去骨的肌肉，要根据切割线加以区别。鉴于澳大利亚、新西兰作为世界上羊肉主要出口大国，其制定的羊胴体分割标准处于国际领先地位。

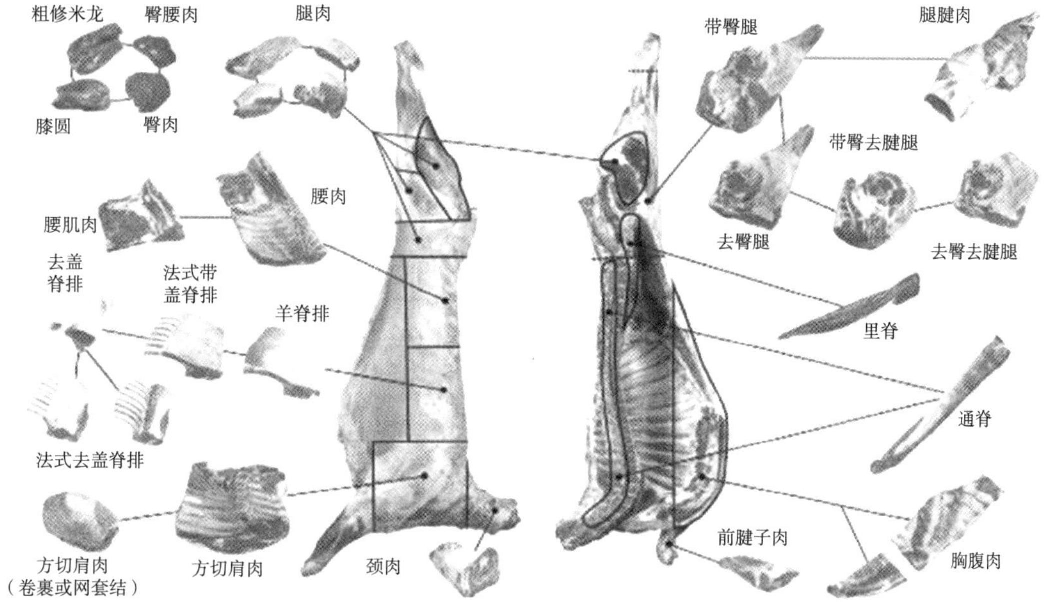

图 3－9　澳大利亚羊胴体分割模式

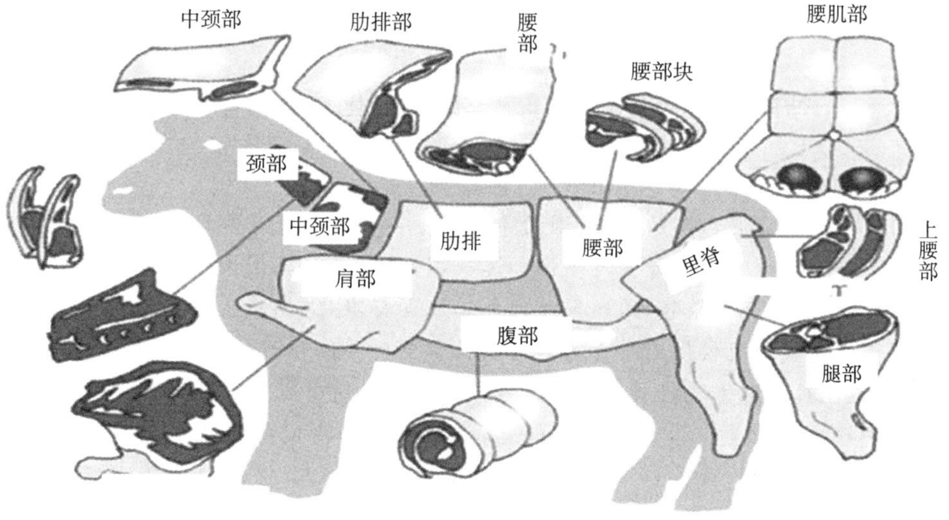

图 3－10　新西兰羊胴体分割模式

2.3.3　中国羊胴体分割标准

虽然我国是羊肉生产大国与消费大国，却不是羊肉生产强国，尤其是羊胴体分割标准的起草与实施较晚，导致我国羊肉加工产业技术远远落后于西方发达国家。我国于2008 年 12 月起草了羊肉分割技术规范(Cutting technical specification of mutton，NY/T

1564—2007)，包含了38种分割羊肉，其中带骨分割羊肉25种，去骨分割羊肉13种，并将优质羊肉定义为肥育羊按规范工艺屠宰、加工，品质达到羊肉分割技术规范中定义的优二级以上的羊肉，图3-11所示为我国羊胴体分割部位图。当前，我国生产的优质优价羊肉非常少，主要原因来源于我国羊肉胴体分级、分割产业落后，使我国生产的羊肉缺乏国际品牌和竞争力，影响我国羊业市场的经济效益。

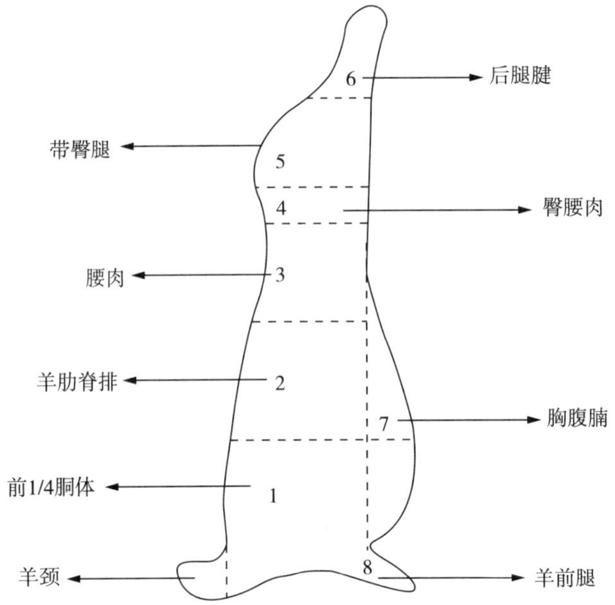

图3-11 我国羊胴体分割部位

智能化生产案例3-3 羊肉智能化精细分割方案

3-3-1 背景分析

羊肉是居民重要的肉食品种，我国的羊肉产量占世界羊肉产量的1/3，连续多年位居世界第一。但我国一直以来并不是羊肉加工强国，缺乏适合我国国情的羊肉分割技术和方法、多以胴体形式直接销售，是我国羊肉加工业向标准化、高值化迈进遇到的关键瓶颈问题之一。目前我国规模化肉羊屠宰加工企业都要对羊胴体进行分割，但由于分级分割技术缺乏，不能对羊胴体进行标准化分级分割，更达不到个性化、精细化加工。因此，如果能研发一项技术对羊胴体进行分级，并根据等级按照我国羊肉消费习惯和加工适宜性，对羊胴体进行分割，就能够实现分割羊肉的标准化加工，提高分割羊肉产品的均一性、标准化。本案例涉及羊胴体分割技术领域，具体涉及一种羊胴体计算机视觉辅助分割系统及其分割装置。

3-3-2 羊肉智能化精细分割方案研究

羊胴体计算机视觉辅助分割系统(图3-12)，包括：标准化分级分割数据库，信息录入模块，查询模块，羊胴体信息数据库，库存管理模块，数据调取模块，展示模块以及胴体分割模块。其中，查询模块根据信息录入模块的评级信息与标准化分级分割数据库内的预存信息进行比对，将羊胴体进行等级规格划分并提供相应的分割方法。在羊胴体信息数据库、库存管理模块、数据调取模块和展示模块的数据交互和展示下完成对羊胴体的可视化标准分割，覆盖我国46个主要商品肉羊品种，分割出25类带骨和13类去骨225种精细分割产品，分割准确率95%，分割效率3000只/天。本案例提供的分割系统提高了分割的准确性和分割效率，能够实现由经验分割向标准化分割跨越。

3-3-3　技术原理

为了实现本发明的这些目的和其他优点，提供了一种羊胴体计算机视觉辅助分割系统，其特征在于包括：标准化分级分割数据库其用于存储羊胴体的分级标准数据及其标准化分割数据；分级标准数据包括根据屠宰月龄和牙齿状态将羊胴体分为羔羊胴体和大羊胴体，根据肋脂厚度和胴体重量将所述羔羊胴体和所述大羊胴体均分别自高到低划分为特等级、优等级、良好级和普通级。

(1)信息录入模块。其用于录入羊胴体的评级信息。信息录入模块录入的羊胴体的所述评级信息包括：羊的品种、屠宰月龄、饲养环境、胴体重量和肋脂厚度，其中，羊的品种为山羊属或者绵羊属的共计46个商品肉羊品种，饲养环境为舍饲或者放牧。

(2)查询模块。其用于将信息录入模块录入的羊胴体的评级信息与标准化分级分割数据库中的分级标准数据进行查询比对，获得该羊胴体的等级规格及其分割数据，并对羊胴体进行自动编号。

(3)羊胴体信息数据库。其用于实时存储查询模块查询比对获得的羊胴体的评级信息、等级规格、自动编号信息和分割数据。

(4)库存管理模块。其用于接收羊胴体信息数据库向其发送的羊胴体的评级信息、等级规格和自动编号信息，并根据羊胴体的评级信息、等级规格和自动编号信息与库存位置进行区域匹配和羊胴体存储。

(5)数据调取模块。其用于录入自动编号信息并根据录入的编号信息自动调取羊胴体所在库存位置、等级规格以及该羊胴体的分割数据；或者其用于录入等级规格并自动调取相同等级规格的批量羊胴体所在库存位置和该等级规格的羊胴体的分割数据。

(6)展示模块。其用于接收数据调取模块向其发送的羊胴体的自动编号及其分割数据，并将分割数据进行可视化展示；或者其用于接收数据调取模块向其发送的羊胴体的等级规格及其分割数据，并将分割数据进行可视化展示。

(7)胴体分割模块。其用于根据展示模块调取的库存位置进行羊胴体自动调取，并根据分割数据的可视化展示对羊胴体进行标准化分割。分割数据包括胴体分割图谱、分割方法说明、分割演示视频和标准化分割产品的图片展示。分割数据中山羊属或者绵羊属的共计46个品种的不同规格等级的羊胴体的分割肉块数量不相同。标准化分割产品包括25类带骨和13类去骨225种精细分割产品，分割准确率95%，分割效率3000只/天，准确率为根据NY/T 2781—2015羊胴体等级规格评定规范和NY/T1564—2007羊肉分割技术规范进行计算。分割数据还包括每个分割肉块的适宜加工方法，具体为煮、炖、烤、煎、炒、涮、腌腊、酱卤、油炸或者制肠。

羊胴体计算机视觉辅助分割系统的分割装置，包括控制中心，其包括服务器，其用于装配标准化分级分割数据库、信息录入模块、查询模块、羊胴体信息数据库、库存管理模块和数据调取模块。其中,第一显示屏用于羊胴体的评级信息、自动编号或者等级规格的录入,羊胴体的等级规格查询和分割数据的调取;第二显示屏用于显示查询获得的羊胴体的等级规格;肋脂厚度检测装置为便携式近红外分析仪其与服务器通信连接,并将检测的羊胴体的肋脂厚度实时传送给服务器进行羊胴体的评级信息录入;胴体重量检测装置为动态电子秤其与服务器通信连接,并将检测的羊胴体的胴体重量实时传送给服务器进行羊胴体的评级信息录入;分割输送线包括粗分割区和精细化分割区,粗分割区为根据分割方法采用分割锯将羊胴体进行第一次分割获得分割肉块,精细分割区为根据分割方法采用分割刀或小型分割锯对经第一次分割后的分割肉块进行第二次分割;排酸间或冷藏间用于存放羊胴体进行一定时间的排酸处理或短时间冷藏储藏;输送带用于承载和传输羊胴体;第三显示屏设置在分割输送线的正前方,用于展示批量相同等级规格的羊胴体的分割方法;多个第四显示屏分别设置在每个粗分割区和精细化分割区的操作台前,用于展示单个羊胴体的分割方法。

3-3-4 应用前景

计算机视觉辅助分割系统(图 3-13)根据肉羊品种、月龄、饲养环境、胴体重量和肋脂厚度可得出单个胴体的等级规格,对单个羊胴体进行精准分割,减少了损耗,进而实现优质优价,提高利润,可视化分割图谱和分割方法,操作人员可直接根据分割图谱和方法进行分割如图 3-14 所示,大大提高了分割的准确性和科学性,实现对羊胴体的个性化和精细化分割加工,提高分割羊肉产品的均一性、标准化,可应用于大规模生产。

3-3-5 附图及说明

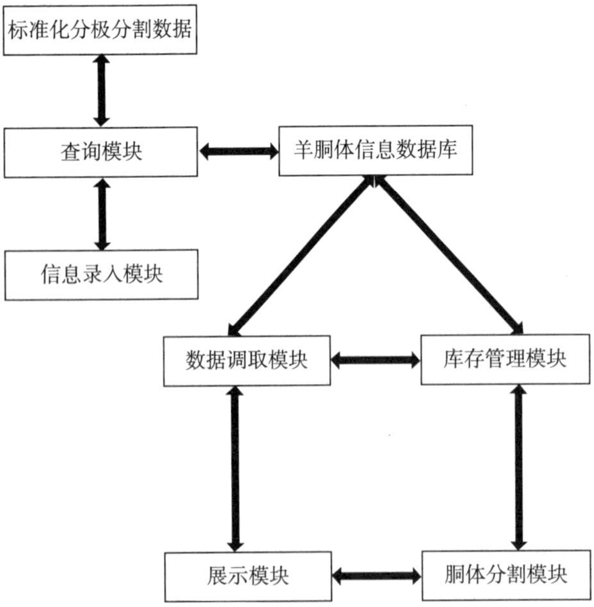

图 3-12 羊胴体计算机视觉辅助分割系统的结构示意图

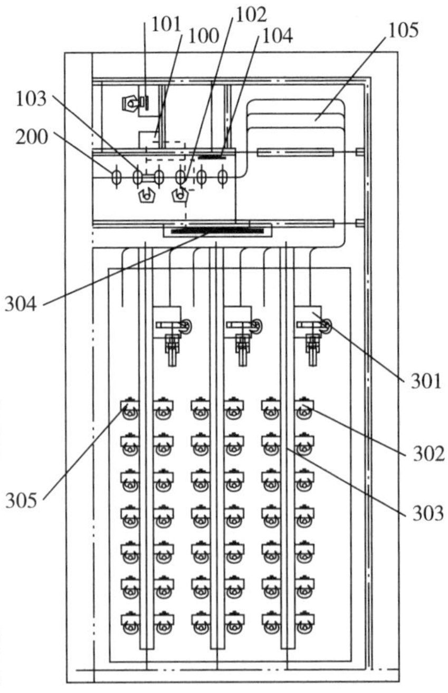

图 3-13 计算机视觉辅助分割系统

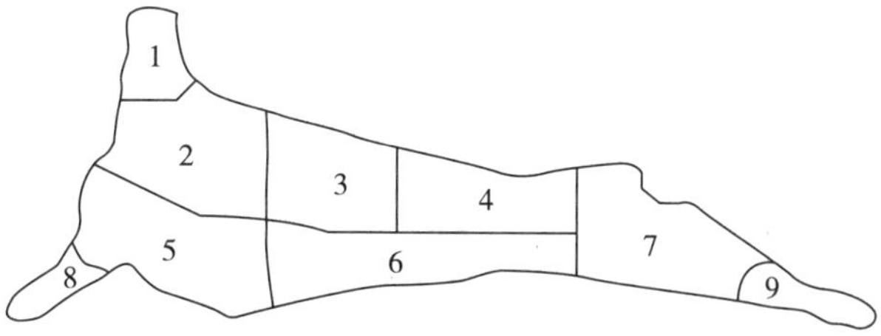

（a）乌珠穆沁羊羔羊优等级标准化分割方法图谱

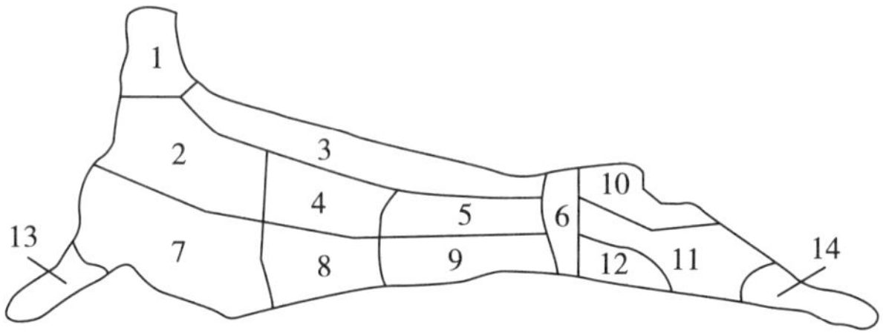

（b）杜寒杂交组合羔羊优等级标准化分割方法图谱

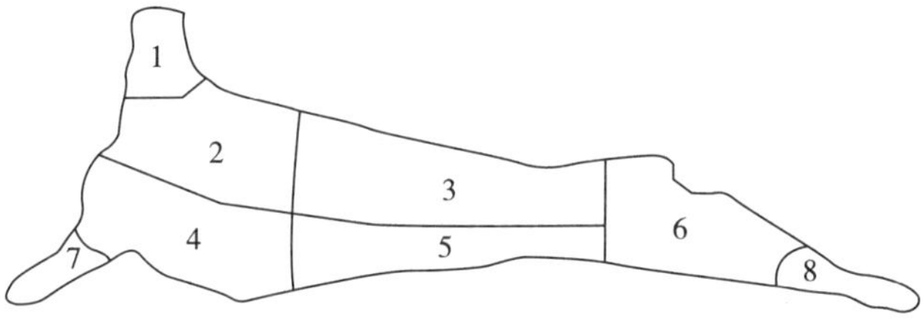

（c）马头山羊羔羊优等级标准化分割方法图谱

图 3－14　乌珠穆沁羊羔羊(a)，杜寒杂交组合羔羊(b)，马头山羊羔羊(c)优等级标准化分割方法图谱

思政教育案例 3－1　切莫各自为政

《左传·宣公二年》曰：二年春，郑公子归生受命于楚，伐宋。宋华元、乐吕御之。二月壬子，战于大棘，宋师败绩，囚华元，获乐吕，及甲车四百六十乘，俘二百五十人，馘[guó]百人。狂狡辂[lù]郑人，郑人入于井，倒戟而出之，获狂狡。君子曰："失礼违命，宜其为禽也。戎，昭果毅以听之之谓礼，杀敌为果，致果为毅。易之，戮也。"

将战，华元杀羊食士，其御羊斟不与。及战，曰："畴昔之羊，子为政，今日之事，我为政。"与人郑师，故败。君子谓："羊斟非人也，以其私憾，败国殄民。于是刑孰大焉。《诗》所谓'人之无良'者，其羊斟之谓乎，残民以逞。"

上述典故是"各自为政"的来历（图 3－15），翻译成白话文即为：鲁宣公二年（公元前 607 年）春天，郑国的公子归生受楚庄王指使，兴兵攻打宋国。宋国的右师华元、司寇乐吕率军在大棘（今河南睢县南）与郑军对峙。大战在即，华元为了鼓舞士气，下令杀羊设酒犒赏三军。不知是疏忽还是别的原因，华元唯独没有给自己的战车驭手羊斟分羊肉。羊斟甚为不满，但并没有当场发作。

次日开战，志在必得的华元命令羊斟把战车驶向郑军兵力薄弱的部位，怀恨在心的羊斟却说："畴昔之羊子为政，今日之事我为政。"意思就是说，昨天分羊肉的事你做主，今

图 3-15　各自为政

日赶车的事我做主。说完这话，羊斟便扬鞭驱马，将战车驶进郑军主力阵列，一下子陷入了重重包围。郑军一拥而上，华元只得束手就擒。失去了主帅的宋军顿时大乱，被郑军打得一败涂地，乐吕战死，损失战车四百六十乘，被俘二百五十人，割左耳以献战功一百人。数年之后，宋国用一百乘战车和四百匹骏马才把华元赎了回来。《诗》所谓"人之无良"者，其羊斟之谓乎，残民以逞。"此言极尽诋毁谩骂之能事，羊斟这种人就是败类，损害国家利益、不顾大局识大体、临阵变节，为一己之私置主帅身家性命于不顾，这样的人不可取。

车夫羊斟仅仅因为没有分到羊肉而在战场上置主将性命于不顾，如果将问题上升到国家层面，即在危难之际作为一名军人泄私愤图报复，让国家利益受损，这显然不仅不是爱国主义，而且是彻头彻尾的卖国叛国行为！近日，网络盛传一位员工因为公司四年来聚餐时从不叫自己，一怒之下开铲车破坏了公司的两个仓库，因而受到了法律的严惩。然而，类似"羊肉"引发的悲剧至今仍在频繁演绎，时时告诫世人切莫各自为政。

知识点小结

羊肉的品质包括肉色、膻味、脂肪纹理、嫩度、系水力及 pH 等指标，是影响消费者购买、消费羊肉产品的重要因素。羊肉的品质受羊的品种、年龄、性别与去势，生产模式与日粮营养水平，身体部位，屠宰应激、方式、处理及季节，羔羊哺乳及维生素和矿物质元素等众多因素影响。胴体分割对于提高羊肉的营养价值、食用价值及经济价值均具有重要的作用。当前，我国生产的优质优价羊肉非常少，主要原因来源于我国羊肉胴体分级、分割产业落后，并成为制约我国羊业市场经济效益的重要因素。

第 3 节　肥羔生产技术

肥羔羊肉通常是指羔羊 30～60 日龄断奶后直接进入育肥阶段，120～180 日龄，屠宰后胴体达到 15～25 千克生产的羊肉。与其他阶段的羊肉相比，肥羔生产的羊肉具有众多优点并受到消费者的青睐，肥羔生产也逐渐成为支撑肉羊产业发展的重要方向之一。

目前，我国羔羊肉产量占羊肉总产量的5%左右，其中新疆占比15%、内蒙古占比12%、黑龙江占比10%。

3.1　肥羔生产的优势

3.1.1　羔羊生长快，饲料报酬高，成本低，收益多。

羊的生长增重规律是前期快，后期慢，到1.5～2岁时达到成熟，然后逐渐停止生长，羔羊生长发育曲线如图3-16所示。出生后前3个月骨骼生长最快，4～6个月肌肉和体重增长最快，以后脂肪沉积速度增快，到1岁时肌肉和脂肪的增长速度几乎相等，饲料报酬随日龄增长而降低。羔羊生长高峰一般在1～5月龄，此时胴体瘦肉多、脂肪少、饲料报酬高，料重比约为3～4∶1，每增加1千克体重比成年羊节约饲料二分之一以上，成本低、收益高。

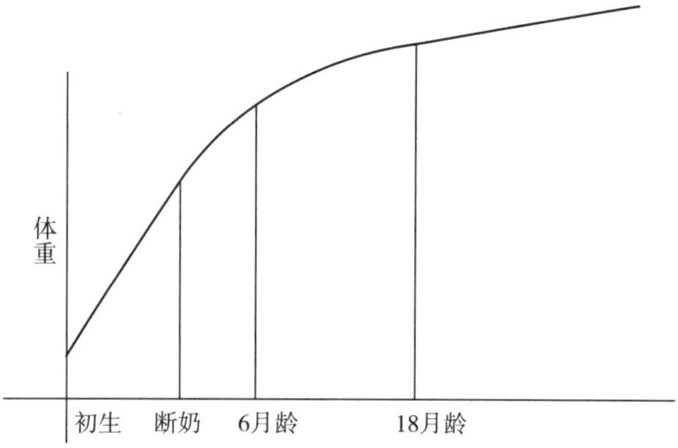

图3-16　羔羊生长发育曲线

3.1.2　肥羔羊肉价格高

羔羊肉价格高，在国际市场上，羔羊肉一般都比成年羊肉高30%～50%，有时甚至高一倍，也就是说生产羔羊肉有利可图。

3.1.3　肥羔羊肉营养价值高

羔羊肉营养丰富，膻味轻，瘦肉多，脂肪少，肉鲜嫩多汁，芳香可口。羔羊肉深受消费者欢迎，需求量大，市场前景广阔。

3.1.4　肥羔生产周期短

生产肥羔能够缩短生产周期，提高出栏率及出肉率。因为羔羊当年屠宰，可以加快羊群的周转，当年就能获得最大的收益。

3.1.5　生产肥羔能够充分利用草资源

目前，不少地方依然摆脱不了“夏饱、秋肥、冬瘦、春死亡”的生产现象。生产肥羔能够充分利用草资源，解决了许多国家四季草场不均衡的现象(冬春草场少、夏秋草场多)，生产肥羔就可以减轻冬春草场的负担。因此，要善于利用羔羊1岁前生长发育快、饲料报酬高的特点及夏秋季牧草营养丰富、气候好的优势，通过放牧育肥的方法，入冬后或春节前屠宰，这种方法既能充分利用草场、节省饲料，又能提高经济效益。

3.1.6 生产肥羔能够增加母羊的比例

生产肥羔能够大大地增加母羊的比例，有利于扩大再生产。由于羔羊的生产，压缩了羯羊的饲养量，不养或少养羯羊，从而改变了羊群结构，可以获得更多的收益。

3.1.7 肥羔的皮毛价格高

6～9月龄羊所产的毛皮价格较高，所以生产肥羔又可生产优质毛皮。

3.2 肥羔生产方式——经济杂交

现在国外生产肥羔，主要是利用杂种优势，大搞经济杂交，这是多快好省地生产肥羔肉的一种有效措施。在同样的饲养管理条件下，杂种羊一般都比纯种羊的经济效益高。将肉用品种公羊同毛用品种母羊杂交，既能改进羔羊的肉用品质，又可以提高产肉量和产毛量。生产肥羔的经济杂交主要有两种形式，即两品种杂交和多品种杂交。研究发现，两品种杂交能够比纯种繁育提高16.6%，三品种杂交能提高32%。生产实践也表明，利用杂交产生的杂种优势进行羊肉生产，一般产羔率可提高20%～30%、日增重速度提高20%～25%、羔羊成活率提高40%～45%左右。

3.2.1 两品种杂交

两品种杂交是一种最简单的肥羔生产方式。一般都是用当地的母羊或者是杂种母羊与引进的肉用品种公羊进行杂交，生产杂交一代肥羔。

3.2.2 多品种杂交

采用三个品种或三个以上的品种进行杂交，也称复杂经济杂交，如图3-17所示。目前已广泛应用，效果较好。研究结果表明，二品种杂交的羔羊总产量比纯种亲本提高约12%，到四个品种为止，在杂交中，每增加一个品种，提高8%～12%。通常首先用长毛种作父本，用本地的粗毛羊，细毛羊及其杂种羊作为母本，其后代的杂种母羊具有生活力、泌乳力、繁殖力高等优良品质，同时还可生产杂交种羊毛，具有饲料报酬高的特点。然后再用短毛种作为父本进行杂交，使杂种羔羊具有生活力强、早熟、生长快、肉的品质好等优良特性。

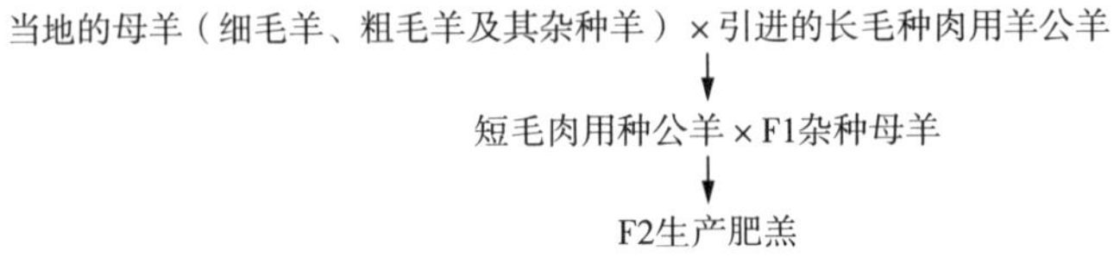

图3-17 多品种杂交生产肥羔模式

3.2.3 影响肥羔生产的主要因素

3.2.3.1 父本品种的选择

3.2.3.1.1 父本应该是早熟、肉用性能好的品种。英国的短毛种羊是早熟类型品种，细毛羊是晚熟品种，长毛种和杂交型品种属于中熟品种。早熟品种肉用和繁殖方面具有养殖周期短的特点，且饲料报酬高。目前生产肥羔的父本品种主要是英国的短毛种、长毛种或由他们参加育成的新品种。

3.2.3.1.2　父本应该考虑到品种的多胎性。因为在饲料较丰富的地区，生产双羔或多羔，则经济效益更好，收入更多。现在很多国家都在着手如何提高父本品种的多胎性，注意多胎品种的选择。有很多国家对生产肥羔的父本导入罗曼洛夫羊或芬兰羊的血液，来提高产羔率。

3.2.3.2　母本品种的选择

3.2.3.2.1　母本品种应该选择适应性好、数量多的品种。如澳大利亚用美利奴羊作为母本，新西兰用罗姆尼羊作为母本。

3.2.3.2.2　母本品种要具有多胎性：母羊的产羔率变动范围很大，在绵羊群中，每 100 只母羊可产 105～300 只羔羊。多胎性受品种、年龄和环境条件的影响。选留多胎羔羊作为种用母羊，能明显提高产羔率。

3.2.3.3　屠宰时间

羔羊从胚胎到成年的各部分组织，最先发育的是神经，而后为骨骼，再后为肌肉，最后为脂肪。从理论上讲，肥羔屠宰的最好时间是肌肉和脂肪发育交错的时候为最好。这时羊肉比较丰满，但又不太肥，即"大理石状"肉。这种羊肉脂肪少，肉质鲜嫩，一般是在 6～7 月龄屠宰。其次，可以根据肥羔的体重来确定肥羔的屠宰时间。一般按成年羊体重的一半来计算。

3.2.3.4　日粮营养水平及饲养条件

羔羊出生后的生长速度与营养水平有很大关系：在丰富的饲养条件下，4～5 月龄时的体重可以达到成年母羊体重的 50%～60%，6～8 月龄时能达到成年母羊体重的 70%～80%。在正常的饲养条件下，肉毛兼用半细毛羊的羔羊在 4～5 月龄，日增重可达 250～400 克，到 7～8 月龄时，日增重可保持 150～200 克。实验表明：在丰富的饲养条件下，8 月龄体重可达到 53 千克，而在粗放的饲养条件下，20 月龄体重才能达到 53 千克。

3.2.3.5　羔羊早期断奶

在生产肥羔过程中，为了提高出栏率、缩短母羊的繁殖周期，除了采用先进的羊繁殖控制技术以外，实施羔羊早期断奶是非常重要的。羔羊早期断奶具有 4 个方面的意义：一是可以使羔羊尽早处于人为控制的饲养环境中，有利于最大限度地发挥羔羊早期生长快的潜能。二是可以缩短羔羊生产周期，即从传统的 8～10 个月缩短到 3～4 个月，从而提高羔羊的生产效益。三是有助于母羊发情，进而实施高效、高频繁殖。四是有利于母羊提前恢复生理机能和体况，从而大大降低母羊的饲养成本。通常情况下，羔羊的断奶安排在 2 月龄是比较合理的。在澳大利亚，羔羊断奶年龄最早是 1.5 月龄，平均为 10 周龄；法国采用的是断奶羔羊的最小活重为其初生重的 2 倍；在英国，羔羊体重达 11～12 千克时即断奶。

智能化生产案例 3－4　基于区块链技术的羊产品智能溯源系统

3－4－1　背景分析

羊肉作为我们日常生活中常吃的食品之一，它的质量安全问题关系到我们的身体健康和生命安全，对于现有的牛羊肉产业链，由于上游产业和下游产业存在多样的供应关系，使得整体供应链结构错综复杂。传统的牛羊肉产业链质量监管是由政府制定监管规则，再推进实施。但由于传统的方法缺乏规范化的流程以及便捷的管理方式，导致牛羊肉供应链消耗大量时间，效率低下，监管数据丢失。本系统能够广泛应用于羊场、屠宰加工场、经销商、消费者资源集聚和共享等领域，在产品溯源方面尤为重要。

3-4-2 基于区块链技术的羊产品智能溯源系统研究

针对现有技术中牛羊肉产业链数据容易篡改而造成的监管困难的问题，本案例提出了一种基于区块链的开放式监管平台以及其执行方法，羊场大数据智能服务云平台功能结构如图 3-18 所示。包括用户层、数据层、系统层、技术层，其特征在于：所述的用户层包括屠宰加工场、经销商，通过供应链资源集聚和共享，构成养殖场、屠宰场、经销商的牛羊肉供应链；数据层包括养殖、生产加工、销售过程中的温度、湿度、设备参数、工作人员参数；系统层用于收集牛羊肉供应链和数据层的数据，并将收集的数据进行整合后将该数据反馈给用户层；技术层包括包含了多个节点，负责对区块链上的数据进行存储和管理，保证区块链上的数据的安全性和不可篡改性。

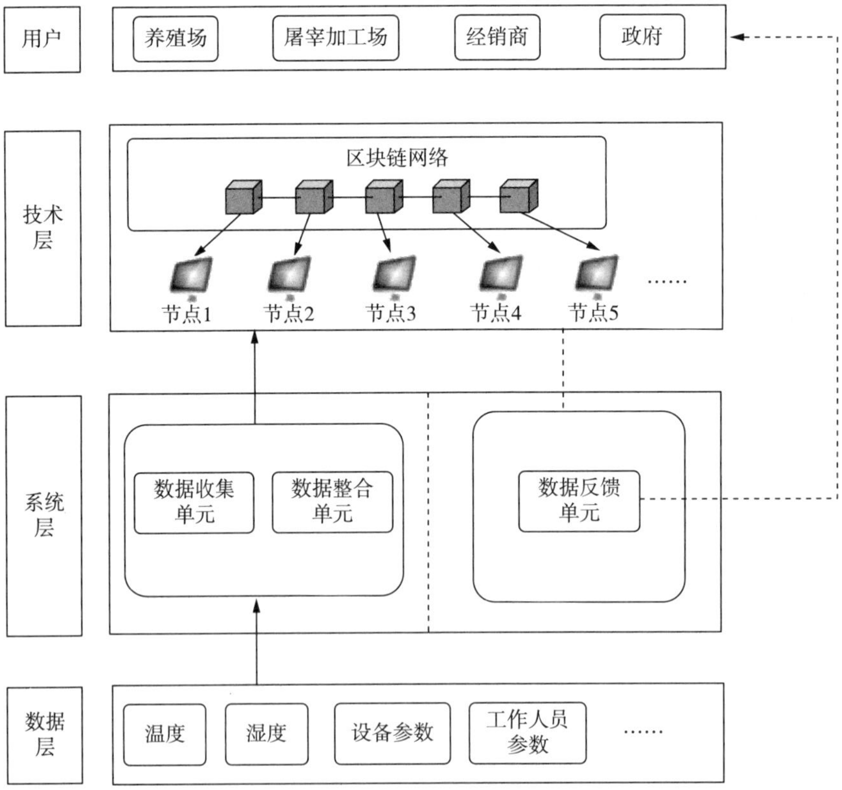

图 3-18 羊场大数据智能服务云平台功能结构

3-4-3 技术原理

(1)区块链技术应用于牛羊肉生产(图 3-19)。政府有关部门对牛羊肉企业的工厂设施、工厂卫生、员工卫生与健康、加工过程、储藏和运输制定相关的制度，企业进行羊肉生产时必须严格按照规定，通过区块链智能网关对手持检测设备、条码读取器、RFID 读取器等智能设备采集的养殖、屠宰、加工、储藏、物流数据进行定义和组织。在生产过程中，智能设备负责对羊肉生产过程中的，多目标、大容量的实时生产数据进行采集，采集后统一上传到智能网关。智能网关会对这些数据进行定义，根据数据的来源设备以及录入时间等进行数据项的定义归类，确定数据所对应的羊肉批次和属性类别；同时所有收集和整理的数据将存在企业数据库，为实现牛羊肉数字化管理打下基础，通过区块链信息服务将企业牛羊肉生产的质量信息进行处理与反馈，企业将产品标准登记入链，入链后的各项产品标准数据不能被篡改，企业可以通过将自己的产品与标准数据进行对比，规范自身的生产行为；入链后的信息通过信息反馈单元也会反馈到企业，企业可以及时调整生产情况，制定更好的生产计划。将同一批次的牛羊肉的数据定义完成后，根据数据所属的牛羊肉批次和属性类别，对数据进行编排和归档处理，最终会针对每一批次的牛羊肉，整理出相关的数据表单。经过整合和处理后的牛羊肉数据表单需要经过加密算法封装才能够进入区块链。信息区块封装负责把牛羊肉数据表单按照一定的结构写入区块，并生成合法的区块头信息，以此保证区块的合法性和有效性，企业将牛羊肉产品信息和企业内部检验的结果上传到区块链上，然后政府对企业同一批牛羊肉产品进行抽检。由于上传到区块链上的数据不能被篡改，通过对比企业和政府的检验结果可以得知牛羊肉产品的检验信息是否真实；对比检验结果，对不合格牛羊肉依法处理。

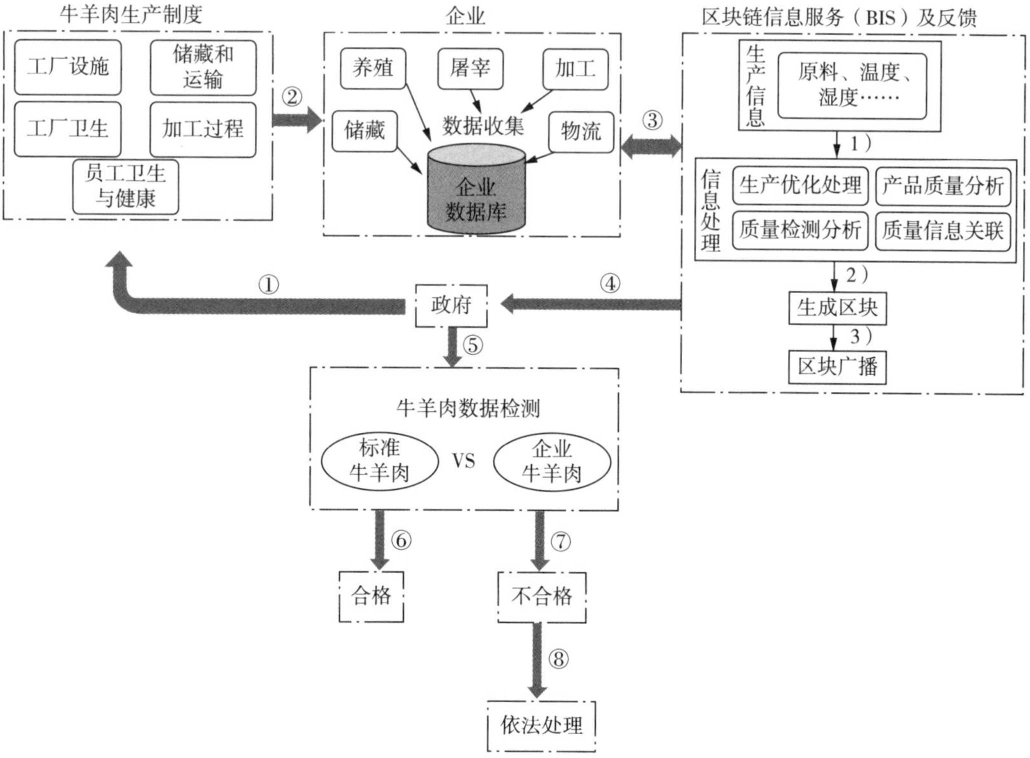

图 3-19　区块链技术应用于羊肉生产

(3)物联网技术。在牲畜出生的时候，在牲畜的身上安装上 RFID 标签(如做成耳标或脚环)，这些电子标签在牲畜一出生时就打在耳上，此后饲养员用一个手持设备，不断地设定、采集或存储它成长过程中的信息，从源头上对生产安全进行控制。同时记录牲畜在各个时期的防疫记录、疾病信息及养殖过程关键信息的记录。在牲畜屠宰前，首先要通过手持机读取 RFID 标签，以确认无疾病牲畜才能出栏。

(3)二维码技术。二维码扫描功能是主键功能，由于二维码扫描功能主要实现的是通过照相机，扫描二维码图片，因此需要调用手机端的硬件—照相机，此外还需要将扫描得到的 URL 连接，然后向中央服务器发送请求。在二维码扫描功能中，扫描二维码是关键，按下扫描二维码键后，会出现一个边框，需要将商品的二维码图片放入其中。扫描结束后会直接弹出有关本商品的相关养殖信息和加工信息。

3-4-4 应用前景

羊肉质量追溯系统的建设不仅能让有机羊肉能贴上质量追溯标签并进行出售，真正做到“生产有记录、信息可查询，流向可跟踪，质量可追溯”，大大保证了广大消费者舌尖上的安全。还能通过食品认证以及食品安全可追溯体系的双重保障，也赋予了其有机肉类制品以更强的竞争力。随着移动互联网的发展现在各种的营销方式虽日新月异，但食品安全的红线地位不容改变，食品安全，任重道远。从对消费者负责的角度出发，我们对有机食品生产中的每一道工序都要求可追溯，这样才能使产品获得更大的市场竞争力。

知识点小结

开展肥羔生产具有羔羊生长快，饲料报酬高，成本低，收益多；肥羔羊肉价格高；羊肉营养价值高；生产周期短；能够充分利用草资源；增加母羊的比例；皮毛价格高等优势。肥羔生产一般采用两元或多元经济杂交方式进行，父本尽量选择早熟、肉用性能好、多胎性品种；母本品种应该选择适应性强、数量多的多胎品种。肥羔一般是在6～7月出栏，日粮营养水平、饲养条件及羔羊早期断奶对肥羔生产具有重要影响。

第 4 章　羔皮与裘皮

所谓皮草，通常是指利用动物的皮毛所制成的服装，具有保暖的作用。皮草给人的感觉是奢华、时尚、典雅，所以皮草都较为美观且价格较高，深受消费者青睐。狐狸、貉子、貂、獭兔、牛羊等毛皮动物，都是皮草原料的主要来源。羔皮与裘皮不仅是广大群众，特别是少数民族同胞的生活资料和生产资料，而且在振兴地方经济、促进贸易发展与出口、保持畜牧业可持续发展等方面也发挥了重要的作用。国际皮草市场是一个非常活跃且年贸易很大、价格波动较大的市场。随着全球经济的快速发展，世界各国对皮草的需求与日俱增，皮草的原料生产也备受关注，因此迫切需要大力发展羔皮与裘皮产业。

第 1 节　羔　皮

羔皮是指通过流产或羔羊出生 1～3 天后宰杀、剥取的毛皮。羔皮是皮草原料的来源之一，我国著名的羔皮羊品种有卡拉库尔羊、湖羊、济宁青山羊等。

1.1　卡拉库尔羔皮

1.1.1　卡拉库尔羔皮的生产情况

卡拉库尔羔皮（图 4－1），又称波斯羔皮，是一切羔皮的代表，年贸易量 1100～1300 万张，占世界毛皮贸易总金额的 15%～20%。卡拉库尔羔皮以毛短、花纹美观、光泽柔和、细腻而轻便等优点著称于世，被列为羔皮之首。有黑、灰、棕色等。卡拉库尔羔皮由卡拉库尔羊所产，这个品种的形成距今已有 1000 多年的历史。卡拉库尔羊原产于苏联的荒漠和半荒漠草原，是经过长期的选择和培育而形成的一个古老的羔皮羊品种。这种羊引入我国以后，主要饲养在西北、东北、华北等地，并进行了杂交、选育，1971 年命名为“三北羊”，1981 年又改为“中国卡拉库尔羊”。卡拉库尔羊的典型特征是：适应性强、耐粗放，所产羔皮价值高。世界上有五十多个国家和地区发展这种羔皮羊，羊的总数已达 3000 多万只，其中南非、俄罗斯、美国、阿根廷、巴基斯坦、印度及中国饲养数量最多。我国现有卡拉库尔羊 150 万只以上，主要饲养在新疆维吾尔自治区南部塔里木盆地北缘、天山南麓，内蒙古自治区的伊克昭盟、准格尔旗、鄂托克旗、阿拉善盟等地也有分布。其中以新疆沙雅、库车、新和县等地品质最好。目前，全产区年产卡拉库尔产羔皮约 6 万张，上市交易量5万张左右。

图4-1　中国卡拉库尔羔皮

1.1.2　卡拉库尔羔皮的分类

根据羔皮的发育阶段不同，一般分为以下几种：

1.1.2.1　正产羔皮

正产羔皮是指羊在生后1～3天内屠宰所得的羔皮，是卡拉库尔羔皮的主要产品。

1.1.2.2　早产流胎羔皮

早产流胎羔皮又叫光板羔皮。是胚胎发育到110～120天流产后剥取的毛皮。其特征是：皮板薄、被毛短、光滑发亮，不形成任何花纹，价值很低。

1.1.2.3　近产流胎羔皮

近产流胎羔皮又叫花纹羔皮，是胚胎发育120～130天流产后剥取的毛皮。其特征是：具有良好的光泽和丝性，并形成大小不等的花纹。由于这种花纹极为美丽、皮板轻薄，很受欢迎，故价格十分昂贵。目前，这种羔皮主要来自宰杀怀孕母羊和实行诱发分娩而获得的羔羊胎儿。

1.1.2.4　临产流胎羔皮

临产流胎羔皮又叫花纹毛卷羔皮，是胚胎发育130～140天流产后剥取的毛皮。其特征：被毛已形成花纹和毛卷，但毛卷尚不完整，介于正产羔皮和花纹羔皮之间，有良好的丝性和光泽，花案美观、价值较高，其价格一般较正产羔皮贵。

1.1.3　卡拉库尔羔皮的主要特征

1.1.3.1　卡拉库尔羔皮的颜色

卡拉库尔羔皮的颜色有黑色、灰色、苏尔色、彩色、白色等颜色，毛色以苏尔色最美丽、价值最高；其次是灰色，再次是黑色和杂色。

1.1.3.2　卡拉库尔羔皮的毛卷

根据毛卷的宽度，可将卡拉库尔羔皮分为小花、中花和大花三类，其小花在4.5毫米以下，中花在 4.5～8 毫米，大花 8 毫米以上，以中花羔皮质量最好。卡拉库尔羔皮的花卷可分为轴形、鬣形、环形、肋形、豌豆形、杯形、半环形、平毛等八种。其中，轴形、肋形和鬣形为优等毛卷。卡拉库尔羔皮的毛卷着生低，被毛长度短、细度和密度适中，毛卷的紧实性和弹性好。

1.1.3.3　卡拉库尔羔皮的板皮面积

卡拉库尔羔皮平均面积为 1721 平方厘米，干皮重量 267 克。收购等级分为一等、二等、三等和等外级。价格的等级比差：一等 100%、二等 80%、三等 60%、等外级 25%以下；色泽比差：黑色 100%、灰色 130%、杂色（全皮颜色一致的）按黑色掌握。

1.1.4　影响卡拉库尔羔皮品质的主要因素

卡拉库尔羔皮的品质取决于花卷种类、紧实度、被毛颜色、光泽、丝性感、图案、优良花卷所占面积及皮板面积和板质等指标，受遗传、饲养管理、产羔时间及妊娠期长短、羔皮晾晒技术等因素影响。

1.1.4.1　遗传因素

卡拉库尔羔皮的主要性状遗传性较稳定、遗传力较强，通过选择效果明显。

1.1.4.2　饲养管理因素

生产卡拉库尔羔皮要求营养全面而均衡，过分丰富的饲养，特别是母羊怀孕后期，营养过于丰富，会影响羔皮品质。

1.1.4.3　产羔时间及妊娠期长短

冬季产羔，卡拉库尔的羔皮品质好；妊娠期越短越好，羊毛长度短，卡拉库尔羔皮的品质越好。

1.1.4.4　羔皮晾晒

剥下的卡拉库尔羔皮最好用洗干板，将羔皮贴在板上或钉在板上晾干。

1.2　湖羊羔皮

1.2.1　湖羊羔皮的生产情况

湖羊羔皮主要产于浙江省嘉兴、德清、桐乡、海宁、长兴、吴兴、海盐、杭州市及其郊区，江苏省吴江、常熟、江阴、沙洲、无锡、太仓、昆山、宜兴等县市，以及上海市的上海、青浦、嘉定、宝山等县。其中以浙江省的吴兴、嘉兴、桐乡市及江苏省吴江等县品质最好。截至 2019 年 12 月 9 日，浙江省的湖羊饲养量已达 228.5 万只。目前，全产区年产湖羊羔皮 65 万余张，上市交易量 60 万张左右，主要用于出口。

1.2.2　湖羊羔皮特点

图 4－2　湖羊羔皮

湖羊羔皮（图 4－2）亦称小湖羊皮，是湖羊羔羊生后 1～2 日内宰剥的毛皮。湖羊羔皮是我国传统的出口商品，其销路广、换汇率高的主要原因是这种羔皮板质薄而轻柔、毛细短无绒，毛根硬、富有弹性、色洁白如丝、花纹呈自然波浪形、卷曲明显紧贴皮板、抖动后毛不会散乱，经鞣制可染成各种颜色。湖羊羔皮的花纹主要分为典型和非典型两种：典型的波浪形花纹是湖羊羔皮中最美丽的一种，由一排排整齐的波状花纹组成，犹如平静的池水投入一小石子所引起的涟漪徐徐向四周展开；非典型波浪形花纹是典型花纹的变种，不规则，没有一定方向，俗称“片花”。湖羊羔皮的美观程度与毛丛长度有密切关系：毛愈短，愈紧贴皮板，构成的花纹愈紧密美观。

1.2.3 湖羊羔皮的分类

1.2.3.1 根据毛丛长度进行分类

商业上根据毛丛长度将湖羊羔皮分成小毛、中毛和大毛三种。其中，小毛长 1.0～2.5 厘米，中毛 2.5～3.25 厘米，大毛 3.25 厘米以上。在这 3 种毛丛中，以小毛品质最佳，中毛次之，大毛最差。

1.2.3.2 根据花纹宽度进行分类

花纹宽度通常是指一个花纹两边隆起之间的距离，一般分为小花、中花、大花 3 种。其中，小花宽度 0.5～1.25 厘米，中花平均 1.25～2 厘米，大花一般 2 厘米以上。这三种花纹宽度中，以小花为最佳，中花次之，大花最差。

1.2.3.3 根据花纹明显程度和分布面积进行分类

湖羊羔皮水波状花纹的明显程度是决定羔皮品质的重要指标之一。优质湖羊羔皮的水波状花纹清晰、紧凑、明显；品质差的羔皮则花纹散乱、松弛、不明显。花纹分布面积是指湖羊羔皮从颈部到尾根及从背部到腹部水波状花纹所占的面积，面积越大，湖羊羔皮质量越好。

1.2.3.4 根据底绒着生情况进行分类

在湖羊羔皮上，经常见到一种较细绒毛在粗毛下靠近皮板处着生，称之为底绒。湖羊羔皮若出现底绒，则说明羔皮的花纹不明显，品质较差。

1.2.3.5 根据毛丛弹性进行分类

湖羊羔皮的毛丛弹性是指逆毛方向将毛丛直立后，毛丛能够恢复到原来位置或形状的能力。优质湖羊羔皮的毛丛紧贴于皮板、毛丛弹性好、扑而不散；劣质湖羊羔皮的毛丛弹性差，一扑即散。

1.2.3.6 根据被毛光泽进行分类

湖羊羔皮的光泽可分为强烈、正常与不正常三种。在羔皮被毛的组成中，粗毛越多，光泽度越强；毛纤维越细，占的比例越多，则光泽强烈。

1.2.4 影响湖羊羔皮品质的因素

湖羊羔皮主要分为甲级、乙级、丙级皮三种。其中，甲级皮为小毛或小中毛，毛较细且有波浪状卷花或片形花纹，花纹分布面积占全皮二分之一以上，板质良好、色泽光润；对于乙级皮，毛中长、有波浪状卷花或片形花纹，花纹的分布面积占全皮二分之一以上或毛较短，花纹不太明显或毛略粗但花纹明显，板质良好，色泽光润；丙级皮则是皮质尚佳、色泽欠光润、毛长而细，有波浪状卷花，片形花纹分布面积占全皮二分之一，毛短、毛粗涩。收购价格比差：一等 100%，二等 80%，三等 60%，等外 30%，按质计价。影响湖羊羔皮品质的因素主要有遗传、种公羊的优劣、生产季节、每胎产羔数、细毛羊杂交等。

1.2.4.1　遗传因素

湖羊羔皮的品质主要取决于遗传因素的影响，若用优等花纹多的公羊配种，其后代优等花纹出现的比例就高，反之则低。此外，湖羊羔羊的被毛长到一定长度就形成花纹，超过一定长度花纹就会逐渐破散。

1.2.4.2　种公羊的优劣

在湖羊主产区选留下的优秀公羊，采用封闭式繁育方式生产出的羔皮质量最优。反之，则羔皮品质不断下降。

1.2.4.3　生产季节

湖羊羔皮的质量与温度有很大的关系，高温是使湖羊羔皮形成美丽花案的重要因素。因此，湖羊羔皮质量最好的是产生在秋季，以春季所产的羔皮花案最差。据统计，春季甲、乙级羔皮比例约为 30.0%，秋季则高达 49.7%。

1.2.4.4　产羔数

湖羊是一种多胎地方优良品种，但是一胎多产羔羊则影响羔皮的品质：如产仔过多，羔羊出生后由于个体小，则不符合羔皮生产要求；若产仔少，羔皮得到的营养过多，则皮板增厚、被毛过密导致失去轻便、美观等优点。一般情况下，每胎产 2～3 只的羔羊皮品质为最佳。

1.2.4.5　杂交改良

当前，我国羊肉消费需求旺盛。为追求经济利益，部分养殖户将湖羊作为肉用进行杂交改良，不仅造成湖羊品种混乱、羔皮质量下降，另一方面也对湖羊产业的健康发展造成严重威胁。由于湖羊产区曾经进行过较广泛的细毛羊杂交，导致现在湖羊的基因混杂，湖羊种质出现退化，羔皮品质也明显变差。目前，毛丝光润、花案奇特的优质湖羊羔皮产量很少。

1.2.4.6　羔皮剥取技术

湖羊羔皮生产过程中，对剥取技术有一定的要求，即宰剥适中、形体完整，并按标准钉制晾晒，形状呈“钟”形。

1.3　济宁青山羊羔皮

1.3.1　济宁青山羊羔皮的生产情况

济宁青山羊羔皮(图 4－3)，又称青山羊猾子皮，是济宁青山羊生后 1～3 天宰剥的毛皮。青猾子皮主要产于山东省鲁西南的济宁一带，以曹县、菏泽、成武、定陶、金乡、嘉祥、郓城、鄄城、单县、邹县等地的饲养数量多，其中以郓城的青山羊个体最大、所产青猾子皮质量最好。目前，产区年产青山羊猾子皮 54 万张左右，上市交易量达 50 万张以上。

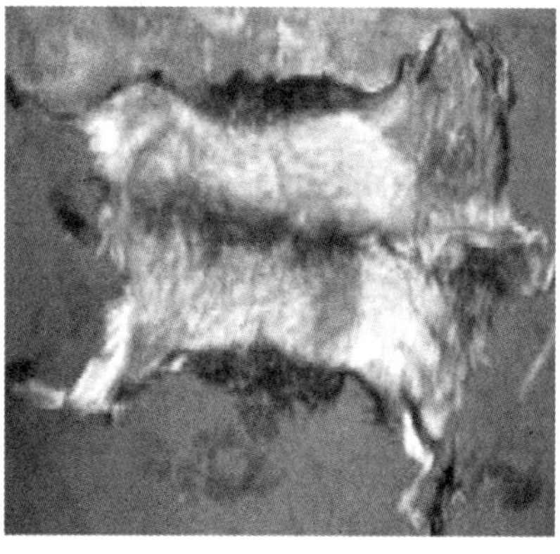

图 4－3　青山羊羔皮

1.3.2　济宁青山羊羔皮特点

济宁青山羊羔皮具有人工不能染制的青色波浪形花纹，是国际市场上具有竞争力的商品。济宁青山羊羔皮的颜色由被毛中黑白纤维比例决定：当黑毛与白毛所占比例相等时，形成正青色，最受国外市场欢迎；当黑毛多于白毛时，形成铁青色，反之则形成粉青色。羔皮花纹根据毛纤维细短和紧密程度，以及弯曲弧度大小，可分为波浪式、流水式及片花式等，其中以波浪式花纹最受欢迎。济宁青山羊羔皮的皮板面积 1100～1200 平方厘米，是制造翻毛外衣、皮帽、皮领的优质原料。

1.3.3　济宁青山羊羔皮等级划分

根据青猾子皮的被毛密度、细度、长度、光泽、颜色、波浪形花纹所占面积、板质及皮张大小等，将其分一等、二等、三等和等外级。一等皮，毛长 4 厘米以下，毛细密适中，呈正青色或略深、略浅，且图案清晰，波浪形花纹分布不低于全皮面积的 50%，板质良好、面积 85 平方寸以上。与一等羔皮相比，二等青猾子皮的毛色较深或较浅，毛细密花纹隐暗，毛略长或略粗、较软，或者毛质、板质与一等相同，但皮板面积低于 85 平方寸。三等青猾子皮的毛色为铁青和粉青色者，毛略粗直或毛略空软而有花纹者，或毛质、板质与一等、二等相同，但皮板面积在 80 平方寸以下。凡不符合一等、二等、三等羔皮要求，或毛过粗过长，毛杂色及皮板面积不足 70 平方寸的羔皮均属等外级。收购价格比差：一等 100%，二等 75%，三等 50%，等外 20%以下按质计价。

1.3.4　济宁青山羊羔皮品质的因素

1.3.4.1　遗传因素

济宁青山羊羔皮的品质主要取决于遗传因素，若父系与母系双亲的颜色为正青色，其后代出现正青色的概率就越大，反之则越低。此外，板皮的面积也与父系存在一定的相关性。

1.3.4.2　生产季节

全年中，6～12 月所产的青猾子皮品质较好，其中 7 月产羔皮品质达最优，8～9 月品质有所下降，10～12 月又上升，1～5 月所产的羔皮质量又有所下降，主要表现为：所产羔皮的次皮比例增加，且羔皮张幅小、板薄、光泽亦差，主要与母羊冬春膘情差，尤其是怀孕后期为枯草季节不能满足胎儿营养需要有关。

1.3.4.3　产羔数

济宁青山羊具有配种年龄早、繁殖力高的特点。母羊初配年龄为 6 月龄，且常年发情，其中春、秋季发情旺盛。母羊 1 年可产 2 胎或 2 年 3 胎，平均 1 胎产 3～4 只羔羊，多羔的优良特性是生产青猾子皮最有利的经济性状。

图 4-4　策勒羊

1.4　策勒羊羔皮

策勒羊(图 4-4)是我国新疆宝贵得多

胎优良绵羊品种，也以生产羔皮为主。策勒羊主要产区分布在新疆策勒县，位于塔克拉玛干大沙漠南缘、昆仑山北麓。策勒羊生产的羔皮以毛卷显著、紧密著称，花卷类型以螺旋形为主，环形及豌豆形花卷较少。

知识点小结

羔皮是指通过流产或羔羊出生1～3天后宰杀、剥取的毛皮。由于羔皮具有美观、价格高等特点，是国际皮草市场主要的原料。我国著名的羔皮品种有中国卡拉库尔羔皮、湖羊羔皮、策勒黑羊羔皮等绵羊品种及青猾子皮山羊品种。羔皮品质受遗传、饲养管理、季节、产羔数及生产技术等因素影响。

第2节　裘　皮

裘皮是指带毛的动物皮经鞣制、染整所得到的具有使用价值的产品，由毛被和皮板两部分构成，裘皮的价值主要由毛被决定。裘皮的制作原料主要有兔皮、貂、狐狸、貉子皮和羊皮类等。羊裘皮是指羊出生一个月左右宰杀、剥取的毛皮。由于羊裘皮（以下简称裘皮）是生产时间在羔皮之后，又称之为二毛皮。裘皮是皮草的重要原料来源之一，我国著名的裘皮羊品种有滩羊、贵德黑裘皮羊、太行裘皮羊、泗水裘皮羊等绵羊品种以及中卫山羊、子午岭（陇东）黑山羊等山羊品种。

2.1　滩羊

2.1.1　滩羊的生产情况

滩羊是我国独特的裘皮用绵羊品种，以生产二毛皮著称，主要分布在宁夏、甘肃及内蒙古阿拉善右旗和陕西省定边县等地区。其中以宁夏贺兰山东麓的平罗、贺兰、银川、盐池、灵武等县生产的二毛皮品质最好。目前，全产区年产二毛皮约20万张，年购销量约15万张，产品主要以内销为主，出口较少。近年来，随着裘皮市场疲软，滩羊二毛皮的产量逐年下降，宰羔率由原来的30%下降为现在的15%以下。

2.1.2　滩羊二毛皮的特点

滩羊的羔羊初生时，头部、尾部和四肢都长有波浪形的结实毛股。随着日龄的增长和绒毛的增多，羔羊的毛股逐渐变长、变粗，花穗也更加紧实美观。滩羊二毛皮的毛质优良、毛股长而弯曲，纤维均匀细软，两型毛含量高，呈毛辫状结构。同时，毛光泽悦目、花案清晰、皮板轻便保暖结实，故称“轻裘”，如图4-5所示。

图4-5　滩羊二毛皮

2.1.2.1 滩羊二毛皮的毛色白

滩羊除头部有黑色或褐色斑块外，其余体躯均为纯白色。二毛时期的毛纤维雪白光润、色泽悦目、晶莹剔透，俗称宁夏五宝中的“白宝”。

2.1.2.2 毛皮质轻

滩羊羔羊出生35天左右时，其皮板薄、毛细柔软，被毛结构由有髓毛和无髓毛二层被毛组成。其中，有髓毛的平均细度为26.6±7.67微米，无髓毛为17.37±4.36微米；厚度均匀、致密结实、皮板面积平均2 029平方厘米，鲜皮重0.84千克，干皮厚度0.5～0.9毫米。

2.1.2.3 保暖、不毡结

二毛皮由于毛股下部有无髓毛着生，因而保暖性良好。羊毛密度一般为2325根/平方厘米，其中无髓毛占54%，有髓毛占46%。按重量百分比计算，无髓毛占15%，有髓毛占85%(基本上都是两型毛)。各类型羊毛比例适中，故不易毡结。

2.1.2.4 独特的九道弯

“九道弯”是滩羊二毛皮独有的生物学特征。初生羔羊的毛股紧实、花案清晰，毛股自然长度5厘米，弯曲数在6个以上；二毛皮生产时，羔羊全身毛股有波浪形弯曲，且弯曲占毛股的2/3或3/4，毛股自然长度8厘米以上，毛色洁白、光泽悦目。

2.1.2.5 美观

滩羊毛由无髓毛、有髓毛和两型毛组成，不同类型毛所占比例不同，形成的花纹图案也不同。处理过后，二毛皮的毛穗自然下垂，宛如平湖涟漪，轻盈动人，制成的衣料色调明快、别具特色。二毛皮的毛穗依据花穗类型可以分为串子花、小串子花(俗称“绿豆丝”)、软大花及不规则花型(常见有卧花、核桃花、蒜瓣花”等)。其中，以串子花、小串子花享有最高价，人们多喜爱串子花。串子花的毛股弯曲数较多，弧度均匀，毛股卷曲数一般5～7个(最多可达9个)，弯曲部占毛股全长2/3～3/4，呈波浪形弯曲排列在同一水平面上。软大花的弯曲弧度较大，且花穗下部绒毛的含量高，保暖性好，每个毛股上有4～5个弯曲，弯曲部占毛股全长1/2～2/3。受杂交影响，串子花的图案逐渐减少，如今则视软大花为贵，见表4－1所列。

表4－1 滩羊二毛皮的花穗图案特征

花穗类型	毛股粗细	弯曲数	有弯曲的部分	裘皮质量
串字花	0.4～0.6厘米	5～7个	2/3～3/4	较佳
软大花	≥0.6厘米	4～5个	1/2～2/3	次之

2.1.3 影响滩羊二毛皮的主要因素

滩羊二毛皮具有毛股多弯、花穗美观、光泽洁白、轻便结实、被毛不毡结等优点，而这些优点是由于滩羊所处的特殊自然生态条件及滩羊自身的特殊性状决定的见表4－2所列。二毛皮的主要性状与气温高低呈现较强正相关，而与年降水量丰稀呈现负相关。草群中杂草所占比重的高低与二毛裘皮质量优劣有关；土壤有机质含量越高，优良花穗分布面积则越大。

表 4-2　影响因素与弯曲数、花穗及串子花比例的相关性分析

影响因素	肩部毛股弯曲数	优良花穗分布面积	串子花个体在群体中所占的比例
年平均气温	0.60**	0.71**	0.65**
年较差	0.58**	0.73**	0.61**
≥10℃积温	0.60**	0.73**	0.56**
年降水量	-0.44*	-0.56**	-0.41*
土壤有机质含量	0.34	0.67**	0.35
产草量	0.54*	0.58**	0.74**
杂草所占比例	0.38	0.67**	0.62**

注：* 表示有显著影响；** 表示有极显著影响。

2.2　中卫山羊“沙毛皮”

2.2.1　沙毛皮的生产情况

中卫山羊(图 4-6)，又称沙毛山羊，是我国特有的裘皮用山羊品种。中卫山羊主要分布在宁夏回族自治区的中卫、中宁、同心、海原县，甘肃省景泰、皋兰、靖远、白银、会宁县以及内蒙古阿拉善右旗和陕西省定边县等。其中，以中卫和景泰两县交界处的香山地区所产的沙毛皮品质最好。目前，产区年产沙毛皮约 4 万张，其中上市交易量约 3.5 万张。

图 4-6　中卫山羊

2.2.2　沙毛皮的特点

沙毛皮是中卫山羊出生后 35 日龄左右、毛长达 7 厘米时宰剥的毛皮(图 4-7)。沙毛皮分黑白两种颜色，白色皮约占 75%，色白纯正、光泽如丝。黑色较少，但油黑发亮别具风格。白色的沙毛皮被毛洁白、光耀悦目；毛股紧实并在上三分之二以上有波浪形弯曲，弯曲弧度均匀明显，根据弯曲的形状可分为正常波形和不均匀波形，前者主要类型有串字花、软大花等，后者主要有头顶一枝花、笔筒花等；毛股的纤维类型由绒毛(无髓毛)、两型毛和有髓毛组成，按重量百分比计算，有髓毛比重大，绒毛比重小；沙毛皮的板质柔

韧致密，平均面积为 2171.39±414.01 平方厘米，重量为 0.52±0.11 千克，皮板厚度为 1.9～2.3 毫米，制裘后轻、暖、美观，而且穿着很久被毛不易毡结。

沙毛皮的品质主要取决于优良花穗分布面积、毛股紧实度和弯曲数，被毛品质、皮板面积和厚度等指标。一般来说，毛股紧密无散毛、花穗长弯曲数在 4 个以上，弯曲小且弧度呈半圆形排列整齐明显，花穗分布面积占毛皮四分之三以上，绒毛含量适中、毛股自然长 7～7.5 厘米，皮板面积在 1500 平方厘米以上且板质良好，即为优质沙毛皮。

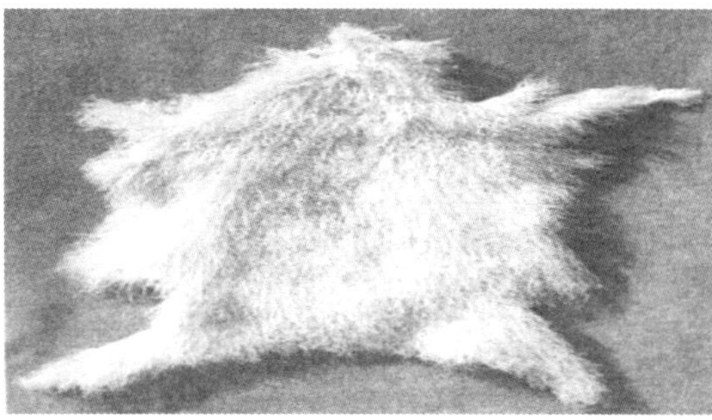

图 4－7　中卫山羊沙毛皮

2.2.3　滩羊二毛皮与沙毛皮的区别

沙毛皮是一种可以与滩羊二毛皮相媲美的裘皮，但其羊毛密度较滩羊二毛皮稀，手感也不及滩羊二毛皮丰满、柔软，光泽较亮，滩羊二毛皮则洁白如玉，滩羊二毛皮与沙毛皮的感官性状比较，如表 4－3 所示。

表 4－3　滩羊二毛皮与沙毛皮的感官性状比较

项目	滩羊二毛皮	中卫沙毛皮
皮板形状	近于长方形带大尾巴	近于方形带小尾巴
被毛密度	手感丰满、厚实、柔软	手感稀疏、易见板底
被毛的柔软性	柔软能向四方倾倒	粗硬、不能向四方倾倒
被毛的光泽	呈玉白样的光泽	与丝织品的光泽相似
皮板厚度	较厚	较薄
手指捻摸毛尖	感觉润滑	感觉沙样
毛股大小	较大	较小
羊毛弯曲	较多	较少
擀毡性	较易	不易

2.3　贵德黑裘皮

2.3.1　贵德黑裘皮的生产情况

贵德黑裘皮羊（图 4－8）是产于青海省海南藏族自治州、黄南藏族自治州的泽库、尖扎，化隆、互助、大通、海晏、湟源、门源及祁连等县的裘皮用绵羊品种，也称“贵德黑紫羔羊”“青海黑藏羊”。其中，以海南州的贵南、贵德、同德三县所产的裘皮品质最好。目前，贵德黑裘皮年产量约 3 万张左右，年收购量约 2.5 万张，主要用于内销。

图 4－8　贵德黑裘皮羊

2.3.2　贵德黑裘皮的特点

贵德黑裘皮是贵德黑羔羊生后 25～60 日龄宰剥的毛皮。该裘皮被毛乌黑、光泽悦目，毛股长 4～7 厘米，毛股弯曲数平均 1.73 个/cm，皮板面积平均 1765 平方厘米，毛股弯曲明显，花案美观、皮板致密、保暖性强，是制裘的上等原料。贵德黑紫裘皮的品质主要取决于被毛的毛色，特别是底绒的颜色、毛股紧实度、弯曲的弧度大小、清晰程度及皮板面积和板质等。一般来说，如裘皮被毛纯黑、底绒不泛红色、含量适中、光泽柔和、毛股细、弯曲弧度小、皮板面积大、板质肥厚，则裘皮的品质最好。

思政教育案例 4－1　比干制裘造福庶民

我国的制裘工艺历史悠久，早在距今 3000 多年前商朝末期就形成了，其中，商朝丞相比干是我国历史上最早发明熟皮制裘工艺的祖师。据史料记载，殷商末年，丞相比干在今河北省衡水市枣强县大营镇一带为官。当时，大营镇一带荆棘遍地、野兽肆虐，民众苦不堪言。于是，比干命人贴出告示，鼓励百姓四处打猎食肉，并收集剩下的兽皮制作裘服。受比干的鼓励，百姓们纷纷操起武器四处打猎。与此同时，比干招募大批皮匠艺人，出主意想策略，让招募的皮匠艺人按百余种不同的配料方法泡制兽皮。经反复试验，终于发明制裘业极为重要的加工方法——“硝熟”，即用芒硝、朴硝等鞣制动物皮革，不仅能够使之变软，而且色泽光洁，有特殊清香气味。比干把这种硝熟技艺传遍周围百十个村落，培养出成千上万的徒弟。大家分工合作，泡制、裁剪、缝纫、制衣、制帽、制靴，男女老少齐出动，很快制出保暖轻便、美观奢华的裘服。而这种熟皮制裘工艺也在大营百姓中世代传播，为人乐道。

几千年来，大营一带的百姓对比干的敬仰和感念之情从未减弱，他的事迹在一代又一代人中传颂着，而河北大营也发展成为我国皮毛业和裘皮文化的发源地，并被秦始皇亲封为“天下裘都”，如今已是闻名世界的“皮草之乡”。经过三千多年的传承与发展、创新，大营的裘皮传统制作技艺形成了自己独特的工艺流程和制作方法：分熟皮（生皮制成成品皮）与裘皮制衣两大阶段，共有16个环节56道工序，涵盖浸水、洗涤、去肉、软化、晾晒、回潮、铲干、整形、制作样板、板订、配料、裁制、缝制、钉成品、整修、吊制工艺，整个过程精细、考究。此外，大营传统制裘工艺采用的全部是皂角、黄米、玉米面、碱面、硝（墙碱）一些生态无污染的天然原料，过程也全部为人工、手工，因此裘皮没有皮脂和化工味道，制作的裘皮质地更加柔软，毛质更加细润柔软，如草叶花穗迎风，又似水纹起波浪。用大营裘皮传统工艺制成的男女裘皮服装、披肩、马甲、围脖、褥子、护膝、沙发坐垫、汽车坐垫、装饰挂件、饰品配件、各种辅料等7大系列近4000个品种具有轻柔暖和、美观大方、经久耐用、物美质优的特点，有着极高的艺术和实用价值。

大营裘皮传统制作工艺是中华民族遗存下来的珍贵民间手工技艺，制裘历史更是世界历史发展中的一朵奇葩，历来为国内外学者所关注，成为研究中国商代及各时期历史文化、社会发展、手工技艺发展变化的一个标尺。目前，“裘皮传统制作技艺”被列为河北省非物质文化遗产名录。为弘扬、传承制裘工艺非物质文化遗产，制裘祖师——比干像（图4-9）于2016年11月在大营镇比干文化广场落户，成为天下裘都、人文枣强的一处标志性景点并受世人敬仰。

图4-9　制裘祖师——比干像

知识点小结

以羊毛皮为原料的裘皮是指羊出生一个月左右宰杀、剥取的毛皮，因生产时间晚于羔皮，裘皮又称之为二毛皮。我国著名的裘皮羊品种有滩羊、贵德黑裘皮羊等绵羊品种，以及中卫山羊等山羊品种。其中，沙毛皮是一种可以与滩羊二毛皮相媲美的裘皮，也是羊裘皮中的代表性产品。

第 5 章 国内外优秀绵、山羊品种简介

羊是动物界、哺乳纲、偶蹄目、牛科、羊亚科动物，包括绵羊（Sheep）和山羊（Goat）。虽然绵羊和山羊都是羊，两者之间却存在着很大的差异：绵羊属于羊亚科下的盘羊属，有 27 对染色体；山羊则属于山羊属，有 30 对染色体。绵羊的野祖一般认为有两种类型：摩弗伦羊型与羱羊型，现在所有的家养品种基本上来自这两大类型；山羊的祖先是角猾羊。此外，无论是个体性状、生活习性还是生产性能，绵、山羊之间均有很大的差异。由于染色体及属之间的差异，关于绵、山羊之间交配、成功繁育的案例鲜见报道。本章将围绕绵、山羊的分类及其国内外优秀的品种进行介绍，为生产中科学养殖绵、山羊奠定基础。

第 1 节 绵羊的分类

绵羊业是畜牧业的主要部分之一，其分布区域的广泛性和品种的多样性保证了绵羊业产品的多样化。目前，世界上不同生产方向的绵羊品种和类型有 700 多个，大部分品种是用来生产毛和肉的。其中，细毛羊品种占 10%，半细毛羊品种占 34.7%，粗毛羊品种占 46.1%，其他品种占 9.2%。由于绵羊品种繁多，为了便于人们的研究和应用，通常按经济类型和动物学对绵羊进行分类。

1.1 根据绵羊经济价值进行分类

1.1.1 细毛羊

细毛羊的主要产品是生产的细毛（14～25 微米），肉和皮居于次要地位。羊毛细度为 60～80 支，毛丛长度 7 厘米以上，有整齐的弯曲，被毛为白色，毛被结构好，每头羊年剪毛量 4～10 千克。根据细毛羊的体型结构和产品的侧重点，又可将细毛羊被分为毛用、肉毛兼用和毛肉兼用三大类：

（1）毛用细毛羊：体型小，皱褶多，羊毛细，如苏联美利奴羊、斯达夫羊等。

（2）毛肉兼用细毛羊：体格大、皱褶少、羊毛细度中等，如高加索羊、新疆细毛羊等。

（3）肉毛兼用细毛羊：肉用体型比较明显，几乎无皱褶，如德国美利奴羊等。

1.1.1.1 毛用细毛羊

体型小,皱褶多,羊毛细,如澳洲美利奴(图 5-1)、中国美利奴等。

1.1.1.2 毛肉兼用细毛羊

体格大、皱褶少、羊毛细度中等,如高加索羊、新疆细毛羊(图 5-2)等。

图 5-1 澳洲美利奴

图 5-2 新疆细毛羊

1.1.1.3 肉毛兼用细毛羊

肉用体型比较明显,几乎无皱褶,如德国美利奴羊(图 5-3)等。

1.1.2 半细毛羊

半细毛羊以肉用为主,同时要求能生产 32~58 支的同质半细毛。羊毛长度要求在 9 厘米以上,毛丛比较松散。半细毛羊多数无角,体躯丰满呈圆桶形,全身无皱褶。根据产品侧重点可分为毛肉兼用型和肉毛兼用型。

1.1.2.1 毛肉兼用型半细毛羊

主要生产 56~58 支、毛丛长度 9 厘米以上的细档半细毛,如东北半细毛羊(图5-4)。

图 5-3 德国美利奴

图 5-4 东北半细

1.1.2.2 肉毛兼用型半细毛羊

1.1.2.2.1 杂交型,如考力代羊(图 5-5)、波尔华斯羊等。

1.1.2.2.2 长毛型,如林肯羊(图 5-6)、边区来莱特羊、罗姆尼羊等。

图 5－5　考力代羊

图 5－6　林肯羊

1.1.2.2.3　中毛型，如南丘羊(图 5－7)、萨福克羊、牛津羊、多塞特羊、汉普夏羊等。

1.1.3　粗毛羊

粗毛羊没有专门的生产方向，是一种原始品种，具有肉、毛、皮、乳等多种用途。粗毛羊的被毛多为异质毛，呈辫形结构，年产毛 1 千克左右，如我国饲养的藏羊、蒙古羊(图 5－8)、哈萨克羊等。

图 5－7　南丘羊

图 5－8　蒙古羊

1.1.4 羔　皮羊

主要用于生产羔皮，如卡拉库尔羊(图 5－9)、湖羊等。

1.1.5　裘皮羊

以生产优质裘皮为主要产品，如滩羊(图 5－10)，贵州黑裘皮羊，岷县黑裘皮羊等。

1.1.6　乳用羊

主要以生产羊奶为主，如东佛

图 5－9　卡拉库尔羊

利生羊(图 5-11)、马尔西羊等。

图 5-10　滩羊

图 5-11　东佛利生羊

1.2　根据动物学分类

以绵羊尾的形状和大小为基础进行动物学分类。尾的形状是根据脂肪沿尾椎沉积的程度及其沉积的外形来决定;尾的大小则是根据其长度,即尾尖是否达到飞节或飞节以下。

1.2.1　短瘦尾羊,如藏羊(图 5-12)、罗曼诺夫羊等。

1.2.2　短脂尾羊,如蒙古羊、小尾寒羊(图 5-13)等。

图 5-12　藏羊

图 5-13　小尾寒羊

1.2.3　长瘦尾羊:如细毛羊和半细毛羊(图 5-14)。

1.2.4　长脂尾羊,如滩羊、卡拉库尔羊、大尾寒羊(图 5-15)等。

1.2.5　肥臀羊,如哈萨克羊(图 5-16)等。

图 5-14　半细毛羊

图 5-15　大尾寒羊

图 5-16　哈萨克羊

智能化生产案例 5-1　羊品种登记智能化技术

5-1-1　背景分析

依据《中华人民共和国畜牧法》《全国畜禽遗传资源保护和利用“十二五”规划》以及相关的畜禽资源管理办法。对于我国畜禽种质资源的保护，是我国畜牧业可持续发展的重要前提。也是新品种培育、基因发掘等科技创新的基本素材，更是实现我国畜牧业竞争的力量源泉。

畜禽遗传资源是保护生物多样性，培育新品种，实现畜牧业可持续发展战略的重要生物资源，在羊的资源保护工作方面，品种登记是所有资源保护工作的基础，是将相关品种的种羊选育资料进行收集、编辑、统计、分析、发布，以促进品种资源的保护和改良，其目的是：使每头种羊都有一个合法的身份；保证每头种羊来源清楚、系谱完整；保证品种的纯度；保障遗传评估数据质量。然而近年来，由于外来品种的引入、高产品种的培育、社会经济生产的变革等因素的作用下，保种工作距离保持生物多样性、畜牧业可持续发展的要求还有很大的差距，尚需进一步完善和提高。一是对品种资源特性评估不全面、不系统，许多优良遗传资源未被认识、未被重视。二是有濒危倾向的羊品种有所增加，部分品种、群体数量逐年减少。例如我国枣北大尾羊已经灭绝，兰州大尾羊属濒临灭绝资源，汉中绵羊属于濒危资源。三是保护开发投入不足。品种保护的基础设施差，手段落后，保种方法单一，没有形成完善的保护开发、监测评估体系和先进系统的方式方法。四是部分品种因登记不明显，出现群体近交退化，品种混杂严重。五是品种资源没有全国性的整体管理，登记手段原始，不能形成整体的保种体系，资源浪费严重。六是没有统一的管理和预警监测系统和便捷的资源查询系统。七是开发利用没有形成气候，资源优势向经济优势的转化刚刚起步。因此以资源保护为前提，面向全国，面向市场，建立符合我国品种资源实际的保护管理体系，以科技、信息手段全面提升品种登记工作的整体效率，势在必行。

5-1-2 羊品种登记智能化技术研究

本案例涉及羊信息管理智能化领域，具体涉及一种基于射频技术应用于识别羊的自动登记品种信息的方法。本技术通过为牧场中的牲畜，配置电子耳标/皮下植入芯片/电子脚环等产品，配合工业级的手持读写器或者牧场管理人员的 PC/手机，为每只牲畜建立独立、唯一的电子档案，实现牧场的信息化改造。电子档案中，存入牲畜的体征基础信息、系谱信息等内容。

5-1-3 技术原理

利用 RFID 作为信息载体，依托网络通信、系统集成及数据库应用等技术，建立一套信息化系统，实现羊的品种、饲养繁育、生产性能、管理、销售等内容的全息记录。借助这个平台可以对羊种群规模、种质变化、育种选育、现存状况、保种效果、开发利用等进行监测，实现及时准确的数据统计和分析，为国家和地方制定资源保护措施、出台相关产业政策等提供客观依据，同时做出由量变到质变的预警分析。消费者也能够利用这个系统对购买的羊相关产品(羊毛、羊奶等)的信息进行追溯查询。

(1)网络数据库系统软件开发

建立数据获取系统，数据存储系统，数据查询系统，数据库管理系统和数据分析系统。独立设计骆驼信息记录与处理的软件，将收集到的有关羊品种资源的数据经过处理后，形成网络化数据库，借助网络技术，为国家政府决策部门、业内人士和社会提供羊资源的信息查询服务。

(2)芯片植入

注射的芯片是植入式动物芯片，一种小型已写入序号的计算机芯片。装在一个小而光滑、不会引起动物排斥的玻璃体内，置于注射器针头。一经注射，则有唯一的序列号，并且可以一直被识别，不会丢失、改变。芯片为圆柱形，高 11 毫米，直径 2.1 毫米。内部结构有 3 个部分。一是计算机微芯片(高度集成化电路)。该微芯片包含了唯一 ID 号码，以及向扫读器发送号码时所需的所有电子电路。二是一个绕在金属核心上的铜线圈。功能是作为一个小的无线天线来接收扫读器发来的信号并且把微芯片的编码 ID 号码发送回扫读器。三是一个用来调谐的电容。技术特点：提供 340 亿个唯一的，不可改变的身份识别号码；容易注射：使用一个特殊设计的注射器，就可以很容易地将芯片注射到羊的皮下，芯片不需要电池。

(3)羊信息采集录入

在对符合品种标准的个体植入电子芯片的同时，采集和录入羊的个体基本信息。一般信息：品种、来源、出生场名称、出生场代码、出生日期、同窝羔羊数、断奶日期。亲本信息：父亲个体号，母亲个体号。个体信息：耳号、性别等。

注：如果是国外购入，还应登记以下信息：出生国家、种场、品种、出生日期；从国内其他种羊场购入的种羊已进行过种羊登记，故无需登记。

(4)指标体系的建立

① 体尺、体质外貌指标体系

统计和录入羊体质外貌情况，对骆驼体尺体重等指标评分，按综合分数排序。为种公羊、种母羊的选育提出有效依据。

② 生产性能指标体系

羊个体绒层厚度、毛长、细度，羊羔成活率、产奶量等生产信息的收集，实时监控羊绒和羊毛产量、羊羔数量及羊奶产量。

③ 种群指标体系

按来源、血统等统计羊种群信息，查询各地区或养殖场羊品种信息，分析骆驼血统的亲缘率(近交系数)。

④ 生存环境指标体系

登记各地区或养殖场羊生存环境的情况，包括草场类型、牧草种类、水源信息等，分析不同生存环境对羊生产性能的影响。

⑤ 交易指标体系

按年统计交易的羊个体数量，羊绒、羊奶、羊肉等产品的价格，掌握羊数量的变化和市场情况。

⑥ 疫病防治指标体系

录人各地区及各养殖场羊各类疫病发病时间、各类疫病治愈数量、免疫和免疫失败情况，做同期比较或逐年变化趋势分析，提出更好的疫病防治方案。

5-1-4　应用前景

未来在数据库的基础上，政府机关，事业单位，研究机构，业内人士和社会可通过网站或者移动应用程序上建设的信息共享平台享受快捷查询羊资源的信息的服务，对全国羊品种规模、种质变化、濒危状况、保种效果、开发利用等可以进行全覆盖监测，实时掌握资源动态变化，科学预测近期和中长期发展趋势。同时数据库系统与产品质量追溯体系关联，消费者可以了解从羊出生到生产出原材料，再到原料加工成产品等一系列过程，实现生产过程透明化。

知识点小结

按经济类型，可将绵羊分为细毛羊、半细毛羊、粗毛羊、羔皮羊、裘皮羊与乳用羊；以绵羊尾的形状和尾的大小为基础进行动物学分类，可将绵羊分为短瘦尾羊、短脂尾羊、长瘦尾羊、长脂尾羊和肥臀羊。

第2节　国内外优良绵羊品种

2.1　国外优良绵羊品种

2.1.1　细毛羊品种

全世界所有的细毛羊品种，基本含有西班牙美利奴羊的血液，Merino是西班牙语。细毛羊之所以叫“美利奴”，是因为在西班牙南部的一个部落的名字叫“别里·美利奴”，而这个部落一直从事细毛羊的繁育工作，品质优良。到了18—19世纪，美利奴养羊业在全世界迅速发展起来。因此“美利奴”这个词在现代已成为“细毛羊”的同义词。

2.1.1.1　澳洲美利奴(图5-17)

2.1.1.1.1　产地。原产于澳大利亚。从1797年开始，由英国及南非引进的西班牙美利奴、德国撒克逊美利奴、法国和美国的兰布列品种杂交育成，是世界上最著名的细毛羊品种。

图5-17　澳洲美利奴

2.1.1.1.2　品系与羊毛类型。目前澳大利亚绵羊总数约为1.2亿只，其中75%为澳洲美利奴羊。根据体重、羊毛长度和细度等指标的不同，把澳洲美利奴羊分成三种类型：细毛型、中毛型和强毛型，其中又分为有角系与无角系两种。无角是由隐性基因控制的，通过选择无角公羊与母羊交配而培育出美利奴羊无角系。由于分布地区和引进品种不同，可将澳洲美利奴分为四个品系，见表5-1所列。

表5-1　澳洲美利奴品系分类

品系	(%)	细毛型(%)	中毛型(%)	强毛型(%)
派平系	70	5	75	20
南澳系	20	5	20	75
萨克逊系	6	90	10	0
西班牙系	4	70	25	5

2.1.1.1.3　外貌特征。澳洲美利奴羊的体型近似长方形，腿短、体宽、背部平直、后躯肌肉丰满，公羊颈部有 1～3 个发育完全或不完全的横皱褶，母羊仅有发达的纵皱褶。公羊一般有角，母羊多数无角。澳洲美利奴羊具有毛丛结构好、羊毛长而明显弯曲、油汗洁白、光泽好、净毛率高、毛密度大、细度均匀的特点如图 5－18 所列，对各种环境气候有很强的适应性。羊毛覆盖头部至两眼连线，前肢达腕关节，后肢达飞节。

2.1.1.1.4　生产性能。细毛型澳洲美利奴成年公羊体重为 60～70 克，母羊为 38～42 千克；剪毛量公羊为 7.5～8.5 千克，母羊为 4～5 千克，羊毛细度 64～80 支，毛长 7～10 厘米，净毛率 63%～68%，纤维数 6200～9300 根/平方厘米；中毛型成年羊体重公羊为 65～90 千克，母羊为 40～44 千克；剪毛量公羊为 8～12 千克，母羊为 5～6 千克，羊毛细度 60～64 支，毛长 7～13 厘米，净毛率 62%～65%，纤维数 5400～9300 根/平方厘米；强毛型成年羊体重公羊为 70～100 千克，母羊为 42～48 千克；剪毛量公羊为 8.5～14 千克，母羊为 5～6.5 千克，羊毛细度 58～60 支，毛长 9～13 厘米，净毛率 60%～65%，纤维数 4600～7700 根/平方厘米。

图 5－18　澳洲美利奴羊毛

2.1.1.2　德国美利奴

德国美利奴是唯一具有除个体大、产肉多、肉质好优点外，还具有毛产量高、毛质好特性的有效绵羊品种，是肉毛兼用最优秀的父本。

2.1.1.2.1　产地。德国美利奴原产于德国，主要分布在萨克森州农区。德国美利奴是用泊力考斯和英国莱斯特公羊同德国原产地的美利奴母羊杂交培育而成，是肉毛兼用型细毛羊。

2.1.1.2.2　外貌特征。德国美利奴公羊、母羊均无角，如图 5－19 所示，颈部及体躯皆无皱褶。体格大，胸深宽，背腰平直，肌肉丰满，后躯发育良好。被毛白色，密而长，弯曲明显。德国美利奴体质结实，结构匀称，头颈结合良好，胸宽而深，背腰平直，臀部宽广，肥肉丰满，四肢坚实，体躯长而深呈良好肉用型。该品种早熟、羔羊生长发育快，产肉多，繁殖力高，被毛品质好。

2.1.1.2.3　生产性能。德国美利奴成年公羊体重 100～140 千克，母羊 70～80 千克。羔羊日增重 300～350 克，130 天胴体重达 18～22 千克，屠宰率 47%～49%。周岁内可配种，产羔率为 150%～250%。母羊泌乳力强，羔羊成活率高。德国美利奴羊母羊产毛量 4～5 千克，羊毛细度为 60～64 支，毛长 6～8 厘米，净毛率 45％～50％。公羊为 60～64 支，剪毛量 7～10 千克，毛长 7～8 厘米，净毛率 50％以上。

(a)德国美利奴公羊

(b)德国美利奴母羊

图 5－19　德国美利奴公羊与母羊

2.1.2　半细毛羊品种

2.1.2.1　茨盖羊

茨盖羊是乌克兰的古老绵羊品种，属毛肉兼用半细毛羊，是青海半细毛羊、内蒙古半细毛羊和西藏半细毛的主要父系品种。

2.1.2.1.1　产地。茨盖羊原产于乌克兰。茨盖羊的体质结实，能耐受比较严酷的自然环境和粗放的饲养管理条件，抗病力强、适应性好。但是，茨盖羊的生产性能较低：羊毛长度不够理想；有些个体羊毛细度偏细，匀度也较差。

2.1.2.1.2　外貌特征。茨盖羊公羊有螺旋形角(图 5－20)，母羊无角或只有角痕；胸深，背腰较宽而平；毛被覆盖头部至眼线，毛色纯白，少数个体在耳及四肢有褐色或黑色斑点；羊毛油汗呈乳白或乳黄色。

图 5－20　茨盖羊公羊

2.1.2.1.3　生产性能。茨盖羊成年公羊平均体重为 80～90 千克，剪毛量 6.0～8.0

千克；成年母羊为 50～55 千克。剪毛量 3.0～4.0 千克；毛长 8～9 厘米，细度 46～56 支，净毛率 50%左右，屠宰率 50%～55%，产羔率 115%～120%。茨盖羊恋羔性强，泌乳性能好。

2.1.2.2　考力代羊

2.1.2.2.1　产地。考力代羊原产于新西兰，是用英国长毛型林肯、莱斯特及边区莱斯特等公羊为父本与美利奴母羊为母本杂交，从 1880 年开始培育到 1920 年才成为一个定型的肉毛兼用型半细毛羊品种。我国自 1966 年将其引入，是培育东北半细毛羊、贵州半细毛羊以及山西陵川半细毛羊的主要父系品种之一。

2.1.2.2.2　外貌特征。考力代羊的头宽而大，额上覆盖着羊毛，如图 5－21 所示。公母羊大多无角，个别公羊有小角。被毛白色。头宽，颈短，肋部开张。头、耳、四肢带黑斑，嘴唇及蹄为黑色。颈短而粗，皮肤无皱褶，胸深宽，背腰平直，体躯呈圆桶状。肌肉丰满，后躯发育较好，四肢结实。腹毛着生良好，被毛白色，闭合紧密。

图 5－21　考力代羊

2.1.2.2.3　生产性能。考力代羊的结构匀称，羊毛着生好。成年公羊体重 100～105 千克，母羊为 46～65 千克，剪毛量公羊 10～12 千克，母羊 5～6 千克，毛长 9～12 厘米，细度 50～56 支，净毛率 60%～65%；羊毛弯曲明显，匀度良好，油汗适中，产羔率 110%～130%。

2.1.2.3　林肯羊

2.1.2.3.1　产地。林肯羊原产于英国东部的林肯郡。1750 年开始用莱斯特公羊改良当地的旧型林肯羊，经过长期的选育，于 1862 年育成，是长毛型半细毛羊。

2.1.2.3.2　外貌特征。林肯羊的体质结实、体躯高大、结构匀称，如图 5－22 所示。公、母羊均无角，头长颈短，前额有绺毛下垂。背腰平直、腰臀宽广、肋骨开张良好。四肢较短而端正，脸、耳及四肢为白色，但偶尔出现小黑点。

2.1.2.3.3　生产性能。林肯羊的体型大，成年公羊体重 120～140 千克，母羊为 70～90 千克。被毛呈辫形结构，具有波浪状弯曲，主要由两型毛组成，羊毛呈丝性光泽。羊毛长度为 20～35 厘米，羊毛细度 36～44 支。剪毛量，成年公羊 8～10 千克，母羊 6～6.5 千克，净毛率 60%～65%，产羔率 120%左右。胴体重，公羊 82 千克，母羊 51 千克，

图 5－22 林肯羊

四个月龄肥公羔胴体重为 22 千克，母羔为 20.5 千克。我国自 1966 年开始从英国和澳大利亚引进林肯羊，主要将其与地方品种进行经济杂交生产肥羔。

2.1.2.4 边区莱斯特羊

2.1.2.4.1 产地。边区莱斯特羊原产于英国，是 19 世纪中叶在英国北部苏格兰用莱斯特羊与山地雪伏特品种母羊杂交培育而成的长毛型半细毛羊。

2.1.2.4.2 外貌特征。边区莱斯特羊的体质结实、体型结构良好，体躯长、背宽平，公、母羊均无角；鼻梁隆起，两耳竖立，头部及四肢无羊毛覆盖，如图 5－23 所示。

图 5－23 边区莱斯特羊

2.1.2.4.3 生产性能。边区莱斯特半细毛羊成年公羊体重 90～140 千克，成年母羊为 60～80 千克。剪毛量成年公羊 5～9 千克，成年母羊 3～5 千克；净毛率 65%～68%；毛长 20～25 厘米，细度 44～48 支。产羔率 150%～200%，具有早熟性，4～5 月龄羔羊的胴体重 20～22 千克。我国从 1966 年起先后从英国、新西兰、澳大利亚引进数千余只边区莱斯特羊，分别饲养在全国各地。

2.1.2.5 罗姆尼羊

2.1.2.5.1 产地。罗姆尼羊原产于英格兰东南部的肯特郡，故又称肯特羊。罗姆尼羊是用莱斯特公羊改良旧型罗姆尼羊，经过长期的严格选育而成的长毛型半细毛羊品种。目前，主要有英国型、新西兰型、澳大利亚型、法国型等几种类型。

2.1.2.5.2　外貌特征。因生态条件不同，各国罗姆尼羊的体型外貌有一定差异：英国罗姆尼羊（图 5－24）头略狭长，四肢较高，体躯长而宽，后躯比较发达，头毛、四肢毛较差；体质结实，骨骼坚强，放牧游走能力强；新西兰罗姆尼羊肉用体型好，四肢较短，体躯长，背腰宽平，头毛、四肢毛好，但放牧游走能力差，采食性能不如英国型；澳大利亚罗姆尼羊则介于上述两型之间。

图 5－24　英国罗姆尼羊

2.1.2.5.3　生产性能。英国罗姆尼羊成年羊体重公羊 80 千克，母羊 41 千克。剪毛量，成年公羊 7.0 千克，母羊 3.5 千克。毛长成年公羊 13 厘米，母羊 11.5 厘米。毛细 50～60 支，净毛率 45.5%～53%，产羔率 104.6%。新西兰罗姆尼羊成年羊体重公羊为 77.5 千克，母羊为 43 千克。剪毛量成年公羊 7.5 千克，母羊 4.0 千克。毛长，成年公羊 15 厘米，母羊 12.5 厘米。毛细 44～46 支，净毛率 58%～60%，产羔率 106%。澳大利亚罗姆尼羊成年羊体重公羊为 87 千克，母羊 43 千克。剪毛量成年公羊 7.2 千克，母羊 3.5 千克。毛长公羊 15.5 厘米，母羊 13 厘米。净毛率 60%，产羔率 105.5%。20 世纪 90 年代，我国先后从英国、新西兰、澳大利亚引入数千只罗姆尼羊。经过 20 多年的饲养实践，罗姆尼羊在云南、湖北、安徽、江苏等地的繁育效果较好，而在甘肃、青海、内蒙古等省（区）的效果则比较差。

2.1.3　肉用优良父本品种

2.1.3.1　萨福克羊

2.1.3.1.1　产地。萨福克羊原产于英国英格兰东南部的萨福克、诺福克、剑桥、艾塞克斯等地。萨福克羊是以南丘羊为父本，旧型黑头有角诺福克羊为母本进行杂交、在后代中经过严格选择和横交固定育成的肉毛兼用型绵羊品种，是世界公认的用于终端杂交的肉用优良父本品种。

2.1.3.1.2　外貌特征。萨福克羊头短而宽，鼻梁隆起，耳大，公母羊均无角，颈长、深且宽厚，胸宽，背、腰和臀部长宽而平。肌肉丰满，后躯发育良好。萨福克羊体躯主要部位的被毛为白色，头和四肢为黑色，并且无羊毛覆盖，如图 5－25 所示。

2.1.3.1.3 生产性能。萨福克羊具有早熟性、生长快、肉质好，且繁殖率很高、适应性很强。萨福克成年公羊体重 100～136 千克，成年母羊 70～96 千克。剪毛量，成年公羊 5～6 千克，成年母羊 2.5～3.6 千克，毛长 7～8 厘米，细度 50～58 支，净毛率 60％左右。被毛白色，但偶尔可发现有少量的有色纤维。产羔率 141.7％～157.7％。由于萨福克羊产肉性能好，4 月龄公羔胴体重 24.2 千克，母羔为 19.7 千克，屠宰率超过 50％，是生产大胴体与优质羔羊肉的理想品种。美国、英国、澳大利亚等国都将萨福克作为生产肉羔的终端父本品种。我国于 20 世纪 70 年代起先后从澳大利亚、新西兰等国引进黑头萨福克，主要分布在北京、宁夏、新疆、内蒙古、吉林、河北、山西等省、自治区。

图 5－25　萨福克羊

2.1.3.2　杜泊羊

2.1.3.2.1　产地。杜泊羊原产地南非，是用黑头波斯母羊作为母本，英国有角陶赛特羊作为父本杂交、培育而成的肉用绵羊品。

2.1.3.2.2　外貌特征。杜泊羊的被毛呈白色，有的头部是黑色，如图 5－26 所示，有的全身是白色。全身由发毛和无髓毛组成，但毛稀、短。春秋季节自动脱落，只有背部留有一片保暖。

图 5－26　黑头杜泊羊

2.1.3.2.3　生产性能。杜泊羊生长快、成熟早、瘦肉多，胴体质量好。杜泊母羊的繁殖力强、发情季节长、母性好，体重大。成年公羊 100～110 千克，成年母羊 75～90 千克。3～4 月龄的断奶羔羊体重可达 38 千克，胴体重 16 千克，肉质细嫩可口，被国际誉为钻石级绵羊肉，特别适合肥羔生产。在良好的饲养管理条件下，一般产羔率达到 150％。我国于 2001 年引进杜泊羊用于经济杂交。

2.1.3.3 澳洲白

2.1.3.3.1 产地。澳洲白(图5-27)原产于澳大利亚,是澳大利亚第一个利用现代基因测定手段培育的品种。该品种集成了白杜泊绵羊、万瑞绵羊、无角陶塞特、特克赛尔绵羊等品种基因,是专门用于与杜泊绵羊配套的、粗毛型的中、大型肉羊品种。

图5-27 澳洲白

2.1.3.3.2 外貌特征。澳洲白的头略短小,软质型。鼻宽,鼻孔大。皮肤及其附属物(如嘴唇、鼻镜、眼角无毛处、外阴、肛门,蹄甲)有色素沉积。体高,躯干呈长筒形、腰背平直。皮厚、被毛为粗毛粗发。

2.1.3.3.3 生产性能。澳洲白的特点是体型大、生长快、成熟早、全年发情,有很好的自动换毛能力。在放牧条件下,5～6月龄羔羊的胴体可达到23千克;舍饲条件下,该品种6月龄胴体重可达26千克,且脂肪覆盖均匀,板皮质量俱佳。澳洲白可作为三元配套的终端父本,用于提高杂一代的生长速率、个体重量、出肉率和出栏周期。

2.1.4 乳用品种——东佛利生羊

2.1.4.1 产地

东佛利生羊原产于荷兰和德国西北部,是目前世界绵羊品种中产奶性能最好的品种。

2.1.4.2 外貌特征

东佛利生羊的体格大,体型结构良好,如图5-28所示。公、母羊均无角,被毛白色,偶有纯黑色个体出现。体躯宽长,腰部结实,肋骨拱圆,臀部略有倾斜,尾瘦长、无毛。乳房结构优良、宽广,乳头良好。

图5-28 东佛利生羊

2.1.4.3 生产性能

东佛利生成年公羊90～120千克,成年母羊70～90千克。剪毛量,成年公羊5.0～6.0千克,成年母羊4.5千克以上,羊毛同质。毛长,成年公羊20厘米,成年母羊16～20

厘米，羊毛细度46～56支，净毛率60%～70%。成年母羊260～300天产奶量500～810千克，乳脂率6%～6.5%。产羔率200%～230%。东佛利生羊对温带气候条件有良好的适应性，近年我国北京、辽宁等省、市已有引进。

2.1.5 多胎品种——罗曼诺夫羊

2.1.5.1 产地

原产于莫斯科西北部伏尔加河大峡谷，是在北方短尾羊的基础上，经过长期定向选育而形成的一个属于粗毛的绵羊裘皮品种。

2.1.5.2 外貌特征

罗曼诺夫羊的头部较宽、鼻梁隆起，脸、四肢及尾部为有光的黑毛所覆盖，颜面上有白色条纹或斑点，如图5-29所示。被毛中有髓毛呈黑色，绒毛为白色，二者比例一般为1∶4～7。正因该品种具有这些特点，所产裘皮轻暖、美观，结实且不擀毡。

图5-29 罗曼诺夫羊

2.1.5.3 生产性能

罗曼诺夫羊成年公羊体重60～70千克，成年母羊为40～50千克。罗曼诺夫羊的繁殖力强，产羔率为250%～300%，一胎产羔2～3只，最多有一胎产羔9只者。生产的裘皮轻暖、美观、结实，举世闻名。罗曼诺夫羊的泌乳力很强，在良好的条件下，100天的泌乳量140～150千克。正因其繁殖力强，也是一个非常适合我国农区引进、推广作为母系参与杂交肉羊生产的品种。

2.2 我国优秀的绵羊品种

2.2.1 细毛羊品种

2.2.1.1 中国美利奴

2.2.1.1.1 分布与类型。中国美利奴羊(图5-30)是在内蒙古、吉林、新疆等地，以引入的澳洲美利奴为父本，波尔华斯羊、新疆细毛羊、军垦细毛羊为母本杂交、育成的毛用细毛羊品种。现分布于辽宁、山东、河北等省份。按育种场所在地区，分为新疆型、军垦型、科尔沁型和吉林型4类。

2.2.1.1.2　外貌特征。中国美利奴羊的体质结实，体型呈长方形。公羊有螺旋形角，母羊无角，公羊颈部有 1～2 个皱褶或发达的纵皱褶。鬐甲宽平、胸宽深、背长直、尻宽而平、后躯丰满、肷部皮肤宽松。四肢结实，姿势端正。毛被呈毛丛结构，闭合性良好，密度大，全身被毛有明显大、中弯曲；头毛密长，着生至眼线；毛被前肢着生至腕关节，后肢至飞节；腹部毛着生良好，呈毛丛结构。

图 5－30　中国美利奴

2.2.1.1.3　生产性能。中国美利奴羊适应于我国牧区，以全年放牧为主、冬春季节进行补饲。成年公羊平均体重为 91.8 千克，母羊为 43.1 千克；种公羊平均剪毛量为 16.0～18.0 千克，成年母羊为 6.41 千克；成年公羊毛长为 11.0～12.0 厘米，母羊为 9.0～11.0 厘米。毛被主体支数为 64 支。成年羯羊屠宰率为 44.19%，净肉率为 34.78%，产羔率为 117%～128%。

思政教育案例 5－1　必须彻底解决细毛羊种质资源“卡脖子”问题

西服、围巾、帽子、手套等是人们现代生活常见的服饰，特别是西服，作为时装街的宠儿，伴随着人们走过人生很多重要场合：初入职场、礼仪社交、成功和收获时刻，西装都是唯一的选择。同样是西装，有的价格只是几百元，有的则动辄几万元甚至几十万元。西装价格的差异来源于很多因素，其中面料是西装价格差异的重要影响因素之一，也是西装的灵魂。顶级的西装面料依然是秉承着纯天然、绿色健康的原则。高级西装常见的面料主要有全羊毛、羊毛＋真丝、羊毛＋亚麻、亚麻、绵＋亚麻、羊毛＋羊绒、纯羊绒、羊驼绒等。为什么高级西服的面料青睐羊毛纤维呢？主要原因是羊毛本身繁复的组织构造，可以让西服自由“呼吸”，因此羊毛纤维有着“活”面料的美誉。由于羊毛能够主动调节潮湿、积极感知并回应体温波动，在寒冷时赋以暖度回馈，在温度突变时又会在热度上实现自动调节，释放暖度和湿度以形成有着舒适穿着体感的“小气候”，给予人体肌肤最舒适的温度和湿度。因此，羊毛纤维赋予了高级西服“呼吸”功能，顶级西服面料从原材料开始就进行严格的把关，确保面料 100%是纯天然原材料，并首选最好的羊毛纤维作为面料。

澳洲美利奴羊毛(图 5－31)同羊绒、羊驼毛一样都属于天然蛋白质纤维，这些纤维的动物稀少，产量有限，因此价格也相对较高。与普通羊毛不同的是，这类天然纤维表面鳞片厚度比普通羊毛薄，鳞片覆盖密度比羊毛小，因此造成了美利奴羊毛纤维手感滑爽，柔软细腻的特点。细度是确定羊毛质量、档次高低的最重要标准。美利奴羊毛也有等级划分，最好的美利奴羊毛直径可达到 11.7 微米以下，是羊毛品种中最细的，但市场上不会出现，多用来做科技研究。目前，市场上最好的美利奴羊毛直径约为 15 微米，相当于一根头发丝的十分之一，而普通羊毛则要粗得多，与头发放在一起可能比头发还要粗。由于澳洲美利奴为澳大利亚所垄断，其每年都会举办一次极细羊毛纤维的拍卖，最后被竞拍而去的都是毛纺业与时装业较为发达的英国、意大利等西方国家和日本。进入 20 世纪 80 年代以后，随着我国物质生活水平的提高，时髦衣着的流行，化纤服装不再备受青睐，纯毛高档精纺产品成为供不应求的紧俏商品，身价一涨再涨。需求刺激了毛纺工业的发展：1980 年以前，我国毛纺原料基本用以自给，当时毛纺工业中国毛占 80%左右；可是，到了 1981 年，就进口洗净羊毛两万吨，占用外汇 1.2 亿元；1983 年，进口洗净毛 7.1 万吨，占毛纺工业用毛的 57%；1985 年进口净毛 8.8 万吨，1986 年进口量增至 15 万吨，耗用 9 亿多美元。我国是农业大国，具有发展细毛羊的良好条件。面对行情看涨的国际市场，在国民经济中比重较大的毛纺工业原料依靠大量进口，对我们这样一个财力不足的大国来说，是一种不稳定因素；同时我国的毛纺业与时装业因细羊毛面料短缺而受到打击、缺乏国际竞争力，严重制约了时装与毛纺产业的发展。而改变这种状况，必须培育出我国自己的生产优质羊毛的细毛羊品种，提高全国细毛羊羊毛品质，才能保证我国毛纺工业与时装业的健康发展。

图 5-31　澳洲美利奴羊毛

受潜在危机影响，当时的农业部采取的第一步骤是冲破国界、冲破阻力，千方百计寻找种羊。但是，为加强澳洲美利奴细羊毛的生产与垄断，澳大利亚政府曾一度立法“只卖羊毛不卖羊”，从各方面加强澳洲美利奴的出口管制。为解决细毛羊种质资源“卡脖子”问题，党及国内相关单位与个人做了很多努力。多次尝试从澳大利亚引进，但是均被澳大利亚政府无情拒绝。1958 年，我国举办农业展览会，特邀澳大利亚政府参加。澳大利亚政府受邀后，带着 3 只优秀的澳洲美利奴公羊参展。国内相关科研机构和育种科学家得知消息后都非常兴奋，并找到澳大利亚参展代表，表明展览结束后意欲高价购买参展的澳洲美利奴。澳大利亚参展代表并没有感到惊讶，反而“十分友好”地表示，不用中国出钱购买，参会结束后会将其赠与中国。然而，在接收澳洲美利奴之后，我国科研人员发现澳大利亚赠予的澳洲美利奴并不能用于交配、繁殖。通过医学手术发现，在出国之前，澳大利亚赠予的澳洲美利奴就已经通过先进的医学手术将其输精管悉数剪断、阉割后防止其再次种用，只能用于参观。但是，我国并未就此放弃对澳洲美利奴的引进。在国外友好人士及我国政府大力支持下，1972年初，我国使用军舰将成功引进29只澳大利亚美利奴运抵上海港。我国科技人员如获至宝，用10年的时间培育出了中国美利奴——超细毛羊品系，羊毛平均细度16.77微米，最细12.6微米。中国美利奴的成功培育，使我国摆脱了西方国家对细羊毛的垄断，彻底解决了细毛羊种质资源"卡脖子"问题。

2.2.1.2　新疆细毛羊

2.2.1.2.1　产地与分布。新疆细毛羊（图5－32）原产于新疆伊犁地区巩乃斯种羊场，是我国于1954年育成的第一个毛肉兼用细毛羊品种，用高加索细毛羊公羊与哈萨克母羊、泊列考斯公羊与蒙古羊母羊进行复杂杂交培育而成。由于该品种具有采食性好，生活力强，耐粗饲料等特点，已推广至全国各地。

2.2.1.2.2　外貌特征。新疆细毛羊体质结实、结构匀称，体躯深长。公羊大多数有角，鼻梁微有隆起，颈部有1～2个完全或不完全的横皱褶，皮肤宽松，胸宽深，背平直，后躯丰富，四肢结实。被毛同质白色，呈毛丛结构，头毛着生至两眼连线，后肢达飞节或飞节以下，腹毛着生良好。

图5－32　新疆细毛羊

2.2.1.2.3　生产性能。新疆细毛羊成年公羊体高75.3厘米，体长81.7厘米，体重93千克；成年母羊体高为65.9厘米，体长72.7厘米，体重46千克。新疆细毛羊每年春剪毛一次，成年公羊剪毛量为12.2千克，成年母羊为5.5千克。周岁公、母羊的剪毛量分别为5.4千克和5.0千克。羊毛长度成年公、母羊分别为10.9厘米和8.8厘米，周岁公、母羊均为8.9厘米。净毛率为49.8%～54.0%。羊毛细度以64支为主体支数，油汗以乳白色和淡黄色为主，含脂率12.57%。

2.2.2　半细毛羊品种

2.2.2.1　大尾寒羊

2.2.2.1.1　产地与分布。大尾寒羊原产于河北东南部、山东聊城市及河南新密市一带。主要分布于河南省平顶山市的郏县和宝丰县，河北省的威县、馆陶、邱县、大名，山东省聊城市的临清、冠县、高唐、茌平和德州市的夏津等地。

2.2.2.1.2 外貌特征。大尾寒羊（图 5－33）的被毛为白色，体躯呈长方形，体质结实、体格较大。头大小适中，额较宽，鼻梁隆起，耳宽长。公羊多有螺旋形大角，母羊角呈姜形，部分公、母羊无角。颈中等长，鬐甲低平，后躯较高，胸宽深，肋骨开张良好，背腰平直，尻长倾斜。四肢粗壮，蹄质坚实。属长脂尾，脂尾肥大、呈芭蕉扇形，下垂至飞节以下，个别拖至地面，桃形尾尖紧贴于尾沟、呈上翻状。

图 5－33 大尾寒羊

2.2.2.1.3 生产性能。大尾寒羊 6～8 月龄公羔宰前活重为 39.5 千克，屠宰率 52.2%，脂尾重 6.4 千克。大尾寒羊被毛同质或基本同质，绝大部分为无髓毛和两型毛，有髓毛很少。毛纤维类型重量比无髓毛和两型毛占 95.0%，有髓毛仅占 5%。一年剪毛 2～3 次，公羊年产毛量 3.3 千克，母羊 2.7 千克。羊毛长度公羊 10.4 厘米，母羊 10.2 厘米，不同地区产毛量存在一定差异。大尾寒羊的羔皮、二毛皮的毛股较长，呈锥形，光泽好，花穗明显，一般有 3～4 个弯曲。毛皮加工后质地柔软、美观、轻便、保暖，富有弹性，毛股结实，不易变形、脱落。屠宰率，成年羊为 62%～69%，一岁羊为 55%～64%。成年母羊的尾脂重一般为 10.5 千克左右，产羔率为 190%。

2.2.2.2 内蒙古半细毛羊

2.2.2.2.1 产地与分布。内蒙古半细毛羊产于乌兰察布市四子王旗、察右后旗、察右中旗、呼和浩特市武川县和包头市达茂旗等旗县，是 1991 年培养而成的毛肉兼用型半细毛羊，对干旱和半干旱的荒漠草原具有良好的适应性。

2.2.2.2.2 外貌特征。内蒙古半细毛羊（图 5－34）体质结实，四肢端正有力，皮肤宽松无皱褶，头毛着生至眼线，肢毛覆盖至膝关节和飞节，公、母羊均无角，被毛为松散状平顶形毛丛结构，羊毛弯曲较大，油汗多为乳白色，体躯呈圆筒形，胸宽深、背平直、肋骨开张良好，尻宽平。部分羊只眼缘、鼻端、嘴唇周围有零星色斑，四肢管部下端部分有散在点状花斑。

2.2.2.2.3 生产性能。内蒙古半细毛羊成年母羊净毛率为 62.07%，其净毛产量为 1.596 千克；成年公羊净毛率为 58.24%，其净毛产量为 3.207 千克；育成母羊净毛率为

图 5 - 34　内蒙古半细毛羊

51.60%，其净毛产量为 1.259 千克；育成公羊净毛率为 53.05%，其净毛产量为 1.54 千克。

2.2.2.3　彭波半细毛羊

2.2.2.3.1　产地与分布。彭波半细毛羊是以西藏河谷型藏绵羊为母体，新疆细毛羊和茨盖羊为父体，采用开放式核心群育种的方法，经过级进杂交、横交固定、选育提高 3 个阶段于 2008 年培育出的半细毛羊新品种。主要分布在西藏自治区，目前种群数量已达到 6.9 万只。

2.2.2.3.2　外貌特征。彭波半细毛羊（图 5 - 35）体型中等，体质结实，头窄嘴小体躯呈圆筒型，四肢结实短粗，在实际饲养中，具有良好的耐粗饲和抗病能力。

图 5 - 35　彭波半细毛羊

2.2.2.3.3　生产性能。彭波半细毛羊一级成年公、母羊毛长分别为 10.56 厘米、10.8 厘米；剪毛量分别为 5.0 千克、2.5 千克；剪毛后体重分别为 71.2 千克、29.1 千克；毛长比当地河谷羊分别增加 3.35 厘米、3.06 厘米；剪毛后体重分别增加 41.92 千克、10.38 千克。羊毛综合品质达到半细毛羊的优良品质特征，净毛率达到 60%以上，纯白率达到 86.47%，主体支数为 48～58 支。

2.2.2.4 凉山半细毛羊

2.2.2.4.1 产地与分布。凉山半细毛羊原产于四川省凉山彝族自治州，是以山地型藏羊作母本，新疆细毛羊、美利奴、罗姆尼、边区莱斯特、林肯羊作父本，采用复杂杂交于 2009 年培育而成的我国第一个粗档半细毛羊。

2.2.2.4.2 外貌特征。凉山半细毛羊（图 5-36）体质结实，结构匀称，体格大小中等。公母羊均无角，头型和头毛覆盖基本一致，前额有绺毛下垂。鼻梁微隆，眼大明亮，两耳向侧前方平伸。颈长短适中，无皮肤皱褶，公羊颈部皮肤稍宽松。胸部宽深，肋骨拱圆，腹部充实。背腰平直宽厚，尻部宽平，倾斜适度，大腿丰满。四肢结实粗壮，肢式端正，蹄坚实呈黑色。全身略呈圆桶状，肉用体型明显。全身被覆长而纯白的辫形毛丛状的被毛，少数羊头面部鼻唇部或四肢下端有点状黑斑。

图 5-36 凉山半细毛羊

2.2.2.4.3 生产性能。凉山半细毛羊成年公羊、母羊的体重分别达到 45.87±6.17 千克和 40.58±5.31 千克，成年公羊剪毛量达 6.5 千克以上，成年母羊 4 千克以上，净毛量分别达到 4.39 千克和 2.76 千克；肩部毛丛的自然长度分别为 16.23±0.50 厘米、15.15±0.20 厘米。

2.2.3 粗毛羊品种

2.2.3.1 蒙古羊

2.2.3.1.1 产地与分布。蒙古羊原产于内蒙古自治区，分布在内蒙古、东北、华北、西北等地区，它是我国绵羊中数量最多、分布最广的地方品种。蒙古羊是我国三大粗毛羊品种之一，它具有生活力强、适于游牧、耐寒、耐旱等特点，并有较好的产肉、脂性能，是我国宝贵的畜禽遗传资源之一。

2.2.3.1.2 外貌特征。蒙古羊体质结实，骨骼健壮。头形略显狭长，鼻梁隆起，耳大下垂，公羊多有角，母羊多无角。颈长短适中。胸深，肋骨不够开张，背腰平直，体躯稍长。四肢细长而强健。短脂尾，尾长一般大于尾宽，尾尖卷曲呈"S"形。体躯毛被多为白色，头、颈与四肢多有黑色或褐色斑块，如图 5-37 所示。

2.2.3.1.3 生产性能。成年蒙古公羊体重 65～85 千克，母羊 50～70 千克。秋季或入冬发情配种，年产 1 胎，产羔率 105%～110%。每年春、秋季剪毛两次，平均剪毛量 1～1.5 千克。毛呈辫状结构，长 6～12 厘米不等，净毛率 50%以上，屠宰率 45%～50%。

图 5-37　蒙古羊

2.2.3.2　藏羊

2.2.3.2.1　产地与分布。藏羊又称藏系羊(图 5-38),主要分布在青藏高原,青海是主要产区。藏羊分布广,家畜中比重最大。依其生态环境,结合生产、经济特点,藏羊可分为高原型、山谷型和欧拉型 3 种。其中,高原型占全省的 90%,是藏羊的主体,主要分布在高寒牧区。

图 5-38　藏羊

2.2.3.2.2　外貌特征。高原型羊:体格大、身躯长、胸深广,前胸发达开阔,背腰平直,整个体形似长方形。头部粗糙、额部较宽、鼻梁隆起。公母羊多有角,母羊无角者仅占 9.6%。公羊角粗大,长而扁平,呈螺旋形或捻曲状,尖端向外,向左右伸展,母羊角扁平,比公羊角稍小,多呈捻曲状,有的呈小柱角。四肢粗壮,筋腱发达,蹄黑色或深褐色,蹄质坚实。尾瘦短,圆锥形,母羊尾长 13.2±1.73 厘米。少数羊颈下有肉垂。毛色较杂,体躯白色的占 48.41%,体躯有花斑的占 44.5%,全白的 6.6%,全黑的占 0.6%。毛瓣粗长而明显,头部、腹部、四肢下部有毛着生。山谷型羊体格小,结构紧凑,似圆桶状。颈稍长,背腰平直;头呈三角形,鼻梁隆起,额部微凸,公羊多有角,短小,向上向后弯曲,母羊多无角，部分有小钉角。后肢多呈刀状，矫健有力，蹄质结实，善爬山远牧。尾短小，圆锥形，母羊尾长 9.8±1.54 厘米。体躯白色的占 60.9%，体躯有花斑的占 17.1%，全白的占 3.2%，全黑的占 18.8%。大山地型羊，随分布地区的不同，体形外貌有异。

2.2.3.2.3 生产性能。藏羊的毛丛均由细毛、两型毛、粗毛、干死毛组成。高原型羊每年 6～7 月剪毛一次，成年公、母羊年平均剪毛量分别为 1.42±0.43 千克、0.88±0.27 千克；山谷型羊每年 4、10 月共剪毛两次，成年公、母羊年平均剪毛量为 0.61±0.16 千克、0.53±0.12 千克；山地型羊每年 3、7、10 月共剪毛 3 次，成年公、母羊年平均剪毛量为 1.43±0.15 千克、1.06±0.02 千克（高山）；0.72±0.07 千克、0.62±0.05 千克（矮山）。藏羊屠宰率均在 42%～49%之间，净肉率均在 30%左右。

2.2.3.3 哈萨克羊

2.2.3.3.1 产地与分布。哈萨克羊原产于天山北麓、阿尔泰山南麓。为中国三大粗毛羊品种之一，肉脂兼用，具有较高的肉脂生产性能。哈萨克羊是新疆老的地方粗毛羊品种，曾作为母系品种参与了新疆细毛羊和中国卡拉库尔羊品种的培育，是我国宝贵的畜禽遗传资源之一。

2.2.3.3.2 外貌特征。哈萨克羊公羊大多具有粗大的螺旋形角，母羊半数有小角。头大小适中，鼻梁明显隆起，耳大下垂，如图 5－39 所示。背腰平直、四肢高粗结实，姿势端正。尾宽大，外附短毛，内面光滑无毛，呈方圆形，多半在正中下缘处由一浅纵沟对半分为两瓣，少数尾无中浅沟，呈完整的半球形。被毛异质，头、肢生有短刺毛，腹毛稀短。毛色以全身棕红色为主，头肢杂色个体也占有相当数量，纯白或全黑的个体为数不多。

图 5－39 哈萨克羊

2.2.3.3.3 生产性能。哈萨克成年公羊体重约 60 千克，成年母羊约 44 千克。夏季、秋季各剪毛一次，一般可剪 0.5～0.7 千克。成年羯羊屠宰率为 47.6%，一岁半羯羊为 46.4%，成年羯羊为 44.4%，经 2～3 月舍饲育肥，屠宰率为 58.5%～61.2%。经产母羊平均产羔率 101.9%。哈萨克羊具有体质健壮，放牧性能好，适应性广，耐粗饲，增膘快，产肉多等特点。

2.2.4　肉裘兼用型绵羊品种-小尾寒羊

2.2.4.1　产地与分布

小尾寒羊主要分布在河南、河北、山东、江苏和安徽北部。小尾寒羊是我国肉裘兼用型绵羊品种，具有长发育快、早熟、繁殖力强、性能遗传稳定、适应性强等优良特性，被国家定为名畜良种，被人们誉为“国宝”“超级羊”及“高腿羊”，并被列入了《国家畜禽遗传资源保护目录》。

2.2.4.2　外貌特征

小尾寒羊体形结构匀称，侧视略成正方形；鼻梁隆起，耳大下垂；短脂尾呈圆形，尾长不超过飞节；胸部宽深、肋骨开张，背腰平直。体躯长呈圆筒状；四肢高，健壮端正。公羊头大颈粗，有发达的螺旋形大角，角根粗硬；前躯发达，四肢粗壮，有悍威、善抵斗。母羊头小颈长，大都有角，形状不一，有镰刀状、鹿角状、姜芽状等，极少数无角。全身被毛白色、异质、有少量干死毛，少数个体头部有色斑，如图5-40所示。按照被毛类型可分为裘毛型、细毛型和粗毛型三类，裘毛型毛股清晰、花弯适中美观。

图 5-40　小尾寒羊

2.2.4.3　生产性能

小尾寒羊 6 月龄即可配种受胎，年产 2 胎，胎产 2～6 只，有时高达 7 只，产羔率达 266%以上。生长快、体格大肉多、肉质好：小尾寒羊 4 月龄即可育肥出栏，年出栏率 400%以上；体重 6 月龄可达 50 千克，周岁时可达 100 千克，成年羊可达 130～190 千克。周岁育肥羊屠宰率 55.6%，净肉率 45.89%。小尾寒羊 4～6 月龄羔皮，制革价值高，加工熟制后，板质薄、重量轻，质地坚韧，毛色洁白如玉，光泽柔和，花弯扭结紧密，花案清晰美观。

2.2.5　肉毛兼用品种-巴美肉羊

图 5-41　巴美肉羊

2.2.5.1　产地与分布

巴美肉羊是以巴彦淖尔市当地细杂羊为母本，德国肉用美利奴羊为父本培育而成的一个肉毛兼用品种。

2.2.5.2　外貌特征

巴美肉羊(图 5-41)体格较大，体质结实，结构匀称，胸部宽而深，背部平直，臀部宽广，四肢结实，相对较长，肌肉丰满，肉用体型明显，具有早熟性，被毛白色。

2.2.5.3　生产性能

巴美肉羊生长发育速度较快、产肉

性能高，成年公羊平均体重 101.2 千克，成年母羊体重 71.2 千克，育成母羊平均体重 50.8 千克，育成公羊 71.2 千克，羔羊初生重平均 4.3～4.7 千克。

智能化生产案例 5－2　羊生产性能智能化测定技术

5－2－1　背景分析

羊生产过程中，最大的投入为饲料成本，最大的收益为羊只的增重。而如何在不增加饲料成本的情况下，也能保持羊只的增重，则需要调整配方，并通过可靠的监测手段，以确定配方的可靠有效。同时，种羊场在选育优秀后备羊时，需要着重监测每一个体羊的料肉比数据，以期选育出吃料少长肉快的羊，该羊只的后裔会遗传吃料少长肉快的特性，可持续地作为优秀个体。因此需要用到种羊生长性能测定系统。

目前现有的测定系统大多不具备自动称重功能，导致测定系统无法自动对种羊进行称重，从而造成测定系统的实用性较低，同时现有的测定系统大多不具备多项测定功能，导致测定系统无法测定每只羊的单次采食量、日采食次数、日采食量、日体重量、采食时间、日增重量等各项数据，从而造成测定系统的功能性较差，因此急需一种新型的种羊生长性能测定系统来解决这些问题。

5－2－2　羊生产性能智能化测定技术研究

羊生产性能智能化测定技术系统主要包括底座、体重秤、框架和饲槽，底座上端中部设置有体重秤，底座上端四角处设置有框架，框架上端一侧设置有耳标读写器，框架上端另一侧设置有控制箱。有益效果在于：系统通过称重秤、耳标读写器以及 PLC 控制器的设计，能够使测定系统具备自动称重功能，导致测定系统可以自动对种羊进行称重，从而提高测定系统的实用性，通过颈夹门自动升降板、饲槽称重传感器以及数据处理器的设计，能够使测定系统具有多项测定功能，使测定系统可以测定每只羊的单次采食量、日采食次数、日采食量、日体重量、采食时间、日增重量等各项数据，从而提高测定系统的功能性。

5－2－3　技术原理

系统通过如下技术方案实现：底座上端中部设置有体重秤，底座上端四角处设置有框架，框架上端一侧设置有耳标读写器，框架上端另一侧设置有控制箱，框架一侧壁上设置有饲槽，饲槽与框架连接处设置有吃料颈夹门，吃料颈夹门内设置有颈夹门自动升降板，框架与颈夹门自动升降板连接处设置有颈夹门升降气缸，饲槽下方设置有支座，支座上端设置有饲槽称重传感器，控制箱内一侧设置有数据处理器，数据处理器一侧设置有 PLC 控制器，PLC 控制器一侧设置有数据存储器。

称重秤、耳标读写器以及 PLC 控制器的设计，能够使测定系统具备自动称重功能，导致测定系统可以自动对种羊进行称重，从而提高测定系统的实用性，颈夹门自动升降板、所述饲槽称重传感器以及所述数据处理器的设计，能够使测定系统具有多项测定功能，使测定系统可以测定每只羊的单次采食量、日采食次数、日采食量、日体重量、采食时间、日增重量等各项数据，从而提高测定系统的功能性。

在使用过程中，工作人员可将饲料添加至饲槽内，当种羊吃料时，将自行走入设备中,PLC 控制器可以通过耳标读写器依据每只羊耳上的电子耳标来记录该羊的身份与采食开始时间,并通过颈夹门升降气缸带动颈夹门自动升降板向上移动,使羊可以通过吃料颈夹门进行采食,然后由体重秤分别记录每只羊的当前体重,在羊采食完毕将退出设备,PLC 控制器将通过耳标读写器记录该羊的采食结束时间,从而得知该羊的采食结束时间,并通过颈夹门升降气缸带动颈夹门自动升降板向下移动,关闭吃料颈夹门,饲槽称重传感器能够检测饲槽饲料的重量变化,从而可以得知羊的单次采食量,累加一整天的总吃料量,即可得出该羊的本日采食量,在育肥期结束后可以得知该羊在整个育肥期的总采食数据,并配合体重秤可以得出料肉比数据,即为生产性能数据。

5-2-4 应用前景

该系统可以解决现有的测定系统大多不具备自动称重功能,导致测定系统无法自动对种羊进行称重,从而造成测定系统的实用性较低的问题,通过将称重秤、耳标读写器以及 PLC 控制器的结合,测定系统可以自动对种羊进行称重,从而提高测定系统的实用性。

同时也解决了现有的测定系统大多不具备多项测定的功能,颈夹门自动升降板、饲槽称重传感器以及数据处理器的设计,能够使测定系统具有多项测定功能,使测定系统可以测定每只羊的单次采食量、日采食次数、日采食量、日体重量、采食时间、日增重量等各项数据,从而提高测定系统的功能性。

知识点小结

国外优良的细毛羊品种有澳洲美利奴、德国美利奴等;优良半细毛羊品种有茨盖羊、考力代羊、林肯羊、边区莱斯特羊、罗姆尼羊等;肉用优良父本品种有萨福克羊、杜泊羊、澳洲白等;乳用优良品种——东佛利生羊;多胎品种——罗曼诺夫羊等。我国优良细毛羊有中国美利奴、新疆细毛羊等;优良半细毛羊品种有大尾寒羊、内蒙古半细毛羊、彭波半细毛羊、凉山半细毛羊等;粗毛羊品种主要有蒙古羊、藏羊、哈萨克羊及肉裘兼用型绵羊品种——小尾寒羊,肉毛兼用品种——巴美肉羊等。

第 3 节 国内外优良山羊品种

根据生产用途,可将山羊分为乳用山羊(20%)、毛用山羊(2%)、绒用山羊(8%)、毛皮山羊(4%)、肉用山羊(10%)和普通山羊(56%)。目前全世界山羊品种超过 200 个(包括部分品种群)。截至 2021 年底,我国有山羊品种 60 个,其中 7 个是绒山羊品种。

3.1 国外优良山羊品种

3.1.1 肉用品种——波尔山羊

目前,世界上能够用于羊肉生产的山羊品种众多,专门肉用的品种有非洲的波尔山羊(南非)、萨赫勒山羊(马里)、西非矮羊、索马里山羊、马拉迪羊(尼日尔);亚洲的查帕尔(巴基斯坦)、巴尔巴里(巴基斯坦)、那智(巴基斯坦)、昌凡基(印度)、七股(印度)、加迪(印度)、赫贾齐(叙利亚)、南江黄羊(中国)、孟加拉黑山羊、菲律宾山羊、卡特藏(印度尼西亚);美洲的圣克利门蒂(美国)、昏厥羊(美国)、普杰(巴西);欧洲的挪威山羊、瓦莱黑颈羊(瑞士)以及新西兰基库羊和澳大利亚山羊等。其中,波尔山羊是世界最著名的大体型肉用山羊品种,有"肉羊之父"的美称,在增重速度、产量和瘦肉品质等方面,有其他肉羊品种无法比拟的优势。

3.1.1.1 产地

波尔山羊原产于南非,被称为世界"肉用山羊之王",由南非班图人部落的山羊、印度山羊及欧洲山羊培育而成。波尔山羊具有体型大、生长快、繁殖力强、屠宰率高、产肉多、肉质细嫩、适口性好、耐粗饲、适应性强、抗病力强与遗传性稳定等优点,是生产高品质瘦肉的肉用山羊品种。

3.1.1.2 外貌特征

波尔山羊毛色为白色,头颈为红褐色,额端到唇端有一条白色毛带。耳宽下垂、被毛短而稀。公母羊均有角,角坚实、长度中等;其中公羊角基粗大,向后、向外弯曲;母羊角细而直立。有鬃,耳长而大,宽阔下垂。头部粗壮,眼大、棕色;口颚结构良好。额部突出,曲线与鼻和角的弯曲相应,鼻呈鹰钩状。前躯发达、肌肉丰满。体躯深而宽阔,呈圆筒形。肋骨开张与腰部相称,背部宽阔而平直,腹部紧凑。尻部宽而长,臀部和腿部肌肉丰满。尾平直,尾根粗、上翘,波尔山羊体貌特征如图 5-42 所示。

图 5-42 波尔山羊

3.1.1.3 生产性能

波尔山羊平均窝产羔数为 1.93 头,初生平均重 3.5 千克,3 月龄断奶羔重 21 千克,周岁时能达 50 千克,成年波尔山羊公羊、母羊的体高分别达 75~90 厘米和 65~75 厘米,体重分别为 95~120 千克和 65~95 千克。屠宰率较高,平均为 48.3%。我国自 1995 年从南非引进首批波尔山羊以来,通过纯繁扩群等措施,已经逐步扩展至全国各地,并于 2003 年颁布了《GB 19376—2003 波尔山羊种羊》标准。

3.1.2　乳用品种

乳用山羊以产奶为主，产奶性能稳定、产奶量高、奶质优良，营养价值较高。乳用山羊的泌乳期一般为 7～9 个月，年产奶 450～600 千克。乳用山羊的培育始于欧洲，18 世纪末以后逐渐分布到世界其他地方。目前，饲养奶山羊较多的国家有瑞士、意大利、西班牙以及亚洲的印度及中国等。

3.1.2.1　萨能奶山羊

3.1.2.1.1　产地。萨能奶山羊原产于瑞士西北部伯尔尼奥伯兰德州的萨能山谷地带，是世界上最优秀的奶山羊品种之一，也是奶山羊的代表型。

3.1.2.1.2　外貌特征。萨能奶山羊的后躯发达，被毛白色，偶有毛尖呈淡黄色；有四长的外形特点，即头长、颈长、躯干长、四肢长；乳房发育良好如图 5－43 所示；公、母羊均有须，大多无角。

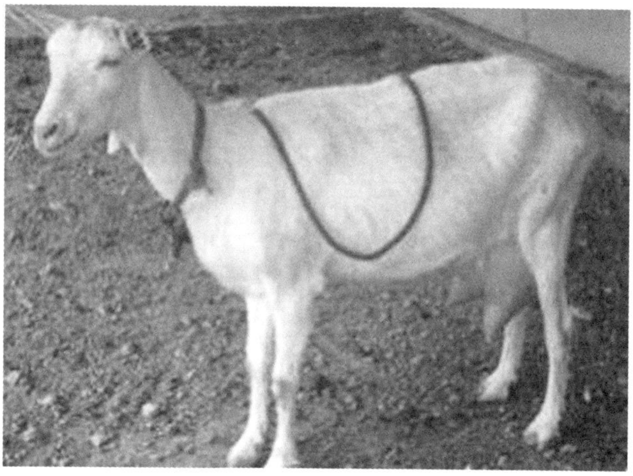

图 5－43　萨能奶山羊母羊

3.1.2.1.3　生产性能。成年公羊体重 75～120 千克，母羊 50～90 千克。母羊泌乳性能良好，泌乳期 8～10 个月，可产奶 600～1200 千克，因饲养条件不同，其产奶量差异较大。目前，最高个体产奶记录为 3430 千克。母羊产羔率一般为 170％～220％。萨能奶山羊 1904 年由德国传教士及其侨民带入我国，为我国奶山羊品种的改良作出了重大贡献。

3.1.2.2　吐根堡奶山羊

3.1.2.2.1　产地。吐根堡奶山羊（图 5－44）原产于瑞士东北部吐根堡盆地，体质健壮，性情温驯，尤其对炎热气候及山地牧场的适应性较强，比萨能羊更能适应舍饲及南方饲养。由于吐根堡奶山羊的遗传性能稳定，与地方山羊杂交后能将其特有的毛色和较高的泌乳性能遗传给后代，对世界各地奶山羊的改良起了重要的作用。

3.1.2.2.2　外貌特征。吐根堡奶山羊体形略小于萨能奶山羊，也具有奶畜特有的楔形体形。吐根堡奶山羊的被毛主要为浅褐色至深褐色，有长毛和短毛两种类型。其中，长毛型吐根堡奶山羊的大腿及背部长有 20 厘米左右的粗毛，短毛型的则无。颜面及四肢有白色或浅灰色条带，鼻端、耳缘、腹部、臀部、尾下及四肢下端为灰白色及浅白色是吐根堡奶山羊的典型特征。公、母羊均有须，多数无角，有的有肉垂。公羊体长、颈细瘦、头粗大；母羊皮薄、骨细、颈长、乳房大而柔软。

图 5-44　吐根堡奶山羊

3.1.2.2.3　生产性能。成年公羊体高 80～85 厘米，母羊 70～75 厘米；体重分别为 60～80 千克，45～55 千克。吐根堡羊平均泌乳期 287 天，在西方国家一个泌乳期的产奶量 600～1200 千克，目前个体产奶最高纪录为 1511 千克，乳脂率 3.5%～4.2%。吐根堡奶山羊多集中在秋季发情，产羔率平均为 173.4%。吐根堡奶山羊输入我国较早，300 天泌乳期内产奶 680～843 千克。

3.1.2.3　努比亚奶山羊

3.1.2.3.1　产地。努比亚奶山羊又名纽宾羊，原产于北非及埃及、埃塞俄比亚等地，以苏丹北部的努比亚地区命名。

3.1.2.3.2　外貌特征。努比亚奶山羊的毛色较杂，有暗红色、棕红色、灰色，以及各种斑块杂色，以暗红色居多，细短而有光泽，如图 5-45 所示。头短、呈三角形，无角、无髯，耳宽大而下垂，鼻隆起，颈长。体躯较短，臀短而斜，四肢细长。乳房发达，呈球状，基部宽广，乳头稍偏两侧。

图 5-45　努比亚奶山羊

3.1.2.3.3　生产性能。努比亚奶山羊成年公羊体重 50～70 千克，母羊 35～40 千克。泌乳期较短，仅有 5～6 个月，产乳量一般不如瑞士的乳山羊，产奶量 300～800 千克，个体最高产奶记录为 2005 千克，乳脂率较高为 4.0%～7.0%。由于努比亚奶山羊的鲜奶风味好，且无膻味，因而深受欢迎。努比亚奶山羊的性情温驯、繁殖率高，可年产两胎，每胎 2～3 羔。适应在温暖干燥地方饲养。我国于 80 年代从国外引进，主要饲养在四川省。努比亚奶山羊在同地方山羊杂交、提高肉用性能及繁殖性能方面显著效果。

3.1.3　毛用品种——安哥拉山羊

安哥拉山羊(图 5-46)是世界上古老的毛用山羊品种。安哥拉山羊产毛量高、毛长而有光泽、弹性大、结实，在国际市场上享有盛誉，被称为马海毛，用于高级精梳纺，是羊毛中价格最昂贵的一种。

3.1.1.1　产地

安哥拉山羊原产于土耳其草原地带、首都安卡拉(旧称安哥拉)周围，主要分布于气候干燥、土层瘠薄、牧草稀疏的安纳托利亚高原。因在安哥拉高原上繁殖最多，故得名安哥拉山羊。

3.1.1.2　外貌特征

安哥拉山羊体格中等，公母羊均有角。全身被毛白色，羊毛具有玻光光泽，手感滑爽柔软，由螺旋状或波浪状毛辫组成。毛辫长可垂至地面，头部和四肢毛着生较好。耳中等长度，呈下垂或半下垂状态，颜面平直或略凹陷，面部和耳朵有深色斑点。胸狭窄，肋骨扁平，骨骼细，颈部细短，四肢较短而端正，蹄质结实。

图 5-46　安哥拉山羊

3.1.1.3　生产性能

安哥拉山羊成年公羊体重 40～45 千克，母羊 30～35 千克。其性成熟较晚，成活率为 75%～80%。成年公羊剪毛量 3.5～4.0 千克，母羊 2.5～3.0 千克，净毛率 70%～80%。安哥拉山羊在土耳其每年剪毛 1 次，在美国、南非每年剪毛 2 次。羊毛长度 13～16 厘米，细度 50～52 支。

3.1.4　绒用品种——开士米山羊

一般的羊毛纤维，其英语表达为 wool，细毛羊如澳洲美利奴所产羊毛称之为

Merino。山羊绒是一种超细毛，英文可表达为 Cashmere，羊毛中最高级的材料。

3.1.1.1 产地

开士米山羊原产于克什米尔地区(Kashmir)，cashmere 一词就源于 Kashmir。1757 年，英国逐渐殖民印度后，在克什米尔地区发现有开士米山羊的分布。实际开士米山羊的发源地是中国西藏，从此开士米绒山羊名称逐渐传入西方并深受青睐。

3.1.1.2 外貌特征

头小细颈，颜面平直或稍凹，耳小直立或半下垂，公、母皆有角。除颜面和四肢外，体躯被毛为异质毛，白色或其他颜色，如图 5-47 所示。

图 5-47 开士米山羊

3.1.1.3 生产性能

开士米山羊体格大小中等，成年公羊体重约 60 千克，母羊为 30～40 千克。开士米山羊 50%呈黑色，40%呈灰色，白色仅为 10%；产绒量 110～190 克，羊绒细度为 11.0～15.0 微米。

3.2 我国地方优良山羊品种

3.2.1 肉用品种——南江黄羊

我国能够用于羊肉生产的山羊品种众多，包括南江黄羊、陕南白山羊、隆林山羊、成都麻羊、马头山羊、板角山羊、贵州白山羊、沂蒙黑山羊、雷州山羊等。其中，南江黄羊是我国最著名的肉用山羊品种，在增重速度、产量和瘦肉品质等方面，有其他山羊品种无法比拟的优势。

3.2.1.1 产地与分布

南江黄羊原产于四川南江县，由四川省南江县畜牧局等 7 个单位联合培育，1998 年被农业部批准正式命名。

3.2.1.2　外貌特征

南江黄羊的被毛呈黄色，毛短而富有光泽，面部毛色黄黑，如图 5 - 48 所示。鼻梁两侧有一对称的浅色条纹，公羊颈部及前胸着生黑黄色粗长被毛，自枕部沿背脊有一条黑色毛带，十字部后渐浅。头大适中、鼻微拱、有角或无角。体躯略呈圆桶形。颈长度适中。前胸深广、肋骨开张、背腰平直，四肢粗壮。

图 5 - 48　南江黄羊

3.2.1.3　生产性能

南江黄羊成年公羊平均体重 60 千克，母羊 40 千克。初生公羔重 2.3 千克，母羔 2.1 千克，6 月龄公母羔平均体重 20 千克左右。成年阉羊屠宰率可达 55%，净肉率 40.12%。南江黄羊的肉质具有“三高、两低、一细、一丰富”的特点，即产肉率高、含蛋白质高、含热能值高；脂肪含量低、胆固醇低；肌肉纤维细、含氨基酸丰富，肉质品质高于其他山羊肉。

3.2.2　乳用品种

我国著名的乳用山羊品种有关中奶山羊、崂山奶山羊、河南奶山羊、富平奶山羊等。其中，关中以关中奶山羊、崂山奶山羊的产奶性能较优秀。

3.2.2.1　关中奶山羊

3.2.2.1.1　产地与分布。因产于陕西省关中地区，故名关中奶山羊。以富平、三原、武功、蒲城、澄城、临潼、大荔、泾阳、扶风、渭南、乾县、蓝田、秦都、阎良等地为生产基地县。

3.2.2.1.2　外貌特征。关中奶山羊的体质结实，结构匀称，具有“头长、颈长、体长、腿长”的特征，如图 5 - 49 所示。头长额宽、鼻直嘴齐、眼大耳长。母羊颈长、胸宽背平、腰长尻宽、乳房庞大、形状方圆；公羊颈部粗壮、前胸开阔、腰部紧凑、外形雄伟、四肢端正、蹄质坚硬、全身毛短色白。皮肤粉红，耳、唇、鼻及乳房皮肤上偶有大小不等的黑斑，部分羊有角和肉垂。

3.2.2.1.3　生产性能。成年公羊体高 80 厘米以上，体重 65 千克以上；母羊体高不低于 70 厘米，体重不少于 45 千克。一般泌乳期为 7～9 个月，年产奶 450～600 千克。鲜奶中平均乳脂率为3.6%、蛋白质3.5%、乳糖4.3%、总干物质11.6%。

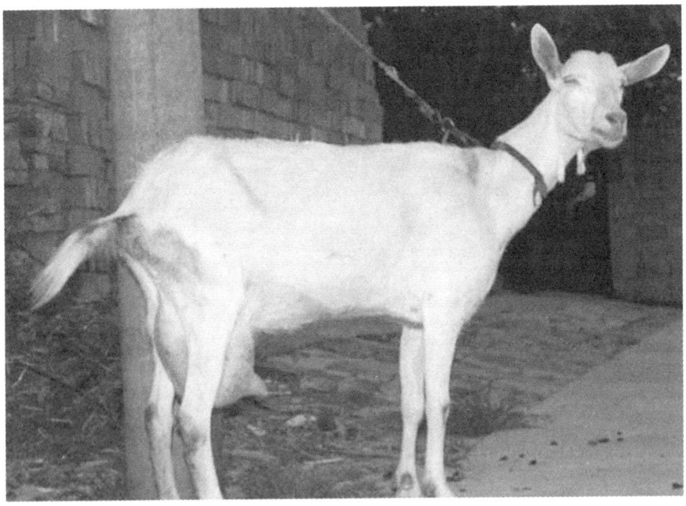

图5-49 关中奶山羊

3.2.2.2 崂山奶山羊

3.2.2.2.1 产地。崂山奶山羊原产于山东省崂山地区，是我国培育成功的优良奶山羊品种之一。

3.2.2.2.2 外貌特征。崂山奶山羊(图5-50)体质结实、结构匀称。公母羊大多无角。颈下有肉垂，胸部较深，背腰平直，腹大而不下垂，母羊后躯及乳房发育良好，被毛白色。

图5-50 崂山奶山羊

3.2.2.2.3 生产性能。崂山奶山羊成年公羊平均体重75.5千克，母羊47.7千克。第一胎平均泌乳量557.0千克，第二、第三胎平均为870.0千克，泌乳期一般8～10个月，乳脂率平均4.0%。成年母羊屠宰率41.6%，平均产羔率180.0%。

3.2.2.3　河南奶山羊

3.2.2.3.1　产地与分布。河南奶山羊主要产于陇海铁路沿线的郑州、开封、洛阳及南阳四个地区。

3.2.2.3.2　河南奶山羊(图 5 - 51)具有楔形体型,轮廓鲜明、细致紧凑;毛粗短、多白色。皮肤薄而柔软,呈肉红色。头、颈、躯干及四肢较长。面直额宽、眼大凸出、眼球橙黄。耳薄长且向前平伸,三分之一的颈下有肉疣。公羊无角、颈短而粗、毛粗长,背脊部毛长而硬;胸宽深、前档大、肋骨拱圆;腰长腹圆、尻部倾斜。母羊颈扁大,一半无角;乳静脉粗大明显、乳房发达,乳头大小适中。蹄大、呈蜡黄色,尾平伸略上翘。

图 5 - 51　河南奶山羊

3.2.2.3.3　生产性能。河南奶山羊泌乳期 8～10 个月,年产奶量一般为 500～800 千克,目前最高纪录为 1100 千克。母羊常年发情,产羔率 165%～190%。

3.2.3　兼用型品种——黄淮山羊

3.2.3.1　产地

原产于河南、安徽、江苏三省,是我国山羊中数量最多的一个品种。由于河南槐山羊、安徽阜阳山羊、江苏的徐淮山羊三个品种类型基本一致、外貌特征和生产性能相似,因而合并为一个品种,称为黄淮山羊。该品种在黄淮地区饲养年代悠久,能耐粗放的饲养条件,适应性强,对严寒酷暑都能较好地适应,性情活泼,行动敏捷,具有“猴羊”之称。

3.2.3.2　外貌特征

黄淮山羊(图 5 - 52)体格中等,分为有角和无角两种类型。公、母羊均有胡须,身体结构匀称,呈圆桶形。毛色以白色为主,占 90%左右,也有黑、青、花色者。毛短粗稀,羊毛的光泽呈丝光,毛层基部绒毛较少。有角类型的山羊具有颈短、腿短、身腰短的特征;无角类型的山羊则颈长、腿长、身腰长。

3.2.3.3　生产性能

黄淮山羊成年公羊体重 34 千克,母羊 26 千克左右。当年羔羊生长发育快,9 月龄可

图 5－52　黄淮山羊

长到成年体重的 90%左右。当地习惯 7～10 月龄屠宰，其屠宰率为 49.8%，净肉率为 40.5%。肉的品质好，肥嫩、鲜美、膻味轻，是寒冷季节人们喜爱的进补食品。黄淮山羊以板皮品质好而著名，以秋、冬季节宰杀山羊的板皮质量最好。其板质致密，毛孔细小而均匀，分层多而不破碎，每张板皮可分 6～7 层，拉力强而柔软，韧性大而弹力高，是世界上高级“景阳革”、“苯胺革”的原料，为我国大宗出口传统物资，在国际市场上享有很高声誉。

此外，黄淮山羊的繁殖性能好。黄淮山羊性成熟早，其年龄为 3 个多月，一般在 6 月龄以上可配种，全年发情，多集中在每年的 3～4 月份和 9～10 月份，一般母羊可一年两胎或两年三胎，每胎多羔，平均每胎产羔率 238%。哺乳期 2 个月，成活率达 95%。

3.2.4　绒用品种

绒山羊是一类以生产山羊绒为主的山羊品种。其主要产品—山羊绒细而柔软，颜色洁白如玉，光泽明亮，手感光滑细腻；其纺织品又集薄、轻、暖、舒适、高雅于一体，在毛纺工业被美誉为“纤维宝石”“软黄金”而畅销全球。我国的绒山羊品种资源丰富，主要有辽宁绒山羊、内蒙古绒山羊、晋岚绒山羊、河西绒山羊、西藏绒山羊、四川绒山羊、山东绒山羊等三十余个纯繁品种。

3.2.4.1　辽宁绒山羊

3.2.4.1.1　产地与分布。辽宁绒山羊原产于辽宁省东南部山区步云山周围各市县，是绒肉兼用型品种，也是中国绒山羊品种中产绒量最高的优良品种。辽宁绒山羊具有产绒量高、绒纤维长、粗细度适中、体形壮大、适应性强、遗传性能稳定、改良低产山羊效果显著等特点，被誉为“中华国宝”，是我国重点畜禽遗传保护资源。此外，辽宁绒山羊的种用价值极高，曾在内蒙古绒山羊新品系培育的过程中做出卓越贡献。

3.2.4.1.2　外貌特征。辽宁绒山羊(图 5－53)的被毛全白、体质健壮、结构匀称、紧凑；头轻小、额顶有长毛，颌下有髯；公羊角粗大，向后斜上方两侧螺旋式伸展；母羊角向后斜上方两侧捻曲伸出；颈宽厚、与肩部结合良好；背腰平直，四肢粗壮，肢蹄结实，短瘦尾，尾尖上翘。此外，辽宁绒山羊的被毛柔软有弹性、绒层厚实、被毛覆盖良好，用两手分开毛丛，可见亮白、密而长的绒丛。

图 5-53　辽宁绒山羊

3.2.4.1.3　生产性能。辽宁绒山羊成年公羊体重 40 千克以上、产绒量 450 克以上，成年母羊体重 30 千克以上，产绒量 300 克以上。绒自然长度 40 毫米以上；绒细度 10～20 微米，含绒率 60%以上。春冬屠宰率 30%以上，夏秋 35%以上。用辽宁绒山羊改良低产绒山羊，可使产绒量平均提高 100 克以上，个体体重平均增加 3 千克左右。

3.2.4.2　内蒙古绒山羊

3.2.4.2.1　产地与分布。内蒙古绒山羊产于内蒙古西部，主要分布于二郎山地区、阿尔巴斯地区、阿拉善左旗地区，因此又被分为阿尔巴斯、二狼山、阿拉善白绒山羊三个类型。内蒙古绒山羊是我国山羊绒品质、产绒量较高的地方优良绒山羊品种。

3.2.4.2.2　外貌特征。内蒙古绒山羊（图 5-54）全身乳白或黄白色，在口、耳、眼及肛门处有小黑点或斑点。皮肤纯白者少，头短清秀，额部有丛毛下垂，鼻梁微凹，耳大向两侧伸展。公、母羊均有角，有须；背腰平直，胸部宽深，母羊乳房呈漏斗，蹄多黄白色。被毛分为内外两层，外粗毛 10～20 厘米。

3.2.4.2.3　生产性能。成年公羊平均剪毛 570 克，母羊 257 克。由于内蒙古绒山羊的羊绒纯白、品质优良，历史上以生产哈达而享誉国内外。成年公羊平均抓绒 400 克，母羊 360 克。产肉能力较强，肉质细嫩，脂肪分布均匀，膻味小，屠宰率 45.0%～50.0%。羔羊早期生长发育快，成活率高。母羊繁殖力低，年产一胎，一胎一羔，产羔率 102.0%～105.0%。母羊有 7～8 个月泌乳期，日产奶 0.5～1.0 千克。

图 5-54　内蒙古绒山羊

3.2.4.3 西藏白绒山羊

3.2.4.3.1 产地与分布。西藏白绒山羊主要分布在平均海拔四千多米的西藏自治区,中心产区——阿里日土县与克什米地区接壤。

3.2.4.3.2 外貌特征。西藏白绒山羊(图5-55)的体格适中、体质结实,体驱结构紧凑,匀称;全身被毛为白色,角比较细,角短,角形大部分是倒八字形;母羊头部小,额顶长有长毛,面部清秀,颈部宽厚,背腰平直,乳房发育良好,肢体结实,尾部短瘦,尾尖上翘;公羊角粗大,呈现螺旋状,向两侧伸展。

图5-55 西藏白绒山羊

3.2.4.3.3 生产性能。成年公羊平均成年体重为30千克,母羊平均体重为25千克。成年公羊年均抓绒量为400克,成年母羊年均抓绒量为300克。

3.3 山羊和绵羊在形态结构上的主要区别(表5-2)

表5-2 绵、山羊形态结构上的主要区别

序号	项目	绵山羊	山羊
1	头形	颜面隆起	颜面平直
2	角	有角或无角,公羊角多呈螺旋形并多为向下旋转	有角,呈弓形或镰刀形,向外侧或向后上方伸延
3	须/肉垂	没有	下颚有长须,颈上多有一对肉垂
4	体型	丰满	干燥、清瘦
5	皮毛	皮薄而柔软,绒毛多或全是绒毛,富含油脂	皮粗厚,毛粗直,绒少或无绒,缺乏油脂
6	尾型	长而下垂或肥大下垂	短小,呈水平状或竖起

（续表）

序号	项目	绵山羊	山羊
7	脂腺	有眼窝腺、鼠蹊腺、趾间腺	三种腺体都没有
8	性情	温顺、懦弱	活泼好动、勇敢顽强

智能化生产案例 5－3　山羊养殖场自动化管理

5－3－1　背景分析

山羊需要较大的活动区域，现有山羊养殖都是采用放养＋羊圈的形式，遇到阴雨天气还需要将山羊从山上赶回羊圈休息。农户土建的房屋又很难为山羊提供专门的活动场所。现有养殖方式大都采用农户个体养殖，养殖环境有限，监管不力、卫生条件较差，导致出羊品质参差不齐，死亡率高，产量较供需难平衡，不利于山羊产品的市场推广拓展。本方案涉及规模化畜牧养殖领域，尤其涉及山羊养殖场自动化管理领域。

5－3－2　山羊养殖场自动化管理研究

本方案用于山羊养殖场自动化管理领域，如图 5－56 所示，包括全方位消毒系统、自助饮水系统、环境监控系统、粪污处理系统、监控终端、远程客服端。本体系解决了山羊集中式养殖不利于山羊生长的问题，通过全方位的智能化监控管理，确保山羊在高品质的环境下成长，生病率低、成活率高，有利于进行产业化的生产。

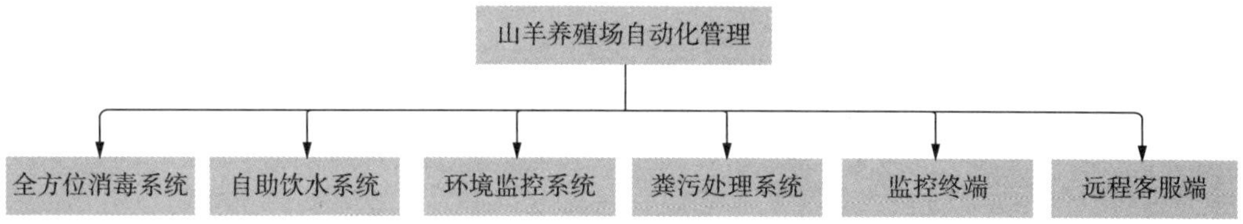

图 5－56　山羊养殖场自动化管理功能结构

5－3－3　技术原理

山羊养殖场自动化管理系统中的全方位消毒系统、自助饮水系统、环境监控系统、粪污处理系统这四大生产管理系统通过电连接与监控终端打通，远程客服端通过无线信号与每个养殖舍内的监控终端连通。系统整体技术原理如图 5－57 所示。

1. 全方位消毒系统

包括消毒管、储液罐和加压泵组成。其中消毒管道架设于养殖舍顶部，消毒管上间隔分布有若干喷头，加压泵与监控终端电连接。与现有人工喷枪消毒相比，工作人员无需再背着消毒罐边走边消毒，相对封闭的羊舍内，通过顶部架设的消毒管，可对整个羊舍进行全方位的消毒和除尘，而且无死角。而且消毒速度快，人力成本低。可通过监控终端严格控制喷淋量和喷淋周期。

2. 自助饮水系统

包括供水设备和自助饮水器。其中自助饮水器有多个，分别位于每个养殖区域内，通过连接水管与自助饮水器连通；供水设备则与监控终端电连接，自助饮水器方便山羊饮水，无需人工加水，减少人力投入。同时供水设备为自助饮水器加水。

3. 环境监控系统

包括视频监控器、温度传感器、湿度传感器和空气质量检测器。其中三个传感器和一个检测器分别与监控终端电连接，视频监控器进行养殖舍情况的在线监控，温度传感器、湿度传感器、空气质量检测器对养殖舍内空气含氧量、二氧化浓度、温度、湿度进行检测，并将检测数据实时上传至远程客服终端，工作人员在中控室内，通过数据化操作，即可对所有养殖舍的情况监管把控，根据实时情况再进行进一步调控，实现山羊的饲养环境进行全方位的统一监管，避免了山羊在户外养殖时受到环境污染，大幅度地减少了山羊生病率，对山羊大规模养殖提供了安全性保障。

4. 粪污处理系统

包括驱动电机、刮粪板、粪污收集装置。其中监控终端与驱动电机电连接，粪污处理系统通过监控终端操控，定时清洗，为山羊生长提供良好的生活环境。并将粪污排放到粪污收集装置进行收集，用于草料施肥，循环利用。

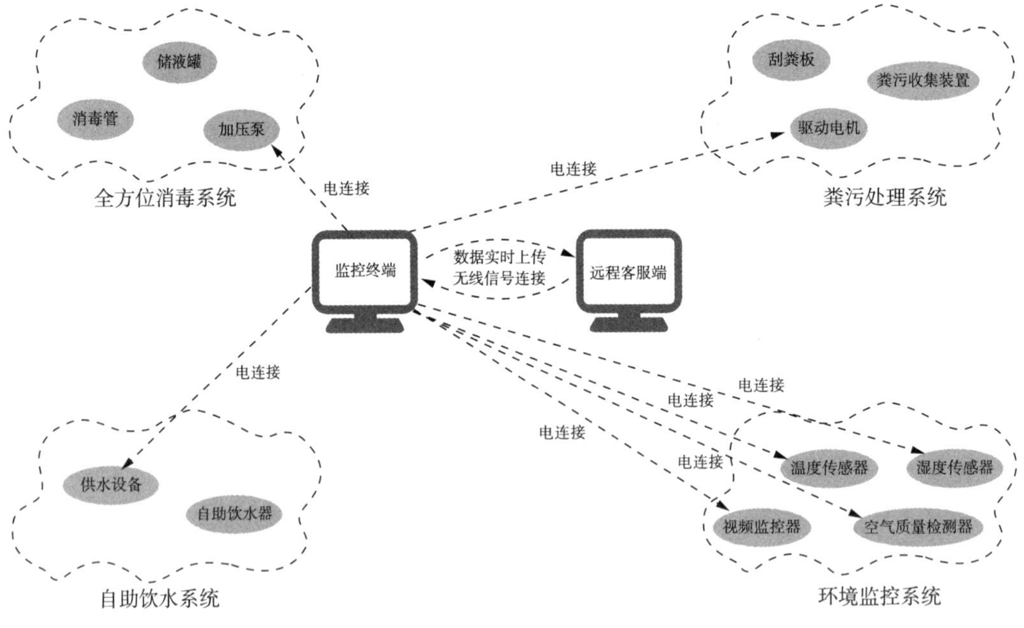

图 5-57　系统整体技术原理

5-3-4　应用前景

随着羊产业逐步向现代畜牧业转型，对羊产业管理开始走向规模化、产业化，同时也需要引进科学智能的生产管理手段，该体系具有以下优势及前景：一是能够解决山羊集中式养殖不利于山羊生长的问题，通过全方位的智能化监控管理，确保山羊在高品质的环境下成长，生病率低、成活率高，同时减少了人为病菌的带入，确保山羊在一个较高的环境标准下成长，有利于山羊进行产业化的生产。二是能够实现全方位的智能化操控，整个羊舍的人员需求量极少，人力投入成本低。远程服务终端还可与智能移动终端连接，如手机，即使在外地也可查看每个养殖舍的环境参数，并能通过无线信号进行远程操作。

知识点小结

根据生产用途，可将山羊分为乳用山羊、毛用山羊、绒用山羊、毛皮山羊、肉用山羊和普通山羊。国外优良的山羊品种有波尔山羊、萨能奶山羊、吐根堡奶山羊、努比亚山羊、安哥拉山羊、开士米山羊等。我国优良的地方山羊品种有南江黄羊、关中奶山羊、崂山奶山羊、河南奶山羊、黄淮山羊、辽宁绒山羊、内蒙古绒山羊、西藏白绒山羊等。山羊与绵羊在头型、角、颚须与肉垂、体型、皮毛、尾型、脂腺与性情等形态结构上具有显著的差异。

第6章　羊的育种

我国既是羊产品生产与消费大国，也是羊毛、羊绒、羔皮与裘皮制品等出口大国，羊存栏量、出栏量、肉产量与山羊绒产量均居世界第一位。发展现代羊产业对增加农牧民收入、丰富城乡居民菜篮子、促进乡村振兴、助力国家粮食安全等具有重要作用。种业是现代羊产业发展的基石，遗传育种是提高羊产业竞争力的关键。如何做到科学育种与培育非常关键，必须给予高度的重视。

第1节　羊的育种现状及方向

育种是羊产业链中专业化程度最高、耗时最长、效果最滞后、长远经济效益最持久、核心竞争力最强的一环，具有资源高度集约性、资本高度集中性、人才高度集聚性、技术高度集成性、产业高度集群性等鲜明特征。现阶段，我国羊的育种工作是不容乐观的，育种任务依然是任重而道远的。

1.1　国外羊的育种发展历程

经过长期的自然选择与人工选择，目前全世界有1000多个绵羊、山羊品种。羊的育种方向随历史的变迁和社会经济的发展而变化。世界养羊业先后经历了以毛用为主（19世纪之前）、肉毛兼用（19～20世纪）、肉用为主（20世纪50年代以来至今）三个阶段。虽然各国采用不同的道路发展养羊业，但都非常重视育种工作，普遍追求大体型、高生产性能、高繁殖率的品种。国外羊肉育种发展历程如图6-1所示。

第一阶段，毛用时期。早在12世纪，西班牙人通过杂交和外貌选择培育出了美利奴细毛羊，并对西班牙的经济发展发挥了重要作用。15～16世纪，由于西班牙加强羊毛生产并禁止美利奴细毛羊出口，垄断了美利奴羊毛贸易。直至16～18世纪，美利奴细毛羊相继传入美洲、非洲、澳洲及欧洲的瑞典、德国、法国、意大利等一些国家，羊毛产业才得到蓬勃发展。尽管都不同程度地含有美利奴细毛羊的基因，但由于世界各国自然条件和系统选育方向的不同，先后培育出的美利奴品种的外貌特征与生产性能各不相同，如澳洲美利奴羊、德国美利奴羊、法国兰布列羊、美国兰布莱羊、南非肉用美利奴羊等，其中澳洲美利奴羊的产毛性能已超越其先祖，成为世界上最优秀的细毛羊品种。从西班牙美利奴细毛羊诞生至19世纪，由于羊毛是养羊业的支柱，因此该阶段羊的育种目标主要是提

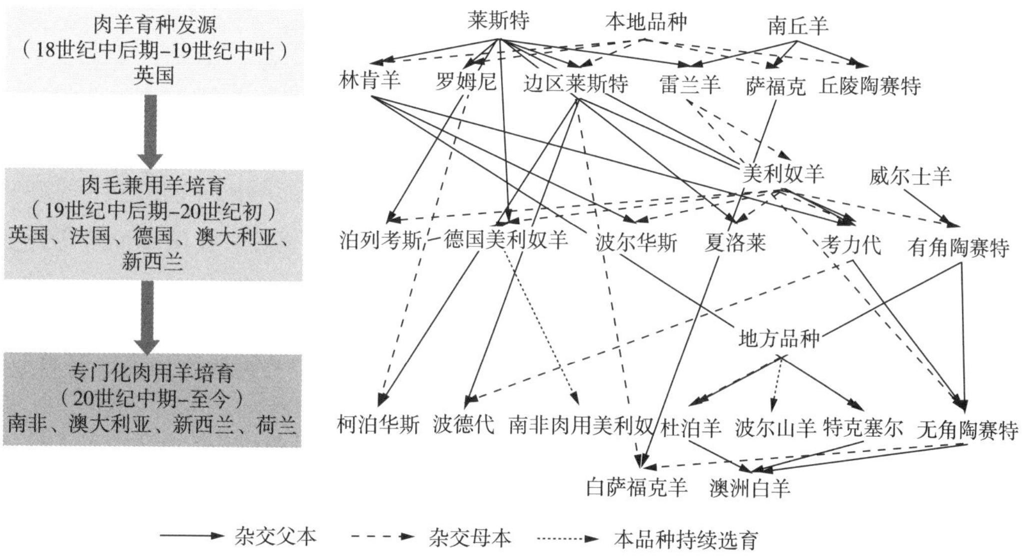

图 6－1　国外肉羊育种发展历程(李发弟等,2021)

高羊毛的细度和产量。

第二阶段,毛肉兼用时期。19 世纪初,随着近代工业、交通运输和冷藏设施设备的发展,羊肉需求量旺盛,加快了肉羊的育种进程。该阶段羊育种的重点是培育具有早熟、高产、优秀品质的毛肉与肉毛兼用品种。英国是现代羊育种业发达的国家之一,也是世界上较早开始培育兼用型品种的国家。早在 18 世纪后半期,已使用地方绵羊培育出莱斯特羊和南丘羊两个最早的毛肉兼用品种,为发展现代毛肉兼用型羊产业奠定了基础。此后,世界各国陆续从英国引进毛肉兼用品种培育本国自己的新品种。德国从英国、法国分别引入莱斯特羊和泊列考斯羊,将其作为父本与德国地方美利奴杂交,成功培育出德国肉用美利奴羊;澳大利亚则利用林肯羊、莱斯特羊及边区莱斯特羊与美利奴母羊杂交,先后培育出波尔华斯羊与考力代羊。该时期培育的毛肉兼用品种为现代专门化肉用羊品种的成功培育提供了宝贵的经验与种质资源。

第三阶段,专门化肉用羊品种的兴起。20 世纪初,专门化肉用品种的选育工作开始受到重视。随着现代工业的发展,人工合成纤维工艺快速发展并成熟化。由于合成纤维质轻、保暖、手感柔软且价格低廉,被称为“合成羊毛”。受合成纤维的激烈竞争,羊毛需求逐渐下降。与此同时,随着人民生活水平的快速提高以及对羊肉营养价值认识的加深,羊肉消费逐渐兴起,并在亚洲、美洲、欧洲、大洋洲及一些非洲国家成为羊产品中的主流。鉴于此,许多养羊大国将瘦肉率高、脂肪含量少的优质羊肉生产定位为养羊业发展的重要方向,逐渐转向肥羔生产。这一采用的育种方法主要有:一是利用肉用、肉毛兼用品种为育种资源,通过杂交改良当地品种,逐渐培育新的、专门化肉用品种,如新西兰用边区莱斯特、考力代、罗姆尼等品种进行杂交,培育出波德代羊和柯泊华斯羊等。二是对原有的品种进行持续肉用方向选育,进一步提高产肉性能和品质,如南非通过对其德国肉用美利奴羊的不断选育,于 1971 年成功培育出南非肉用美利奴羊。

1.2 我国绵、山羊的育种发展历程

与西方国家相比，我国绵、山羊的育种工作滞后。鸦片战争之后，外国传教士将萨能、吐根堡奶山羊引入关中、青岛，并与当地山羊杂交，培育出关中奶山羊、崂山奶山羊。1904年，陕西从国外引进美利奴羊数百只进行杂交改良；1917年，我国又从西方国家引入一千余只美利奴羊对本地母羊进行杂交改良，但育种成效不明显。我国系统的育种工作从20世纪30年代开始至今，大体上也经历了三个阶段：

第一阶段(20世纪30年代～新中国成立前)，以引入国外优良品种开展杂交改良为主。1934年，我国从苏联引进了高加索羊、泊列考斯羊等绵羊品种并将其饲养在新疆，对当地哈萨克羊、蒙古羊等进行改良，于1949年培育出“兰哈羊”群体。1935～1945年，我国用引进及联合国善后救济总署赠送的考力代羊与北平、石家庄、西北、绥远(今内蒙古呼和浩特)、南京等地的绵羊进行杂交改良，但成效甚微。1939年，四川引进90只努比亚山羊与地方山羊杂交，在提高肉用性能与繁殖性能方面取得了显著效果。尽管近代多数育种工作效果不显著，但这些引进的品种丰富了我国绵、山羊种质资源，为新中国成立后我国现代育种工作的开展发挥了至关重要的作用。

第二阶段(新中国成立～改革开放初期)，以毛肉兼用细毛羊、半细毛羊新品种培育为主，这一阶段养羊业的特点是“养羊取毛、淘汰吃肉”。新中国成立后，在党和政府的支持下，分散在民间的羊品种资源被分别收集到东北、西北、中原、西南等地建立原种基地，并利用从苏联、澳大利亚、新西兰、德国、英国等国引进的优良细毛羊(如澳洲美利奴)、半细毛羊(如考力代羊)、羔皮羊(如卡拉库尔羊)等优良品种进行纯种繁育和杂交改良。1954年，成功培育出我国第一个毛肉兼用细毛羊品种——新疆细毛羊，结束了我国没有细毛羊品种的历史。与此同时，也开始了对湖羊、济宁青山羊、滩羊、中卫山羊等羔皮、裘皮羊品种的选育工作。1957年，农业部召开绵羊改良座谈会，明确把粗毛羊改造成为同质细毛羊作为绵羊改良的工作重点；1959年成立东北细毛羊育种委员会，重点开展东北细毛羊的选育工作；1965年，召开的全国畜禽育种工作会议具体细化了不同地区羊的选育方向；1972年，引进澳洲美利奴并开始中国美利奴的培育工作；1973年召开全国半细毛羊育种经验交流会，制定了《全国半细毛羊育种协作计划》《关于半细毛羊育种若干技术问题的意见》等。这一阶段，我国的养羊业得到了快速发展，不仅绵、山羊数量有了显著增长，而且羊产品的质量也有了显著的提高。由于对羊毛需求旺盛，这一阶段羊的育种目标主要是毛肉兼用型细毛羊、半细毛羊，并培育出中国美利奴细毛羊、新疆细毛羊等毛肉兼用型细毛羊、半细羊品种22个。

第三阶段(2000年～至今)，以专门化肉羊品种和肉用细毛羊新品种培育为主。从此，我国养羊业的发展方向开始从“养羊取毛，淘汰吃肉”的传统方式转向“以肉为主、肉主毛从、肉毛兼顾、综合开发”的发展方向。这一阶段，绵羊主要采用的育种路线为：一是以本品种选育为主，选优和提纯了滩羊、湖羊等一批地方品种，使其繁殖和肉用性能大幅提高；二是以细毛羊改良群或已有细毛羊为母本，与肉用美利奴等肉用细毛羊杂交，并培育出巴美肉羊、昭乌达肉羊、察哈尔羊、乾华肉用美利奴羊等4个适应放牧加补饲条件的

肉用细毛羊新品种；三是对已有短脂尾品种中的小尾群体持续选育，培育出适应市场需求并与原有品种有明显差异的戈壁短尾羊、草原短尾羊 2 个肉羊新品种；四是利用专门化肉用品种杜泊羊与我国高繁殖力品种小尾寒羊和湖羊杂交，培育出鲁西黑头羊、鲁中肉羊和黄淮肉羊 3 个适于舍饲的高繁殖力肉羊品种。同期，山羊选育方面，一是对已有品种的繁殖性能和肉用性能选育提高，并选出高繁、体大快长和肉用等新品系、新类群；二是利用努比亚山羊与当地山羊杂交培育出南江黄羊、简州大耳羊、云上黑山羊 3 个肉用山羊新品种。上述育种工作是我国现代羊产业发展的雏形，并在一些高效育种关键技术方面有所突破，在提高我国羊生产水平和产品品质上发挥了积极的作用。

1.3　我国绵、山羊育种存在的主要问题

尽管我国在国外优良品种引进、品种杂交改良、新品种（系）培育以及地方优良品种选育等方面做了大量的工作，也取得了一些成效，但是目前我国羊的良种化程度依然不高，现代种业"卡脖子"问题依然存在，主要表现为以下问题：

1.3.1　资金投入严重不足、育种基础设施薄弱

我国肉用绵羊主产区多处于偏远、贫困和落后的地区、牧区和农牧交错带，这些地区经济欠发达，地方政府、企业和养羊户都缺乏经济实力，国家在育种经费、人力等投入上滞后于猪、禽等，致使种羊场、繁育场、改良站等基础建设缺乏资金投入，种羊生产和利用的配套设施非常落后。肉羊良种繁育和杂交利用体系建设缺乏规划，没有根据优势区域发展需要按原种场、繁育场、改良站（种公羊站）和人工授精站（点）的梯级进行。由于体制、机制、投入、工作等方面的因素，许多企业投资建设的种羊场以炒种为主，市场行情好时抬高种羊价格，市场行情不好时转行，所发挥的作用有限；许多国有育种场和扩繁场或名不副实，或倒闭破产，或虽能维持，但处境艰难；许多基层技术服务推广单位工作条件差，队伍不稳，服务不到位，没有起到应有作用。

1.3.2　种质创新研究与实际需求差距巨大

我国肉用绵羊的育种工作落后于发达国家，同时也滞后于国内猪、牛，鸡等畜禽育种水平，且育种目标无法满足实际生产需求。我国拥有丰富的羊种资源，但是资源的挖掘利用和创新能力不强，除对繁殖性状研究较为系统外，其他高产及优质、抗逆性状及杂交组合的筛选等一直未得到系统的研究。我国优质高产肉用绵羊育种工作刚刚起步，主要用引入品种与本地品种杂交进行杂交育种，选育的技术和方法不先进，尚未培育出拥有自主知识产权的优质肉用绵羊品种。已培育出的南江黄羊和巴美肉羊等新品种，其生产力最多只能达到"二流"水平，仍需选育提高。另外，我国肉用绵羊育种研究力量分散，育种技术研究基础非常薄弱，在品种的高产、优质、抗逆等性状的协调改良方面差距大。我国开展育种的科研、教学、国有事业单位虽多，但纵向经费支持得不到保证，育种工作进展缓慢。近年来从事种用绵羊生产的企业虽有增多，但多以炒种为主，系统开展育种工作的较少。由于没有一个全国性的育种协作组织，没有全国的肉用绵羊遗传改良规划，从事育种的单位基本上各自为政，没有分工协作，更没有开展联合育种。也由于大型育

种场少,育种工作的组织尚未突破目前体制上的障碍,常常使育种工作前功尽弃。

1.3.3 良种体系不健全,重“引”不重“选”

良种繁育体系是推广和普及良种的重要载体,在实现良种化的工作中起着十分重要的作用,但是,从总体上看,我国肉用绵羊良种繁育体系缺乏活力极不健全。近年来,国家和地方花了大量外汇引进许多优秀肉用绵羊品种,但由于缺乏有组织的选育工作,群体近交衰退严重,生产性能大幅度下降,加之在杂交利用上未进行规模性的配合力测定,存在很大的盲目性,杂交后代生产性能呈现下降趋势。特别是全国羊改良育种方向和区域规划不清,杂交改良普遍开展,但杂乱无章,谱系不清,无法形成优势区域或相对成规模、上水平的、相对一致的区域性杂交体系。

1.3.4 地方资源选育利用不够

我国肉用绵羊资源丰富,地方品种的优良特性除繁殖力高外,还有品质优良、抗应激、适应性强等特性。但对这些优良特性的开发还不够充分。由于经费短缺,选育提高进展缓慢;培育出的一些新品种其生产性能与国外品种相比仍相差甚远;由于国外品种具有良好的生产性能,所以20世纪我国出现了大量引种的浪潮,缺乏培育属于自己的优良肉用绵羊品种的过程;加之我国现有一些优秀的地方肉用绵羊品种,由于“只繁不育”和地域限制,逐步失去其竞争优势和推广利用。本品种选育提高和杂交利用都非常滞后,遗传潜力尚未发挥,因此,我国肉用绵羊的总体生产水平和产品质量受到很大影响。

1.3.5 现代育种技术研发和应用不足

近年来,我国羊的育种关键技术研发和应用虽取得了长足进步,但由于缺乏长期连续的支持和企业自主创新能力不强等原因影响,关键技术研发和应用方面的不足仍然很明显。基因组育种技术已经在国外广泛应用,即使在国内,奶牛、猪、鸡、肉牛等畜种也已普遍使用基因组育种并取得了良好进展,但是羊的全基因组选择技术的研发和商业化推广应用依然相对滞后,仍处于起步阶段,且尚未建立起具有精准表型的大规模参考群体;性能测定技术手段也相对落后,高通量、智能化性能测定设备的自主研发能力不足,严重影响测定效率和准确性,测定数据质量不高;高效繁殖技术尚未全面推广利用,优秀公母羊的遗传潜能难以充分发挥,导致育种周期较长,遗传进展缓慢。

1.4 我国羊的育种方向

目前,列入《国家畜禽遗传资源品种名录》的羊品种共167个,其中绵羊89个、山羊78个。这些优秀品种为提高我国羊生产水平及产品品质奠定了种质资源基础。当前,我国羊产业正处于关键转型阶段,即由以分散、粗放经营为主向以规模化、标准化为主转变,规模化舍饲比重不断增大。为适应现代羊产业发展的新形势,羊的育种方向应在适应经济发展的需要、符合品种的生态要求、保留原有品种的优良特性的基础上,坚持本品种持续选育和新品种培育并重,立足自主创新,以提高生产性能和产品品质为主攻方向,构建以市场需求为导向、以企业为主体、产学研深度融合的创新机制,完善以国家羊核心育种场为主体的良种繁育体系,持续加强育种基础性工作,加大科技支撑力度,不断提升羊种业质量、效益和竞争力。

1.4.1　**肉羊育种方向**

地方品种重点对生长发育、繁殖和肉品质等性状开展选育。对规模较大、有一定选育基础的地方品种杂种群体，制订选育计划，开展新品种培育。培育品种开展持续选育，重点提高繁殖性能、肉用性能和饲料转化率，持续提高种群供种能力和市场竞争力。引进品种开展系统性联合育种，加快本土化选育和种群扩繁，缩小与国际一流水平的差距，大幅提升自主供种能力。

1.4.2　**毛(绒)用羊育种方向**

在细毛羊和半细毛羊选育上，重点提高羊毛产量、羊毛综合品质和群体整齐度，兼顾肉用性能和繁殖性能。持续开展联合育种，提高品种登记和性能测定信息化、智能化水平，增强供种能力。在绒山羊选育上，重点提升羊绒品质和羊绒产量，改善群体整齐度，完善品种登记和性能测定，保持和巩固绒山羊种业国际竞争优势。在地毯毛羊和裘皮羊等其他用途羊选育上，深入挖掘优良特性，加强本品种选育。

1.4.3　**乳用羊育种方向**

重点提高产奶量、乳品质和泌乳持久力，乳用绵羊兼顾肉用性能和繁殖性能，开展产奶性能测定，推进联合育种。

知识点小结

育种是羊产业长远发展的核心，国外羊的育种工作经历了以毛用为主、肉毛兼用、肉用为主的发展历程。与西方国家相比，我国绵羊、山羊的育种工作滞后：资金投入严重不足、育种基础设施薄弱；种质创新研究与实际需求差距巨大；良种体系不健全，重“引”不重“选”；地方资源选育利用不够；现代育种技术研发和应用不足等。要立足现有品种资源，加强育种的规划和指导，明确肉羊、毛(绒)用及乳用羊的育种方向。

第 2 节　羊的育种技术

羊的育种技术，又称配种方法，它是根据育种工作的需要、按个体间亲缘关系所组成的多种多样的配种方法。传统的育种技术一般把育种方法划分为纯种繁育(本品种选育)和杂交育种两大类。

2.1　纯种繁育技术

羊的纯种繁育技术是指在同一品种内公母羊之间的繁殖和选育过程。所谓“纯种”，是指羊本身及其全部近祖都属同一品种，羊具有遗传上相对稳定的该品种特性的个体或群体，也包括通过级进杂交到四代以上，其特征和特性与改良品种基本相同的高代杂种。一些古老羊的品种，长期通过人为的选育，生活在相似的饲养管理及自然环境条件下，因而形成了稳定的遗传性能，最终羊能稳定地把这些优良的性状遗传给后代。

纯种繁育的目的不仅仅是要保持这些品种的优良特性、特点以及生产性能，而且还要在保持纯种的基础上进一步加以发展和提高，使之更适合于国民经济和市场经济的需要。为此，一般进行羊纯种繁育情况有三种：一是纯种繁育后羊的生产性能较高，羊的体型外貌较一致，基本符合国民经济的需要，为了保持和发展品种的特性，需采用纯种羊选育的方法；二是引进羊品种的保种，需要采用本品种选育的方法。例如，我国从国外引进不少著名的肉用、肉毛兼用和奶用的种绵、山羊品种，均可采用纯种繁育的方法，羊保持纯种，扩大繁殖，以供推广和提供杂交育种羊的原材料；三是杂交羊育种的最后阶段，羊群进入横交固定以后，为了使羊群质量进一步提高并趋于一致，需要进行自群繁育，严格进行选择，淘汰不良个体，增加良种羊的数量，提高质量，实质上采取的就是本品种选育方法。

2.1.1 选种

选种又称为选择，是从现有的羊群中选出优良的自然变异个体，使繁殖后代的生产水平得到提高或育成新品种。在育种过程中，不断地培育出生产性能好的种羊来扩大繁殖，才能达到提高经济效益的目的，因此选种是选育的前提和基础。选种主要根据个体表型、生产性能、后代品质、血统四个方面，在对羊只进行个体鉴定的基础上进行。

2.1.1.1 个体表型

体型外貌在纯种繁育中非常重要，凡是不符合本品种特征的羊不能作为种用对象。另外体型对生产性能方面有直接的关系，也不能忽视。如果忽视体型，生产性能全靠实际的生产性能测定来完成，就需要时间，造成浪费。比如产肉性能、繁殖性能的某些方面，可以通过体型选择来解决。通过个体本身的体型外貌和生产性能测定结果判断，表型和基因型的相关程度及性状遗传力的高低决定选择的效果。

2.1.1.2 生产性能

羊的生产性能一般是指体重、屠宰率、繁殖力、泌乳力、早熟性、产毛量、羔裘皮的品质等方面。羊的生产性能，可以通过遗传传给后代，因此选择生产性能好的种羊是选育的关键环节。但要在各个方面都优于其他品种是不可能的，应突出主要优点。

2.1.1.3 系谱

系谱是选择种羊的重要依据，它不仅提供了种羊亲代的有关生产性能的资料，而且记载着羊只的血统来源，对正确地选择种羊很有帮助。当被选个体还没有表型值，可以利用系谱中祖先资料进行选择。

2.1.1.4 后裔测定选择

种羊本身是不是具备了优良性能这是选种的前提条件，但这仅仅是一个方面，更重要的是它的优良性能是不是能够遗传给后代。如果优良性能不能传给后代的种羊，不能继续作为种用。因此，可以通过被测个体后代的测定成绩决定该个体是否淘汰，但方法所用时间较长，所需成本较高。

2.1.1.5　选种方法

2.1.1.5.1　鉴定。选种要在对羊只进行鉴定的基础上进行。羊的鉴定有个体鉴定和等级鉴定两种，都按鉴定的项目和等级标准准确地进行等级评定。个体鉴定要有按项目进行的逐项记载，等级鉴定则不做具体的个体记录，只写等级编号。进行个体鉴定的羊包括特级、一级公羊和其他各级种用公羊，准备出售的成年公羊和公羔，特级母羊和指定作后裔测验的母羊及其羔羊。除进行个体鉴定以外的都作等级鉴定。等级标准可根据育种目标的要求制定。羊的鉴定一般在体型外貌、生产性能达到充分表现，且有可能做出正确判断的时候进行。公羊一般在到了成年，母羊在第一次产羔后对生产性能予以测定。为了培育优良羔羊，对初生、断奶、6月龄、周岁的时候都要进行鉴定，裘皮型的羔羊，在羔皮和裘皮品质最好时进行鉴定。后代的品质也要进行鉴定，主要通过各项生产性能测定来进行。对后代品质的鉴定，是选种的重要依据。凡是不符合要求的及时淘汰，合于标准的作为种用。除了个体鉴定和后裔的测验之外，对种羊和后裔的适应性、抗病力等方面也要进行考察。

2.1.1.5.2　系谱审查。通过审查血统，可以得出选择的种羊与祖先的血缘关系方面的结论。血统审查要求有详细记载，凡是自繁的种羊应做详细的记载。购买种羊时要向出售单位和个人，索取卡片资料，在缺少记载的情况下，只能根据羊的个体鉴定作为选种的依据，无法进行血统的审查。

2.1.1.5.3　选留后备种羊。为了选种工作顺利进行，选留好后备种羊是非常必要的。后备种羊的选留要从以下几个方面进行。一是要选窝（看祖先），从优良的公母羊交配后代中，全窝都发育良好的羔羊中选择。母羊需要第二胎以上的经产多羔羊。二是选个体，要选留初生重和生长各阶段增重快、体尺好、发情早的羔羊。三是选后代，要看种羊所产后代的生产性能，即亲代能够将其具有的优良性能传给后代，凡是没有这方面的遗传，不能选留。后备母羊的数量，一般要达到需要数的3～5倍，后备公羊的数也要多于需要数，以防在育种过程中有不合格的羊不能种用而数量不足。

2.1.1.5.4　选种标准。根据育种目标，在体型外貌、生产性能、体尺体重、产肉、产羔率、泌乳量、早熟性、产毛性能、裘用性能上按标准选种。

2.1.2　选配

选种是羊只品质的选择，选择的种羊又通过选配来巩固选种的效果，因此，选配是选种的继续，是育种工作中有机联系的重要方面。

2.1.2.1　选配的原则

2.1.2.1.1　选配要与选种紧密地结合起来，选种要考虑选配的需要，为其提供必要的资料；选配要和选种配合，好使双亲有益性状固定下来，并传给后代。

2.1.2.1.2　要用最好的公羊选配最好的母羊，但要求公羊的品质和生产性能，必须高于母羊，较差的母羊，也要尽可能与较好的公羊交配，使后代得到一定程度的改善，一般二、三级公羊不能作种用，不允许有相同缺点的公母羊进行选配。

2.1.2.1.3　要扩大利用好的种公羊，最好经过后裔测验，在遗传性未经证实之前，选配可按羊体型外貌和生产性能进行。

2.1.2.1.4　种羊的优劣要根据后代品质作出判断，因此要有详细和系统地记载。

2.1.2.2 选配的方法

2.1.2.2.1 品质选配。品质选配包括同质选配和异质选配两部分。同质选配，即具有相同生产特性或优点的公母羊进行交配，目的在于巩固和提高共同的优点。同质选配能使后代保持和发展原有的特点，使遗传性趋于稳定。但过分强调同质选配的优点，容易造成单方面的过度发育，使体质变弱，生活力降低。因此在繁育过程中的同质选配，可根据育种工作的实际需要而定。异质选配则是选择具有不同优点的公母羊进行配种，或好的种公羊与具有某些缺点的母羊相配种，其目的在于后代能结合双亲的优点，或克服母羊的某些缺点。这种选配方式的优缺点，在某种程度上与同质选配相反。

2.1.2.2.2 品质选配的具体应用。个体选配是在羊的个体鉴定的基础上进行的选配。它主要是根据个体鉴定、生产性能、血缘和后代品质等情况决定交配双方。对那些完全符合育种方向，生产性能达到理想要求的优秀母羊。可以选择两个类型的公羊。一是同质选配，使其后代具有更理想和更稳定的优良品质；二是进行异质选配，以获得结合双亲不同优良品质的后代。等级选配，是根据每一个等级母羊的综合特征选择公羊，以求获得共同优点和共同缺点的改进。亲缘选配，是具有一定血缘关系的羊之间的选配。亲缘远配的作用在于遗传性稳定，这是优点，但亲缘选配容易引起后代的生活力降低，羔羊体质弱，体格变小，生产性能降低。亲缘交配，应采取下列措施，预防不良后果的产生，一是严格选择和淘汰。必须根据体质和外貌来选配，选择强壮的公母羊配种可以减轻不良后果。亲缘选配所产生的后代，要仔细鉴别，选留那些体质坚实和健壮的个体继续做种羊。凡体质弱，生活力低的个体应予以淘汰。二是血缘更新，是把亲缘选配的后代和没有血缘关系，并培育在不同条件下的同品种选配，可以获得生活力强和生产性能好的后代。

2.1.3 纯种繁育

2.1.3.1 品系繁育

品系是品种内具有共同特点，彼此有亲缘关系的个体所组成的遗传性稳定的群体。

2.1.3.1.1 建立基础群。一是按血缘关系组群，二是按性状组群。按血缘组群，先将羊群进行系谱分析，查清公羊后裔特点，选留优秀公羊后裔建立基础群，但其后裔中不具备该品系特点的不应留在基础群。这种组群方法在遗传力低时采用。按性状分群，是根据性状表现来建立基础群。这种方法不管血缘而按个体表现组群。按性状组群在羊群的遗传力高时采用。

2.1.3.1.2 建立品系。基础群建立之后，一般把基础群封闭起来，只在基础群内选择公母羊进行繁殖，逐代把不合格的个体淘汰，每代都按品系特点进行选择。最优秀的公羊尽量扩大利用率，质量较差的不配或少配。亲缘交配在品系形成中是不可缺少的，一般只作几代近交，以后转而采用远交，直到特点突出和遗传性稳定后纯种品系已经育成。

2.1.3.2 血液更新

血液更新是指把具有一致遗传性和生产性能，但来源不相接近的同品系的种羊，引入另外一个羊群。由于这样的公母羊属于同一品系，仍是纯正种繁育。血液更新在下列情况下进行：一是在一个羊群中或羊场中，由于羊的数量较少而存在近交产生不良后果时；二是新引进的品种改变环境后，生产性能降低时；三是羊群质量达到一定水平，生产性能及适应性等方面呈现停滞状态时。血液更新中，被引入的种羊在体质、生产性能、适应性等方面没有缺点。

2.2　杂交育种

杂交育种是指两个或两个以上不同品种或品系间的公母羊进行交配并在其杂种羊中通过选择而育成纯合品种的方法。我国著名的新疆毛肉兼用细毛羊、军垦细毛羊、中国美利奴细毛羊等均是采用杂交育种培育的新品种。杂交的方法主要有导入杂交、级进杂交和经济杂交三种。

2.2.1　导入杂交

当某些缺点在本品种内的选育无法提高时可采用导入杂交的方法。导入杂交应在生产方向一致的情况下进行。改良用的种与原品种母羊杂交一次后再进行 1～2 次回交，以获得含外血 1/4～1/8 的后代，用以进行自群繁育。导入杂交在养羊业中广泛应用，其成败在很大程度上取决于改良用品种公羊的选择和杂交中的选配及羔羊的培育条件方面。在导入杂交时，选择品种的个体很重要。因此要选择经过后裔测验和体型外貌特征良好，配种能力强的公羊，还要为杂种羊创造一定的饲养管理条件，并进行细致的选配。此外，还要加强原品种的选育工作，以保证供应好的回交种羊。

2.2.2　级进杂交

级进杂交也称吸收杂交，改进杂交。改良用的公羊与当地母羊杂交后，从第一代杂种开始，以后各代所产母羊，每代继续用原改良品种公羊选配，到 3～5 代杂种后代生产性能基本与改良品种相似。杂交后代基本上达到目标时，杂交应停止。符合要求的杂种公母羊可以横交。

2.2.3　经济杂交

经济杂交是利用两个品种的一代杂种提供产品而不做种用。一代杂种具有杂种优势，所以生活力强，生长发育快，在肥羔生产中经常应用。经济杂交的优点在于：第一代的杂种公羔生长快，生产商品肉有重要意义，它的第一代杂种母羊不仅可以作为肉羊，也可以作为种用提高生产性能。

2.3　现代育种技术

传统的羊育种方法最初是通过表型选种，伴随计算机技术和统计学方法的应用即数量遗传学理论研究的深入，出现了采用估计育种值方法选种。随着分子遗传学和生物技术的发展和应用，建立在 DNA 分子标记技术基础上的 MAS 可以提高选种的效率和准确性。随着 QTL 定位研究的不断深入，不少显著影响羊重要经济性状的基因也正在被陆续发现，这为应用 MAS 促进肉羊育种改良提供了有力支撑。

2.3.1　全基因组选择技术

全基因组选择技术在近年来的羊育种工作中发挥出了较大的优势与作用，取得了较好的效果，能够改良羊肉品质。具体来说，全基因组选择技术可以对大规模群体主要羊的全基因组 SNP 分型、系谱信息记录、生产性能测定进行全面的检测分析，继而建立起多个品种羊的基因组主效位点数据库。通过运用全基因组选择技术，能够准确预测评估多品种杂交与纯种羊的遗传潜力，对实际所开展的羊育种工作有着十分重大的意义。更值得一提的是，在全基因组 SNP 分型检测中，可以对目标个体的生长性能、母系性能、遗传疾病、胴体性状、抗病遗传进行精准的检测，所获取到的基因型数据可以预测出种公羊和种母羊，羊筛选效率大大提升。可以说，通过应用全基因组选择技术不仅可以实现羊的改良生产，而且有助于肉羊养殖经济效益的提升。

2.3.2 基因编辑技术

基因编辑技术是指在基因组水平进行基因定点插入、缺失突变、敲除、多位点同时突变和小片段删除等精确操作的生物技术。主要包括锌指核酸酶技术、类转录激活因子核酸酶技术以及成簇规律间隔短回文重复序列 CRISPR/Cas9 技术。其中 CRISPR/Cas9 技术设计相对简单、操作便捷、基因编辑效率更高，从 2013 年开始在各个领域被广泛应用。采用 CRISPR/Cas9 技术高效生成肌生成抑制素敲除绵羊，有一定的效果，为提高绵羊生产性能和遗传改良提供了新的方法。

2.3.3 转基因技术

转基因技术直接将外源基因导入动物基因组中，可打破种间生殖隔离，使育种工作的目的性更强，极大地拓宽了畜禽遗传改良的范围。近年来利用转基因技术也成功地培育出转基因猪、羊、鸡等多种动物。目前在羊育种方面，转基因技术可以提高产毛、产肉性能，改善奶品质，提高抗病力等。转基因育种技术的进步，可提高畜牧业的经济效益，并且可增加羊的用途，为畜牧业可持续、高效、绿色的发展提供相应的技术支持。转基因技术对家畜的遗传改良有着巨大的发展空间，但所获得的转基因技术和动物也仍存在一定问题：转基因动物的成活率低、理论基础和技术不完善、存在潜在的产品安全问题。

2.3.4 分子标记辅助选择

分子标记辅助选择是从分子水平上快速准确地分析个体的遗传组成，从而实现对基因型的直接选择，实际上就是将现代分子育种技术与常规育种方法相结合，借助分子标记开展育种工作，提高育种效率的一项技术。在绵羊多胎性主效基因或分子标记研究的基础上所提出的分子标记辅助选择，是提高绵羊繁殖力最具应用前景的育种改良方法。Booroola 基因（FecB）是在绵羊中识别出的高繁殖力的第一个主效基因，可用于选择多胎绵羊新品系。骨形态发生蛋白型 IB 型受体分子标记可以应用于对绵羊产羔数的辅助选择。以新西兰罗姆尼羊为研究对象，选择与绵羊生长性状和胴体性状可能相关的候选基因，发现 SSTR1、IGF1、GSKIP、CAPN4 和 FTO 基因可以作为肉用绵羊生长性状和胴体性状的分子标记开发利用。

2.3.5 育种辅助技术

2.3.5.1 胚胎移植

胚胎移植是利用成年优秀母羊做胚胎供体，通过超数排卵使优秀母羊生产超过自然排卵的数量，用优秀种公羊进行配种后生产胚胎，再利用同期发情使本地母羊或与育种目标不一致的母羊做受体,生产优秀个体的技术。目前胚胎移植是成熟、有效的快速扩繁技术,在育种工作中,当遗传特性较为稳定,需要加快繁殖速度,扩大种群规模时,利用胚胎移植可显著提高优秀种羊个体的繁殖速度和效率,加快遗传进展和育种速度。

2.3.5.2　幼羔体外胚胎移植技术

幼羔体外胚胎移植技术是集幼畜的超排卵与采卵、卵母细胞体外成熟、体外受精、胚胎体外培养和移植等技术为一体的胚胎生物技术体系,该技术最早由澳大利亚南澳政府生殖与发育研究中心研究开发。研究发现,1～2 月龄羔羊每次超排平均获得可用卵母细胞比成年母羊更多。通过对小尾寒羊羔羊肌肉注射 FSH 后发现,6～8 周龄组幼羔超排,平均获卵数和可用卵数 60.8 枚和 58.2 枚,显著高于 12～14 周龄组的 27.3 枚和 26.0 枚。幼羔体外胚胎移植技术可将羊的繁殖效率较常规胚胎移植提高约 20 倍,较自然繁殖提高约 60 倍,使世代间隔缩短到正常的 1/4～1/3。但幼羔体外胚胎移植技术存在羔羊体外胚胎生产效率偏低的问题,需要进一步开展卵母细胞的体外成熟、受精及胚胎体外发育方面的研究。

智能化生产案例

6－1　羊育种信息管理专家智能系统与应用

6－1－1　背景分析

目前,在羊的选育方面,一般采用的是传统的人工选育方法,饲养人员的经验、知识起着关键的作用,在提高羊的选育配种方面,存在缺陷,在产仔数量、质量方面不稳定。我国是养羊大国,羊育种信息管理智能化迫在眉睫。

6－1－2　羊育种信息管理专家智能系统研究

本系统用于羊的选育配种智能系统领域其结构如图 6－2 所示,包括数据采集系统、数据处理系统、电子耳标管理系统、示警系统、用户终端,其特征在于主控系统用于记录、分析各个子系统的数据以及向各个子系统传送数据及参数,主控系统内设置有五个数据模块,分别与数据采集系统、数据处理系统、电子耳标管理系统、示警系统、用户终端相对应,其中五个数据模块中相关联的数据经分析运算模块形成一个优化的针对羊的最佳配对数据模块,最佳交配数据模块内有多个羊的配对方案。

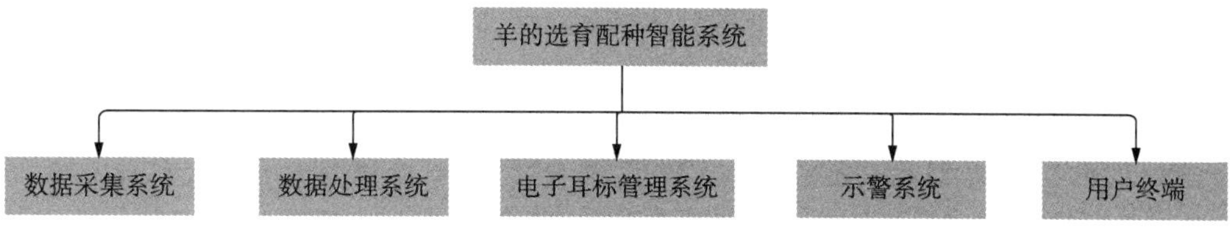

图 6－2　羊的选育配种智能系统功能结构

6－1－3　技术原理

羊的选育配种智能系统如图 6－3 所示,主要从公/母羊的选育;公羊精子活力和成活率、母羊的排卵检测;配种及羔羊的信息数据归档几个方面。根据羊的选育标准选出5个级别的公母羊,待指标检测完毕进行羊只配种工作,首先要对公羊在采精室通过电刺激采精仪采精或母羊诱导采精,将取得的精子放入试管内,在实验室通过精子分析仪分析,经过对精子的预处理过程后,输入母体内并采集数据将公、母羊基本数据传送至主控系统,通过数据处理系统的数据运算模块运算,优化数据,采取最佳配种方案并传至用户移动终端,将所取得信息制成条码,逐一在系统内存档。

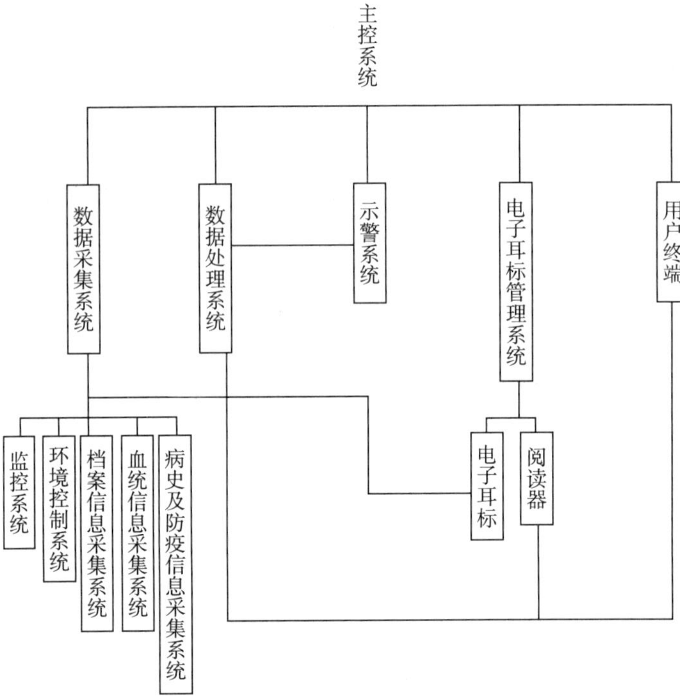

图6-3　羊的选育配种智能系统技术原理

1. 数据采集系统

数据采集系统包括监控系统、环境控制系统、档案信息采集系统、血统信息采集系统、病史及防疫史信息采集系统。

(1)监控系统包括前端监视器、传输光纤、后端存储、控制及显示设备,运用现代流媒体传输技术,采用数据模块化,用于实时监测养殖场内羊的活动、休息、吃料、饮水、发病的情况,特别是羊的生长状态,进行羊的选育的前期工作,并将数据传送与主控系统。

(2)环境控制系统包括控制器、执行器、检测装置、空气置换装置,控制器至少包括一个PID控制器,执行器至少包括一个电磁阀、一个电动阀,检测装置包括光照传感器、温度传感器、湿度传感器、二氧化碳浓度含量传感器、氨浓度含量传感器,用于在母羊在产房环境信息采集及控制,当氨浓度含量超标时,通过空气置换装置对产房内的空气进行置换,主要对光的亮度、温度、湿度、二氧化碳浓度、氨的浓度的信息采集、控制及空气置换。

(3)档案信息采集系统用于公羊、母羊、羊羔的信息采集。对公羊的信息采集包括计算机、试管、电刺激采精仪、显微镜，主要对公羊的精子成活率、精子活力、近亲情况、发情期情况的数据采集，目的是能缩短繁殖周期，增加产羔数量；母羊的信息采集包括计算机、试管、发情检定仪、B超仪、开膣器、内窥镜，主要对母羊生育能力的检测数据采集，包括母羊子宫情况、卵细胞成活率、乳房情况、家族生育史、家族产羔数量史的数据采集，避免近亲交配，通过主控系统数据运算模块找到最佳交配方案；羊崽的信息采集，包括羊崽成活率、体重、体高、体长、胸深、胸高、胸围、管围、血统、健康状况的信息数据采集。

(4)病史及防疫史信息采集系统，用于对羊的五代的个体以内的血统、五代以内的家族个体发病史、五代以内的家族个体防疫史的信息采集。

2. 数据处理系统

根据系统业务场景，对所采集的数据按照需要进行运算处理。

3. 电子耳标管理系统

电子耳标管理系统，包括电子耳标、阅读器，电子耳标包括电子芯片和天线，佩戴于羊的耳朵上，用于采集羊的体重、体高、体长、胸深、胸高、胸围、管围、血统的信息数据，并传送至主控系统，经主控系统内的运算数据模块运算后将羊的体重、体高、体长、胸深、胸高、胸围、管围、血统的信息数据传送至阅读器。

4. 示警系统

示警系统用于预防母羊、公羊的近亲交配及公羊、母羊达到选育标准，预防主控系统出现数据错误，在电子耳标内设置示警装置，电子耳标内存有母羊、公羊的信息数据，近亲的母羊、公羊走近，会发出示警的声音。

5. 用户终端

用户终端主要用于接收经主控系统中的数据处理系统发送的有关羊的运算数据、生长状态数据及各种相关数据。

6-1-4　应用前景

种畜禽是畜牧生产的基础，畜禽良种对畜牧业发展的贡献率超过40%，种源供应是否充足、种畜品质是否稳定直接影响着畜牧业生产的效果。随着我国羊产业逐步向现代畜牧业转型，对羊产业管理开始走向规模化、产业化，为了提高规模化羊场育种繁殖率，需要采用科学的手段对羊育种信息进行管理。本系统采用智能化数据采集运算模块，选用最佳配种方式，能提高羊仔的成活率以及羊仔的数量，节省了大量的人力、物力，为养殖企业提高经济效益。

知识点小结

传统的育种技术一般把育种方法划分为纯种繁育(本品种选育)和杂交育种两大类。其中，纯种繁育包含选种、选配、品系繁育、血液更新等过程；杂交的方法主要有导入杂交、级进杂交和经济杂交。现代羊的育种技术主要有全基因组选择技术、基因编辑技术、转基因技术、分子标记辅助选择、育种辅助技术等。在羊育种工作中，采用传统育种与分子生物技术相结合的育种方式有着显著的优势，已经发展成为羊新品种培育的关键。

第3节　细毛羊与半细毛羊经典育种案例

3.1　甘肃高山细毛羊

甘肃高山细毛羊是以新疆细毛羊与高加索细毛羊为父本，当地藏羊与蒙古羊为母本，于1943年～1980年采用杂交改良、横交固定、选育提高技术育成的一个细毛羊品种。甘肃高山细毛羊对高寒地区严酷的自然生态条件具有良好适应性以及较高生产性能和稳定的遗传性能，在青藏高原、祁连山山脉及类似高寒牧区的养羊业中发挥了不可替代的作用。

甘肃高山细毛羊育种初期，形成了两个杂交系列：一个是以新疆毛肉兼用细毛羊为父系品种、当地蒙古羊为母系的杂交组合；另一个是以高加索细毛羊为父系、藏羊为母系的杂交组合系列。之后又在两系列间交叉组合，形成了许多杂交组合，如新疆细毛羊×蒙古羊、高加索×蒙古羊、新疆细毛羊×藏羊、高加索×藏羊、新疆细毛羊×高加索×蒙古羊、新疆细毛羊×高加索×藏羊等组合。在横交固定时已有机融合两个系列，最终形成横交繁育群。为了改善甘肃细毛羊育种群的缺陷，在横交固定阶段针对地的导入斯达夫洛波尔、含澳血的新疆细毛羊和莎力斯等外血，有效地加快了育种进程。甘肃细毛羊育成后又进行了不间断的选育提高：澳化（导入澳洲美利奴血液）改造、培育新类群、新品系等。甘肃细毛羊育种技术路线，如图6－4所示。

甘肃高山细毛羊（图6－5）成年公羊体重75千克，母羊体重40千克；剪毛量分别为7.5千克、4.3千克，羊毛长度分别为8.2厘米、7.58厘米；羊毛主体细度为64支（21.6～23微米）；产羔率110.0%，屠宰率44.4%～50.20%。

3.2　高山美利奴羊

高山美利奴羊是以澳洲美利奴羊为父本、甘肃高山细毛羊为母本，于1996年～2015年运用现代育种先进技术，经过杂交改良、横交固定、选育提高三个阶段育成的细毛羊新品种。该品种具有良好的抗逆性和生态差异化优势，能够适应海拔2400～4070米的生态区；同时羊毛细度达到19.1～21.5微米，性能指标及综合品质均超过了同类型澳洲美利奴羊，实现了澳洲美利奴羊在我国高海拔、高山寒、旱生态区的国产化。高山美利奴羊填补了世界高海拔生态区细型细毛羊育种的空白，也是我国高山细毛羊培育的重大突破，达到国际领先水平。高山美利奴羊育种技术路线，如图6－6所示。

高山美利奴（图6－7）主体羊毛纤维直径为19.1～20.0微米，19.0微米以下占比8%，是宝贵的高山超细毛型遗传资源。

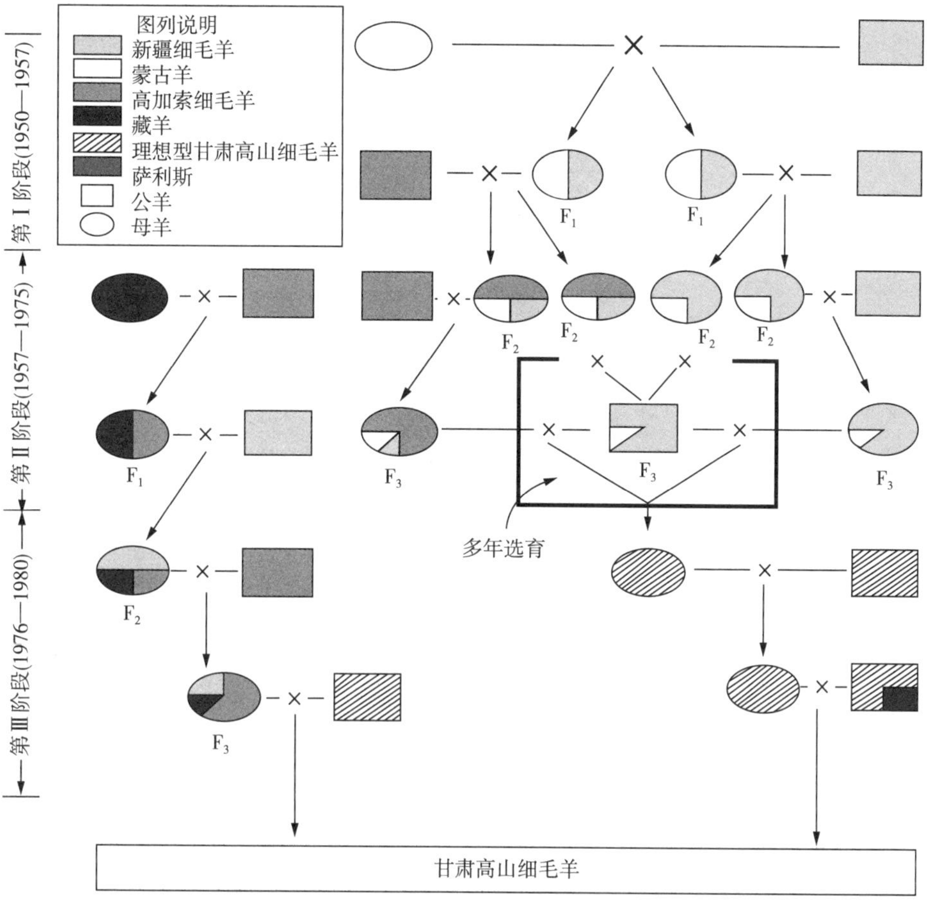

图 6－4　甘肃细毛羊育种技术路线(甘肃畜牧兽医,2018,48(04):23—27.)

(a)甘肃高山细毛羊公羊

(b)甘肃高山细毛羊母羊

图 6－5　甘肃高山细毛羊公羊(a)与母羊(b)

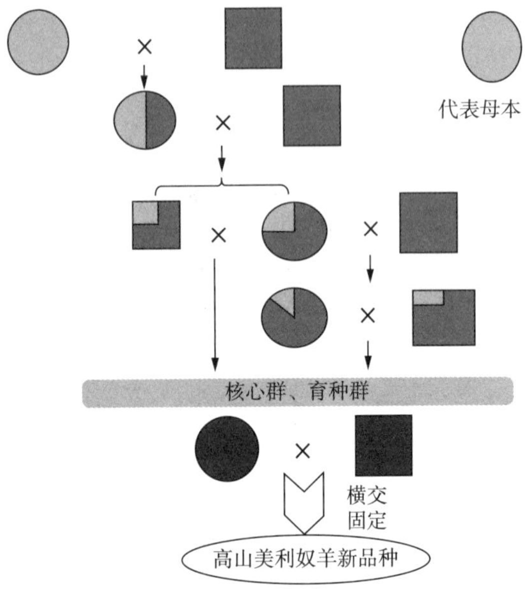

图 6-6　高山美利奴羊育种技术路线(甘肃畜牧兽医,2018,48(04):23—27.)

(a)高山美利奴公羊

(b)高山美利奴母羊

图 6-7　高山美利奴公羊与母羊

3.3　凉山半细毛羊

凉山半细毛羊是在当地山谷型藏羊的基础上,采用细毛羊杂交、半细毛羊杂交等多品种复杂育成杂交、经过5～6个世代的自群繁育,前后经历40余年于1997年培育成功的半细毛羊新品种,凉山半细毛羊培育技术路线如图6-8所示。该品种具有产毛量高、羊毛品质好、生长迅速,且有较好的产肉性能。凉山半细毛羊能够适应气候温暖和凉爽、较干燥或湿润的环境,是我国近年育成的粗档半细毛羊新品种之一。

成年公羊主体羊毛纤维的细度为44～46支,母羊为48～50支;平均毛长分别为17.25±1.04厘米、14.28±1.06厘米;净毛率分别为70.60%和72.96%;平均剪毛量7.05±1.13千克、4.88±0.56千克;成年公羊、母羊最大体重能够达到92.0千克、68.0

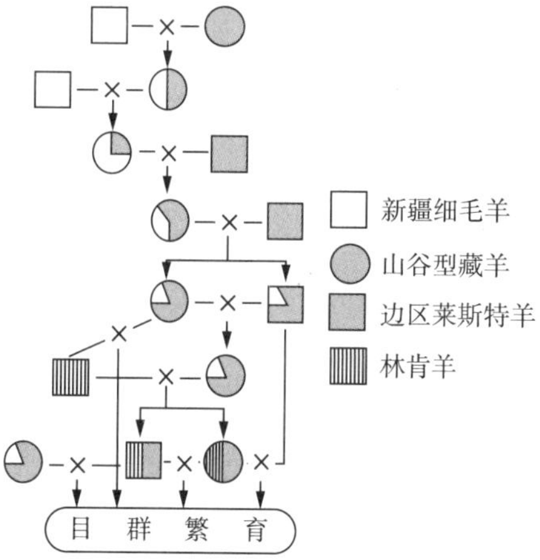

图 6-8　凉山半细毛羊培育技术路线(陈圣偶,2002)

千克;放牧羊胴体重 15.8%～18.4%,屠宰率 44.10%～47.06%,净肉率 32.3%～34.1%。凉山半细毛羊的成功培育为改变我国西部地区草食家畜绵羊品种的结构起到了非常重要的作用。

思政教育案例 6-1　扎根羊育种工作的"大国育羊人"——刘守仁院士

羊的新品种培育一般需要几十年甚至上百年时间,而刘守仁领衔的科研团队只用了13年。从21岁到87岁,都在和细毛羊打交道。正是由于刘守仁院士(图6-9)及其团队的不懈努力,新疆农垦科学院细毛羊育种一直走在全国前列,我国最优秀的细毛羊也在他的手中诞生。

图 6-9　"大国育羊人"——刘守仁院士

1955年秋,从南京农学院畜牧兽医系毕业的刘守仁主动要求到新疆工作。他对工作单位只有一个要求:到畜牧业生产的第一线去,到有牛、羊、马的草原去。在一个寒冷刺骨的冬天，一辆进山拉木头的嘎斯车把他送进新疆紫泥泉种羊场。从此，刘守仁便在那里扎下了根，在羊圈里安下了家。没有实验室，墨水瓶当试管；铁皮、竹片当试验工具；放大镜当显微镜，镊子当计数器……，科研条件虽然艰苦，依然没有挡住刘守仁开展细毛羊育种的雄心壮志。经过 13 个春夏秋冬反复试验、筛选繁育，终于成功培育出能够与澳洲美利奴羊相媲美的中国美利奴细毛羊。斗转星移，刘守仁一干就是 66 年，先后培育出中国美利奴(新疆军垦型)细毛羊 2 个新品种、10 个新品系，彻底改写了中国没有优质细毛羊的历史。

知识点小结

甘肃高山细毛羊、高山美利奴羊均是采用杂交改良、横交固定、选育提高技术育成的一个细毛羊品种；凉山半细毛羊则是采用细毛羊杂交、半细毛羊杂交等多品种复杂育成杂交、自群繁育形成的品种。在我国细毛羊、半细毛羊等新品种的培育过程中，涌现出像刘守仁院士等众多长期奉献、扎根羊育种工作的“大国养羊人”。

第 7 章　羊的繁殖

科学繁殖是绵羊、山羊增加羊群数量，提高羊群质量的关键环节，也是快速发展我国养羊业的有效技术。因此，了解和掌握羊的繁殖规律，正确使用繁殖技术，使母羊发情整齐、排卵数多、受胎率高、产羔多、羔羊成活率高，是现代养羊业生产过程中非常重要的环节。

第 1 节　羊的繁殖规律

羔羊生长发育到一定的阶段会达到性成熟，表现为生殖器官逐渐发育成熟，具备一定的繁殖能力。性成熟时，公羊能够排出部分成熟的精子，开始具有正常的性行为，母羊则开始出现正常的发情和排卵。但是，性成熟并不意味着羊可以开始配种，因为这时羊的身体器官发育尚未成熟。如果性成熟即开始配种，一方面会严重阻碍羊本身的生长发育，另一方面会造成生育能力较低，会严重影响后代的生长和生产性能。

1.1　性成熟与体成熟

羊生长发育到一定的年龄，母羊第一次出现发情特征和排卵，公羊能排出成熟的精子，即为性成熟。不同品种的羊，其达到性成熟的所需的时间不尽相同：绵羊的性成熟期一般为 7～8 月龄，山羊比绵羊早一些，一般 3～5 月龄即达到性成熟。在绵羊中，有些地方品种如小尾寒羊，其性成熟则较早，4～5 月龄即可达到性成熟；细毛羊性成熟则比较晚，一般为 8～10 月龄。在山羊中，济宁青山羊甚至在 50 日龄左右就能达到性成熟，而中卫山羊性成熟则较晚，需要生长到 5～6 月龄。受遗传与环境等因素影响，同一品种内的不同个体在性成熟方面也存在差异：一般而言，发育快、个体大的羊性成熟早，反之则较晚。

羊性成熟后并不意味着可以立即配种，因为此时羊的生长发育比较旺盛，体成熟还没有达到。如果羔羊过早地参与配种，不仅会影响自身的生长发育，即使成功配种所产后代的体质也较差、生产性能不佳。因此，羔羊最好达到体成熟后再参与配种。生产实践中，当母羊体重达到成年羊体重的70%时，即认定母羊达到了体成熟。此时母羊已具备成年羊所应有的形态和结构，应及时进行初配以提高繁殖力和羊场的经济效益。体成熟后如果迟配，不仅会造成经济上的损失，也不利于对羔羊各种性状的选择与缩短繁殖周期。绵羊的初配年龄因品种的不同而有差异：早熟绵羊（如小尾寒羊）、山羊品种（如青山羊）在6月龄后就可以配种，晚熟品种则需到9～10月龄，公羊一般要求在18月龄后初配。

1.2 发情与排卵

发情是指羊发育到一定阶段时，所表现的一种性活动现象。母羊达到性成熟后即开始出现发情特征，一般表现为阴唇红肿，阴道黏膜分泌物流出；食欲减退；目光呆滞，行动不安；喜欢接近公羊，在公羊靠近或爬跨时静立不动或随公羊绕圈而行。所以，在养羊业生产中，多用试情公羊来鉴别母羊是否发情。山羊的发情表现比绵羊明显得多，母山羊往往兴奋不安、连声鸣叫；尾巴频繁摆动，后肢开张，频繁排尿，接受公羊爬胯。母羊每次发情持续的时间（从发情开始到发情结束）称之为发情持续期。发情周期一般为20～48小时，平均30小时左右。母羊的排卵时间一般在发情中期，即发情开始后12～40小时。卵子排出后在15～24小时内具有受精能力，所以母羊配种或输精时间应在发情后12～24小时进行。

在发情季节里，未经交配或配后未受胎的母羊间隔一段时间后还会再次发情。从上次发情开始到下次发情开始的间隔时间，称为发情周期。绵羊的发情周期为15～19天，平均17天；山羊一般为19～20天，奶山羊为23～24天。羊的品种不同，其发情周期也不一样，如济宁青山羊一般为14～16天，萨能奶山羊为19～21天。营养好的母羊或壮年母羊发情周期短，未配种过的母羊、老龄羊或营养差的母羊发情周期则较长。在繁殖过程中如果没有受精，则进入发情后期。发情后期，母羊排卵后卵泡内的黄体开始形成，发情期间生殖系统发生的一系列变化会逐渐消失而恢复原状，母羊的性欲显著减退；如果受精，母羊即进入妊娠期，发情周期则停止，直到分娩后再重新出现性周期。分娩后，若在繁殖季节内，母羊仍能发情：产后发情的时间绵羊一般为30～59天，平均35天；山羊平均20～40天；奶山羊为10～14天。

1.3 配种季节与配种时期的选择

绵、山羊的配种季节，因品种、气候、饲养条件的不同有所差异。我国绵羊有少数品种能终年发情配种如湖羊、寒羊等。但大部分绵羊发情时间主要集中在7～12月份，其中8～11月份为发情旺季，因此绵羊的配种季节可分为秋季配种（8～9月份）和冬季配种（10～11月份）。秋季配种的母羊在第二年1～2月份所产的羔羊称为冬羔，冬季配种的母羊在第二年3～4月份所产的羔羊称为春羔。

如何选择配种季节，直接关系到羔羊质量及羔羊成活情况。对于配种时期的选择应根据母羊的膘情、发情情况和饲养条件（饲料贮备、羊舍条件的好坏等）灵活考虑。冬羔优于春羔，表现在初生重大，发育好，抗热能力强，越冬容易，成活率高。但产冬羔必须具备一定的条件：首先要有羊舍，因为产羔时正是寒冬，羔羊刚出生时，体温调节能力差抗寒能力弱，如无羊舍保暖，羔羊在严寒下容易被冻死。其次必须有充足的草料来补饲母羊和羔羊。母羊一般从 12 月份体重开始下降，此时牧草枯黄，母羊需求的营养物质增多，加之泌乳，母羊需要进补饲。

1.4　妊娠

母羊的妊娠期一般是 147～153 天，平均 150 天。一般情况下，母羊在配种怀孕后，其食欲会增加，增膘较快，比较温顺。一个月后母羊的阴户干燥收缩、黏膜颜色发紫，阴道流出透明而略带黄色的黏液。随妊娠期的延长，孕羊的腹围逐渐增大。另外，也可以从眼的巩膜上观察母羊是否受孕，即翻开上眼皮，观察巩膜的血管：若瞳孔上方的巩膜表面有比较粗大的微血管充血，且凸起于巩膜的表面，呈紫红色，就是母羊怀孕的征兆。

1.5　分娩

母羊在分娩前，乳房、外阴、盆骨等在组织学上会发生显著的变化，需对这些变化的全面观察，以便做好接产准备。乳房在分娩前会迅速发育、腺体充实，临近分娩时可以从乳头中挤出少量清亮胶状液体或初乳，乳头增大变粗。外阴部临近分娩时，阴唇逐渐柔软，肿胀、增大；阴唇皮肤上的皱襞展开，皮肤稍变红；阴道黏膜潮红，黏液由浓厚黏稠变为稀薄滑润，排尿频繁。盆骨也会发生明显的变化：盆骨的耻骨联合，荐髂关节以及盆骨两侧的韧带活动性增强；在尾根及两侧松软，嵌窝会明显凹陷；用手握住尾根做上下活动，能够感到荐骨向上活动的幅度增大。此外，即将分娩的母羊，其行为也会发生变化：母羊往往精神不安、食欲减退；回顾腹部，时起时卧，不断努责和鸣叫；腹部明显下陷是临产的典型征兆，应立即送入产房进行分娩。

母羊正常分娩时，在羊膜破裂后几分钟至半小时羔羊就出生，如图 7－1 所示。先看

图 7－1　母羊分娩

到前肢的两个蹄，随着是嘴和鼻、头部及肩部是胎儿周径最大的区域，常常需要特别用力才能通过产道，当头顶露出后，羔羊就立即出生了。产双羔时先产出一只羔羊，可用手在母羊腹下用力推举，如属双羔，能触到坚硬而光滑的羔体。产双羔前后间隔 5～30 分钟，多至几小时。对产双羔或分羔的母羊，应特别注意，母羊在产第二、第三头羔羊时已疲倦无力，而且羔羊胎位往往不正，大多数需要助产。

生下羔羊后，母羊半小时至 3 小时将胎衣排出。大多数绵羊分娩都是正常的生理过程。分娩时要求安静，不要惊动母羊，在一般情况下都能顺产。

1.6 接羔

产羔是养羊业生产的重要环节，应当认真做好各项准备工作，达到全生、全活、全壮的目的。

1.6.1 接羔前的准备工作

1.6.1.1 饲草、饲料的准备

在产羔羊舍附近选留一片草场，专作产羔母羊的放牧草场。冬季产羔的母羊应准备充足的青干草、质地优良的农作物秸秆、多汁饲料和适当的精料等；春季产羔的母羊也应当准备至少可以舍饲 15 天所需要的饲草饲料。

1.6.1.2 接羔棚舍及用具的准备

绵羊产羔时间比较集中，一般都在冬末和早春，天气比较寒冷，必须做好接羔棚舍的准备工作。一般羊场都没有专门的产羔房，到产羔季节时，一般用羊舍来代替产羔房。舍内最好分成三个部分：待产间、临产间和羔羊哺育间。产羔工作开始前 3～5 天，必须对接羔棚舍、运动场、饲草架、饲槽分娩栏等进行修理和清扫，并用 3%～5%的碱水或 10%～20%石灰水进行比较彻底的消毒。消毒后的接羔棚舍，应当做到地面干燥、空气新鲜、光线充足、挡风御寒。一切接羔的用具和药品都应在开始产羔前准备妥善。

1.6.1.3 待产母羊的准备

母羊临近产期时，应根据配种记录和母羊乳房发育情况，将预计在 10～15 天内产羔的母羊组成临产母羊群。临近产期的母羊必须精心护理，每天出牧时要慢走，出入圈时，防止母羊拥挤，严禁鞭打，饮水时防止滑倒，以免引起流产。

对于细毛羊和半细毛羊最好在分娩前就剪去乳房周围和股内侧的羊毛，以免妨碍初生羔羊的哺乳或者吃下脏毛，引起消化道疾病和其他的疾病。

1.6.1.4 接羔人员的准备

接羔是一项繁重而细致的工作，一定要认真组织和安排劳动力，才能确保接羔工作的顺利进行。把具有丰富接羔经验的饲养员作为骨干力量，对初次参加接羔的工作人员，在接羔前组织学习有关的接羔知识和技术。所有工作人员必须分工明确、坚守岗位、昼夜值班、责任到人、杜绝各种事故的发生。绵羊产羔主要是在晚上 9～12 点钟，这是绵羊的本性，此时比较安静，也比较安全。

1.6.2 接羔方法

1.6.2.1 掏出黏液

接羔时，手臂要洗净、消毒。当羔羊出生时，应迅速将嘴、鼻、耳中的黏液掏出（图 7－2），以免呼吸困难而窒息死亡，或者吸入气管引起异物性肺炎。

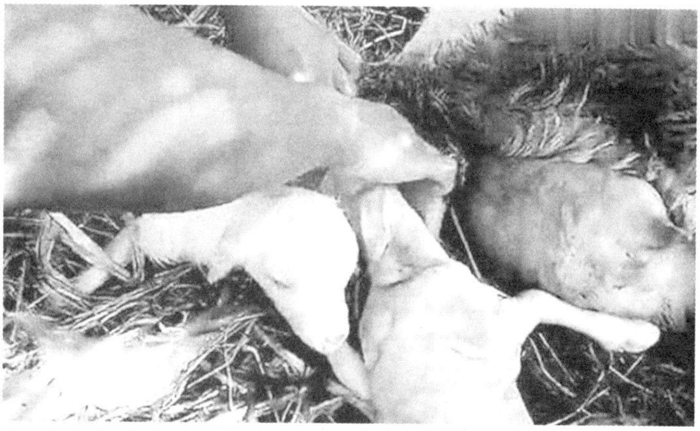

图 7－2　掏出黏液

1.6.2.2 断脐

羔羊出生后，脐带让其自然断裂。有的脐带不断，可用手拧断，然后消毒。若用剪刀，应先掐住脐带根部，再将脐带中的血向外排挤，扭转脐带，涂上碘酒，在距羔羊腹部 4 厘米处剪断。

1.6.2.3 舔毛

把初产羔羊交给母羊，让其舐干羔羊身上的黏液（图 7－3），目的有两个：一是建立母子之间的感情，为母羊识别自己的羔羊打下基础；二是对调节体温有好处。有些母性不强的母羊，可将胎儿黏液涂在母羊嘴上或将炒熟的精料撒在胎儿身上，让其舔食。若天气寒冷，就用软干草或干布将羔羊身上擦干。

图 7－3　母羊舔毛

1.6.2.4 称重与编号

要求羔羊在出生2小时内或在吃初乳之前给羔羊称重并进行编号、记录。

1.6.2.5 吃初乳

母羊分娩完毕后，如发现乳房周围和股内侧有毛应及时剪去。随后用温和的消毒水洗涤乳房，擦干后，挤去最先几滴乳汁，辅助吃奶。羔羊出生后，必须能及时吃上初乳，一是能够加强羔羊的被动免疫，二是能够防止羔羊饥饿，否则受饿有损健康。

1.6.2.6 对“假死羔羊”的处理

所谓“假死”，是指羔羊出生后有心跳、无呼吸现象。个别羔羊生下来有假死现象，应及时抢救，否则会窒息死亡。

1.6.2.6.1 可提起羔羊两后肢，使其悬空抢救假死羔羊如图7-4所示，同时轻拍胸部或者是背部。

图7-4 抢救假死羔羊

1.6.2.6.2 用酒精或碘酒，刺激羔羊鼻孔，使其复苏。

1.6.2.6.3 向羔羊鼻孔里吹气。

1.6.2.6.4 进行人工呼吸使羔羊平卧，用手有节律地推压羔羊胸部两侧。

1.6.2.7 助产(图7-5)

大多数绵羊在分娩时都是正产，极少数可能由于胎儿过大、初次产羔及胎位不正等原因，出现难产。母羊在羊膜破水后20分钟左右，母羊不努责，胎膜亦未见排出，应立即准备助产。助产的方法主要是帮助母羊分娩羔羊。助产时应当剪去指甲，洗净手臂，并消毒，涂润滑剂。先帮助母羊将阴门撑大，把胎儿的两前肢拉出来再送进去，重复3～4次，然后手拉前肢，一手扶头，随着母羊的努责，慢慢向后下方拉出，不能用力过猛。胎位不正的情况主要有：两腿在前、不见头部；头在前未见前肢；胎儿倒生等。前两种情况，待母羊阵缩时，将胎儿推回腹腔、纠正胎位，然后再产出，后一种情况比较麻烦，可将后肢先拉出，然后再帮助产出。

图7-5　助产

智能化生产案例7-1　羊高效繁殖技术智能优化软件开发与应用

7-1-1　背景分析

如果说种羊育种工作是改善羊群质量、建立良种羊群根本措施，那么种羊良种登记工作则是保证种羊育种工作顺利开展的有效措施。目前我国缺乏培育良种羊群的科学指导，在羊群改良的途径、方法和引进良种羊群的利用等方面存在许多问题，而且关于羊群配种信息大多依赖人工手工记录，数据无法发挥最大价值，且人员工作效率低下，直接影响了我国羊产业的快速健康发展。为此，本案例借鉴其他畜牧业科学的管理方法和先进的经验，同时结合我国的实际情况，开发了羊高效繁殖技术智能优化软件，能够为种羊育种工作的开展和种羊场的科学化饲养管理提供科学依据。

7-1-2　羊高效繁殖技术智能优化软件开发

本系统用于种羊良种登记和计划选配管理领域，如图7-6所示，包括良种羊只基本资料库、种羊遗传评定资料库、种羊选配计划模块三部分。可向各级育种组织提供出生证明、系谱资料、生产性能报告、遗传评估报告、个体选配方案和网上羊只评选等多种信息，能够为建立种羊良种繁育体系搭建信息平台。

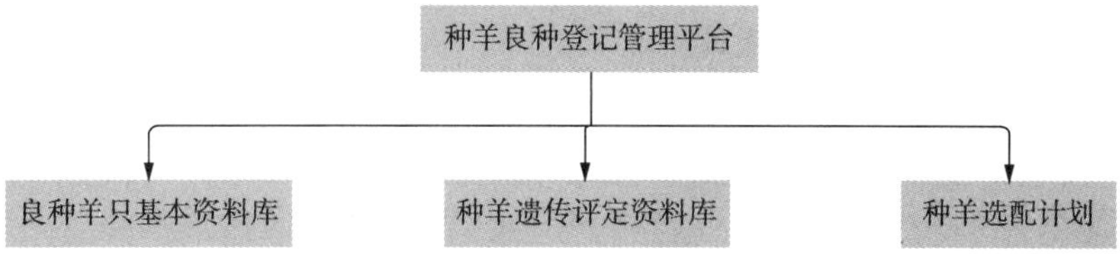

图7-6　种羊良种登记管理平台功能结构

7-1-3 技术原理

本系统主要基于Web技术开发与设计，本系统涉及物联网技术、大数据技术、信息系统开发技术等，具体设计的技术原理如下：

1. 良种羊只基本资料库

主要用来记录和存储种羊的基本谱系信息档案，包括当前种羊的耳标编号、种羊的父、母耳标编号，种羊的祖父、祖母耳标编号，种羊的外祖父、外祖母耳标编号，以及种羊的儿女耳标号和它们各自的品种、性别、日龄等基本信息，良种羊只基本资料库技术原理如图7-7所示。在实际生产过程中，工作人员利用耳标识别枪，扫描种羊的耳标，来查看并登记种羊的谱系信息档案。此流程主要利用耳标的RFID射频识别技术，通过无线电波来获取信息。登记后的信息形成种羊的基本谱系信息资料库，工作人员可以直接登录平台查询种羊基本谱系信息档案。

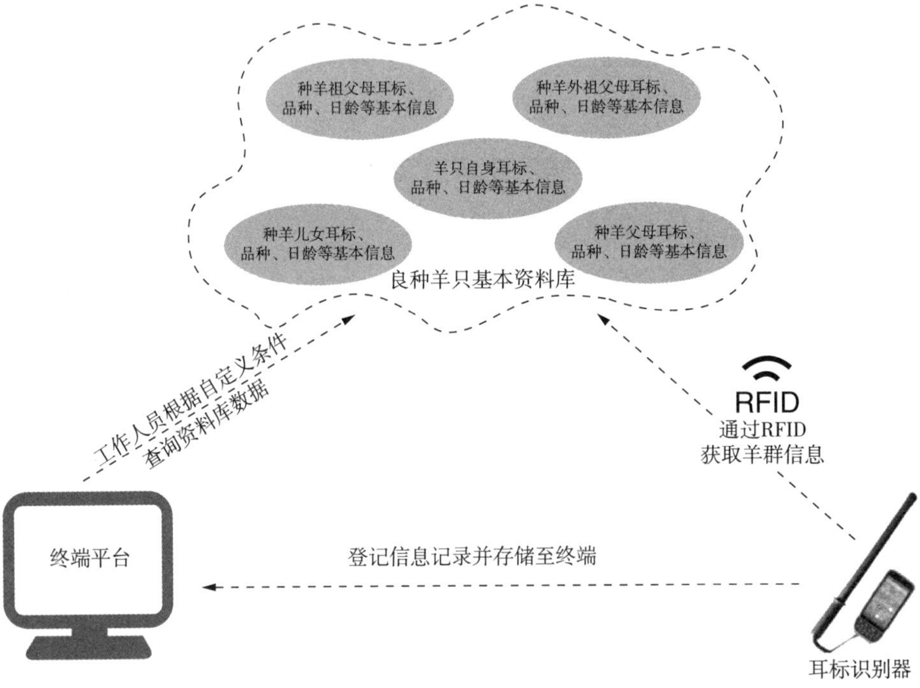

图7-7 良种羊只基本资料库技术原理

2. 种羊遗传评定资料库

主要用来记录种羊的繁殖记录、生产性能测定、体形外貌评分、遗传评估结果等方面的信息数据，种羊遗传评定资料库技术原理如图7-8所示。其中繁殖记录等数据可以利用电子耳标识别来辅助信息的登记，体型外貌的数据可利用图片识别技术，工作人员采用数码相机给每只羊从正面和两个侧面拍摄三张照片，照片的编号和羊只的编号是一致的，然后将照片存入软件的数据库中，通过图片比例识别，获取羊体型的尺寸数据，同时图片也能作为种羊外貌特征的准确记录数据，生产性能测定和遗传评估结果数据是结合种羊的基本谱系信息档案以及繁殖记录等，利用指标算法模型进行权重加权计算而成的结果，所有数据工作人员均可登陆平台进行查询维护管理。

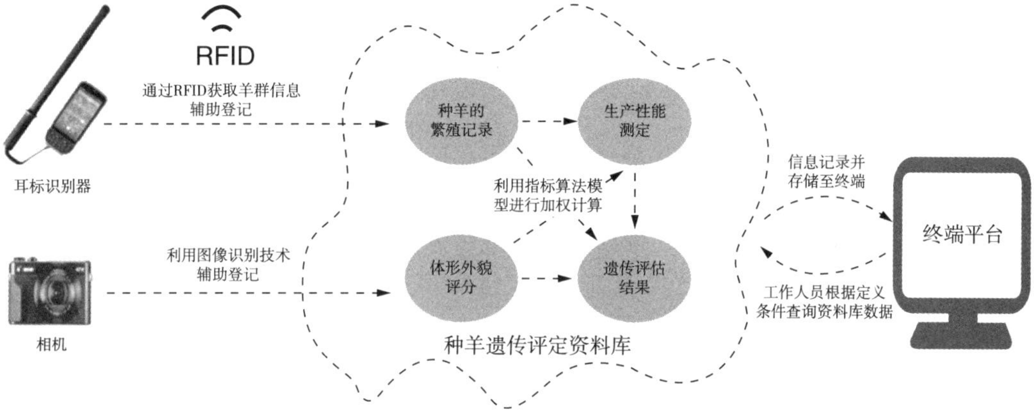

图 7－8　种羊遗传评定资料库技术原理

3. 种羊选配计划

种羊计划选配系统分为对羊场内部管理和对外公开运营的两大模块。

(1)对羊场内部的管理主要是建立了一套标准化种羊繁育指标,同时支持指标自定义,便于响应各个种羊繁育场自己的生产标准调整。选配计划系统利用种羊基本谱系档案资料库和遗传评定资料库中的数据,根据当前带配种羊只的信息,近交评估模型进行算法分析,提供最适合的三头可配种羊只方案。

(2)对外公开运营主要是可选择配种计划库中的羊只信息发布到公开网站上,其他需要繁殖的羊场根据需要在网上查询种羊库,可以很好地避免自己场内的羊只近亲繁殖带来的品种质量下降等问题发生。

7－1－4　应用前景

种畜禽是畜牧生产的基础,畜禽良种对畜牧业发展的贡献率超过 40%,种源供应是否充足、种畜品质是否稳定直接影响着畜牧业生产的效果。随着我国羊产业逐步向现代畜牧业转型,对羊产业管理开始走向规模化、产业化,为了提高规模化羊场繁殖率,对提高种羊的质量十分有必要,因此,种羊良种登记和计划选配软件系统可以解决这些问题,为羊群高效繁殖提供科学的管理手段。

知识点小结

当母羊第一次出现发情征状和排卵,公羊能排出成熟的精子,即达到性成熟。生产实践中,当母羊体重达到成年羊体重的 70%即体成熟时才可以进行初配。母羊达到性成熟后开始出现发情征状,可借助试情公羊来鉴别母羊是否发情。由于母羊的发情周期短,所以在发情后应及时配种。根据品种、气候、饲养条件选择配种季节与配种时期生产冬羔或春羔。母羊的妊娠期一般是 147～153 天,在分娩前,母羊的乳房、外阴、盆骨及行为等会发生明显的变化,需对这些变化进行全面观察以便做好接羔准备。接羔过程中,应注意接羔方法,特别是遇到羔羊假死和母羊难产时。

第2节　羊的繁殖配种技术

不同品种、不同年龄的羊，其繁殖性能也不相同。掌握羊的繁殖配种技术对于提高羔羊的数量及增加养殖经济效益意义重大。羊的繁殖配种技术涉及的技术要点较多，主要包括种公羊的选择、适时配种、选择合适的配种方式等。做好繁殖配种每一环节的工作，对于提高配种受胎率与产羔数量都非常关键。

2.1　种公羊选择的方法

选择优秀种公羊的方法主要有表型选择法、系谱选择法、半同胞测定法和后裔测定法四种。

2.1.1　表型选择

表型选择是指依据公羊的外形表现和生产性能，通过鉴定选出优秀个体，组成核心育种群，进行单独培育。种公羊的个体表型值超过平均值越多，个体的育种价值越高。在个体选种过程中，不能对所有的性状都求全求好，当一只种公羊的某一性状超出群体性状时，即可选为种用。

2.1.2　系谱选择

利用系谱资料，根据父母双亲的生产性能，选留优秀公、母羊的后代作为种用。依据双亲生产力可以估测其后代的育种值，为选种提供依据。选出育种值高的个体进行选配，从其后代中再选留种羊。

2.1.3　半同胞测定

半同胞测定是指依据羊群中现有羊的半同胞（同父异母）生产情况，估测种公羊的育种值。半同胞兄、弟、姊、妹中生产指标的高低，能够表明该种公羊继承父母代遗传力的大小，选用该方法要比后裔测定结果更早、更快。

2.1.4　后裔测定

以待测公羊与优秀母羊选配，所生后代1岁时的生产性能，和其母亲1岁时的生产性能进行比较，测定遗传力。也可与不同种公羊的女儿进行对比，比较后代的生产性能，从而确定出最优者。

2.2　选配

选种决定亲代的品质，而选配则直接影响后代的品质。选配不是公羊与母羊之间的简单交配，而是提高羊后代性能的重要手段。选种是选配的物质基础，选配则是良种水平的扩繁，选配与选种一样具有重要意义。

2.2.1　选配的原则

根据养羊实践，应遵循以下原则选配：公羊的等级应高于母羊的等级；禁止有相同或相反缺陷的公母羊间进行交配；选配时注意选择亲和力好的品种或品系（族）间交配；尽可能使用遗传力强的壮年种公羊，不宜用过老或过幼的公母羊交配；严格掌握亲缘交配，以提高羊群纯度、巩固某些优良性状，而远交是在纯种繁殖和品系繁育中经常用的方法。实践证明，利用共同祖先在 6 代以上的个体进行繁育，可克服表型选择所产出的后代分化现象，加速基因的纯合；选种选配的同时，须与加强培育紧密结合，方能巩固和提高选育效果。

2.2.2　选配的方法

生产实践中，经常将选配方法分为同质选配和异质选配两种类型。同质选配是选择具有相同特点的公羊、母羊进行交配，使其优良特性在后代中得到遗传和提高。如体格大、产肉性能好的母羊，选择同样体格大、肉用性能好的公羊交配，其后代表现出体格大、肉用性能强的概率就很大。不同表型性状的公、母羊之间进行交配称为异质选配。具有某些缺陷的母羊，如其体格较好但羊毛品质差，可以选择体格大、毛质较好的公羊进行交配；又如，为充分利用小尾寒羊繁殖力高、前期生长发育快的优势，可选择专门化的肉用品种或肉毛兼用型公羊与之交配，以克服小尾寒羊产肉性能低的缺陷。但在选择公羊时，一定要兼顾同时具有较高繁殖力的特点。

2.3　配种方法

羊的配种方法有自然交配和人工授精两种。

2.3.1　自然交配

自然交配分为自由交配与人工辅助交配，是小规模养殖中使用较为普遍的配种方法。

2.3.1.1　自由交配

自由交配通常根据母羊的数量，将选好的种公羊放入母羊群中任其自由寻找发情母羊进行交配。有时公羊和母羊混群放牧，母羊发情后则与公羊自由交配。该法省工、省事，如公羊、母羊适宜的比例混合养殖（一般为 1∶30～1∶40），母羊的受胎率相当高。但自由交配有很多缺点，如公母羊无限交配，既影响母羊的采食、抓膘，又不易控制产羔时间和选配计划；血缘关系不好查寻，容易造成近亲交配或早配，难以实施计划选配；无法控制产羔时间，所产羔羊规格不一，不便管理且易传播繁殖疾病。为克服这些缺陷，可在非配种季节把公、母羊分群管理，或公羊单独饲养，只是在配种期内将适量公羊放入母羊群，集中一个多月时间，任其自由交配。为避免近亲交配，每隔 2～3 年，有计划地调换公羊，更新血液。

2.3.1.2　人工辅助交配

人工辅助交配是将公羊和母羊分群隔离放牧，先用试情公羊试情，再有计划地安排公羊和母羊配种。采用人工辅助交配能够有计划地选配并提高后代质量。交配时间一般为：早晨发情的母羊下午或傍晚配种，下午或傍晚发情的母羊次日早晨配种，间隔 12 小时左右再复配一次。山羊的配种时间可向后延迟。

2.3.2　人工授精

人工授精是用器械先采取公羊的精液，经过精液品质检查和一系列处理后，再将精液输入到发情母羊生殖道内，达到母羊授精的目的。该配种方式的优点是有利于提高优秀种公羊的利用率，节约大量种公羊的饲养费用，防止疾病的传播。人工授精需要羊用假阴道、开膣器、输精管等器械及消毒药品、凡士林、75%乙醇、注射用生理盐水等如图 7-9、图 7-10 所示。所需器械用前必须消毒、灭菌，临用前可用生理盐水冲洗，涂抹消毒后的凡士林。人工授精技术主要包括采精、精液品质检查、精液稀释处理、保存、试情、输精等环节。

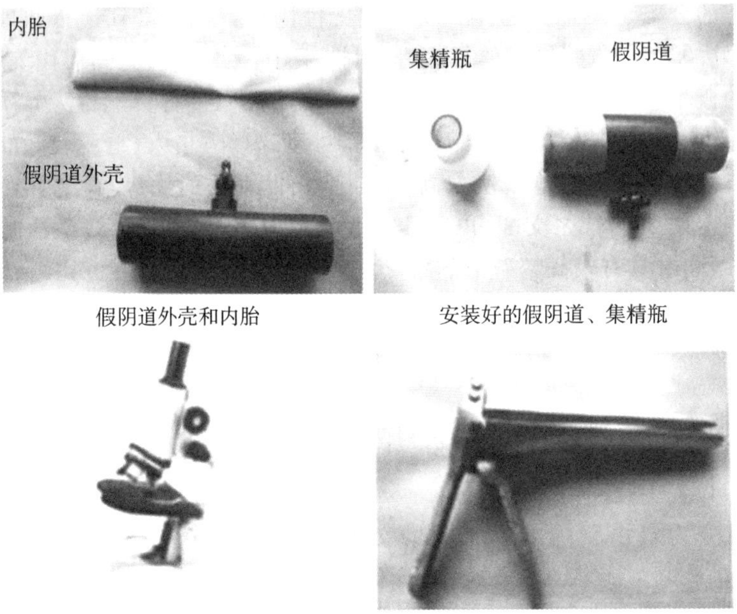

假阴道外壳和内胎　安装好的假阴道、集精瓶

显微镜　开腔器

图 7-9　人工授精所需的假阴道、集精瓶、显微镜、开膣器

2.3.2.1　采精

采精过程中选用发情较明显的母羊作“台羊”（即引诱种羊爬跨的母羊），假阴道事先准备齐全、消毒好。安装假阴道，灌入 39～41℃的温水 150 毫升，使其内温度、压力与母羊的阴道相似；然后吹气，以橡胶内胎口呈三角形为优，注意保持松紧适度。再用温的生理盐水湿润假阴道内部，并在三角口处涂凡士林少许。采精员手持假阴道，站在公羊右侧，当公羊爬跨台羊时，采精员迅速上前，右手持假阴道靠近母羊臀部，其假阴道的角度要与母羊阴道一致（45 度角）。用左手轻托阴茎包皮导入假阴道内。当公羊作向前冲的动作时，证明已射精，此时立即将假阴道的集精杯一端向下倾斜，使精液流入集精杯内如图 7-11 所示。然后将假阴道放气，取下集精杯，立即进行精液品质检测及其他操作。

配种开始前 1～1.5 个月，每只种公羊至少要彩排精液 15～20 次，开始每天可彩排精液一次，在后期每隔一天彩排精液一次，目的是排除公羊生殖器中长期积存下来的衰老、死亡和解体的精子，促进种公羊的性机能活动，产生新精子。

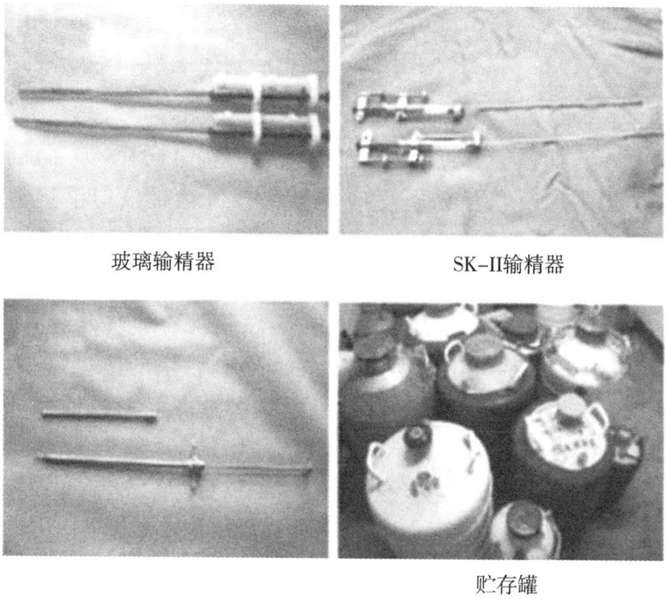

图 7－10　人工授精所需的输精管与液氮保存装置等

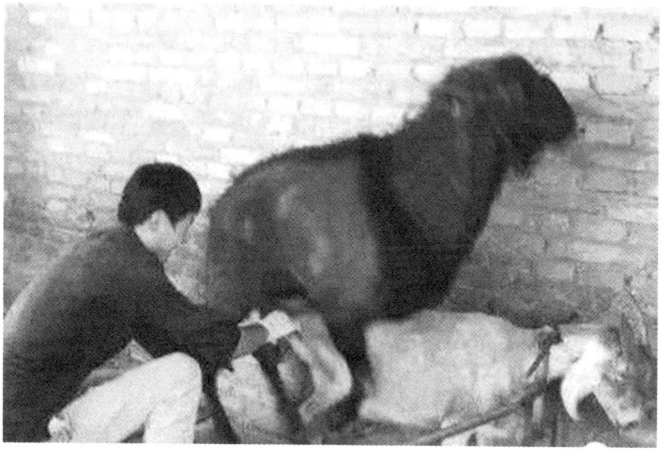

图 7－11　人工采精

2.3.2.2　精液品质检查

正常公羊的精液为乳白色，略有腥味，肉眼观察精液呈翻滚云雾状；如有其他颜色或有臭味，则不能使用。在 38～40℃下，用 400～600 倍进行显微镜观察，检测精子活力。以精液中呈直线前进运动的精子百分率判定，若全部精子都作直线运动者评为 1，90％呈直线运动为 0.9，依次类推。鲜精活力应在 0.5 以上，冻精为 0.3 以上，方可用于输精。精子密度测定有 3 种方法，即显微镜观察法、血球计数法及光电比色法。生产中因显微镜观察法简便、适用、容易操作，是常用的方法。在视野中，当精子与精子间可容纳1个精子时，密度视为“中”，低于或高于1个精子则评为“密”和“稀”。凡精子形态不正常者均为畸形精子，如头部过大、双头、双尾、尾部弯曲等，畸形精子率要求不得高于15%。

2.3.2.3 精液稀释

利用注射用生理盐水等温下对精液进行稀释。精液的稀释倍数，视原精的精子密度和参加配种母羊数酌定，如精子密度大，稀释倍数可高些。同样，如需配种的母羊数量多时，稀释倍数也应适当加大。精液采下后应尽早稀释。稀释液应沿容器壁缓慢加入，稀释倍数最好不要超过原精液的两倍。

2.3.2.4 精液保存

精液保存分为鲜精保存和冷冻保存两种方式：鲜精保存是先将精液装入青霉素小瓶内，外包8层纱布，再套上塑料袋并扎紧，然后装入盛有冰块的广口瓶中，或放入冰箱，温度为2～4℃，保存1～2天，仍可应用。冷冻保存即将冷冻好的精液用液氮保存，可长期保存和使用。

2.3.2.5 试情

母羊的发情征状不太明显，加之发情持续期短，因而不易被发现。要想知道母羊是否发情，主要用试情公羊来寻找发情母羊，准确率达90%以上。所以公羊试情是母羊配种工作的重要环节，与配种成绩关系非常密切，在某种程度上甚至成为羊人工授精工作成败的关键。生产实践中，试情应在每天清晨进行，原则上越早越好，但必须能看得见，也可以分早、晚两次进行。每次试情时间约1～1.5小时。通常将试情公羊赶入待配母羊群中进行试情，在试情过程中要始终保持安静，禁止无故惊扰羊群。在试情工作中要力求做到：认真负责，仔细观察，随时注意试情公羊的动向，随时驱散成堆的羊群，为试情公羊接触母羊创造条件。凡愿意接近公羊，并接受公羊爬跨的母羊即认为是发情羊，应及时将其捕捉并送至发情母羊圈中。抓发情母羊时要做到四个字“准（看清楚）、稳（不惊群）、快（及时抓出）、清（记清羊号）”。对于育成母羊，也就是初次参加配种的母羊，往往发情征状不太明显，虽然有时和公羊接近，但拒绝接受爬跨，这种情况只要发现与公羊有接近，就应抓出，然后结合阴道检查来判断母羊是否真正发情。

2.3.2.6 输精

用试情公羊试情，准确挑出发情母羊，及时授精。首先固定母羊双后腿：保定人双手握住母羊后腿跗关节，并提起，使母羊臀部抬高如图7-12所示。清洗、消毒阴门后，将开膣器插入阴道内并旋转90度并打开，将装有精液的输精管插入子宫颈口内1厘米，然后将精液推入子宫颈内。每次输精量原精液为0.05～0.1毫升或稀释精液0.1～

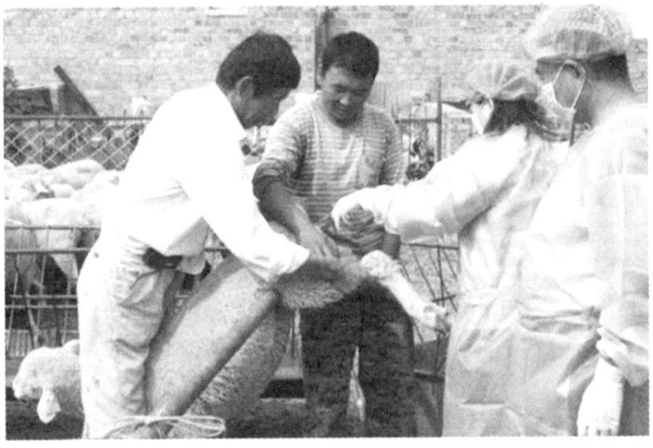

图7-12 人工授精

0.2毫升，每次输精要求保证有效精子数在7500万个以上。为了确保准胎率，可在首次输精后的8小时后再输第2次，妊娠率可达80%左右。

2.4 配种过程中的注意事项

2.4.1 试情种公羊的选择及调教

人工授精用的种公羊，必须生产性能高，遗传性稳定、体格健壮、配种能力强。每头公羊，一般能配300～500只母羊，优秀的种公羊能配1000只左右。在配种前1.5个月需对种公羊补料，喂给配种期的日粮标准，饲料尽可能多样化。对于初次参加配种的公羊，由于其性反射往往不敏感，甚至不爬跨母羊，必须加以调教：可将公羊放入母羊群或直接混入发情母羊中，让其本交几次；或者把发情母羊的阴道分泌物抹在公羊鼻尖上以刺激其性欲；也可以注射丙酸睾丸素，每次1毫升，隔一天一次；还可以每日早晚各按摩睾丸一次，每次约10～15分钟；必要时，在其他公羊采精时，让调教的公羊在旁边"观摩"；或者调整日粮、改善管理、加强调教公羊的运动。

2.4.2 试情公羊的处理

试情公羊的任务是发现或者是寻找发情母羊，为了避免试情公羊的偷配，对试情公羊应做适当的处理：

2.4.2.1 结系试情布

用一块40厘米×40厘米的白布，四角系上带子，每当试情时拴在试情公羊的腹下，使其无法直接交配。这种方法简单易行，应用广泛，但每天要换洗试情布。结系试情布如图7-13所示。

图7-13 结系试情布

2.4.2.2 结扎输精管

在配种季节前，将选作试情公羊的输精管进行结扎，用这样的羊来进行试情。

2.4.2.3 阴茎移位

将用作试情公羊的阴茎进行移位，移位后的公羊爬跨母羊时阴茎伸向一侧，不能交配，达到试情的目的。

2.4.3 母羊的管理

在配种期间，母羊要做好管理工作：一是要单独组群，防止偷配。凡确定参加人工授精的母羊，要单独组群，认真管理，防止公母羊混群，防止偷配。二是母羊做到满膘配种：在配种前和配种期，要加强放牧管理，使羊只吃饱、喝足、休息好，做到满膘配种。三是实行短期优饲：对膘情不够理想的母羊，在配种前半个月或1个月补喂适量的精料，促使母羊在短期内迅速增膘，以早期发情。四是要做到适时配种。要掌握母羊的发情排卵规律和发情症状，一般在母羊有发情症状的12～14小时进行配种最佳，并且要遵循“老配早、少配晚、不老不少配中间”的原则。

2.5 羊繁殖成绩的测定

2.5.1 产羔率

所谓产羔率是指产活羔羊数占分娩母羊数的百分比：产羔率（%）＝产活羔羊数/分娩母羊数×100%。

2.5.2 繁殖率

繁殖率是指出生羔羊数占适繁母羊数的百分比：繁殖率（%）＝产羔羊数/适繁母羊数×100%。

2.5.3 繁殖成活率

繁殖成活率是指断奶时成活羔羊数占适繁母羊数的百分比：繁殖成活率（%）＝断奶时成活羔羊数/适繁母羊数×100%。

2.5.4 羔羊成活率

羔羊成活率是指断奶时成活羔羊数占出生羔羊数的百分比：羔羊成活率（%）＝断奶时成活羔羊数/出生羔羊数×100%。

2.5.5 妊娠率

妊娠率是指妊娠母羊数占参配母羊数的百分比：妊娠率（%）＝妊娠母羊数/参配母羊数×100%。

智能化生产案例7-2 母羊发情智能鉴定技术与应用

7-2-1 背景分析

母羊幼龄时期的卵巢及性器官均处于未完全发育状态。卵巢内的卵泡在发育过程中多数处于萎缩闭锁状态，以后随着母羊的生长发育，脑垂体分泌促性腺激素逐渐增多，同时卵巢对促性腺激素敏感度也增大，卵泡开始发育成熟，即出现排卵和发情症状。母羊的第一次出现发情症状，即初情期的到来。此时虽然母羊有发情症状，但往往发情周期不正常，其生殖器官仍在继续生长发育之中，故此时不宜配种。一般绵羊的初情期为4～8月龄，某些早熟品种如小尾寒羊初情期为4～5月龄；山羊初情期为4～6月龄。

随着第一次发情的到来，在雌激素的作用下，生殖器官增长迅速，生长发育日趋完善，具备了繁殖能力，此时称为性成熟期。一般来说性成熟后就能配种繁殖后代，但这时其自身的生长发育尚未成熟，体重仅为成年羊的40%～60%，因而性成熟期并非适宜配种年龄。因为母羔配种过早，不仅会严重阻碍自身的生长发育，还会影响后代的生产性能。一般初配母羊体重应达到成年羊体重的65%～70%。对于母羊发情期的判别，一般是人为鉴定，误差大，人力耗费大，而且当母羊数量多时，不能及时发现其发情期，降低配种率，造成一定的损失。

7-2-2　母羊发情智能鉴定技术与应用研究

本案例提供一种母羊发情鉴定器，其结构包括外壳、控制盒、窥视孔、喷墨标记器与耳标读写器，外壳一侧的下方开设有便于母羊与公羊接触的窥视孔，窥视孔的外侧安装读取母羊耳标号的耳标读写器，外壳的内部设有控制盒与用于标记的喷墨标记器，控制盒内部设有PLC、电磁阀与触摸屏，PLC分别连接电磁阀与触摸屏，PLC还连接耳标读写器；给母羊耳朵佩戴电子耳标；将公羊放在全密封围栏中；当母羊每次去访问公羊时，耳标读写器都会读到其耳标号，耳标读写器将数据传给PLC，PLC处理后再判断此母羊发情与否，PLC判断母羊发情则控制喷墨标记器对该母羊进行标记。本技术用于鉴定母羊是否发情，装置简单，替代人工、减少人为出错、提高配种率。

7-2-3　技术原理

母羊发情鉴定器，包括外壳、控制盒、窥视孔、喷墨标记器与耳标读写器，外壳一侧的下方开设有便于母羊与公羊接触的窥视孔，窥视孔的外侧安装读取母羊耳标号的耳标读写器，外壳的内部设有控制盒与用于标记的喷墨标记器，控制盒内部设有PLC、电磁阀与触摸屏PLC分别连接电磁阀与触摸屏，PLC还连接耳标读写器；给母羊耳朵佩戴电子耳标；将公羊放在全密封围栏中；只在围栏下方开设用于放置本装置的孔；当母羊每次去访问公羊时，耳标读写器都会读到其耳标号耳标读写器将数据传给PLC，PLC记录母羊接触公羊的时间、次数，经过数据处理再判断此母羊发情与否，PLC处理后判断母羊发情后，则控制喷墨标记器对该母羊进行标记；其中，PLC判断母羊发情与否的情况分为三种模式：O模式、X模式、V模式。

(1)PLC判断母羊发情与否的情况中O模式流程如下：

① 给本装置通电；

② 本装置是不是初次使用，如果是，则需设置参数；如果不是；进行下一步；

③ 读耳标：PLC发指令给耳标读写器，要求识读母羊的耳标，PLC每隔T1秒就发一个指令，如果没有母羊进入，则继续识读，等待母羊进入；如果有母羊进入，则进行下一步；

④ 识别到耳标：PLC暂存该耳标号；从第一次读到该耳标号开始，延时T2时间，T2时间到后，PLC要检测还是不是该耳标号；如果不是：则第一次读到的耳标数据被丢弃，并开始对新耳标号延时T2；如果是：则计入本耳标号的数据；PLC每隔T1秒就会要求读写器上传数据，上传来的数据，PLC要实时计算；访问次数记为1次；单次访问时间为：从初次读到该耳标开始，一直到当前的时间差；通过访问次数和访问时间，PLC要实时计算

发情指数；

⑤ 判断母羊有无达到发情指数最小值：发情指数是一个计算后的值，是一个经常在变动的值，它体现出了母羊访问公羊的频度，是衡量母羊发情与否的重要数据，其计算方式为：发情指数＝日访问次数＋日访问时间/发情系数；发情系数是用户自设定的值；

⑥ 如果母羊发情，则喷墨标记：当该羊发情指数大于发情指数最小值时，PLC 会控制喷墨装置喷墨标记；

⑦ 如果母羊未发情，PLC 持续给读写器发指令，返回的数据，PLC 要实时检测还是不是上次的耳标号；如果是，PLC 实时累加访问时间，并计算本耳标号的发情指数；如果 PLC 检测到另一个耳标号，说明上一只羊已经离开，当前的是另一头羊，PLC 则回到 D）步；PLC 读到该羊的耳标号后，会自动关联该羊当日的访问数据。

（2）PLC 判断母羊发情与否的情况中 X 模式流程如下：

① 给本装置通电；

② 本装置是不是初次使用，如果是，则需设置参数；如果不是；进行下一步；

③ 读耳标：PLC 发指令给耳标读写器，要求识读母羊的耳标，PLC 每隔 T1 秒就发一个指令，如果没有母羊进入，则继续识读，等待母羊进入；如果有母羊进入，则进行下一步；

④ 识别到耳标：PLC 暂存该耳标号；从第一次读到该耳标号开始，延时 T2 时间，T2 时间到后，PLC 要检测还是不是该耳标号；如果不是：则第一次读到的耳标数据被丢弃，并开始对新耳标号延时 T2；如果是：则计入本耳标号的数据；PLC 每隔 T1 秒就会要求读写器上传数据，上传来的数据，PLC 要实时计算；访问次数记为 1 次；单次访问时间为：从初次读到该耳标开始，一直到当前的时间差；

⑤ 判断母羊有无达到发情指数最小值：发情指数最小值是一个用户设定值，其中包括次数最小值、时间最小值；当 PLC 计算累加到的值，大于次数最小值或时间最小值中的任何一个，即可判断该羊发情；

⑥ 如果母羊发情，则喷墨标记：当该羊发情指数大于发情指数最小值时，PLC 会控制喷墨装置喷墨标记；

⑦ 如果母羊未发情，PLC 持续给读写器发指令，返回的数据，PLC 要实时检测还是不是上次的耳标号；如果是，PLC 实时累加访问时间，并计算本耳标号的发情指数；如果 PLC 检测到另一个耳标号，说明上一只羊已经离开，当前的是另一头羊，PLC 则回到 D）步；PLC 读到该羊的耳标号后，会自动关联该羊当日的访问数据。

（3）PLC 判断母羊发情与否的情况中 V 模式流程如下：

① 给本装置通电；

② 本装置是不是初次使用，如果是，则需设置参数；如果不是；进行下一步；

③ 读耳标：PLC 发指令给耳标读写器，要求识读母羊的耳标，PLC 每隔 T1 秒就发一个指令，如果没有母羊进入，则继续识读，等待母羊进入；如果有母羊进入，则进行下一步；

④ 识别到耳标：PLC 暂存该耳标号；从第一次读到该耳标号开始，延时 T2 时间，T2 时间到后，PLC 要检测还是不是该耳标号；如果不是：则第一次读到的耳标数据被丢弃，并开始对新耳标号延时 T2；如果是：则计入本耳标号的数据；PLC 每隔 T1 秒就会要求读写器上传数据，上传来的数据，PLC 要实时计算；访问次数记为 1 次；单次访问时间为：从

初次读到该耳标开始，一直到当前的时间差；当某母羊单次访问时间大于 T3 时间，访问次数自动加 1；

⑤ 判断母羊有无达到发情指数最小值：发情指数是一个计算后的值，是一个经常在变动的值；它体现出了母羊访问公羊的频度；是衡量母羊发情与否的重要数据；其计算方式为：发情指数＝日访问次数＋(单次访问时间/次数转换时间 T3)，此处的单次访问时间是指必须超过 T3 时间，单次访问时间除以次数转换时间 T3 的除值且取整数，而日访问次数，是读写器实际读到过几轮；

⑥ 如果母羊发情，则喷墨标记：当该羊发情指数大于发情指数最小值时，PLC 会控制喷墨装置喷墨标记；

⑦ 如果母羊未发情，PLC 持续给读写器发指令，返回的数据，PLC 要实时检测还是不是上次的耳标号；如是，PLC 实时累加访问时间，并计算本耳标号的发情指数；如果 PLC 检测到另一个耳标号，说明上一只羊已经离开，当前的是另一头羊，PLC 则回到 D)步；PLC 读到该羊的耳标号后，会自动关联该羊当日的访问数据。

7-2-4　应用前景

母羊发情智能鉴定技术能够解决母羊数量众多时人为鉴定发情导致的误差大，人力耗费大，不能及时发现其发情期，降低配种率，给羊场造成损失的问题。

知识点小结

选择优秀种公羊的方法主要有表型选择法、系谱选择法、半同胞测定法和后裔测定法四种。在配种过程中，应严格遵循选配的原则，科学选择同质选配或异质选配；根据羊场的实际条件与需求，采用自然交配或人工授精进行配种。配种过程中，要精选优秀试情种公羊并进行调教、试情处理；母羊要单独组群，防止偷配；做到满膘配种、短期优饲、及时配种。羊的繁殖成绩可通过产羔率、繁殖率、繁殖成活率等指标测定。

第 3 节　影响羊繁殖的因素及提高繁殖力的方法

提高羊的繁殖力是促进现代养羊业发展的根本途径。在养殖管理过程中，羊繁殖能力的高低受遗传、年龄、饲养管理、环境等多种因素的影响。因此，生产实践中需要从母羊繁殖特点及影响母羊繁殖的因素出发，构建科学的养殖管理方案，充分提升母羊的繁殖性能，推动羊产业健康发展。

3.1　影响羊繁殖的因素

3.1.1　遗传因素

不同品种羊在繁殖力方面存在差异，主要同遗传有关。一般来讲，公羊和母羊的繁殖力强,它们的后代繁殖力也强,因此可以通过选择多胎品种的公母羊或者选择本身就是多胎的公母羊作为种用,可以继续保持或进一步提升产羔率。首次产羔时间往往影响终身的产羔数,因此发育快、发情期早的公母羊可以把这种早熟特性传给后代。如果选择体格大、体质好、抗病力强的公母羊,一般情况下它的后代也会变得体格大、体质好、抗病力强。近亲交配对遗传力发挥的影响很大,甚至使后代出现畸形或矮化、繁殖力降低。鉴于此,那些繁殖力低、体格小、体质差的羊一般不能作为种用,特别是种公羊要坚决淘汰。同时,要严格避免近亲交配对遗传带来的不利影响。

3.1.2 日粮的营养水平

日粮的营养水平对繁殖力的影响是多方面的,如饲料的组成以及能量、蛋白质、维生素、矿物质的水平都对繁殖力有影响。日粮营养水平首先对羔羊的发育产生重要影响:营养好的羊发育快、成熟早、产羔也提前,营养差则与此相反。营养水平也直接影响受胎率、胎儿的发育及成活率。在羊产业发展过程中,饲料成本约占整个养殖成本的70%左右,许多养殖户为了节约养殖成本,经常会使用农作物秸秆作为主要饲料原料,并搭配少量的玉米作为羊的日粮,原料较为单一、营养价值较差,经常出现维生素、矿物质供给不足的现象。日粮营养水平缺乏不仅降低母羊的采食量、影响母羊的健康,甚至会危及母羊的正常发情和正常配种。特别是母羊进入妊娠后期,由于羔羊发育快,若母羊的营养不能满足胎儿发育需求,易造成母羊生产出来的羔羊个体瘦弱、抗病能力较差,很容易在早期引发各种传染性疾病最终导致羔羊死亡。此外,种公羊的精液品质也受日粮营养水平的影响,特别是蛋白质的供应水平影响更大。饲料中蛋白质含量高,公羊的射精量相对较多,精液品质也好,反之精液品质则下降。在配种期,为提高种公羊的繁殖机能,在原来饲料的基础上往往会额外补充鸡蛋等蛋白质以满足精液合成的需要。但是,营养水平过剩也会对繁殖力起反作用,高水平的日粮不仅使公母羊过肥、行动迟缓,也会使繁殖力下降。因此,配种期间母羊不能过肥,公羊在八成膘情时较为适宜。

3.1.3 饲养管理水平

科学的饲养管理也是提高羊繁殖性能的关键因素之一。在实际养殖管理过程中,由于饲养管理不科学,如不能按照品种、羊群的性别、年龄、生产方向等因素做到科学分群、饲养与管理,容易造成营养物质供给不足,甚至羊群内经常出现争斗。另外,个别羊场不注重养殖环境的改善,如密闭养殖、通风不良,有毒有害气体积累,容易给各种病原微生物的传播流行提供温床。由于整体的养殖环境差,造成羊群抗病能力下降,大量羊群长期处于亚健康状态。一旦受到应激因素影响,会使得各种病原的易感性极大增强,从而诱发母羊各种繁殖障碍性疾病。目前,繁殖障碍性疾病与免疫性疾病已成为威胁能繁母羊健康生产、正常发情的主要影响因素。

3.1.4 气候因素

气候因素中的光、温度和相对湿度对母羊的发情、排卵、胚胎成活以及羔羊的发育具有较大的影响,有时候三者相互作用,必须同时考虑。羊一般为短日照、季节性发情动物,对于性成熟的母羊,缩短光照会使其生殖机能处于兴奋和旺盛状态,使其发情。反之,光照时间延长则会抑制母羊发情。不同的纬度地带,在同一季节里光照条件却不相同:在纬度较高的地区,光照变化较明显。因此母羊发情季节较短;而在纬度较低的地区,光照变化不明显,母羊可以全年发情、配种。尽管绵羊、山羊是短日照动物,缩短光照时间可诱导其发情,但并不意味着长光照对其生殖器官的发育有不良影响。现代研究发现,在配种之前一段时间给绵、山羊进行长光照处理,可使其发情更明显,妊娠率更高。

环境温度对羊的繁殖性能往往产生最直接的影响。对繁殖母羊而言,最适宜的温度在 5～10℃,生产中较为可行的温度范围在 7～24℃之间。如果温度变化过大,会造成热应激或冷应激,从而激活母羊一系列的生理反应:影响母羊的性行为;降低排出卵子的数量和质量;影响胚胎的生存、胎儿的生长发育和出生后的发育。热应激对胚胎的影响主要是改变母羊子宫内微环境,干扰激素水平的调节,影响生殖内分泌系统。母羊体内外的试验表明,受精卵在卵裂早期受到热应激影响后,会使早期胚胎的死亡率升高。输精时,直肠及子宫的温度与受胎率有密切关系,配种后环境温度升高,会完全阻止受精。母羊对热应激的调节反应,可以引起子宫的血流量减少,使子宫温度升高,而且影响子宫对水、电解质、营养及激素的利用,结果造成妊娠早期胚胎的死亡率增加。热应激对围产期母羊及孕体的功能都有着重要的影响。有人研究发现,妊娠后期的热应激可以引起山羊子宫血液减少、胎盘重量减轻、胎儿生长迟缓。冷应激则通过影响机体的内分泌,使甲状腺、肾上腺的功能增强,而生殖系统活动减弱或停止,表现不发情或不排卵。

羊具有喜干燥、厌潮湿的生理习性。在高温环境中,若增加空气的相对湿度,则不利于母羊生殖活动。在适宜温度和低温环境中,相对湿度对母羊的生殖活动影响很小。当 7～8 月份平均气温超过 35℃时,母羊的繁殖率与相对湿度呈负相关。9～10 月上旬,气温下降到 35℃以下,湿度对繁殖率的影响很小。在繁殖季节,高湿会导致母羊发情无规律、症状不明显,甚至不发情,以致延误母羊的配种而出现空怀。

3.1.5　年龄与胎次

母羊的年龄和胎次对繁殖力的影响是比较明显的。一般情况下第一胎的产羔率相对较低,随着胎次的增加产羔率也提高,到第四胎以后趋于稳定,到 7 岁左右时又开始下降。因此,4～7 岁的母羊,受胎率和成活率高,是繁殖的高峰期。如果母羊的繁殖力明显下降,且对后代的体质等各方面都有影响时,应及时做育肥处理。

3.1.6　疾病的影响

疾病是影响繁殖力的重要因素,其中母羊生殖器官的各种疾病直接影响繁殖力。公羊的生殖器官对繁殖力的影响也比较明显。一般阴囊和睾丸的温度比体温低,如果由于发烧、蚊蝇的侵袭或过度的运动而体温升高,可能造成暂时不育。如果配种公羊得病,繁殖力降低或完全不育。布鲁氏杆菌病等传染病容易引起流产、产羔率下降。

3.1.7　其他因素

分娩和哺乳会影响母羊的发情。羊一般在分娩后需要 4～6 周的时间子宫才能恢复正常,这一期间内发情明显减少或发情的母羊往往拒绝交配。母羊在哺乳期,对发情有一定的影响,特别是对膘情差的母羊影响较大。因此,提前断奶是提高繁殖力的措施之一。母羊和公羊经常接触,可以影响母羊的发情或排卵,因为母羊从视觉、听觉和嗅觉上有心理刺激,因此在饲养中有意让母羊接近公羊或羯羊,可促使母羊提前发情和排卵。

3.2 提高羊繁殖力的方法

3.2.1 做好羊品种的选择

遗传因素直接决定了羊群的生产机能，同品种和不同个体之间存在很强的繁殖差异。因此，在羊品种选择过程中，注重从生产潜力较高的公羊和母羊中选择优秀个体作为种用，同时还应进一步分析繁殖母羊的配种指数、性成熟程度及每个胎次产羔数量。在品种选择过程中，应综合分析该品种的遗传系统，特别是父本、母本的生产性能，同时找到繁殖能力较强的母本。另外，在日常养殖管理过程中，饲养人员也需要认真检查繁殖母羊的生理机能、种公羊的精液品质。最重要的是应加强对本地生产性能落后母羊的品种改良，通过加快推广人工授精技术，实现本地母羊品种的快速复壮。

母羊的多胎性能直接影响整个羊群的繁殖力。研究认为，多胎的公母羊其后代也多，第一胎产羔多的母羊终生产羔也多。以萨能奶山羊为例，第一胎产羔数与终生产羔数呈显著正相关：第一胎产 1 羔的，5 胎共产羔 9.3 只；第一胎产 2 羔的，5 胎共产羔 10.62 只；第一胎产 3 羔的，5 胎共产羔 13.18 只。所以，加强对第一胎母羊产羔性能的选择，可不断提高羊群的产羔率。试验还证明，通过不间断地引入多胎性品种杂交改良，可有效迅速地提高群体繁殖力。山羊品种的多胎性在育种上是很重要的，它决定着这种羊的利用价值和一个品种的经济效益。

3.2.2 改善饲养管理，实行短期优饲

全价的营养、良好的管理，可以提高种公羊的性欲、射精量和精液品质，促进母羊的生长发育和性成熟，可使母羊早发情、多排卵。生产实践中，为了使空怀母羊多排卵、多受胎，可在发情配种前后一周内给予充分饲养，每天把喂料量提高 10%左右，这叫做发情配种的支持饲养法。在配种季节，应加强公母羊的放牧补饲，满足羊的营养需求。配种期的种公羊，应额外补充蛋白质饲料，如鸡蛋、鱼粉、羊奶、猪血等，以及时补充种公羊的营养（主要是蛋白质）消耗，提高其精液品质。此外，在抓膘催情的同时，也要注意不能让繁殖种羊过度肥胖。公羊要合理利用，过度利用会使性欲下降，精液品质差，受胎率低。母羊要及时发现发情，适时配种，提高受胎率。

3.2.3 增加适龄繁殖母羊的比例

羊群结构是否合理，对羊的繁殖有较大影响。因此，增加适龄繁殖母羊在羊群中的比例，是提高羊繁殖力的一项重要措施。在气候和饲养管理较好的地区，可以实行密集产羔，但是需要注意以下几点：一是要选择健康结实、营养良好的母羊，母羊的年龄以 2～5 岁为宜，母羊的乳房应发育良好，泌乳量较高；二是加强对母羊和羔羊的饲养管理，母羊在生产前和生产后有较好的补给饲料条件；三是要从当地具体条件和有利于母羊健康及羔羊的发育出发，合理安排羔羊早期断乳和母羊的配种时间。

3.2.4 运用繁殖新技术

现代养羊过程中，运用人工授精、同期发情、超数排卵、胚胎移植等繁殖新技术可以有效提高羊的繁殖性能。同期发情技术可以人为地控制并调整群体母羊的发情周期，使

母羊在特定的时间内集中发情；超数排卵是利用激素来改善母羊在发情期排卵少的情况，促使母羊在发情期可排出更多的卵泡，这种技术可以充分发挥母羊的繁殖力，迅速扩大良种畜群；胚胎移植就是“借腹怀胎”，可以加快我国优良绵羊、山羊的品种繁殖，加速羊群新品系的培育。早期妊娠诊断技术对于保胎、减少空怀和提高繁殖率具有重要意义，生产中常用的有 B 超法、激素测定法、免疫学诊断法等。

思政教育案例 7－1　中国“试管动物研究之父”——范必勤

范必勤教授是江苏省生科院、农科院动物胚胎工程研究员，亚洲动物生物技术学会主席，中国农业生物技术学会动物专业委员会主任，是一位把研究和探索生命的奥妙当作自己毕生事业的科学家，其取得的研究成果对促进中国试管动物的研究起了先导作用，被誉为中国“试管动物研究之父”（图 7－14）。

1931 年 11 月 6 日，范必勤出生于福建省长汀县新桥镇任屋岗一个农民家庭。幼时家里有少许的田地，平时家里兼做粉干，以弥补家庭支出，家境颇为清苦。但幼时的贫困锻就了范必勤坚韧的性格。他从小就是个勤奋学习的好学生，中学时期的功课门门优异，50 年代初考入南京大学生物系，1955 年大学毕业后，从事胚胎学的教学和科研工作。在一般人看来，生物学是一门普通的学科，但其中有高深而广泛的知识，有尖端的生命等研究课题，如果没有执着的追求，没有对生命探索的浓厚兴趣，是很难读好这门学科的，更谈不上进入生命的迷宫了。范必勤教授说：“我在中学时期，对生物这门学科就非常感兴趣，曾经产生过奇想：动物怎么会变种？能不能借腹怀胎？能不能像植物般无性杂交？等等。”于是，他感到生物界有许许多多的奥秘，值得人们去探索，有许许多多的奇迹，值得人们去发现，生命的秘密充满着无穷的魅力。正是因为有了这些动力，使他走向探索生命的道路，靠勤奋拼搏成为胚胎学专家。

图 7－14　范必勤

胚胎工程是一项技术性很强的工程。它包括人工授精、超数排卵、体外受精、胚胎移植、借腹怀胎等多项技术。需要一定环境和设备。范必勤大学毕业后，并没有像一般人那样选择就业，而是决心继续留在南京大学作研究，跟随王希成教授开展家畜胚胎学研究。1982 年，范必勤以访问学者的身份留学于美国密歇根州立大学，从事哺乳动物胚胎工程研究。在一年的时间里，由于他获得了六项创世界纪录的研究成果，由美国密歇根州立大学授予“杰出访问研究学者证书”。回国后，范必勤被聘为主持江苏省生科院胚胎工程研究工作，引进世界良种安哥拉毛兔，采用中国良种兔的超数排卵，进行胚胎移植获得成功。自此，范必勤跻身于世界胚胎学顶级专家行列。此外，范必勤教授研究建立了羊、牛、猪、兔胚胎移植系统技术，应用于生产取得显著经济与社会效益。他的研究成果已有 16 项获得国家、省科技成果奖。著有论文近百篇，刊登于国际期刊，其个人成就被载入《英国剑桥国际传记辞典》。

知识点小结

羊生产过程中，羊繁殖能力的高低受遗传、日粮营养、饲养管理水平、环境、年龄与胎次、疾病等多种因素的影响。因此，在生产实践中需要从母羊繁殖特点及影响母羊繁殖的因素出发，做好羊品种的选择；改善饲养管理，实行短期优饲；增加适龄繁殖母羊的比例；运用繁殖新技术等构建科学的养殖管理方案，充分提升母羊的繁殖性能。

第 8 章　羊的饲养管理

科学的饲养管理方法，不仅能提高羊的健康水平，充分发挥羊的繁殖力、生产水平，提高饲料利用率并降低生产成本，还能够生产安全、优秀的羊产品。此外，科学的饲养管理对羊的品种改良及新品种培育也起着至关重要的作用。要实现科学的饲养管理，不仅要了解绵羊、山羊的生活习性及生理结构，同时也要针对不同阶段的羊采用合理的饲养方法，并科学利用非常规饲料资源降低成本才能更好地提高养羊的效益。

第 1 节　羊的生活习性及生理结构

羊的生活习性是指羊在进化过程中，长期养成的生活习惯和日常行为。与猪、家禽等家畜相比，羊具有独特的生活习性及特殊的生理结构。深入了解羊的生活习性及生理结构，是科学养羊不可或缺的基础知识。

1.1　绵羊的生活习性

1.1.1　合群性强

羊的合群性较强，这是羊在长期的进化过程中，为适应生存与繁衍而形成的一种生物学特性如图 8-1 所示。在自然界中，绵羊是一种习惯群居、栖息的反刍动物，任何家畜的合群性均不及绵羊的合群性强。在羔羊出生后即具有仿效本能，亲子、老幼之间存在亲和力、仿效性和尾随性较强的合群关系。在绵羊中，粗毛羊的合群性最强，细毛羊次之，长毛种和短毛种羊的合群性最差。与绵羊相比，山羊的合群性要差。利用合群性，就可以大群放牧、节省劳力。虽然羊的合群性可以为放牧和管理提供方便，但同时也会给管理带来一定的困难，甚至发生意外事故，如领头羊不慎跌落山崖，其他的羊也会随着往下跳，因而可能造成损失。放牧时，应特别加强领头

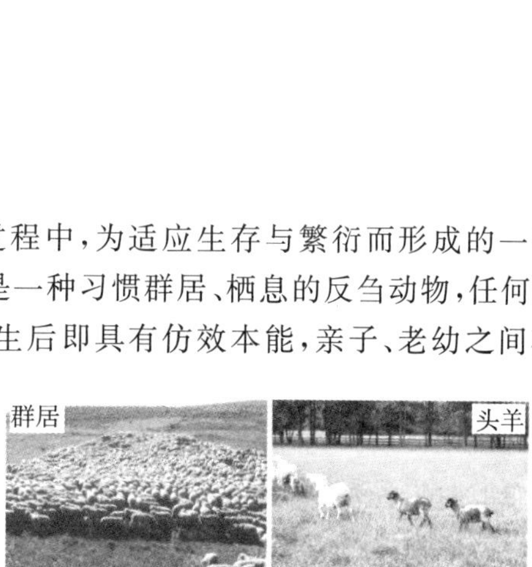

图 8-1　羊的合群性

羊的引导、管理和控制。此外，羊较强的合群性也不利于疫病的防控，应格外注意传染病的预防。

1.1.2　采食能力强，善游走

自然界中，羊可采食的植物种类很广泛，如天然牧草、灌木、农副产品等，都可作为羊的饲料。在半荒漠地区牧场上的各种植物，牛不能很好利用和完全不能利用的植物种类达 66%，而绵羊和山羊则仅有 38%；在对 600 多种植物的采食试验中，山羊能使用其中的 88%，绵羊为 80%，而牛、马、猪则分别为 73%，64%和 46%，说明羊的食谱较广，动物采食能力比较如图 8－2 所示。虽然羊可采食多种植物，但羊的进食也有一定的选择性，一般选的植物含氮量较高，粗纤维少，甚至能区分同种植物不同植株的差异。当日粮不平衡，其中缺乏某种必要营养成分时，绵羊有可能减少日常习惯饲草、饲料的采食，而去主动觅食所需要的饲料，特别是优先选择所缺的饲草饲料。

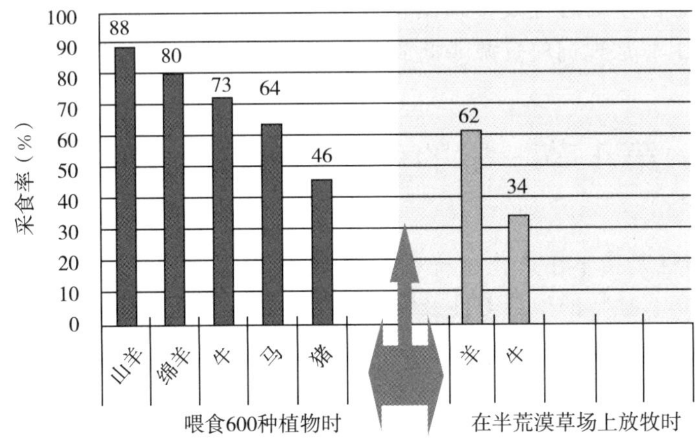

图 8－2　动物的采食能力比较

绵羊上唇有裂隙，下颌有切齿，采食时舌不露出口外，靠齿和上齿的齿垫咬住草的叶和茎，做头部前伸和向上的动作将草切断、吃入口内。吃草时，羊的嘴贴地面，便于选择植株和撕断咬住采食部位。因此，在放过马、牛的牧场上只要不过牧，还可以用来放羊如图 8－3 所示为母羊利用嗅觉辨别羔羊，如图 8－3 所示。或者在马、牛不能放牧的短草牧场上，羊生活自如。鉴于牛采食靠舌卷，羊利用牙齿啃食，一般说来，先放牛、后牧羊更能充分地利用草场。此外，牛喜食禾本科高草、山羊喜食灌木嫩枝叶、绵羊喜食阔叶杂草。牛羊混牧可以各择其所爱，并充分利用植被。

游走有助于增加放牧羊只的采食空间，特别是牧区的羊终年以放牧为主，需要长途跋涉才能吃饱喝好，常常一日往返里程达到六至十公里。不同品种的羊在不同牧草状况，牧场条件下，它们的游走能力也是有很大的区别。

1.1.3　爱好清洁

羊吃净食、饮清水。绵羊喜吃干净的饲草饲料，喜欢饮用清洁的流水或井水。绵羊拒食被粪尿污染或混有泥土的牧草、饲料和水源。有时绵羊宁肯饿着，也不吃不喝，甚至它自己践踏过的饲草都不吃。这就要求饲养管理上要细心，在补饲时，应有足够的草架和料槽，不能随便撒在地上。饲槽要清扫，饮水要勤换等，都是从羊爱清洁的习性出发的。放牧的羊群习惯在固定的水源处饮水，一天的饮水量因品种、日粮组成、气候和生理状况等不同而有差异。正常情况下，羊一天的饮水量为 2～6 升。外界气温变化对饮水量的影响，正好与采食行为相反。天热时，饮水量增加，缺水的羊会改变采食行为。

1.1.4　喜干厌温、耐寒怕热

羊的性格是喜干厌湿，最忌湿热湿寒，利居干燥之地。羊的这种生活习性提示养羊的牧地、圈舍、休息场所等要以高燥为好，如果长期居住泥泞、潮湿之地，羊很容易患寄生虫和腐蹄病，甚至羊毛品质下降、严重脱落。根据羊对湿度的适应性，一般相对湿度高于 85%时为高湿环境，低于 50%时为低湿环境。我国北方很多地区相对湿度平均在 40%～60%，非常适合养羊特别是毛用羊。而在南方的高湿、高热地区，则比较适合养山羊和肉用羊。

绵羊全身被毛着生，一般不怕冷，不过绵羊对风比较敏感，俗话说“不怕雪花飘，就怕北风吹”。所以对羊舍要求保持干燥、挡风，四面透风对羊有害。绵羊非常怕热，在夏季炎热天气，食欲下降、不愿采食，喜欢寻找阴凉处休息。所以在夏季放牧时，最好早出、晚归、集中休息。

1.1.5　性情温驯、胆小懦弱

绵羊比较老实、性情温和、管理方便。绵羊在所有的家畜中是最胆小的，无自卫能力，遇有敌害时，往往四处奔跑，公羊虽然生有大角，也无防御能力，如西藏羊，见到人都发抖，非常怕人，所以，绵羊在放牧时要严防狼害。由于绵羊胆小懦弱，在放牧时，一定要保持安静的环境，否则容易受惊，出现“炸群”，羊只四处乱跑。一般来说，羊群一旦受惊就影响上膘。一惊三不长，三惊久不食。绵羊由暗处往明处赶较易，但由明处往暗处赶较难。若在暗处挂一盏灯，它就敢进了，这在夜牧和运输羊时，常发生此种情况。

1.1.6　嗅觉灵敏

羊的嗅觉比视觉和听觉更灵敏，这与其发达的腺体有关，它的具体作用表现在三点：一是靠嗅觉识别自己的羔羊。视觉、听觉仅起辅助作用，羔羊在吸乳时，母羊总要嗅一嗅，以辨别是不是它自己的羔羊。二是羊在采食时，能依据植物的气味和外表，细致地区别出各种植物或同一植物的不同品种，选择含蛋白质多，粗纤维少，没有异味的牧草采食。三是在繁殖季节，试情公羊能够通过嗅觉准确寻找发情母羊，此时发情的母羊往往散发出一种特有的气味。

1.1.7　对疾病不敏感

绵羊具有较强的抗病力。只要搞好定期的防疫注射和驱虫，给足草、料和饮水，满足其营养需要，羊很少生病。一般来说，粗毛羊的抗病力比细毛羊和肉用品种羊要强。体况良好的羊只对疾病的耐受力较强，病情较轻时一般不表现症状，有的甚至在临死前还能勉强跟羊群一起

图 8-3　母羊利用嗅觉辨别羔羊

吃草。因此,在放牧和舍饲的管理过程中必须细心观察,才能及时发现病羊。若等到羊只已停止采食或停止反刍时再进行治疗,往往疗效不佳,给生产带来很大损失。

1.2 山羊的生活习性

山羊也有合群性,采食能力强、善游走等绵羊具有的生活习性,但是也具有其他独特的生活习性。

1.2.1 喜登高

山羊具有平衡步伐的良好机制,喜欢登高,善于跳跃。山羊的性情比绵羊活泼,行动敏捷,喜欢攀登崇山峻岭、悬崖峭壁、羊舍院墙及树木等(图 8-4),甚至可直上直下 60～90 度的峭壁。特别是羔羊的好动性表现得尤为突出,经常有前肢腾空、身体站立、跳跃嬉戏的动作。根据山羊的这一习性,舍饲山羊时应设置宽敞的运动场,圈舍和运动场的墙要有足够的高度。

图 8-4　山羊上树采食

1.2.2 爱打斗

山羊的角伸向侧后方呈弓状或镰刀形,爱打斗(图 8-5),特别是公羊在发情时具有很强的攻击性。山羊勇敢好斗的习性,有助于防御敌害,也给管理增加了困难,生产实践中可根据具体情况采取分圈饲养或去角处理等措施。

图 8-5　山羊打斗

1.2.3　易调教

山羊不仅有很好的平衡能力，且机警灵敏、活泼好动、记忆力强，容易训练成特殊用途的羊。山羊胆大勇敢，神经敏锐，易于领会人的意图，在草原上放牧羊群时，牧工常挑选去势山羊加以训练用做头羊；马戏团也常利用山羊作精彩的走钢丝表演，如图 8-6 所示为山羊表演。

图 8-6　山羊表演

1.3　羊的生理结构

羊是反刍动物，具有瘤胃、网胃、瓣胃和皱胃四个胃；同时，小肠比较长且细，如图 8-7 所示。

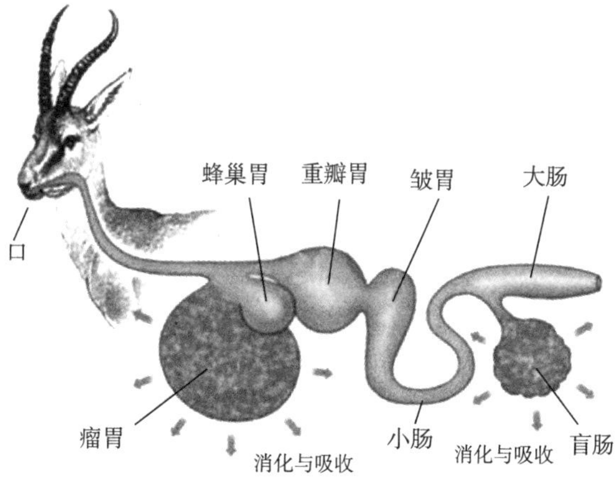

图 8-7　羊的生理结构

1.3.1　胃

成年羊四个胃的总容量约为 29.6 升，其中瘤胃为 23.4 升，网胃为 2.0 升，瓣胃为 0.9 升，皱胃为 3.3 升。瘤胃中含有大量的微生物，即细菌、原虫、真菌和少量的产甲烷菌，起主导作用的是细菌与原虫。目前为止，已知的瘤胃细菌达 200 种以上，每毫升活菌

数为 10^{11} 个；原虫超过 25 个属，每毫升数量为 10^4～10^6 个；真菌含有 5 个属，数量约占微生物总量的 8%。瘤胃内的温度约 39℃，PH 值在 5.2～6.8 之间，符合微生物的需要。瘤胃微生物对羊的营养作用，可概况为主要三点：一是能分解粗纤维，羊能够消化粗纤维 50%～80%，牛能消化粗纤维 50%～90%，马为 30%～50%，猪为 10%～30%，鸡 0～10%。由微生物分泌的纤维水解酶如木聚糖酶、羧甲基纤维素酶、微晶纤维素酶及酯酶等，把粗饲料中的纤维碳水化合物分解成易消化的碳水化合物，生成甲酸、乙酸、丙酸、丁酸、戊酸以及少量的支链挥发酸（包括异丁酸和异戊酸）等挥发性脂肪酸，用以满足反刍动物能量的需要。研究发现，由瘤胃微生物代谢生成的挥发性脂肪酸，能够满足 70%～85%的能量需要。二是合成微生物蛋白。合成的优质微生物蛋白，不仅氨基酸含量丰富、均衡，而且消化率高达 66%～87%，能够满足羊三分之二的蛋白质需要。三是能够合成维生素。瘤胃微生物可以合成维生素 B1、B2、BN 和维生素 K。

初生的羔羊，由于瘤胃、网胃和瓣胃发育不成熟，这时候瘤胃的微生物区系尚未形成，还不能像成年羊那样能利用大量粗饲料。起作用的主要是皱胃，所以小羔羊在补饲时，饲料中粗纤维的含量不能高，同时还要补充质量较高的蛋白质。

1.3.2 小肠

羊的肠管又细又长，总长度约 20～40 米，其中小肠长度 17～34 米，大肠长度 4～13 米，体长与肠子长度之比为 1∶25～30。小肠是羊消化吸收的主要器官。小肠长，就意味羊的消化吸收能力强。

智能化生产案例 8-1 羊的反刍智能测定与应用

8-1-1 背景分析

反刍行为是指反刍动物在食物消化前将食进的食物再逆出、咀嚼，然后吞咽的连续动作，羊反刍行为发生的次数或持续时间的减少被解释为压力、焦虑、疾病的指标，而反刍行为发生的次数或持续时间的增加与更多的唾液分泌和改善瘤胃健康相关。反刍行为是羊的一个重要消化生理特征，它与羊的健康和生产性能都有一定关系，是衡量羊健康状况的一个重要指标。

羊的反刍行为发生时间不固定，分布在一天中的不定阶段，在放牧状态下，由于羊的分布范围较广，此阶段发生的反刍行为难以被监测。目前无线通信及传感器技术已经在农业生产领域中得到广泛应用，在无线通信技术的支撑下，可以远程采集羊声音数据，利用声学分析技术自动检测羊各时间段内发生的反刍行为。无线录音技术快速发展，利用小巧的无线声音传感器可以实时地将羊各状态下产生的声音信号传回到下位机进行处理分析。

8-1-2 羊的反刍智能测定与应用研究

基于声学分析的羊反刍行为监测方法，有助于羊的健康预警，建立智能化养殖模式。它包括以下步骤：(1)下位机实时读取声音信号；(2)以 δ 为时间间隔，下位机对原始声音信号进行预处理、识别，统计该时间段内羊的反刍次数及反刍行为持续时间；(3)下位机每 24 小时将统计的信息上传至上位机服务器，上位机服务器将数据存储至数据库中，并根据当日羊信息判断羊只是否处于健康状态，若判断羊处于非健康状态，上位机服务器将该羊编号以短信方式发送至羊场管理员手机。本案例涉及动物声学分析、传感器技术、无线传输技术、自动化控制技术领域。基于智能穿戴设备实时采集、分析羊反刍行为的方法，此方法可对羊的健康状况波动进行提前预警。

8-1-3 技术原理

基于声学分析的羊反刍行为监测方法，其特征在于它包括以下步骤：

(1)无线声音传感器实时采集羊各状态下的长时声音信号 $L(t)$，将长时声音信号 $L(t)$ 传输到下位机。下位机设置运算间隔为 δ，对前一时间段内获取的长时声音信号进行预处理、端点检测、反刍行为识别。

(2)导入长时声音信号 $L(t)$，应用最小均方差对数谱幅度(MMSE－LSA)算法对 $L(t)$ 进行预处理降噪，预处理降噪，预处理降噪后得到的纯净长时信号记为 $L/(t)$。

(3)对 $L/(t)$ 进行分帧、加窗处理，将纯净长时声音信号 $L/(t)$ 分为一帧一帧的短时信号，计算每帧短时信号的短时能量和短时过零率。短时能量的计算公式为：

$$E_n = \sum_{m=-\infty}^{\infty} [x(m)\omega(n-m)]^2 = x(n)^2 \times h(n) \tag{1}$$

式(1)中，En 为短时能量，$h(n)=\omega(n)^2$，$\omega(n)^2$ 表示窗口函数；

短时过零率的计算公式为：

$$Z_n = \frac{1}{2}\sum_{m=0}^{N-1} |\operatorname{sgn}[x_n(m)] | - \operatorname{sgn}[x_n(m-1)]| \tag{2}$$

式(2)中，$\operatorname{sgn}[x]$ 是符号函数，即：

$$\operatorname{sgn}[x]=\begin{cases}1, x \geqslant 0 \\ -1, x < 0\end{cases} \tag{3}$$

(4)基于上述短时能量和短时过零率将纯净长时声音信号 $L/(t)$ 分割为静默声音样本和非静默声音样本，设置非静默声音样本集合为 $C(n)$，$C(n)$ 中存在羊的多种行为信息，包括：咬断牧草声音信号、咀嚼牧草声音信号、反刍回流声音信号、反刍咀嚼声音信号、反刍吞咽声音信号、非加性噪声信号。提取非静默声音样本集合中每个声音信号的重构动态差分小波-梅尔倒谱系数(PDW－MFCC)；

步骤2.4中，提取PDW－MFCC的步骤包括：对非静默声音样本集合 $C(n)$ 中的每个声音样本进行预加重、分帧、加窗处理，预加重对声音在高频部分的损失进行补偿，分帧将连续的声信号分割为短时信号，加窗降低频谱泄露，增强信号之间的连续性，其本质是在声音信号交叠分帧的基础上再乘以一个窗函数；本发明选用汉明窗作为窗函数，其表达式为：

$$H(z)=1-\alpha z-1, 0.9 \leqslant \alpha \leqslant 1.0 \tag{4}$$

$$w(n)=\begin{cases}0.54-0.46\cos\left(\dfrac{2nn}{N-1}\right), 0 \leqslant n \leqslant N-1 \\ 0，其他\end{cases} \tag{5}$$

式(4)中 α 表示预加重系数，此处 α 取 0.93；式(5)中，N 为窗长；对非静默声音样本集合 $C(n)$ 中的声音样本进行离散小波变换得到频谱函数 $W(j,k)$；$W(j,k)$ 的定义为：

$$W(j,k)=a_0^{-\frac{1}{2}}\sum_{-\infty}^{+\infty}f(n)\psi^*(a_0^{-f}n-kb_0) \tag{6}$$

式(6)中 a、j 是尺度因子；b、k 是位移因子；$\psi(t)$ 是小波函数，$\psi\times(t)$ 是 $\psi(t)$ 的共轭形式；基于离散小波变换得到的频谱函数 $W(j,k)$，通过由16个三角滤波器组成的滤波器组进行平滑并消除谐波；

三角滤波器的频率响应定义为：

$$H_m(k)=\begin{cases}0,K<f(m-1)\\ \dfrac{2(k-f(m-1))}{(f(m+1)-f(m-1))(f(m)-f(m-1))},f(m-1)\leqslant k\leqslant f(m)\\ \dfrac{2(k-f(m+1)-k)}{(f(m+1)-f(m-1))(f(m)-f(m-1))},f(m)\leqslant k\leqslant f(m+1)\\ 0,k\geqslant f(m+1)\end{cases} \tag{7}$$

式(7)中，$\sum_{m=0}^{M-1}H_m(k)=1$。

(5) 计算每个滤波器组输出的对数能量 $ds(m)$，计算公式为：

$$d_s(m)=\ln(\sum_{k=0}^{N-1}|W(j,k)|^2H_m(k),0\leqslant m\leqslant M) \tag{8}$$

离散余弦变换(DCT)可以将 $ds(m)$ 映射到倒谱域，计算 W_MFCC 参数，其定义为：

$$d_c(n)=\sum_{m=0}^{N-1}d_s(m)\cos\left(\frac{nn(m-0.5)}{M}\right),n=1,2,\cdots,L \tag{9}$$

提取 W_MFCC 动态差分参数(包括一阶差分和二阶差分)记为 DW-MFCC，差分参数的计算公式为：

$$d(t)=\begin{cases}C_{t+1}-C_t,t<K\\ \dfrac{\sum_{K=1}^{K}k(C_{t+k}-C_{t-k})}{\sqrt{2\sum_{K=1}^{K}k^2}},K\leqslant t\leqslant Q-K\\ C_t-C_{t-1},t\geqslant Q-K\end{cases} \tag{10}$$

式(4)中，dt 表示第 t 个一阶差分，Ct 表示第 t 个倒谱系数；

(6)将 W_MFCC 与 DW-MFCC 合并为一个矩阵，对此矩阵进行 PCA 降维，取累计贡献率在85%以上的特征向量构成 PDW-MFCC 作为特征参数。基于长短时记忆(LSTM)算法构建羊反刍行为识别模型，自动识别出反刍回流事件及反刍咀嚼事件的发生，并上述两事件统计反刍行为发生次数及反刍行为持续时间；羊反刍行为识别模型构建的步骤包括：识别开始；基于声音样本数据集提取的 PDW-MFCC 特征，通过设置训练集、验证集、测试集，得到表现出色的 LSTM 分类器；LSTM 分类器使用过程中，首先提取声音样本的 PDW－MFCC 特征，送入 LSTM 模型中，经由参数运算获得 ht 输出；LSTM 分类器的具体计算公式为(11)至(16)：

$$ft=\sigma(Wf[ht-1,PDW\_MFCCt]+bf) \tag{11}$$

$$it=\sigma(Wi[ht-1,PDW\_MFCCt]+bi) \tag{12}$$

$$\bar{C}_t=tanh(W_C[h_{t-1},PDW\_MFCC_t]+b_C) \tag{13}$$

$$C_t=f_c\times C_{t-1}+i_t\times\bar{C}_r \tag{14}$$

$$ot=\sigma(Wo[ht-1,PDW\_MFCCt]+bo) \tag{15}$$

$$ht=-ot\times tanh(Ct) \tag{16}$$

ht 可经由 SoftMax 层转换为各类别的预测概率值，选择概率值最高的类别作为预测类别；记录反刍回流、反刍咀嚼声音信号的发生位置，定义反刍回流发生开始至其所伴随的反刍咀嚼事件全部结束为一次反刍行为，每成功识别一次完整的反刍行为，反刍次数累加器数值增 1，反刍持续时间累加器记录此次反刍行为的发生持续时间。下位机以 δ 为计算周期，通过无线链路将反刍次数累加器及反刍持续时间累加器记录的本次计算过程中的数据传输至上位机进行保存，上位机服务器接收下位机发送的反刍次数及反刍行为持续时间值并记录在羊反刍行为数据库中。上位机服务器以 24 小时为周期，从数据库中提取前 24 小时内获取的反刍次数及反刍行为持续时间数据，形成反刍次数序列 RT 与反刍行为持续时间序列 RD，$RT=\{rt1,rt2,rt3...,rt_n\}$，$RC=\{rc1,rc2,rc3...,rc_n\}$，其中，$n=\frac{24}{\delta}$上位机服务器针对序列 RT 与 RD 计算羊在前 24 小时内的反刍次数与反刍行为持续时间。上位机服务器对羊反刍次数与反刍行为持续时间信息进行保存与分析，基于日反刍次数、日反刍次数变化、日反刍行为持续时间、日反刍行为持续时间变化百分比建立逻辑回归方程对羊健康状况进行判断，当判断为非健康状态时，上位机服务器将羊只编号以短信方式发送至羊场管理员手机。利用逻辑回归分析方法处理日反刍次数、日反刍次数变化、日反刍行为持续时间、日反刍行为持续时间变化百分比，进而评判羊健康状况，逻辑回归分析可以以多个解释变量为条件进行回归分析，逻辑回归的因变量只有 0 和 1 两种状态。优选的，下位机计算所得数据通过无线通信技术传至上位机服务器进行数据储存于分析。

优选的，基于日反刍次数、日反刍次数变化、日反刍行为持续时间、日反刍行为持续时间变化百分比建立逻辑回归方程对羊健康状况进行判断，当判断为非健康状态时，上位机服务器将羊只编号以短信方式发送至羊场管理员手机。

8－1－4　应用前景

本技术的应用可以对活动范围广的放牧式羊日反刍次数和日反刍行为持续时间信息进行实时监测，对判断为非健康状态的羊只进行预警，方便羊场工作人员及时对羊只进行针对性检查，判断其是否存在疾病发作前的预兆，及时进行喂药或者接种疫苗，避免经济损失。另外还将羊反刍行为信息和采食量信息建立关联模型，从而拟合出羊日采食量信息，对放牧草场进行提前规划，避免因过度放牧对草场造成的不可逆转的破坏。下位机在本地对音频数据进行处理，减少了传输的数据量，使数据传输更加稳定，保证实时监测系统的工作效率。

知识点小结

绵羊具有合群性强，采食能力强、善游走，爱好清洁，喜干厌温、耐寒怕热，性情温驯、胆小懦弱，嗅觉灵敏，对疾病不敏感等生活习性。与绵羊相比，山羊还具有喜登高、爱打斗、易调教的特性。羊是反刍动物，具有瘤胃、网胃、瓣胃和皱胃四个胃，其中瘤胃发挥着重要的功能。羊的小肠比较长且细，是重要的营养消化、吸收器官。

第2节　羊的饲养管理技术

在生产实践过程中，需要根据羊的品种和生产方向选择合理的饲养管理方式，按照不同年龄、性别、生理时期的羊的营养需要饲喂相应的饲料，并搞好疫病防治、日程管理等工作，才能更好地获得养羊的效益。

2.1　种公羊的饲养管理技术

2.1.1　种公羊的选育标准

鉴于种公羊对整个羊群的改良及品质的提升具有重要的作用，在选择种公羊时应注意以下原则：一是要选择中上等膘情的种公羊，防止其身体过于肥胖而影响精子的数量和质量及与母羊的配种。二是选择的种公羊必须性欲旺盛、精力充沛、体格高大、体质结实、食欲旺盛、眼大有神，前胸宽、身腰长、四肢端正，健康无疾病、系谱纯正、无遗传疾病和近交的公羊。同时还要检查生殖器，对于那些有短阴茎、小睾丸、独睾等情况的种公羊要及时淘汰。三是优先选择一些经过训练的种公羊，避免其不熟悉采精员以及采精环境而发生意外状况。种公羊如图8-8所示。

图8-8　种公羊

2.1.2　种公羊的饲养原则

对种公羊的饲养一定要根据其特性做到细致周全，既不能过瘦，也不能过肥，基本要求是膘情中上等为好，体形健壮，活泼有力，性欲旺盛，精力充沛。鉴于此，种公羊对饲料营养以及品质要求非常高，各种营养成分全面且配比科学合理，饲料中不仅要含有丰富的蛋白质、矿物质和维生素，而且适口性要好，容易消化。常用的精饲料有豆饼、玉米、麦麸、高粱、燕麦、大麦等；多汁饲料有胡萝卜、甜菜、薯类等；粗饲料有苜蓿干草，青干草、燕麦等。

作为种公羊的饲养人员最好专职，不宜频繁换人。种公羊的圈舍应远离母羊圈舍，放牧时也必须单独组群并远离母羊。种公羊的圈舍应修建得相对坚固，始终保持干燥清洁，还要定期进行消毒，并注意防止种公羊之间打斗。同时还要做好定期检疫、疫苗接种，加强体内外寄生虫的防治等工作。在日常管理中要随时注意观察种公羊的精神状态及食欲情况，一旦发现异常立即采取相应的措施。

2.1.3　种公羊的饲养技术

根据种公羊是否配种，可将种公羊的饲养管理分为配种期与非配种期(包括配种淡季)饲养管理。

2.1.3.1　配种期种公羊的饲养技术

研究表明，种公羊在配种期每产出 1 毫升精液就需要消化蛋白质 50 克左右。因此，种公羊在配种期对营养物质的需求和其配种任务量有很大的关系。配种任务时间长、次数多，就会消耗更多的营养物质。如果不及时为种公羊补充营养物质特别是蛋白质，就会影响其精液品质。鉴于此，种公羊的配种期间需要饲喂优质、营养价值高的饲料，必要的情况下可以补充一些动物性蛋白质，如生鸡蛋、鱼粉等。但是，要严格把控饲喂量，既不要过多导致种公羊肥胖，也不要过少导致其营养不良而消瘦。

正式配种前 30 天为配种预备期，此时可以给种公羊增加饲料量，喂料量应按照配种期预计饲料量的 60%～70%投喂，逐渐增加至配种期的饲喂量。配好的精料要均匀地分布在料槽内，并仔细观察种公羊的采食状况，及时了解其食欲情况，以便及时调整饲料配方和饲喂量。可以依据种公羊的采食速度、采食量来判断种公羊的健康状况。此外，种公羊要在距离母羊较远的羊舍单独饲养，以防母羊的叫声致使种公羊异常兴奋、焦躁不安，影响其采食、饮水、活动、休息，进而影响种公羊的配种能力。配种期的种公羊精神异常兴奋，常常坐卧不安，不能安心采食、饮水，这个时期应注重精细化管理，给种公羊提供安静、卫生、舒适的生活环境，增加饲喂次数，采用少量多次的饲喂模式，确保饲料营养全面、配比科学，适口性好，以增加其采食量，满足配种需要。配种期每日每只种公羊饲喂青饲料 1.0～1.3 千克，混合精料 1.2～1.4 千克，干草 2 千克，胡萝卜 0.5～1.5 千克，食盐 15～20 克，骨粉 5～10 克，血粉或鱼粉 5 克；采精次数多时，每日补饲鸡蛋 2～3 个或脱脂乳 1～2 千克。如能放牧，补饲量可适当减少。

由于种公羊的体质体况不同，自然交配时一般每只种公羊可以承担 30～50 只母羊的配种工作，人工输精时一般每只种公羊可承担 150～200 只母羊的配种工作(图 8-9)。在正式配种前一个月，开始每周采集 1 次种公羊的精液，检查精子活力等，掌握每只种公羊的精液品质，为配种工作打下基础，2周后每周采精2次，到配种时每天可以采精1～2次，不要连续采精，采2天休息1天。一岁半以内的种公羊每天采精不超2次，3岁左右的种公羊每天可以采精3～4次。此外，要做好防暑降温工作，并保证种公羊饮水充足；每天保证种公羊的活动量，以维持其体质体况。

图8-9 种公羊采精

2.1.3.2 非配种期种公羊的饲养技术

种公羊配种工作结束后，还应保持配种期精饲料的饲喂量，1个月后才能逐渐减少精饲料的饲喂量，最后过渡到非配种期的饲养水平和管理方式。在非配种期，应科学饲喂、精细化管理，加强运动，以增强种公羊的体质。种公羊在非配种期的饲养最为关键的一点是保证其能够得到充足的营养、足够的休息，保持其良好的身体情况。除外出放牧外，每日每只种公羊饲喂混合精饲料0.5千克，使种公羊的体重要比配种旺季时高10%～15%。除了日常投喂的饲料之外，还需要补充一些青绿饲料与优质青干草。对于一些放牧的种公羊，在放牧完成回到羊舍后也需要再投喂一些精饲料，因为这个时期的投喂量需要比正常饲养量高一些。另外，要对种公羊进行驱虫，并且要彻底地杀死寄生虫，既可以保证种公羊的自身健康，又避免种公羊传染给交配的母羊，影响受孕率和羔羊存活率。

母羊在冬季时发情会比较少，所以在冬季种公羊就可以整顿休息储备精力。当低温季节到来后，需要注意羊舍的保温工作，可以安装暖气以免种公羊冻伤睾丸影响来年的交配。对于放牧的公羊，在寒冷的大雪天气，就应该停止放牧。如果天气较为温暖，可以适量地增加种公羊的活动量，这样可以提高其精子质量。在夏季时，种公羊会因为炎热的天气而影响食欲，食用量减少，这就会导致其摄入的营养物质不足，不仅会使种公羊的精液质量下降，性欲降低，还会影响种公羊的自身健康，因此要注意做好防暑降温工作。

在做好种公羊配种期和非配种期饲养管理工作的同时，也要注重种公羊的疫病防控：一方面应注意使用抗菌药物，保护其胃的生理机能；另一方面要轮换交叉使用消毒剂对羊舍和周围环境进行消毒，定期使用伊维菌素、阿维菌素等药物对种公羊进行驱虫保健，适时补饲维生素、微量元素等，提高其机体免疫力和抗病力，同时按免疫程序接种羊口蹄疫、羊痘、小反刍兽疫等疫苗，以有效预防种公羊传染性疫病的发生。

2.2　母羊的饲养管理技术

母羊担负着配种、妊娠、哺乳等各项繁殖任务，是羊群扩大生产规模、获取养羊效益的基础。除遗传因素外，饲养管理的方式与方法对母羊的繁殖有显著影响。科学的饲养方式方法不仅能够保障母羊机体健康、促进母羊多胎、高产，也是提高羔羊成活率的关键。繁殖母羊按生理阶段可分为空怀期、妊娠期与哺乳期三个阶段。因此，十分有必要加强母羊的饲养管理、保证母羊的健康。

2.2.1　后备母羊的培育

一般情况下，母羊的可利用年限为 5 年左右，再算上其他一些因素所造成的淘汰，每年繁殖母羊淘汰更换率约为 25%～30%。因此，羊场必须加强后备母羊的培育，以便拥有扩繁的基础。生产实践中，很少有人专门培育后备母羊，而是从育肥圈里面挑选看着膘肥体壮的母羊作为后备母羊。然而，这种母羊膘情过肥、体质较差不利于繁殖，会出现发情迟、产羔率低及难产率高等问题。后备母羊从断奶后就要开始进行选育，选择父系、母系繁殖率高的母羔，且乳房、生殖器官正常无畸形，按照低能、高蛋白的饲料配比方案进行饲养，此外还需进行适当运动与光照，使其保持中等偏上的膘情与良好的体质。一般后备母羊 8～10 月龄，且体重达到成年母羊的 70%以上，发情后便可以进行初配。

2.2.2　空怀期母羊的饲养管理

羔羊断奶后直至母羊再次配种受孕的这段时间被称作空怀期。在这个时期羔羊已断奶，母羊停止泌乳，母羊饲养的重点是恢复营养，因此空怀期又称为恢复期。恢复期的时间因各地产羔季节有所不同：冬季产羔时，5～7 月份为恢复期，春季产羔时，7～9 月份为恢复期。空怀期的营养状况与母羊的妊娠率有直接联系，应注意给母羊补充营养，以促进母羊发情，以便在短期内通过配种和繁殖来提高妊娠率和羔羊数量。对于断奶后脂肪状况较差的母羊，应在母羊的日粮中补充矿物质和微量元素，如添加维生素 E、钙、磷、硒和碘等，这不仅能够促进母羊长膘和卵巢发育，还能使母羊保持正常的生理水平。此外，还要关注母羊的发情期，若发现母羊有发情特征，应及时让其交配，12～24 小时后复配 1 次，以提高母羊的超数排卵、受胎率以及妊娠率。

2.2.3　妊娠期母羊的饲养管理

母羊配种后 21 天左右没有出现发情表现，基本上便可以确定已受孕进入妊娠期。母羊的妊娠期为 5 个月，这一阶段母羊的饲养管理一定要特别小心，以免造成不必要的损失。

2.2.3.1　妊娠早期母羊的饲养

母羊妊娠早期是指妊娠 1 个月左右的阶段。这一阶段，母羊性情温顺、行动迟缓、小心翼翼，食欲旺盛且背毛变得极为光滑。妊娠早期由于受精卵处于着床期，极易发生流产，因此在饲喂过程中一定要特别小心。这个阶段是胎儿正常生长发育的关键时期，母羊在此阶段，非常容易受到外界环境的干预，使受精卵无法成功植入，导致胚胎早死。此时，应给母羊饲喂优质牧草和高质量的饲料来保障胎儿的正常发育，例如青干草和优质燕麦草，切记不能饲喂大量的精饲料，导致母羊过度肥胖，容易发生流产或者胎儿难产甚至是胎死腹中。在养殖过程中，要合理搭配日粮，同时要进行限饲，在草料充足的季节，母羊可以吃青绿饲料以达到饱腹感，在缺乏绿色草料的早春和冬季，需要做好精饲料的饲喂。

2.2.3.2 妊娠中期母羊的饲养

母羊妊娠中期是指妊娠2个月左右的阶段。这一阶段，胎儿的生长发育将随着母羊怀孕月数的延长而加快，且需要更多的营养来满足其自身与胎儿的生长发育。在妊娠中期，若给母羊饲喂日常饲料会很容易阻碍胎儿的生长发育，导致胎儿营养不良。所以，在这一阶段有必要提高母羊的日粮营养浓度或者精饲料的比例，且精饲料的来源应尽可能广泛，如大麦、豆粕和玉米等，还可以添加适量的麦麸、盐和骨粉等，以确保母羊获得足够全面的营养并促进胎儿的生长和发育。每天可饲喂3～4次，干物质采食量可根据母羊的实际采食量进行添加。采用勤添少喂的饲喂方式，切忌一次性饲喂大量的饲料，容易导致母羊一次性采食过多造成瘤胃鼓起而影响胎儿的生长发育。

2.2.3.3 妊娠后期母羊的饲养

母羊妊娠后期是指母羊妊娠4个月后的阶段。此时，不仅母体内胎儿显著增长，对营养物质的需要也显著增加，母体还需要一部分养分用于哺乳准备。所以，妊娠后期要补充足量的营养来满足母体和胎儿的需要，可通过增加精饲料的占比来提高营养浓度。如果此时营养缺乏，会影响胎儿的发育，特别是羔羊的毛率、密度以及羔羊出生后的生理成熟程度和生产性能的提高都有影响；同时也会影响母羊的羊毛品质和产量，母羊营养不良，羊毛会明显变细，甚至形成饥饿痕或者饥饿细部；除此之外，还会影响母羊产后泌乳。所以妊娠后期，必须补饲。补饲的多少，可根据饲料条件而定：对于细毛羊、半细毛羊，每天可补喂精料0.3～0.5千克，干草1.5～2.0千克，青贮饲料1.5千克。此外，饲喂的精饲料尽可能来源广泛，在增加优质牧草和青干草供应的同时，还要注意补充母羊所需要的矿物质和维生素。

2.2.3.4 妊娠期母羊的管理

2.2.3.4.1 保证母羊合理运动。在正常情况下，妊娠期间应该保证母羊有足够的运动量。但是不能剧烈运动，尤其是刚配种后的母羊，不要立即移动，以免影响受精卵着床和胚胎附着，可以把母羊关在围栏里3～5天。妊娠期间，允许怀孕母羊正常放牧和运动，但不应过度运动，否则流产发生率很高，因为母羊的胎盘和胎儿在怀孕的头2个月还没有紧密结合。在放牧和活动时，防止母羊跑、跳、冲、撞，放牧的地点应尽可能平坦。赶母羊时，要避免拥挤，防止发生物理性流产。妊娠中后期，母羊的运动变得僵硬，此时要降低放牧强度，避免长距离长时间放牧，以免意外情况发生。母羊舍宽敞明亮、地势平坦，母羊舍要与其他羊舍分开。当羊群挤在一起时，要尽可能把它们分开，防止意外情况发生，放牧过程中，遇到陡坡，应避免羊群急转弯。在放牧过程中，不能突然惊吓羊群，因为强刺激很容易导致母羊流产。恶劣天气下，禁止放牧。母羊回到牧场后，确保母羊有足够的休息和反刍时间，尽量保证环境安静。

2.2.3.4.2 做好母羊的产前护理工作。在母羊产羔前，可对乳房发育不良的母羊或者初产母羊的乳房部位进行热敷，既能促进母羊乳房发育，又能促进母羊生产。在寒冷的冬季要保证母羊舍的阳光充足、干燥、温暖；夏季要通风，降低母羊舍的环境温度；及时清理母羊舍的粪便，防止微生物滋生，有必要时进行消毒。要注意经常更换母羊舍的草垫，在产前 1～2 周将母羊转入产舍，让母羊提前熟悉产房的环境。与此同时，还要保证产房安静、卫生，温度适宜。可使用浓度为 3%～5%的火碱溶液或者浓度为 10%～20%的石灰乳对产房进行彻底消毒；准备好接产用的热水、水桶、接产工具等，并提前对这些工具做好消毒处理。产前 2～3 天，临产母羊的乳房会出现肿胀，有时其腹部会有水肿的情况。此时可将母羊的饲喂量减少为原来的 1/2～2/3，避免母羊过早地产出母乳，或者出现母乳太浓的情况，同时降低母羊乳腺炎的发生率，避免羔羊因消化不良而发生下痢等症状。对于体质较弱的母羊，可以减少粗饲料的含量，同时饲喂蛋白质含量高的饲料，并适当添加青绿多汁的饲料。妊娠期一定要注意保证为妊娠母羊提供干净卫生的饲料和饮用水。

2.2.3.4.3　做好母羊的分娩与接产工作。当母羊出现即将临产的症状时，应尽快将母羊乳房周围以及后肢内侧的羊毛剪掉，并用温水将其后驱、外阴、肛门以及尾根等部位擦拭干净，再用浓度 1%的来苏儿溶液进行消毒。助产用的器具及助产人员的手臂等也应提前做好消毒处理。待羔羊产出后，应及时将羔羊口腔、鼻腔内的黏液清理干净，防止羔羊因异物引起窒息和肺炎等。断脐过程中，可在距离羔羊腹部 5～6 厘米的部位将脐带拧断，并使用浓度为 5%的碘酒对脐带端进行消毒，以防止羔羊感染。正常情况下，母羊分娩过后 1 小时左右会排出胎衣，应及时将其处理掉，防止其被母羊吃掉；对于分娩结束后 3～4 小时仍未将胎衣排出的母羊，应及时对其进行诊疗与救治。

2.2.3.4.4　妊娠期注意防止母羊流产。母羊在妊娠期间容易因为饲养管理不当而引发流产，应加强管理防止母羊流产。一是禁止饲喂发霉变质、寒霜、冷冻或者被污染的饲料，同时禁止给母羊饮用冰水；二是在养殖管理过程中，避免母羊出现应激反应或者受到机械性损伤；三是在母羊妊娠期间，应避免使用地塞米松及平滑肌兴奋药物或者容易导致怀孕母羊流产的口蹄疫疫苗、小反刍兽疫疫苗等。四是要加强母羊舍的卫生控制，为母羊创造清洁、温暖、舒适的饲养环境。

2.2.4　泌乳期母羊的饲养管理

羔羊出生后，母羊进入泌乳期。泌乳期的长短各地方有所不同，一般为 3～4 个月。泌乳期又可分为两个时期：产后 2 个月为泌乳前期，剩余的时间为泌乳后期。

2.2.4.1　泌乳前期母羊的饲养管理

泌乳前期是哺乳母羊饲养的关键时期，因为此时羔羊的生长发育主要靠母乳，而羔羊每增加 1 千克体重约需母乳 5 千克。为满足羔羊快速生长的需要，必须特别加强母羊的饲养，提高母羊的泌乳量。因此，应尽可能多地为泌乳母羊提供优质饲草、青贮或微贮、多汁饲料，精料饲喂量也要比妊娠后期略有增加，且饮水要充足。在生产实践中，哺乳前期对于大多数地区来说仍然处于枯草季节或者是牧草刚刚萌发，单靠放牧往往得不到足够的营养。对于放牧的母羊而言，应按照其膘情及所带的单、双羔羊给予不同的补饲，否则会影响羔羊的发育以及母羊本身的被毛品质。带有单羔的母羊每天可补给精料 0.2～0.3 千克，带有双羔的母羊补饲精料 0.4～0.5 千克，单、双羔母羊饲喂干草各 1.0 千克，多汁饲料各 1.5 千克。此外，还要根据母羊的泌乳情况经常检查饲喂效果以便及时调整日粮组成。母羊泌乳1个月后，应逐渐减少浓缩、多汁饲料的喂食，以防止母羊乳腺炎和酮血症的发生。

2.2.4.2 泌乳后期母羊的饲养管理

在产后40天母羊的泌乳量达到高峰，60天开始出现下降。随着泌乳量的减少，羔羊瘤胃内的微生物区系逐渐定植，羔羊可利用饲料的能力日渐增强。此时母乳仅能满足羔羊本身营养的5%～10%，羔羊开始从以母乳为主的阶段过渡到以饲料为主的阶段，母羊便进入哺乳后期。哺乳后期的母羊要逐渐降低营养水平，使母羊保持中等膘情，增加繁殖胎数。对于舍饲的母羊，一般精料可减至0.3～0.45千克，干草1～2千克、胡萝卜1千克；对于常年放牧的母羊，则以放牧为主，适当补饲一些干草，对仍不能满足营养需要或膘情较差的泌乳母羊，可酌情补饲一些精料。

智能化生产案例8-2 羊场数据智能采集和管理

8-2-1 背景分析

智能化、数字化、精准化是羊业乃至畜牧业的发展趋势，中国羊业规模化舍饲羊场，更需要建议完善的数据追溯系统，使集约化的生产效率大大提高。摸索出适合中国的模式，特别是在种羊核心群的信息采集和数据积累，这些大数据将为国家羊业生产水平的提升和产业的持续增速提供巨大动力。对于目前羊场数据智能采集和管理还存在以下几个问题：一是明确肉羊养殖业的产量、饲料转化效率与体重的基础关系数据需要抓取；二是促进国内肉羊生产的进程，体重与线性评定等可量化指标是前提条件；三是解决牧场内部管理羊群不同生长发育阶段的体重数字化考核缺失或不足的难题，提高牧场的经济效益；四是解决牧场怀孕母羊的分群管理，做好不同怀羔数母羊妊娠后期的围产管理，提高平均产羔成活率，提高母羊终生产羔数。

8-2-2 羊场数据智能采集和管理技术研究

本案例用于羊的智能生产管理体系领域，具体涉及羊场数据智能采集和管理领域，如图8-10所示。该体系包括母羊多胎监测模块、阶段化智能称重模块及分群精细化管理模块，阶段化智能称重模块包括畜舍、智能化称重及连通于其间的过渡通道，分群精细化管理模块，包括与智能监测、称重指示装置通信连接的分群数据处理、分群执行。该体系可用于繁殖母羊多胎监测和精准管理、后备羊和育肥羊阶段化智能称重和数据管理、核心育种场生产性能测定和遗传评估、智能称重分群管理等应用场景。

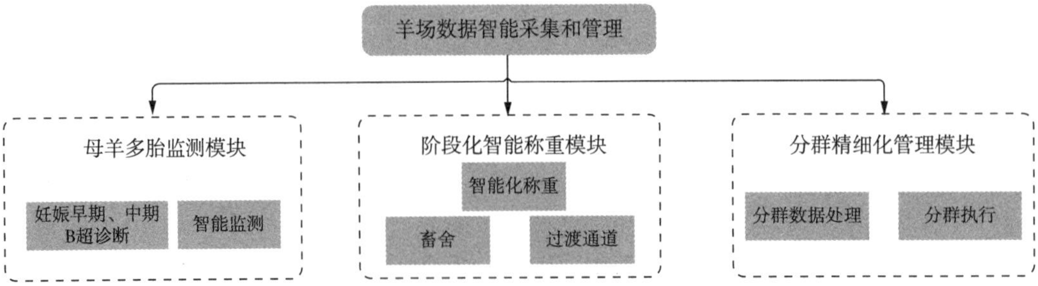

图8-10 羊场数据智能采集和管理功能结构

8-2-3　技术原理

1. 母羊多胎监测模块

包括妊娠早期诊断、妊娠中期诊断和智能监测。

(1)妊娠早期诊断在母羊配种后 26 天,通过兽用 B 超仪检测母羊妊娠情况;妊娠中期诊断在母羊妊娠后 42～80 天,通过兽用 B 超仪确定母羊胎子数、胎龄,准确率高达 98%。兽用 B 超仪能够扫查到整个子宫,并保证清晰的图像质量,准确地判断胎子数、胎龄以及子宫疾病。母羊多胎检测原理如图 8-11 所示。

(2)智能监测包括远程 PC 端显示器和移动手机端,超声扫描图像可通过远程显示器和手机端实时智能监测,其数据传输方式为现有的有线/无线数据通信,如各超声诊断自带的 USB 数据通信及无线 Wi-Fi 传输等,将胎子数结果实时上传至分群数据处理内,以便进行数据存储和比对,指导分群和方便羊场做标记进行不同处理。

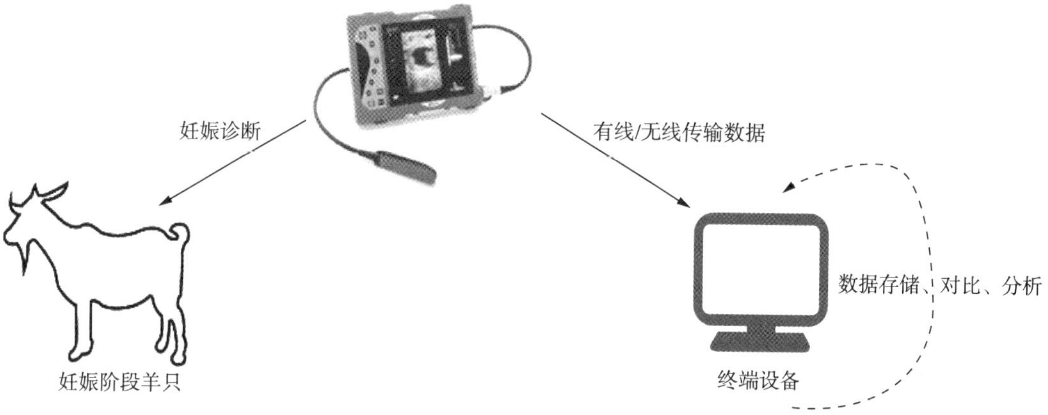

图 8-11　母羊多胎检测原理

2. 阶段化智能称重模块

包括畜舍、智能化称重及连通于其间的过渡通道,智能化称重包括羊只站立平台、电子识别装置及称重指示装置。

(1)过渡通道包括 S 型、U 型、定制型三种过渡通道可根据畜舍位置现场进行拼接和组装。过渡通道由现有的护栏或栅栏构成,底部设置有滑轮,便于移动。过渡通道的前端设置有现有羊场驱赶转门,使羊只有序进入羊只站立平台内进行称重,驱赶转门与羊只站立平台之间也可通过过渡通道进行衔接。

(2)羊只站立平台四周设置有围栏,两端为羊只入口和出口,入口与出口处均采用手动、气动或液压控制门,可通过现有 PLC 可编程控制器实现其自动控制,如现有技术中基于 PLC 控制的自动门气动系统等,其触发信号可以为羊只传感信号,也可以为人工操作。羊只站立平台内置有称重传感器,称重传感器采用 HD5T 或 MP600 传感器;电子识别装置包括安装于羊只耳朵的电子耳标和电子识别器,电子识别器内置有电子信号激发天线。电子识别器采用 XRP2 固定式电子识别器和 XRS 手持式电子识别器两种均可,XRP2 固定式电子识别器可直接固定在围栏适当高度处,在羊只称重过程中即可完成电子耳标的信息识别。电子耳标包含有与羊只对应的身份信息。

(3)称重指示装置与称重传感器、电子识别器通信连接，其内安装有电子信号接收器。称重指示装置采用 XR5000 指示器，其总存储量可达 100 万条，且称重结果可视化，或采用 ID5000 指示器，其总存储量可达 25 万条，称重结果可视化，并带有称重计算功能。通过电子信号激发天线和电子信号接收器，称重指示装置将称重数据与羊只身份信息一一对应进行数据关联，通过天线或蓝牙的方式无线传输至分群数据处理。

3. 分群精细化管理模块

包括与智能监测、称重指示装置通信连接的分群数据处理、分群执行，图 8-12 为羊群称重与分群。

(1)分群数据处理采用现有基于 PLC 的数据存储与处理模块。将胎子数、称重数据实时上传至数据存储与处理模块内，进行数据存储、数据比对，其功能类似于现有的数据比较器，在数据落入对应的分群标准/规则数值区间时，即实时生成判断信号，将判断信号发送至分群执行，指导分群管理。

(2)分群执行包括分离门、分群缓存区 A、B、C 及与其连通的分群通道。分离门设置在分群缓存区的前端，可采用手动、气动或液压控制分离门，其结构和设置方式可参照围栏入口和出口的基于 PLC 气动或液压控制门，其 PLC 控制器的开关触发信号为分群数据处理的数据阈值判断信号。如不同的胎子数、不同的体重数据(进场体重、出场体重、日增重等)生成不同的触发信号，对应的分离门接收到该触发信号后打开，其他分离门保持关闭，通过人工驱赶使该羊只进入对应分群缓存区。

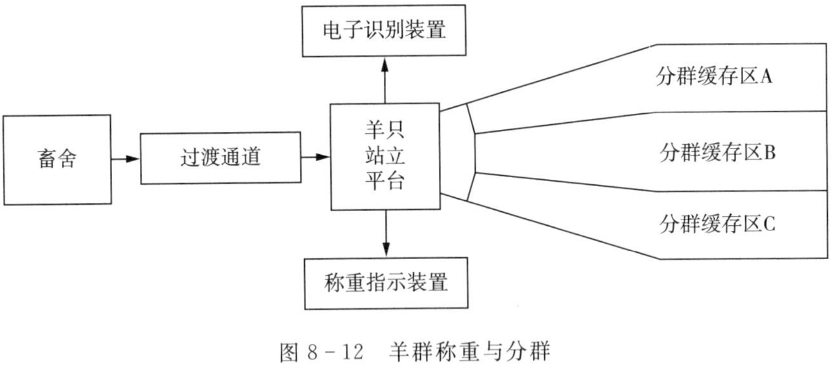

图 8-12　羊群称重与分群

8-2-4　应用前景

随着羊产业逐步向现代畜牧业转型，对羊产业管理开始走向规模化、产业化，同时也需要引进科学智能的生产管理手段，该体系具有以下优势及前景：

1. 繁殖母羊多胎监测和分群管理可带来的优势

繁殖母羊从配种到分娩(产羔)平均 150 天，分为妊娠早期、妊娠中期、妊娠后期 3 个阶段，母羊繁育中早孕诊断是非常重要的环节。该体系通过妊娠早期诊断可在配种后 26 天检测妊娠情况，及早发现空怀，通过妊娠中期诊断在妊娠后 42～80 天确定繁殖母羊胎子数(准确率高达 98%)，有 B 超扫描经验者可以将范围扩大到 30～110 天，准确地判断胎子数和胎龄，以及子宫疾病。同时，超声扫描图像可通过智能监测，如远程显示器和手机端实时智能监测，胎子数结果可以实时上传至分群数据处理，以便进行数据存储和比对，指导分群和方便羊场做标记进行不同处理，对不同胎子数的母羊进行分群和精细化管理。

2. 阶段化智能称重和分群管理可带来的优势

该体系的智能化称重采用超阻尼Ⅳ代技术提供更快更准确地阻尼算法，动态三秒，准确锁定重量，确保动物动态称重的准确性与快速性；称重指示装置具备 IP67 级防水、防尘、防震功能，适合于各种严酷的畜牧环境；称重数据实时上传至分群数据处理，以便进行数据存储和比对，轻松可视化，实现存储分析；通过分析群体体重数据，可为日粮配方提供准确的体重参考依据；通过阶段化称重数据的连续收集，可汇总成群体生长曲线，发现管理中的缺陷与漏洞并进行控制与改善，以提高生产效率。

2.3　羔羊的饲养管理技术

羔羊的饲养管理是指羔羊断乳前(4 月龄前)的饲养管理，即羔羊出生到断奶这一时期。要提高羔羊的成活率，并要培育出体型良好的羔羊，必须掌握四个关键：一是要加强泌乳母羊的补饲，使母羊奶水足，才能母壮儿肥；二是对母羊及羔羊精心细致的照顾管理；三是及时做好羔羊的补饲；四是做好羔羊断乳工作。

2.3.1　羔羊的饲养

2.3.1.1　羔羊哺乳

初乳是指繁殖母羊分娩后 3～5 天内分泌的乳汁。初乳不仅营养丰富、易被消化吸收，且含有较多的免疫球蛋白及其他抗体和溶菌酶，对羔羊抵抗疾病、增强体质具有重要作用。此外，初乳中还含有大量的镁盐，能帮助羔羊及早排出胎粪，预防便秘的发生。羔羊生后 1～3 日内，一定让羔羊吃上初乳，以利于羔羊胎便的排除。对于健壮的羔羊自己能吸乳，用不着人去辅助。对于体质较弱的羔羊或初产母羊、母性不强的母羊需要人工辅助，即把母羊保定住，把羔羊推到乳房跟前，羔羊就会吸乳，人工辅助羔羊哺乳如图 8 - 13 所示。哺乳次数根据母羊产羔数而定。对于单羔，可将两个乳头交替吸吮，每个乳头吸 20～50 秒，然后再换另一个吸吮；若是双羔，每只有它自己固定的乳头。第一周两次吃奶的间隔时间为 1 小时或更短些，随着羔羊日龄的增加，吸乳的次数逐渐减少，20 日龄以后，约每 4 小时吃一次奶。

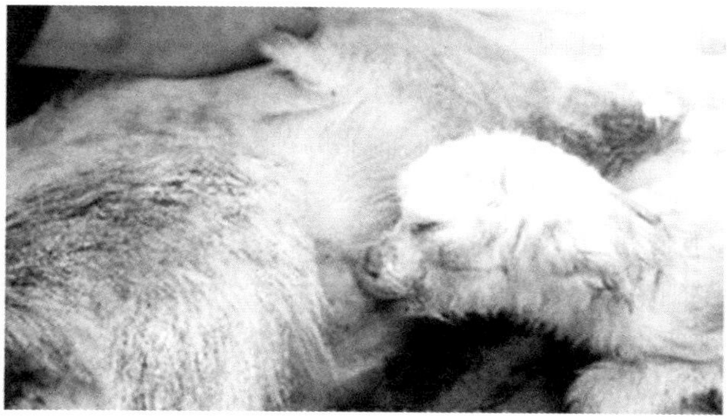

图 8 - 13　人工辅助羔羊哺乳

对于个别缺奶羔羊、多胎和无母亲的羔羊，应找保姆羊。保姆羊最好选择自己所产羔羊死掉但是泌乳强的母羊或者是选择性情温顺、产单羔、泌乳能力强的大母羊来代替哺乳。但母羊的嗅觉非常敏感，常常根据气味来辨别自己的羔羊，而不让其他羔羊哺乳，解决的办法有两种：一是先将保姆羊乳汁涂在羔羊身上，让其产生错觉；二是将母羊自己的羔羊和代乳的羔羊，同时喷上来苏尔液，闻起来气味相同，保姆羊无法识别出哪个是自己的羔羊，只好让其哺乳。若一时找不到保姆羊，可用牛奶、羊奶或豆浆施行人工哺乳。人工哺乳的代乳料一定要新鲜、清洁，做到定时、定量、定温。哺乳前期，每日喂 6～8 次，每次喂 50 毫升左右；以后逐渐减少喂奶次数，最后每天喂 2～3 次，逐渐增加喂奶量。每次奶水的温度应保持 35～38℃。

对于放牧的羔羊，在其出生 7 天之后可以让羔羊在周边附近的草场放牧，白天返回后给予其 3～4 次哺乳，夜间母子合群哺乳。一个月以内的羔羊主要以常乳为主，生长到 30 日龄之后，逐渐减少乳汁的投喂量，增加草量的饲喂量。此后，羔羊的放牧时间可以逐渐增多，放牧里程逐渐延长。羔羊与母羊分群放牧时，一定要稳住羊群，羔羊最易惊群，狂奔乱跳。一开始可以多安排几个人放羔羊，也可以在羊群中放几只羯羊或育成羊。每天母羊放牧回来，做好母仔喂奶是一项非常重要的工作，因为羊是以群为单位，数量多，母仔长时间分开，互相思念，一旦相见，激动万分，互相寻找。正常情况下，半小时内，大部分母子可以对上号，也有少数对不上号的，特别是双羔、弱羔在运动场上鸣叫不已，这时，一定要帮助其寻找母羊。另外，要防止羔羊偷吃奶，这种羊往往体格较大、头部很脏。

2.3.1.2 做好羔羊防寒保暖工作

新生羔羊出生后，羔羊舍的温度应控制在 10～18℃。冬季产羔可以用热风炉或加热板提高舍内温度，以防羔羊受冻感冒。要及早检修羊舍，对屋顶和墙壁进行必要的修补，防止漏风漏雪。地处野外的羊圈，应在北墙外埋设玉米秸用作挡风屏障。密闭式羊圈，应在门口、窗口上悬挂挡风草帘。简易式养羊大棚，可将屋檐向前延伸，架设塑料暖棚，顶上覆盖草帘子。过于寒冷的季节，仅靠建筑物保温难以保障羔羊要求的适宜温度，此时应在圈舍内生火炉取暖，同时防止羔羊因烟熏得肺炎和其他疾病。

2.3.1.3 科学饮水

羔羊在整个生长发育阶段，饮水是十分重要的环节。充足的水分不仅能够增强羔羊的身体代谢能力，也还有利于更好地消化饲料中的营养成分。所以羔羊出生之后，必须确保有充足的饮用水供给。7 天以内的新生羔羊，要保证饮用水的水质清洁卫生，每天中午可用奶瓶投喂温开水或者口服补液盐 40～50 毫升，温度控制在 35～38℃。进入炎热的夏秋季节，为了预防热应激，可以在饮用水当中添加鱼腥草、淡竹叶、车前草等煎煮的药液，这类药物具有清热解毒消暑功能，同时能够预防肠道疾病的发生，有利于增强羔羊的身体抵抗能力。

2.3.1.4 注意眼睑内翻

对于细毛羊和半细毛羊，要注意眼睑内翻。由于眼睑内翻易引起眼睛产生炎症，严重时造成绵羊双目失明。因此要细心观察，如有发现应当及时处理。处理方法很简单，将眼睑内翻的眼皮用剪刀剪去一部分，伤口愈合就形成了双眼皮，眼睑也就不内翻了。眼睑内翻在半细毛羊群中发生率很高，往往在 20%～50%。

2.3.2 羔羊的日常管理

2.3.2.1 羔羊补饲

母羊一般在分娩后 3 周即可到达泌乳高峰，随后产奶量会下降。根据羔羊生长发育特点和营养摄入需求，一般在羔羊出生后 10 天可进行补饲，即通过渐进式增料、减奶，提高羔羊胃肠消化功能。10 日龄可饲喂少量优质青干草，或者在羊舍内吊挂一些幼嫩的青草或青干草训练羔羊吃草。20 日龄后羔羊可采食少量的消化配合料，如 5 份玉米＋3 份炒黄豆＋2 份麸皮，同时加入 1%食盐刺激食欲。每天饲喂 4 次，每只羊每次 60～80 克。羔羊 30 日龄后营养需求量增大，每天摄入的精饲料一般占羔羊体重的 0.5%，饲料为 5 份玉米＋2 份炒黄豆＋2 份麸皮＋0.9 份豆粕＋0.1 份食盐，每天饲喂 3～4 次，每只羊饲喂 110～130 克。

2.3.2.2 科学分群

羔羊出生后 7 天内，母羊与羔羊应在一起单独管理，根据圈舍面积可 5 只母羊合为一小群。一般 7 天之后，可 10 只母羊合为一群；3 周龄以后，可大群一起管理。分群的原则是羔羊日龄越小，羊群就越小；羔羊日龄越大，组群就越大；同时，还要考虑到羊舍大小、羔羊个体强弱等因素；在组群时，可将同一品种、日龄相似、体质大小相近的羔羊合群在一起。

2.3.2.3 加强运动，注意卫生

羔羊生后一周以上，天气晴朗无风时，可在运动场中自由活动，增加日光浴，提高羔羊对环境的适应能力。注意：在羔羊运动之前，要拣掉地上脱落的羊毛并搞好环境卫生，否则，易被羔羊啃食进而引起消化道疾病。羔羊生后一周最容易发生羔羊痢疾。因此，圈舍必须勤打扫、勤换垫草，经常通风换气，粪便日产日清不过夜，保持良好的卫生条件和适宜的温度，有利于羔羊的生长发育，减少疾病的发生。

2.3.2.4 做好疫病防控，加强疫苗接种

羔羊身体抵抗能力相对较差，一旦出现传染性疾病，轻则会影响到机体的正常生长发育，重则会造成严重的死亡，因此要结合当地疫病的流行现状，做好疫病的防控工作，做到早发现早治疗。养殖场在规划建造过程中，一定要具备生物安全措施，要保证整个场址地势较高，远离主要交通干道、居民区和其他牲畜养殖场，同时还要保证整个羊舍的内部环境清洁卫生，加强卫生消毒，营造良好的生物安全水平。

根据当前疫病的流行特点以及本养殖场的疫病流行实际和免疫抗体的监测情况，制定妥善有效的免疫接种计划。羔羊疫苗接种可参照当地疫病流行情况进行免疫，一般出生后 7 天接种羊传染性脓疱皮炎灭活苗，15 天接种羊传染性胸膜肺炎疫苗，60 天接种山羊痘灭活苗，75 天接种牛 O 型口蹄疫灭活苗，90 天接种羊梭菌病三联四防灭活苗，120 天接种羊链球菌灭活苗，150 天接种布鲁氏菌灭活苗。

2.3.2.5 及时去势和断尾

羔羊去势不仅能够减少羊肉的膻味，改善肉品质，且去势后的羔羊生长速度较快，同时也便于管理。羔羊去势时间一般为出生后 25±5 天，方法有阉割法、无血去势法或结扎法。阉割法(图 8－14)即在羔羊阴囊下部用消毒的手术刀切开一个切口，将睾丸挤出，拉出并切断其血管、精索，切割完后用碘伏消毒，然后涂抹适量抗生素药物；无血去势法

则是将羔羊保定后，用手抓住羊的阴囊颈部，将其睾丸挤到阴囊底部，将精索推挤到阴囊颈外侧，并用长柄精索固定钳夹在精索内侧皮肤上，以防精索滑动。然后将无血去势钳（图 8－15）的钳嘴张开，夹在长柄精索固定钳固定点上方 3～5 厘米处，用手缓缓合拢钳柄。钳的夹点应该在睾丸上方至少 1 厘米处。在确定精索已经被钳口夹住之后，用力合拢钳柄，即可听到清脆的“咔嗒”声，表明精索已被挫断。钳柄合拢后应停留至少 1 分钟，再松开钳嘴，以保证精索已经断裂。松开钳子，再于其下方 1.5～2.0 厘米处的精索上钳夹第二次，确保手术效果。结扎法（图 8－16）即用橡皮筋束紧羔羊阴囊基部，阻塞血液正常流通，一般 15 天可自行脱落。去势后管理分群饲养，保持圈舍清洁干燥，无污物。放养户，圈养一周，避免淋雨。勤观察，如有感染的，用酒精清洗创口，用干粉类消炎药物涂抹创口。

图 8－14　阉割法

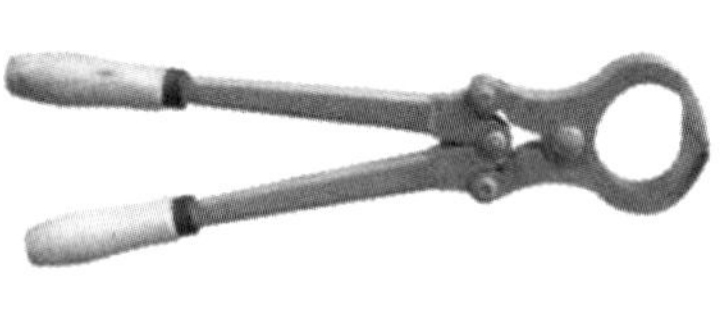

图 8－15　无血去势钳

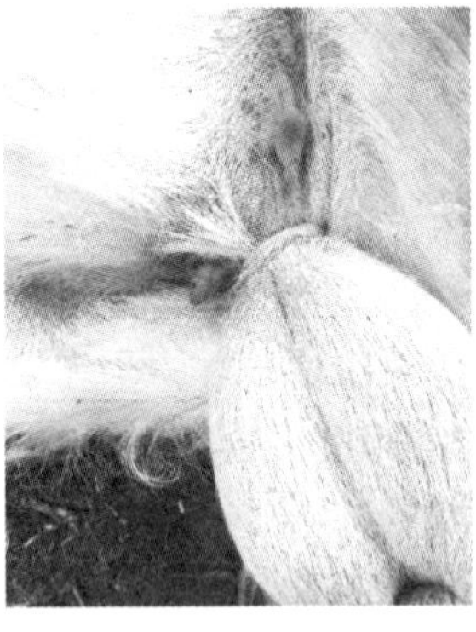

图 8－16　结扎法

羔羊出生后 7～14 天即可断尾（图 8－17），如羔羊体质弱、天气过冷，可顺延几天，羔羊断尾越早越好。羔羊断尾的方法也有三种：一是结扎法。用弹性较好的橡皮筋，套在羔羊的第三四尾椎之间，紧紧勒住，断绝血液流通，大约过 10 天尾巴即自行脱落。二是快刀法。先用细绳捆紧尾根，断绝血液流通。然后用快刀离尾根 4～5 厘米处切断，伤口用纱布、棉花包扎，以免引起感染或冻伤。当天下午将尾根部的细绳解开，使血液流通，一般经 7～10 天伤口就会痊愈。三是热断法。热断法可用断尾铲或断尾钳进行。用断尾铲断尾时，首先要准备两块 20 厘米见方的木板。一块木板的下方，挖一个半月形的缺口，木板的两面钉上铁皮，另一块仅两面钉上铁皮即可。操作时一人把羊保定好，两手分别握住羔羊的四肢，把羔羊的背贴在固定人的胸前，让羔羊蹲坐在木板上。操作者用带有半月形缺口的木板，在尾根第三四尾椎间把尾巴紧紧地压住。用灼热的断尾铲紧贴木块稍用力下压，切的速度不宜过急，若有出血，可用热铲再烫一下即可，然后用碘酒消毒。

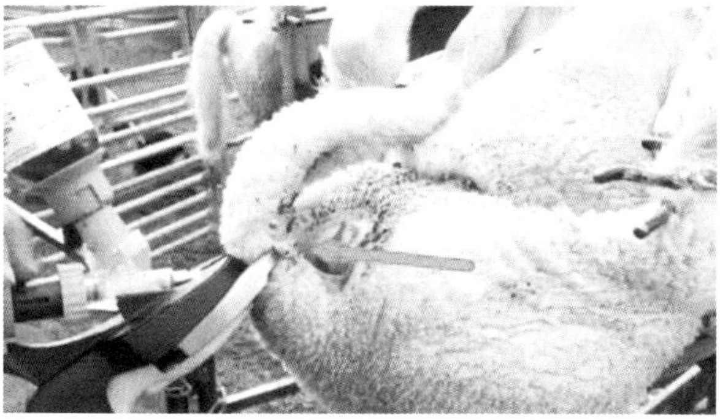

图 8－17　羔羊断尾

2.3.2.6　适时断奶

羔羊生长到一定的阶段，能独立生活，就应当进行断奶与母羊分开，单独组群放牧饲养。断奶时间根据饲养条件而定：规模化、集约化羊场可在羔羊 1.5～2.0 月龄提前断奶，条件较差的羊场一般在 3～4 月龄时断奶。断奶的时间首先是根据羔羊生理功能的发育程度进行的：羔羊瘤胃机能的发育可分为 3 个阶段，即出生至 3 周龄为无反刍阶段，3～8 周龄为过渡阶段，从 8 周龄到成年为反刍阶段。羔羊在 8 周龄时瘤胃已得到充分发育，已能采食和消化大量的牧草。根据羊场条件，可实行羔羊早期断奶，不仅能促进母羊提前干奶，打破传统的季节产羔，使 1 年 2 胎或 2 年 3 胎成为可能，而且能够为全年均衡生产肥羔奠定基础。

断乳的方法，多采用一次断奶法，即将母仔断然分开，不再合群。断乳后，把母羊移走，羔羊仍留在原羊舍饲养，尽量让羔羊保持原来的环境。也有逐渐进行断乳，逐渐减少羔羊的哺乳次数，一般经过 7～10 天就可完全可以断乳。断乳后应注意将羔羊应按性别、强弱和大小重新组群；对于过小的羔羊或发育不良的羔羊不要过早断奶；断奶后的羔羊，必须加强补饲；断奶后必须经常检查母羊乳房，对于过于膨胀的乳房，应该挤奶，以防引起乳腺炎。

2.4　育成羊的饲养管理技术

育成羊是断乳后到第一次参加配种的公母羊，即 4～18 月龄的羊。这个时期的羊组织器官发育趋向于成熟、生长发育较快，需要的营养物质较高，具有较高的饲料转化率。因此，需要对其进行良好的饲养管理才能够使得育成羊发挥其最佳生理性能。

2.4.1　育成羊的饲养

2.4.1.1　选择适宜的饲养方式

育成羊可以选用舍饲＋放牧相结合的方式，这样能够减少饲养成本，提高饲养效率。

尤其是对冬季出生的羔羊，在断奶后正好可以进行放牧，到下一年的秋季时体重可以达到 35 千克左右。在入冬前要准备足量的过冬的粗饲料，主要是以舍饲为主，辅助以放牧，否则会导致育成羊吃不饱而掉膘。当春季到来时，要增加羊群的采食时间。尤其是对要进行配种的育成羊，要让其在优质的草场进行放牧，以确保其能够摄取足够的营养和保持良好的体况，达到配种前的优良状态。

2.4.1.2　分群饲养

育肥羊在饲养前，需要根据育成羊的情况进行分圈、饲养，在分圈前要关注羊的体质、体重和性别，依此分圈。这样可以避免由于公母羊的体重差异过大导致在饲喂时不容易把控饲料的饲喂量进而造成营养不良或过剩，而且公母羊同圈饲养容易导致自行交配，不仅影响成功率，还会影响繁殖情况和羔羊的品质。

2.4.1.3　科学饲喂

通过科学饲养可以确保育成羊大多能够在当年就进行配种和繁殖。4～8 月龄的育成羊的饲料中粗饲料不能超过 20%，在以精饲料为主的基础上应补充一些干草和青绿饲料，这是由于这个阶段的羔羊消化系统发育尚未完善，对粗饲料的利用度较差。当育成羊发育到 9～18 月龄时，就能够对粗饲料进行消化和吸收，可以自行采食大量的青贮饲料和秸秆粗饲料等，粗饲料的含量可以达到 25%。给育成羊饲喂大量的干草还能够促进消化器官的发育，这样饲养出来的羊具有较大的体格和充分发育的乳房。

刚离乳整群后的育成羊，正处在早期发育阶段，这一时期是育成羊生长发育最旺盛时期，这时正值夏季青草期。在青草期应充分利用青绿饲料，因为其营养丰富全面，非常有利于促进羊体消化器官的发育，可以培育出个体大、身腰长、肌肉匀称、胸围圆大、肋骨之间距离较宽、整个内脏器官发达，而且具备各类型羊体型外貌的特征。因此夏季青草期应以放牧为主，并结合少量补饲。精料可由 68%的玉米、7%的豆饼、10%的麦麸、12%的花生饼、1%的磷酸氢钙、食盐和添加剂组成，精料饲喂量控制在 0.4 千克/天。而在育成后期，精料的配比应当有所改变，可由 45%的玉米、12%的豆饼、15%的麦麸、25%的花生饼 1%的石粉、食盐和添加剂组成，这时候精料的饲喂量为每天 0.5 千克。通常精料需要控制蛋白质为 15%～16%，能量饲料应当占总饲粮的 70%左右。在分群后，由于公羊的生长速度快于母羊，因此，在饲喂时需要给公羊提供更多的精饲料。在枯草期，尤其是第一个越冬期，育成羊还处于生长发育时期，而此时饲草干枯、营养品质低劣，加之冬季时间长、气候冷、风大，消耗能量较多，需要摄取大量的营养物质才能抵御寒冷的侵袭，保障生长发育，所以必须加强补饲。在枯草期，除坚持放牧外，还要保证有足够的青干草和青贮料。精料的补饲量应视草场状况及补饲粗饲料情况而定，一般每天喂混合精料 0.2～0.5 公斤。由于公羊一般生长发育快，需要营养多，所以公羊要比母羊多喂些精料，同时还应注意对育成羊补饲矿物质如钙、磷、盐及维生素 A、维生素 D。

智能化生产案例 8－3　肉羊精准饲技术

8－3－1　背景分析

肉羊是适应外界环境最强的家畜之一，食性广、耐粗饲、抗逆性强。饲养肉羊投资少、周转快、效益稳、回报率高，近 20 年来，由于市场对羊毛和羊肉的需求关系发生了变化，养羊业由毛用为主转向肉毛兼用而发展到肉羊为主，肉羊生产发展迅速。随着我国人民生活水平的提升，对肉羊的需求也逐渐增加，因此，养殖肉羊的前景较为光明。同时，我国草地资源丰富，为肉羊的养殖提供了自然条件，如今对肉羊的养殖一部分在养殖房中进行养殖，养殖房内设置有多个养殖区，每个养殖区的肉羊数量不一样，且每个养殖区的肉羊生长年限不一致。所以每个养殖区域所喂养的饲料量不一致，然而如今对多个养殖区的饲料投喂均通过人工提着饲料逐一投喂，并通过人工经验来把控饲料投喂的量，这样工作人员的工作负担较大的同时，不能精确把控饲料投喂量。本方案涉及一种肉羊精准饲喂装置及方法。

8-3-2　肉羊精准饲技术研究

本技术属于养殖技术领域，具体涉及一种肉羊精准饲喂装置及方法，包括有两个桶体，桶体底部由四周向集料槽由高到低倾斜如图 8-18 所示，两根送料管内均转动装配有第一转轴，两个第一转轴外表面均分别设有第一螺旋送料刀片和第二螺旋送料刀片如图 8-19 所示，漏料管内转动装配有第二转轴，第二转轴外表面设有第三螺纹送料刀片，其中一个第二斜齿传动装配有位于漏料管外侧的传动机构，若干连接管下侧均装配定量机构，本装置结构简单，设计合理，可代替人工对多个养殖区进行投喂工作，不用工作人员手提着饲料逐一进行投喂，减轻了工作人员工作负担，且便于把控各个养殖区的饲料投放量，减轻饲料的浪费。

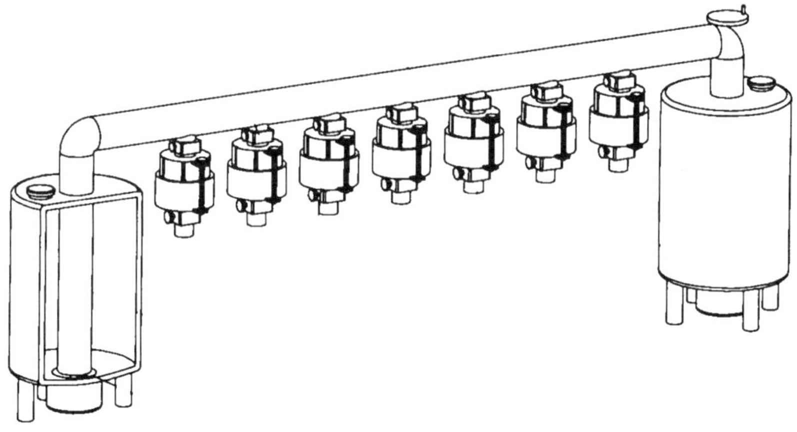

图 8-18　整体装置原理

8-3-3　技术原理

设计一种肉羊精准饲喂装置，包括有两个桶体，两个所述桶体底部中心位置均设有集料槽，所述桶体底部由四周向集料槽由高到低倾斜，两根所述桶体均竖直装配有送料管，所述送料管下端伸入集料槽内，两个所述送料管内均转动装配有第一转轴，两个所述第一转轴外表面均分别设有第一螺旋送料刀片和第二螺旋送料刀片，两个所述送料管之间连通设有漏料管，所述漏料管内转动装配有第二转轴，所述第二转轴外表面设有第三螺纹送料刀片，所述第二转轴左右两端均固定连接有第一斜齿，两根所述第一转轴上端

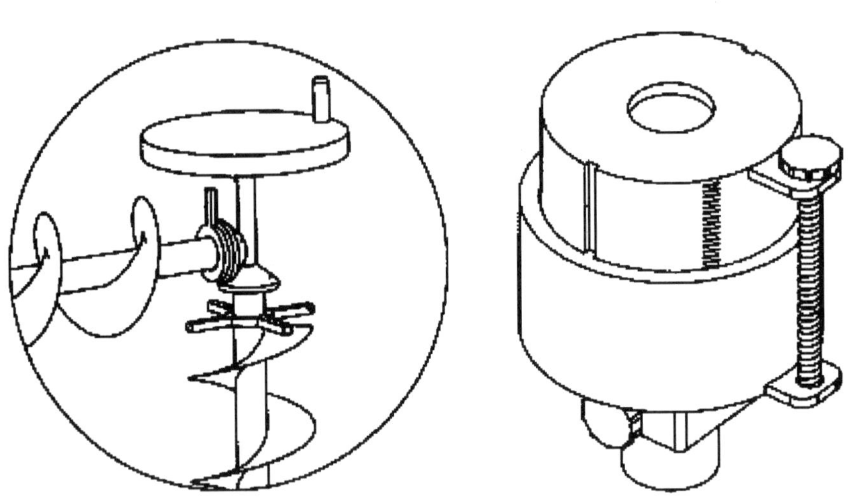

图 8-19　桶装置 1 原理与桶装置 2 原理

均设有与第一斜齿啮合的第二斜齿，其中一个所述第二斜齿传动装配有位于漏料管外侧的传动机构，所述漏料管连通设有若干连接管，若干所述连接管下侧均装配定量机构，所述定量机构包括由于有第一储料框与第二储料框，两个所述第一储料框与第二储料框相对设置，所述第一储料框与连接管连接，所述第二储料框套设在第一储料框外壁，所述第一储料框与第二储料框之间滑动密封连接，所述第一储料框与第二储料框之间设有调节组件，所述第二储料框下侧设有投喂管，所述投喂管装配有第一通断阀。

工作人员可将饲料投放在装配有第一螺旋送料刀片的桶体内，此时工作人员通过传动机构带动其中一个第二斜齿转动，由于左右两侧的第二斜齿和第一斜齿相互啮合，因此在其中一个第二斜齿转动时，便可带动两个第一转轴和第二转轴转动，从而带动第一螺旋送料刀片、第二螺旋送料刀片和第三螺纹送料刀片开始转动，第一螺旋送料刀片可将桶体内的饲料卷入送料管内，并向漏料管内卷动，饲料进入漏料管内后，在第三螺纹送料刀片的转动带动下，向第二螺旋送料刀片一侧移动，饲料在漏料管内移动的过程中，经过多个连接管，从而饲料可通过连接管进入第一储料框和第二储料框之间，直至饲料将所有定量机构储满，多余的饲料在第三螺旋送料刀片的作用下，在漏料管中向第二螺旋送料刀片内移动，从而通过第二螺旋送料刀片将多余的饲料汇入另一侧的桶体内，不会造成饲料的浪费。

所述传动机构包括有转盘、握把与固定杆，所述固定杆与第二斜齿中心固定连接，所述固定杆另一端伸出漏料管与转盘固定连接，所述握把与转盘另一侧固定连接。工作人员可直接通过握把转动转盘，转盘在转动过程中带动固定杆转动，固定杆便可带动第二斜齿转动。所述握把外表面套设有海绵套筒，海绵套筒的设计便于提高工作人员握住握把的舒适度；所述调节组件包括有第一安装块、第二安装块、螺杆与把手，所述第一安装块和第二安装块分别与第一储料框上侧和第二储料框下侧固定连接，所述螺杆与第一安装块转动装配，所述第二安装块设有与螺杆相匹配的螺纹槽，所述螺杆下侧与螺纹槽内壁螺纹连接。由于螺杆与螺纹槽内壁螺纹连接，因此螺杆分别向两个方向转动时，可带动第二安装块上下移动，因此工作人员可通过转动把手，分别带动螺杆向两个方向转动，螺杆可带动第二安装块上下移动，第二安装块便可带动第二储料框上下移动，从而可调节第二储料框与第一储料框之间的距离。

所述第一储料框下侧外壁设有环形密封条，所述环形密封条与第二储料框内壁相匹配。环形密封条的设计便于提高第一储料框和第二储料框之间的密封效果。所述第一储料框左右两侧外壁均设有滑槽，所述第二储料框内壁左右对称设有与滑槽相匹配的滑块。第二储料框相对于第一储料框上下移动时，两侧的滑块在滑槽内上下移动，提高第二储料框上下移动的稳定性。所述第一储料框外表面设有刻度线，所述刻度线与第一储料框和第二储料框之间形成的空间体积相匹配。刻度线的设计，便于工作人员精确调整第一储料框和第二储料框之间的距离，从而精确调整第一储料框和第二储料框之间形成的空间体积。若干所述连接管均装配有第二通断阀。工作人员可通过第二通断阀控制连接管的通断。两根所述送料管内均固定连接有与第一转轴转动连接的第一支架，所述漏料管左右两侧内壁均设有与第二转轴转动连接的第二支架。第一支架和第二支架的设计便于工作人员对第一转轴和第二转轴进行安装。

8-3-4　应用前景

随着羊产业逐步向现代畜牧业转型，对羊产业管理开始走向规模化、产业化，高密度饲养导致工作人员饲养负担加重，为了高效化，精准化饲喂，自动饲喂装置的必要性慢慢提高。肉羊精准饲喂装置简单，设计合理，可代替人工对多个养殖区进行投喂工作，不用工作人员手提着饲料逐一进行投喂，减轻了工作人员工作负担，且便于把控各个养殖区的饲料投放量，减少饲料的浪费。

2.4.2　育成羊的管理

2.4.2.1　环境控制

在育成羊的管理中，要给其提供优良的环境，羊舍内要干净卫生，要对圈舍常打扫，常出粪，并定期对羊圈舍内进行消毒。消毒时避免消毒不严、不彻底、留有死角的情况，这样会导致病原的滋生。羊圈舍内要保持干燥，且通风良好，这样可以减少各类病原对羊的威胁以及避免有害气体造成羊群的刺激和发病。在养殖过程中应当保持安静的环境，以减少噪音对羊群形成应激。在不同的季节，要给羊群提供温度和湿度适宜的条件，在天气炎热的季节做到防暑降温，在寒冷的季节做到防寒保暖。还要适当控制羊群密度，尤其是要避免在天气炎热的季节由于密度过大而导致出现争斗的情况。在天气寒冷的季节可以适当将密度调高，以便可以提升圈舍内的温度。

智能化生产案例8-4　羊舍环境智能监测与物联网控制系统

8-4-1　背景分析

在现代畜牧养殖业发展过程中，面临着企业生产管理水平低下、环境污染严重、行业数据资源分散、动物产品质量管理问题、疫情防控等问题，其中环境因素是影响养殖效益的关键性因素，更是导致疾病发生的主要诱因，严重阻碍了现代畜牧业的发展步伐。除了品种优良、营养合理外，羊生长的环境也是非常重要，科学合理的温湿度环境，及时将氨气、二氧化碳气体、硫化氢等气体浓度降到合理的范围内有利于羊的生长。

8－4－2 羊舍环境智能监测与物联网控制系统研究

本系统基于物联网的智慧养殖监测系统利用物联网技术，围绕羊舍生产环境和管理环节，通过智能传感器在线采集羊舍环境信息，同时集成改造现有的环境控制设备，实现羊养殖的智能生产与科学管理。养殖户可以通过手机、计算机等信息终端，实时掌握养殖场环境信息，及时获取异常报警信息，并可以根据监测结果，远程控制相应设备，实现健康养殖、节能降耗的目的。

8－4－3 技术原理

本系统共涉及养殖环境数据采集、环境数据传输、平台数据管理展示、设备管控等，具体如图8－20所示的智慧养殖监测系统拓扑图。

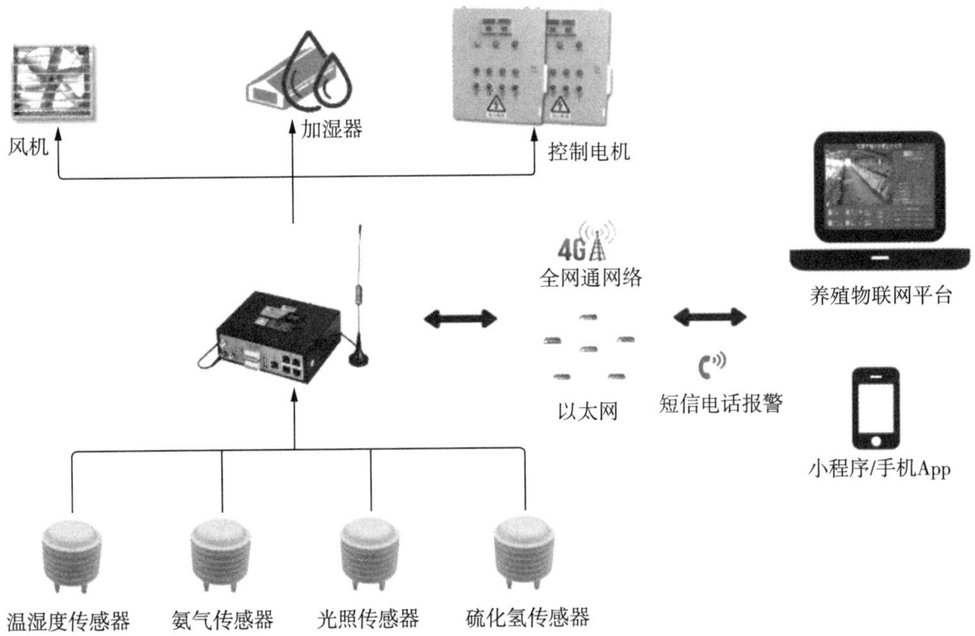

图8－20 智慧养殖监测系统拓扑图

1. 养殖环境数据采集

智慧养殖监测系统通过温湿度、氨气、二氧化碳、光照等传感器采集养殖环境的环境状态信息，而传感器是利用物理、生物、化学等效应，感受被测物体的相关数据，并通过无线传感技术手段和技术协议转换成可用输出信号的元器件，如温湿度传感器就是一种采用数字温湿度传感器的网络型变送器，将羊舍中的温度和湿度转变成与之相对应的数字信号，通过有线网络连接，将温湿度数据上传给网关，进行实时监控。

2. 环境数据传输

智能网关作为传输网络核心，它的功能可以说是至关重要，具有启动以及管理智能传感网络功能，与此同时，还能协调传感器节点传输通信，将获取到的现场温湿度、PLC等数据，通过自带的 4G/5G、有线、Wi－Fi 等方式上网，将数据传到云端，构建比较稳定的智能传感网络，主要功能有以下几点：实时接受传感器发送的检测数据；通过 4G/5G、有线等方式将数据上传至云端平台；输出控制信号，控制前端设备。

3. 平台数据管理展示

平台支持养殖环境数据实时读取展示、养殖场视频实时调取查看，同时支持数据汇总统计，报表导出等功能。

3.1　数据可视化。平台实时提供每个监测点的温湿度、氨气、二氧化碳浓度、光照度、大气压力，数据以表格、曲线和图形等多种展现方式，直观地呈现在用户眼前，用户可通过电脑、手机 APP、平板等多种设备对养殖场的数据进行实时查看，支持数据回查，方便数据对比与管理，同时一键式导出与打印功能，轻松实现养殖场数据的精确掌控。

3.2　预警告警功能。平台可进行远程短信报警、手机 APP 消息报警、现场声光报警等，当监测到的任一个参数达到报警条件时，会及时提供声音和相应数值闪烁报警并发送报警信息，提示用户及时处理，用户可及时参考报警信息，与智能系统进行实时对接，从而采取智能决策，在出现误差时有效采取人为干预，降低养殖风险。

3.3　报表管理。平台可记录养殖场生产过程中的各项操作日志、物资等情况，对每个阶段的作业进行精准记录，可作为规范养殖的重要依据，用户可根据平台记录数据，分析投入与产出比例，调整生产作业，便于数字化管理。

4. 设备管控

通过平台采集的数据进行分析对比，自动控制设备运行，调整养殖场环境处于适宜成长状态，可自动控制风机、照明、加温、降温、除湿、喂料、加水等设备。

8－4－4　应用前景

基于智能羊舍养殖环境监测现代化养殖管理，可以实现养殖智能化，打造全新的养殖管理理念，提升羊场的产量与产值，实现健康养殖、节约成本、减少人工、节能降耗，保障圈舍内羊只生长、发育的环境，提高经济效益。让养殖户轻松成为一个十分给力的“饲养专家”。

2.4.2.2　日常监测与运动

在育成羊养殖过程中，需要定期对羊群整体的体重以及生长性能进行监测，根据监测结果对饲料的配方和饲喂方式进行调整，以便能够满足羊群生长需要。不仅要满足育成羊的日粮营养需求，也要给羊群提供平整、宽敞的运动场所，确保羊群能够在运动场内进行运动，最好每天都运动，可以增强羊群的体质和抵御各类疾病的发生，促进育成羊的生长发育。

2.4.2.3　疫病防控

要对育肥羊群进行免疫接种，这样能够预防大多数传染性疾病的发生，同时要进行驱虫工作，因为羊群多采取放牧和舍饲相结合的方式饲养，很容易感染寄生虫，尤其是线虫、吸虫和绦虫等。

知识点小结

在生产实践过程中，需要根据羊的品种和生产方向选择合理的饲养管理方式，在满足羊的营养需求的同时，也要做好疫病防治、日程管理等工作。对于种公羊，要严格把关种公羊的选育，分别在配种期与非配种期做好饲养工作；对于母羊，不仅要加强后备母羊的培育，也要做好空怀期、妊娠期、分娩及哺乳期的饲养管理工作；对于羔羊，一方面要做好羔羊饲养工作，如羔羊哺乳、防寒保暖、科学饮水、注意眼睑内翻等，另一方面，也要加强羔羊日常管理，如羔羊补饲，科学分群，加强运动、注意卫生，做好疫病防控、加强疫苗接种，及时去势和断尾，适时断奶等；对于育成羊，要选择适宜的饲养方式的基础上分群饲养、科学饲喂，同时加强环境控制、日常监测与运动，注意疫病防控。

第3节　羊的放牧技术

千百年来，传统养羊的方法是以四季放牧为主。羊是草食家畜，在青草茂盛的时候以放牧为主，在枯草季节以适当补饲为辅。近年来，由于饲养量的增加，草场牧地生态资源逐年恶化。为保护生态环境，各地相继实施了封山育林或季节性放牧、季节性限牧等措施。羊的饲养方式将逐渐由放牧向半舍饲、舍饲过渡。但是，放牧不仅能够满足羊的生活习性，还能够充分利用天然草场资源，降低生产成本。此外，合理放牧加上适当的补饲，可以促进羊生长发育和提高生产性能。因此，有条件的尽量采用放牧管理。

3.1　放牧的准备工作

3.1.1　合理分群放牧

合理地组织羊群，既能节省劳力，又便于羊群的管理。一般要根据不同地区不同的放牧条件，按照羊的性别、年龄来组织羊群。牧区和草场面积大的地区，一般以繁殖母羊和育成母羊200～250只为一群，去势育肥的公羊150～200只为一群，种公羊80～100只为一群。农区一般没有大面积草场，羊群放牧多利用地边、路边、林地、河堤，放牧受到一定限制，羊群不宜过大。繁殖母羊和育成母羊30～50只为一群，去势育肥公羊20～40只为一群，种公羊10只左右为一群。

3.1.2　科学选择草场

放牧前应对草场的面积、地形、植被以及四季风向等全面地了解，以确定各个季节草场利用的计划，合理安排四季草场。由于一年四季草场、气候、水源等因素不断变化，因此四季放牧各有特点，选择放牧的草场和管理方式也有所不同。四季草场的选择可用“春洼、夏岗、秋平、冬暖”八个字来概括。其中，春季应选择低洼草场、盆地、河谷地带或山前的丘陵地，这些地方气候较温暖，草生长较早，利于绵、山羊放牧。夏季应选择高燥、凉爽、饮水方便、蚊蝇少的地方放牧。因为夏季气温高、多雨、蚊蝇多。秋季应选择草好而密、地势平坦的草场放牧，提高放牧效率，让绵羊抓膘过冬。冬季应选择背风向阳、地势低而暖和的地方放牧，有利于绵羊保膘过冬。

3.1.3 合理安排放牧队形

放牧队形很多，但基本上包括一条鞭放牧队形（图 8－21）与满天星放牧队形（图 8－22）两大类。其中一条鞭放牧队形是指羊群排成一列横队，保证 2～3 层羊同时前进，领群的羊工在前边离羊群 8～10 米远，左右移动并缓缓后退，引导羊群前进，另一名羊工在羊群的后边，防止个别羊只掉队或离群外跑。这种队形的优点是适合于地势比较平坦、植被均匀的中等草场；能使绵、山羊增加采食量，充分利用牧草，减少游走时间；能很好地控制羊群，是春季防止“跑青”的一种有效放牧方式。满天星放牧队形则是将羊群散布在一个轮牧小区或一定的范围内，让羊自由采食，羊工监视羊群不使羊越界或过分分散，直到牧草采食完全以后，才转移到新的草场去。这种队形适合于牧草特别优良，产草量很高的草场或者是牧草生长不均匀，产草量不高的草场，也适合于有一定坡度的草场，是夏季放牧的一种理想队形。

图 8－21 一条鞭放牧队形

图 8－22 满天星放牧队形

3.2 四季放牧的特点

3.2.1 春季放牧的特点

春季的羊最难放，这时的羊有气无力，因为经过一个漫长的冬季，特别是在补饲条件不足的情况下，羊只瘦弱，可以说是弱不禁风。所以春季放牧的核心任务就是恢复羊的体力。因此，春季放牧一要防止羊“跑青”；二要防止羊“臌胀”。春季放牧要手紧，开始时可先放老草坡或喂一些干草，然后再放牧于青草坡。春季草嫩，含水量高，早上天冷，不能让羊吃露水草，否则易引起拉稀。春天，当羊放牧食青草以后，要每隔5～6天喂一次盐，喂时把盐炒至微黄时为好，加一些磨碎的清热、开胃的饲料和必需的添加剂。这样可帮助消化，增加食欲，补充营养。同时，每天至少要让羊群饮水一次。

春季放牧时，体格壮的羊往往跑得快，抢好草吃，而体弱的羊光跟在后面撵路，吃草的时间少，这样体弱的羊会变得越来越弱。因此，体弱羊要单独组群，最好留在近处放牧，强壮的羊到较远的草场放牧。此外，要特别注意待产羊。已产羊和临产的羊不能远牧，每天出牧前要检查一下羊群，并根据预产期，接近临产或有临产现象的母羊要留下来，以便产羔。

3.2.2 夏季放牧的特点

羊群经过春季放牧，身体逐渐恢复，同时牧草抽茎开花，营养价值高，是羊只抓膘的好时期。夏季的气候特点是炎热、暴雨，蚊虫多，应做好防暑降温工作。放牧时应注意早出晚归，中午炎热时，要防羊“扎窝子”。所谓“扎窝子”，是指在夏季天气炎热，羊只为了避开太阳，寻找阴凉，往往一些羊钻到另一些羊的腹下，结果挤成一团，即“扎窝子”。可采用以下措施防止羊“扎窝子”：一是早出晚归中休息，避开高温时间；二是上午放阳坡、下午放阴坡，上午顺风牧，下午逆风牧；三是采用“满天星”的放牧队形。必要时，在放牧中途给予适当休息。同时，要做好防蚊、驱虫工作。要多给羊群饮水，并适当喂些食盐。此外还要注意天气变化：夏季雷雨较多，放牧时要及时掌握天气的变化，有雨时，尽量不要远牧。

3.2.3 秋季放牧的特点

秋季天高气爽，牧草丰富，而且草籽逐渐成熟，应该是“满山遍野好放羊”的季节。秋季是羊群抓膘配种季节，放牧中，注意将羊放饱、放好，这对冬季育肥出栏、对安全过冬和羊的繁殖都很重要。秋季放牧，一是要选好草场，选择草好而密的地方放牧。二是要尽量延长放牧时间，秋季要尽量延长放牧里程和放牧时间。秋季无霜期应早出晚归，中午不休息；晚秋有霜，采用晚出晚归中午不休息的办法。三是合理利用草场。一般根据牧草枯萎的早晚来利用草场，其顺序是：由山顶至山坡；由阳坡至阴坡；由山上至沟里。四是加强配种母羊的管理，要做到放牧配种两不误。五是要防止“跑茬”。秋季可以利用庄稼地的稿秆、籽实、杂草进行放牧，对抓膘也很有利，但要防止“跑茬”，必须要加强羊群的控制。

3.2.4　冬季放牧的特点

冬季天渐转寒，植物开始枯萎或凋落时，并有雨雪霜冻。放牧中，应注意防寒、保暖、保膘、保羔。冬季放牧常常在村前村后和羊圈左右让羊吃些树叶、干草，晴天多让羊运动和晒太阳，怀孕母羊切忌翻沟越岭。同时，要修好羊舍，素有“圈暖三分膘”之说。因此，冬季放牧的中心任务是“保膘、保胎、保羔”。一是要选好草场，选择背风向阳，地势低而暖和的地方放牧。二是注意草场的利用，先阴后阳，先远后近，先高后低，先洼后平。三是逆风出牧，顺风归牧。羊只顶风前进，不至于走得太远，风也不能直接吹开毛被，顺风归来，可使羊只走得较快，避免丢失。四是稳放稳走，防止拥挤跌撞，以防引起妊娠母羊的流产。五是注意羊只的补饲和圈舍的维修。

3.3　放牧的注意事项

3.3.1　要做到“三勤”“四稳”

“三勤”就是手勤、腿勤、嘴勤。集中一个字，羊工要“勤”。其中，手勤就是要求不断挥着羊鞭，有效地控制羊群；腿勤就是要不断跟随羊群，不能坐立不动，要随时了解羊群；嘴勤主要是通过口令来集合羊群或驱赶羊群。

“四稳”就是出牧稳、放牧稳、饮水稳、收牧稳。其中，出牧稳是指羊群经过一个漫长的黑夜，黎明到来之时，羊群的食欲很旺盛，食草欲很强，羊群一出羊舍，就有可能飞快地向草场进军，这时，我们要注意“稳”，不着急，慢慢地向目的地赶去。放牧稳在四稳当中最为重要，羊胆小懦弱，放牧当中自始至终要保持稳，有这么一句谚语：“放羊打住头，放得满肚油，放羊不打头，放成瘦马猴”，放羊一定要控住羊群，胡乱放牧漫天游，会把羊跑瘦、累死。饮水稳是指快到饮水的地方，要把羊群挡住，喘息定了，才能开始饮羊。收牧稳是指羊群经过一个白天的放牧，晚上大多已吃饱，这时羊只归心似箭，这时我们还要控制羊群，让羊慢慢走回家。

3.3.2　要做到“三饱”“四看”

所谓“三饱”，是指羊群不论采用什么放牧队形，都要强调一日三饱。有句谚语：“一天三个饱，一年二个羔；一天二个饱，一年一个羔；一天一个饱，性命也难保。”如何确定羊是否吃饱，可以根据羊的表情来判断，发现羊群中大部分羊站立前望，有卧下休息之趋势，此时，羊工控制羊群，原地休息，让羊有充分的时间反刍消化，休息反刍以后，再让羊群继续前进。要在放牧中达到“三饱”的要求，就需牧工多辛苦，尽可能让羊多吃草，少走路，适当延长放牧时间或进行夜牧。让羊吃回头草，可以使羊吃得更饱。“羊吃回头草，天天吃个饱，羊吃跑马草，累死才拉倒”。

所谓“四看”，是指看草、看地形、看水、看天气。看草，是指根据绵、山羊头数和现有草场情况，合理利用草场。既要让羊吃得饱，又要做到草场放牧不过度。看地形，要注意观察草场地形，根据地形确定羊的放牧队形，特别是山区地形非常复杂、高低不平、悬殊大。看水，每天放牧让羊饮水是必不可少的工作，羊在什么地方饮水，饮什么样的水源，牧工要心中有数。看天气，要随时掌握天气的变化情况，以防羊群遭到突然袭击，造成不必要的损失。

3.3.3 山羊、绵羊不宜同群放牧

首先,山羊和绵羊的食草习性不同:山羊食草直线向前、很少吃回头草;绵羊则善食回头草。有放牧经验的老放牧员有"山羊不吃回头草、绵羊不吃回头草不胖"的说法。其次山羊和绵羊的性情及生活习性不同:山羊性情活泼好动,四肢灵便、行走快捷,在山区放牧,善于攀登,较陡的山坡也能攀登上去、素有"山羊猴子"之美称;而绵羊性情温顺、懒动,四肢较笨、行走较慢、不能攀爬较陡的山坡、有"死"绵羊的绰号、同群放牧常有掉队。因此,在组群放牧时山羊和绵羊应分别组群以利放牧和羊只生长发育。

3.3.4 雨后草、露水草和霜雪草不宜放牧

有人认为,雨后和早晨有露水时放牧"水草"、连吃带喝、草吃饱了、水也喝足了,这是不科学的。因为羊吃了大量"水草",在胃肠中较易腐败发酵、产生气体,诱发急性胃肠膨胀病,抢救不及时易造成死亡。同时,"水草"上常附着肝蛭囊蚴,随草食入可危害羊只。再是,雨后和有露水时放牧,地面潮湿、泥泞,蹄甲间较易夹带泥水,羊只易患蹄腐、烂病(俗称沤蹄),行走困难,严重时蹄壳脱落,报废淘汰。此外放牧霜雪草、羊只易患腹痛和流产等病。

3.3.5 其他注意事项

一是要注意防止传染病。严禁在疫区放牧,如发现疫情,应及时将羊群转移至安全地带。二是要防止中毒。喷过农药、施肥后的草地、林地,要在10～15天后才能放牧。三是防止追赶羊群。怀孕母羊和2月龄以内小羊最怕追赶。因此,在放牧过程中,切勿猛追乱赶。四是防止野兽危害等,禁止在狼群经常出没的地方放牧。五是放牧前应注意检查羊群,发现羊生病后要留圈观察、治疗,发现羊发情要及时记录和配种,并且数一下羊的只数,做到心中有数。六是出牧、归牧时不要走得太快,放牧路途要适中,不要远距离奔波。

3.4 划区轮牧

划区轮牧(图8-23)是指有计划、合理利用草场的一种有效放牧形式,首先把草场分成若干个放牧单元(以羊群为单位),每个放牧单元再分成若干个轮牧小区,每一小区放牧2～6天,按一定的次序和时间轮回放牧。划区轮牧是在测定草地产草量、确定载畜量、放牧家畜头数、轮牧周期、每分区放牧时间和轮牧频率的基础上进行的一种科学放牧方式。

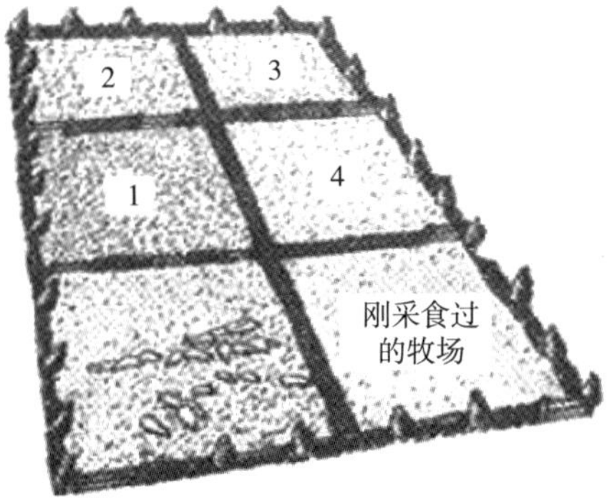

图8-23 划区轮牧

3.4.1 放牧周期

放牧周期是指每一小区轮回一次所需的时间,放牧周期(天)=每一小区放牧天数×

小区数。放牧周期的长短主要由再生草的生长速度确定，再生草长到 8～20 厘米时，可以再次放牧，一般在 35 天左右。

3.4.1　放牧频率

放牧频率是指一个小区在一个放牧季节内轮流放牧的次数。与草原类型和牧草再生速度有关，一般为 3～4 次。

知识点小结

放牧不仅能够满足羊的生活习性，还能够充分利用天然草场资源，降低生产成本。因此，有条件的尽量采用放牧管理。放牧前，应合理地组织羊群、科学选择草场、合理安排放牧队形。根据一年四季草场、气候、水源等因素变化特点，合理选择放牧的草场和管理方式。放牧过程中，要做到“三勤”“四稳”“三饱”“四看”等注意事项。为科学、有效利用草场，最好采用划区轮牧的方式进行。

第 4 节　尿素在肉羊生产中的应用技术

随着我国肉羊产业的快速发展，饲料的短缺越来越严重，尤其是蛋白质饲料短缺非常明显。尿素作为一种成本低廉的反刍动物蛋白质代用饲料，在当前我国蛋白质饲料缺乏且价格高昂的情况下，应用尿素科学饲喂肉羊，促进其生长、降低成本，对提高养羊经济效益具有重要的意义。

4.1　饲喂尿素的原理与优势

4.1.1　饲喂尿素的原理

尿素(图 8－24)是由碳、氮、氧、氢元素组成的有机化合物，化学式为 $CO(NH_2)_2$，外观呈白色晶体或粉末，是农业生产中常用的氮肥，在固体氮肥中含氮量最高。当尿素随饲料进入羊的瘤胃以后，就会被瘤胃中大量微生物群落、单细胞动物分泌的活力很强的脲酶所作用，经过很短时间(最快的仅仅几秒钟)，尿素就在脲酶的作用下分解成氨和二氧化碳。微生物和单细胞动物，利用分解出的氨和瘤胃中的有机酸(α－酮戊二酸)作为营养物，合成谷氨酸，再进一步合成谷氨酰胺、色氨酸或其他氨基酸及瘤胃微生物自身需要的菌体蛋白。当饲料经过第二胃(网胃)，第三胃(瓣胃)到达第四胃(皱胃)、小肠时，和饲料一同被皱胃及小肠消化吸收，供羊体利用。概括起来即是羊瘤胃中的微生物能将尿素合成自身需要的高级蛋白质，即菌体蛋白，这些物质随食糜的运转到达小肠后，会被小肠内的蛋白酶把微生物合成的菌体蛋白分解成氨基酸加以利用。

4.1.2　饲喂尿素的优势

尿素中含氮量为 42％～46％，如果 70％的尿素氮被利用，那么 1 千克尿素经过瘤胃

图 8-24　尿素

细菌转化后就会提供相当于 4.5 千克豆饼的蛋白质。研究发现，在蛋白质不足的日粮中加入 1 千克尿素，能够使肉牛肉羊增重 1～3 千克，奶牛多产 6～12 千克牛奶或者毛用羊多产 50～150 克羊毛。由此可以看出，尿素对于牛羊的饲养具有极高的营养价值，能够作为蛋白质补充饲料来代替一部分饲料蛋白质，对于饲养者来说，其经济价值十分可观。

4.2　尿素的饲喂量计算

4.2.1　尿素潜力(NRC,1985)

尿素潜力(g/kg 干物质)＝11.78NEm＋6.85－0.036CP×DEG

式中，NEm 表示维持净能(兆卡/天)；

CP 表示粗蛋白含量(%)；

DEG 表示瘤胃蛋白质降解率(%)。

4.2.2 尿素有效用量(ESU)(冯仰廉,1994)

ESU(g/d)＝瘤胃能氮平衡/(2.8×UE)＝(FOM×136－RDP×0.9)/(2.8×UE)

式中，2.8 表示按尿素的含量折算成粗蛋白质的相当量；UE 表示尿素氮转化成微生物氮的效率(常规尿素用 0.65，糊化淀粉缓释尿素用 0.85)；FOM：可发酵有机物；RDP：瘤胃降解蛋白。

4.2.3　经验值添加量

4.2.3.1　按照肉羊总氮需要量添加：20%～30%。

4.2.3.2　按照肉羊采食日粮的干物质计算：≤1%。

4.2.3.3　按照肉羊体重计算：0.02%～0.05%。

4.2.3.4　不超过肉羊精料补充料的 2%～3%。

4.3　尿素的饲喂方法

4.3.1　拌入饲料中喂给

把尿素干粉均匀地混入口粮混合精料和蛋白质精料中喂给，也可把含尿素的精料均匀地混到粗饲料中喂给(图 8-25)。

图 8-25　尿素拌入饲料中饲喂

4.3.2　在青贮饲料中添加

干物质含量为 35%时每吨青贮料添加 2.25 千克。干物质含量为 40%时，添加 2.5

千克，一般按青贮湿重的 0.5％添加。尿素添加至青贮饲料中的方式，如图 8－26 所示。

4.3.3　与草混合饲喂

在舍饲条件下与铡碎的青干草混匀、喂给，或直接将尿素溶液喷洒在草上供羊自由采食，如图 8－27 所示。

图 8－26　尿素添加至青贮饲料中饲喂

图 8－27　尿素喷洒饲喂

4.3.4　制作尿素舔砖(图 8－28)

制作尿素精料砖，供羊舔食。国外舔食盐砖的配制方法是将 10 千克尿素溶于 5 千克热水中，再将 20 千克食盐溶解，加进糖蜜 20 千克，碎谷粒 40 千克，骨粉 7 千克，肉粉 5 千克。将上述稀糊状混合饲料在槽中或容器内硬化几个小时，待干后再让牛舔食。

图 8－28　尿素舔砖

4.4　饲喂尿素时应注意的事项

4.4.1　选择适宜的饲喂对象

应将尿素饲喂给健康的成年羊或育成羊。这是因为羔羊胃肠道内的微生物区系尚未完全建立，微生物活动还不正常，不能利用尿素。如果给羔羊饲喂尿素，会使其发生胃肠不适甚至中毒。除羔羊外，种公羊、怀孕后期母羊和用氨化秸秆饲料强化育肥的羊，也不能饲喂尿素。

另外，产奶量较高（日产奶4千克以上）的奶羊也不宜饲喂尿素。奶羊在产奶量较高时，瘤胃中微生物合成菌体蛋白的速度较低，不能很好地利用尿素，如果对其饲喂尿素，不仅会造成浪费，还可能对羊的健康造成不利影响。此外，羊在过度饥饿以及长途运输后也不能立即饲喂含有尿素的饲料。因为在这些情况下，尿素在瘤胃中的分解速度较快，会降低尿素的利用效率，同时也易发生中毒。

4.4.2 掌握好饲喂量

尿素的饲喂量不可过多，最多只能代替日粮中粗蛋白质总量的30%，或精饲料的2%～3%，或者按体重的0.02%～0.05%的比例添加。大致来说，成年羊的日饲喂量为8～12克，育成羊6～7克，分2～3次喂给。当日粮蛋白质水平高达18%时，喂尿素无效甚至有害；当日粮中蛋白质低至8%时，饲喂尿素会影响瘤胃内微生物的生长、繁殖，尿素的利用率也会随之下降；当日粮中尿素的含量超过0.3%时，则会使饲料的适口性下降，羊的采食量降低，进而影响增重和泌乳等生产性能的正常发挥。

4.4.3 合理搭配饲喂

在给羊饲喂尿素的同时，应补充一定的能量、矿物质和维生素，饲料中必须含有一定量的碳水化合物，以供应瘤胃内细菌生长繁殖所需要的能量（可以说，碳水化合物的数量和质量能够直接影响尿素的利用效率）。饲喂时，按一定比例称取适量尿素后，再与玉米、高粱、大麦等含碳水化合物较多的精料混匀饲喂。若只用尿素来饲喂羊，或直接在饮水中添加，就会导致尿素在瘤胃内水解速度过快（常在30分钟内完全分解）。尿素这种爆发式氨释放速度与粗饲料中的碳水化合物的降解速度不协调，会使粗饲料和尿素均不能被瘤胃内的微生物充分利用。这样，不仅会造成饲料和尿素的浪费，还会因短时间内氨的大量蓄积而引起中毒。同时，尿素还可采用以下几种方式进行饲喂：

4.4.3.1 用0.1%～0.2%的尿素与玉米、糖浆混合成液状饲料饲喂，或把混合有尿素的精饲料与粗饲料或与轻工业副产品果渣、甜菜渣、蔗渣等混合均匀饲喂；

4.4.3.2 将浓度较高的尿素溶液于饲喂前1～1.5小时喷洒在青贮草上，其剂量以青贮饲草干物质量的0.5%为宜，最多不超过1%，不但可中和其酸性，提高饲料的适口性，而且还可提高瘤胃微生物对尿素的利用率。

另外，有研究表明，某些微生物饲料添加剂能够通过调控羊的瘤胃内环境，尤其是通过对瘤胃内细菌的调控来发挥作用。在添加有尿素的日粮中添加酵母制剂等微生物饲料添加剂，可激活和提高瘤胃内细菌的活力，使更多的非蛋白质氮被合成菌体蛋白质，进而提高尿素的利用效果。所以，可在饲喂尿素时，适当使用微生物饲料添加剂有效地提高尿素的利用率。在饲喂尿素期间，应注意不用或少用黄豆、黑豆、豆饼、菜饼、南瓜、刺槐叶、苜蓿草、三叶草、鱼粉、血粉、紫穗槐叶等含蛋白质丰富的饲料。这些饲料中均含有尿素酶，尿素酶在瘤胃中会使尿素在短时间内快速分解，释放出大量的氨，而使有益微生物的活动和繁殖受到抑制，生成的氨离子被瘤胃上皮大量吸收后引起中毒。此外，还要注意尿素不可与酸性较强的青贮饲料或其他酸性饲料同时饲喂，因为酸性饲料会抑制尿素的分解，进而降低瘤胃微生物将尿素合成菌体蛋白的能力。另外，还有一点需要注意，因为尿素溶于水后会被很快吸收，使羊体血液中氨的浓度增高而致中毒，故饲喂尿素后不能马上饮水，一般在采食完 1 小时后方可让羊饮水。

4.4.4　预饲期

通常而言，含有尿素的饲料，其适口性较差，并且瘤胃微生物对尿素的利用也有一个逐渐适应的过程。因此，使用尿素喂羊时，应做到取量准确，坚持由少到多，逐渐增加用量，要求首次喂给规定剂量的十分之一，一般需要 10～20 天的适应期。每天的饲喂量应分次喂给，不可一次性的大量投喂，并保证一定要与其他饲料混合均匀，并做到现拌现喂。另外，还要求连续供给(当羊患病时除外)，不宜间断。

4.4.5　不用有拮抗作用的添加剂及药物

给肉羊饲喂尿素的目的就是用其作为蛋白质来源的补充，是间接利用的。尿素进入瘤胃后被大量有益菌利用，有益菌大量繁殖并随饲料移行到皱胃，在这里被胃液杀灭，菌体蛋白被机体利用，达到了代替部分蛋白质饲料、促进增重等目的。如果在饲喂尿素的同时，又应用有抗菌作用的饲料添加剂或药物，就会使大量的有益菌被杀死或其繁殖受到抑制，这也就使饲喂尿素失去了意义。所以，在给羊饲喂尿素期间，应禁止同时喂给具有抗菌作用的饲料添加剂或药物。此外，在饲喂尿素期间还需注意，严禁饲喂磺胺类饲料添加剂及药物。因为羊在饲喂尿素期间需要供给适量的含硫饲料添加剂，而磺胺类饲料添加剂及药物可使硫发生络合反应引起硫血红蛋白血症。这样不仅破坏了有益微生物对硫的利用，而且还会危害羊体健康。

4.4.6　适当控制尿素的释放速度

通常情况下，尿素在瘤胃内的分解速度是较快的，而瘤胃内微生物的数量是有限的，其利用氮合成蛋白质的速度又比较缓慢，只相当于尿素分解的四分之一，剩余的氨一部分进入肝脏转化成尿素被排出体外，另一部分则进入血液与二氧化碳结合形成氨基甲酸，而氨基甲酸会使羊发生中毒。因此，近年来广大畜牧科研工作者通过不断的探索创新，研制出多种措施，不但使尿素的利用效率和饲料的适口性得到一定程度的提高，而且还可有效避免中毒。这些措施包括：通过在日粮中添加脲酶抑制剂，将尿素与青饲料混合青贮，制作氨化秸秆、尿素化合物、舔砖以及糊化淀粉尿素或包衣尿素等。目前，尿素缓释这一技术仍处于被进一步深入研究中。

4.5　尿素中毒的治疗

如果尿素饲喂方法不当或饲喂过量致使瘤胃内氨释放量过多时，生成的氨会被瘤胃上皮吸收而进入血液，使血氨浓度迅速升高而使羊中毒(图 8－29)。所以，饲喂尿素时，一定要认真观察，注意最初 1 周内尤其是采食后 1 小时内的反应。如在饲喂一段时间后，增重较快，且各项生理指标也比较正常，则说明饲喂方法得当。但是，如果羊在采食尿素 0.5～1 小时后即表现为兴奋不安、运动失调、反刍减少或停止、心率加快、肌肉震颤、不断呻吟、痉挛反复、呼吸急促、瞳孔散大、口吐白沫、瘤胃臌气、呼吸困难、体温下降等症状，则说明已发生尿素中毒，应采取紧急治疗措施。可用食醋 500 毫升(或 5%醋酸溶液500毫升)灌服，以中和瘤胃内的氨，间隔20～30分钟再灌服1～2次，轻者很快即可康复；或肌肉注射五水合硫代硫酸钠注射液1克，每日2次，连用2天。同时，还可使用5%～10%葡萄糖生理盐水500毫升、维生素C注射液30毫升，一次静脉注射。对于重症者，为了迅速将瘤胃内容物排除，减少瘤胃对氨的继续吸收，可用大孔的胃管插入瘤胃内将其内容物导出，或直接切开瘤胃，取出内容物。

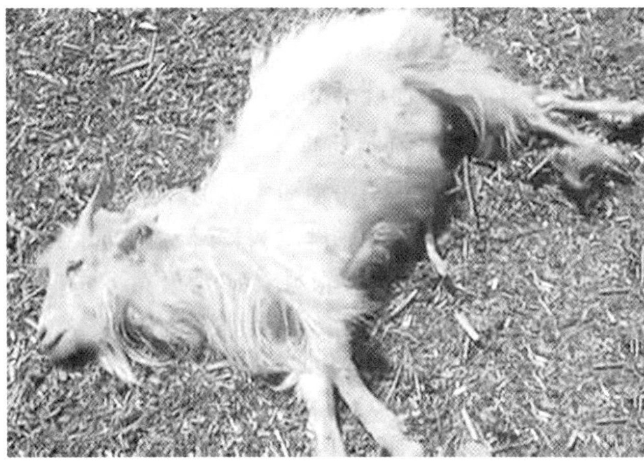

图8-29　尿素中毒

知识点小结

成年肉羊瘤胃微生物能够利用尿素合成优质的微生物蛋白。因此，应用尿素科学饲喂肉羊，不仅能够促进其生长，而且能够降低成本。但是，在应用尿素时，不仅要控制适宜的添加量，而且要选择合适的饲喂方法，如拌入饲料中喂给、在青贮饲料中添加、与草混合饲喂、制作尿素舔砖等。此外，还要注意选择适宜的饲喂对象、掌握好饲喂量、合理搭配饲喂、有2～4周适应期、不用有拮抗作用的添加剂及药物、适当控制尿素的释放速度等，防止尿素中毒。一旦发现尿素中毒，及时食醋或硫代硫酸钠等救治。

第5节　羊场的建设与规划

羊场是保障羊安全生产的重要外界环境条件，为羊只创造一个符合其生理要求和生产需要的良好生活环境，是养好羊的先决条件。因此，对于羊场场址选择、羊舍建筑及其他养羊设备等，首先必须根据当地气候、水源、饲料生产以及交通条件等全面考虑，同时还要根据现在养羊数量和今后发展规模、设备的机械化和自动化程度等，进行科学合理的规划，使得羊场建筑布局和养羊设施既符合家畜卫生要求，又经济实用，有利于提高劳动生产效率，降低生产成本等要求。

5.1　羊场的场址选择

规模化养羊的羊场，场址的选择十分重要。应在全面调查研究的基础上，周密考虑。既要兼顾当前生产实际，更要着眼于长远发展需要。具体地讲，选场址要考虑以下几个方面：

5.1.1　场址选择符合羊喜干厌湿的生活习性

羊喜干厌湿，若生活在潮湿的环境中，容易感染寄生虫病及腐蹄病，影响生长发育和健康，因此羊场应建在地势较高、排水良好、通风干燥的平坦地带。因此，羊场的地势应比较高燥，地下水位在距地表 2 米以下，最高地下水位需在青贮窖底部 0.5 米以下。场址应选在羊只易于接近的较开阔的地方，使羊只处于较干燥、通风的凉爽环境中，但不可位于树木过多的地方，湿热环境会影响羊只的正常生产，使羊病传播，造成产品如羊毛等的污染。此外，羊场的排水应良好、通风、干燥，不能在低洼涝地、水道和风口处建场。如果是为引进的品种选建羊场，就要从所引品种的生态适应性考虑来选择场址。所选地址应尽可能地接近引进品种原产地的自然生态条件。

5.1.2　场址附近有充足的水源

场区附近要有水质良好、清洁而充足的水源，水量能确保场内职工生活用水、养羊用水及生产管理用水需要，不可在缺水或水质不良及水质污染的地区建场。羊场还应建在居民点的下风方向、水源的下游，距居民点生活区至少 500 米。

5.1.3　场址满足防疫需求

充分了解当地疫情，不能在传染病和寄生虫病的疫区建场。为保证防疫安全，场址距主要交通干线（铁路、主要公路）应在 1000 米以上。同时，羊场也不能成为周围居民点的污染源。一旦发生疫情，便于进行隔离封锁。羊场应积极采取措施，对产生的废弃物进行综合利用，实现污染物的资源化利用。如废水不得排入敏感水域和有特殊功能的水域，应坚持种养结合的原则，经无害化处理后尽量充分还田；为了防止粪便污染环境，充分利用粪便中丰富的营养和能量资源，应当采用干燥或发酵等方法对羊粪进行无害化处理。病死羊尸体含有大量病原体，只有及时经无害化处理，才能防止各种疫病的传播与流行。严禁随意丢弃、出售或作为饲料。

5.1.4　场址附近饲料来源充足

通常情况下，肉羊、乳用羊以舍饲为主，所需饲料总量较大，必须有充足的饲料来源。首先，要考虑就地生产的饲料种类和数量；其次，再考虑从附近地区及外地能够运的饲料种类和数量，这要根据羊场养羊数量做统筹翔实的核算。

5.1.5　交通相对便利

交通比较方便，便于运输饲草、饲料等生产物资。还应注意邮电通信及能源供给条件。

5.1.6　因地制宜，节约成本

选择羊场场址时还应考虑羊只的数量和发展规模、资金状况、经营方式、生产特点（种羊场或商品羊场)、饲养管理方式(舍饲或放牧)以及集约化程度等因素,尽量降低生产成本。因此,选择场址需要周密考虑,统筹安排,要有长远的规划,以适应养羊业的发展需要。

5.2 羊场的布局规划

5.2.1 羊场的布局原则

羊场按其经营管理功能不同,可分为若干区。分区合理与否,建筑布局是否得当,这不仅影响基建投资,劳动生产率,而且影响场区环境卫生和小气候。因此,在对羊场进行分区规划与确定各区建筑物布局时,做到合理,是创造良好羊场环境和组织高效率生产的基础。一般情况下,羊场按其功能分为 3 个区,即饲养生产区、生产管理区、职工生活区。分区规划首先从人和畜保健的角度出发,使区间建立最佳生产联系和环境卫生防疫条件,来合理安排各区位置。分区时还要考虑地势和主风方向,羊场功能区的布局,如图 8-30 所示。

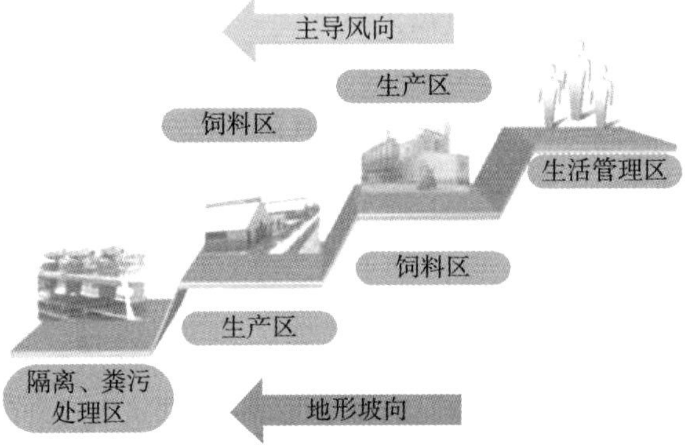

图 8-30 羊场功能区的布局

5.2.2 生活区的规划特点

生活区应在全场上风和地势较高的地段。职工生活区与其他区的关系,依次为生产管理区、饲养生产区。这样的配置使生产过程中产生的不良气味、噪声、粪尿和污水,不致因风向与地面径流而污染居民生活环境,以及人畜共患疫病的相互影响,同时也可防止无关人员乱窜而影响防疫。

5.2.3 生产管理区的规划特点

生产管理区的经营活动与社会有密切的联系,在规划该区的位置时,应有效利用原有道路和输电线路,充分考虑饲料和其他生产资料的供应及产品销售。为防止疫病传播,场外运输车辆、牲畜、人员一律严禁进入生产区。各种生产用车的停车库应设在生产管理区。除饲料以外,其他库房也应设在生产管理区,管理区与生产区应隔离,外来人员只能在管理区活动,不得进入生产区。

5.2.4 饲养区的规划特点

饲养区是羊场的主区,是核心。对饲养生产区的规划布局应给予全面细致的考虑。

羊场经营如果是单一或专业化生产，对饲料、圈舍及附属设施也就比较单一。羊舍建造在羊饲养场中心。修建数栋羊舍时，应长轴平行配置，前后对齐，羊舍应相距10米，以便于饲养管理、采光和防疫。在饲养过程中，根据羊的生理时期，将羔羊、青年羊、育成羊、成年羊分群、分舍饲养，并根据羊群设定运动场。饲料的供应、加工、调制、贮存是羊饲养场的重要组成部分，与之有关的建筑物，其位置的确定，必须同时兼顾饲料由场外运入，再运到羊舍两个环节。与饲料有关的建筑物，原则上应设置在地势较高处，并应保证防疫、卫生、安全。

5.2.5　饲草棚的规划特点

饲养场对干草与垫草的需要量很大，其堆放位置的确定，除应遵守羊场功能区布局的一般原则外，出于防火的需要，必须设在生产区的下风向，并与其他建筑物保持60 m的防火间距，如设有防火林带，间距可适当缩短。青贮塔或青贮池应靠近成年羊舍，既要加工方便，又要取用方便。

5.2.6　采精室与粪污消纳区的规划特点

人工授精室可设在种公羊与成年母羊之间或附近。兽医室与病羊隔离舍应设在羊场的下风口，并与生产羊舍保持一定距离，防止疫病传播。在隔离舍附近，应设置掩埋病羊尸体的深坑。产房设在靠近母羊舍的地方。

羊的粪尿、污水以及其他废物的堆放、处理和利用，与羊场的环境卫生及疫病防治有极其重要的关系，应设有贮粪场。其位置既要便于由羊舍、运动场运出粪便，又要便于运出场外。同时应使其在堆放期间不致造成环境污染和蚊蝇滋生。在规划布局饲养生产区时，应充分利用地势、地形，有利排水，保持羊舍内干燥，羊舍要建在向阳坡。为减少土方量，便于施工，在建设后有利于饲养管理，较长的羊舍及其他建筑物，其长轴应与等高线平行。但考虑采光与通风，建筑的长轴也可以与等高线适当错开一定的角度。这样的配置也有利于防止雨水流入舍内。建筑物两端之位差以不超过1%～1.5%为宜。在坡地上建筑必须考虑解决排水问题。建筑物要注意合理利用太阳的光照。确定羊舍的朝向，对羊舍的温度和采光有很大影响。

5.3　羊场的组成与建设

5.3.1　羊场的组成

羊场一般由运动场、羊舍、饲料加工室、人工授精室、工人休息室、办公室等组成。其中，羊舍要建在管理区的下风向，屋角对着冬、春季的主风向。

5.3.2　羊舍建筑

羊舍及其设备的建筑必须考虑取材方便，材料和用工的成本等问题。因为一方面建筑羊舍的目的是为羊只提供一个较适宜的生产环境，使之尽可能避免不良气候等因素的影响；另一方面还要便于生产管理，节省财力、物力和人力，尽可能地达到高产、优质和高效等目的。基于各地条件和环境的不同，羊舍的建筑尚没有固定的模式。随着养羊业的发展，羊舍的建筑也在不断地改进和完善，但羊舍的建筑不应追求豪华，应注重方便、有效和实用。

5.3.2.1 羊舍建筑的基本要求

羊舍的建筑必须考虑羊的生理特点和生物学特征。结合我国养羊业的特点，羊舍的建筑应包括羊棚和羊圈两部分。羊棚为羊舍内有顶棚的，用于羊只冬、春产羔，夏季防暑、防雨，冬季保温，以及在恶劣气候条件下进行舍饲，或在某些情况下进行操作的棚舍。棚舍的建筑材料可用木材、钢材、砖、水泥、混凝土和农膜等；羊圈部分为与羊舍连接场所。

羊圈围栏，这一部分也因地区或用途而有很大的差异，围栏所用的材料包括砖、水泥、木条、木板、土坯等。羊舍的建筑应基本上满足下列要求。羊舍的建筑地点地势要相对较高，周围地域较开阔平整，可有适当的缓坡以便排水，接近放牧地和饲草、饲料基地，接近水源。羊舍面积取决于羊只的生产方向、气候条件和用途，但原则上要保证舍内空气新鲜、干爽，冬春季能防寒保温、夏秋季不致过热。羊舍的高度不能低于2.5米。

羊舍门窗设计应保证舍内有足够的光照和通风设施，要有利于排除舍内的甲烷、氨气、硫化氢、二氧化碳等有害气体。羊舍的入口应有足够的宽度，尤其是保证大群饲养、怀孕和产羔母羊群的通行。

羊舍的建筑应适合不同地区的条件，尽量避免各种可能的自然灾害的影响。北方地区羊舍可适当增加墙壁厚度或使用保温性能较好的建筑材料；多风沙地区的门窗要尽量保持好的密封性能；羊舍棚顶应保证不漏水，墙基须有防潮处理和通畅的排水渠道或设施；北方的夏季，一些高温、强日光辐射区和南方的高温干热地区，应有适当的遮阴设施。随着现代化设施制造和生产的发展，为合理地进行羊舍建筑提供了便利和条件。羊舍的建筑应根据其使用的目的而使用不同的材料，所用材料必须考虑到成本与坚固耐用等方面。在牧工用工费用较高的地区、应考虑可在建筑羊舍时增加一些设施，以减小劳动强度和用工。

5.3.2.2 羊舍的基本类型

5.3.2.2.1 "一"字型羊舍。这种羊舍在我国(特别是北方地区)非常普遍。舍内采光充足、均匀，温度变化不大。根据羊舍通风情况分密闭式、敞开式和半开式三种。羊舍的顶棚有单坡式、双坡式和拱形羊舍等几种如图8-31所示。因羊只多在舍外运动场上活动或休息，所以运动场内应有草架、料槽和饮水槽。但以舍饲为主的一字型羊舍则以双列式居多；双列对头式羊舍的中间为走道，走道两侧修建有饲槽及饮水槽，而双列对尾式羊舍的饲槽、饮水槽等应设置在两侧的墙壁处。舍内地面可用水泥、木板或砖石等铺垫。

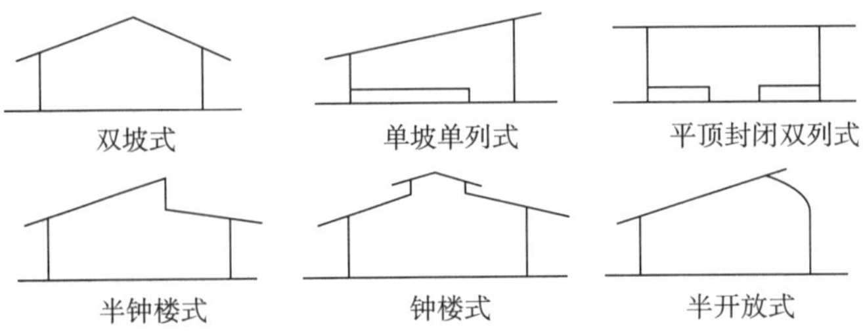

图8-31 羊舍类型

5.3.2.2.2　农膜暖棚式羊舍。这是北方寒冷地区冬季常采用的一种羊舍。这种羊舍经济实用，既节省资金，又能充分利用太阳能，达到保暖目的如图8－32所示。这种羊舍常能在气候较寒冷的冬春季节，充分利用太阳能，同时还充分利用畜体自身散发的热量，从而提高羊舍的温度，避免怀孕、产羔母羊和羔羊受冬春季严寒与风雪的危害。这种羊舍可利用原有三面围墙的敞棚圈舍，在距棚前房檐2～3米处修筑一高1.2米左右的矮墙，矮墙中间留一约2米宽的门，用木条或其他材料连接矮墙与棚檐，上面覆盖农膜，并用木条加以固定，农膜与棚檐和矮墙连接处用泥土等材料压紧，防止透风，舍门以门帘遮挡。

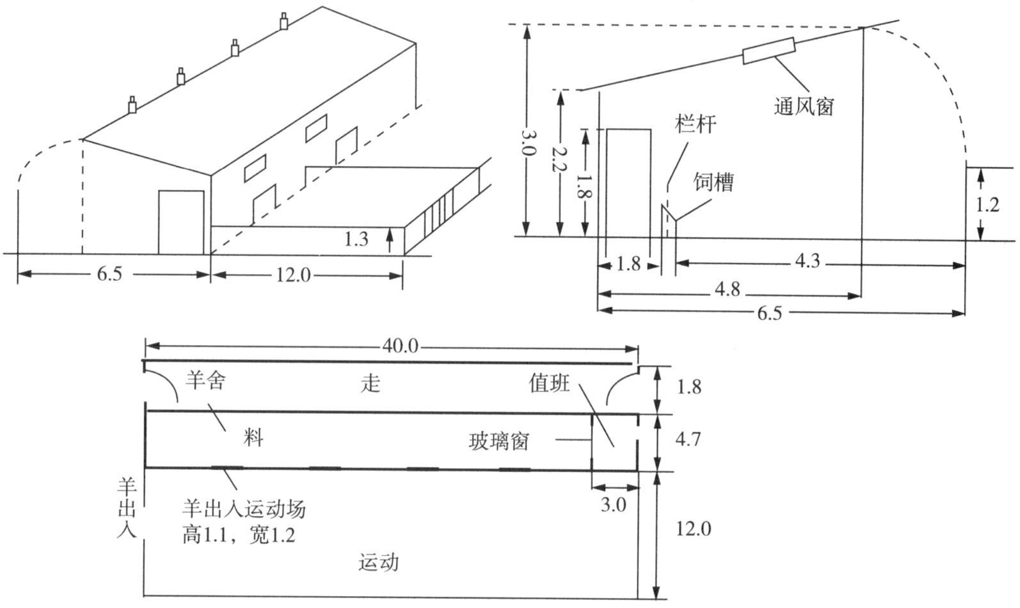

图8－32　农膜暖棚羊舍结构

5.3.2.2.3　高床舍饲（图8－33）。目前，我国山羊存栏量占绵和山羊总存栏总量的54.58%，主要分布在我国的中南、西南和华东地区，以圈养为主。近年来，中原及南方地区山羊发展速度日益加快，并逐步进入规模化和产业化。河南、山东、江苏、四川、安徽等省为山羊的主产区，山羊存栏量合计占全国山羊存栏总数的83.3%。然而，在这些山羊主产区，其地势一般较低，即大多处于1000米以下的低海拔地区，与我国北方相比，有着独特的特点：全年雨水基本充沛，属湿润半湿润型气候；江河湖泊纵横交错，水系十分发达；常年相对湿度较大，尤其是在炎热的夏季，容易形成高温高湿的气候和异常闷热的天气，不利于羊只的散热和体温调节，易引发一些疾病，给山羊养殖造成一定的经济损失。因此，必须在羊舍的修建和栏舍建设上进行科学的规划设计，最大限度地减少高温、高湿气候对羊生长发育和繁殖带来的负面影响，而修建舍饲高床则是最理想的选择。

高床舍饲具有以下优点：一是农区养羊采取舍饲高床以后，由于羊床是在离开地面45～50厘米的高度上，而且又是采用漏缝式的床面，因此羊在这样的床面上生活，羊粪尿排泄出来后可以直接从羊床上的缝隙里漏到地上去，而床面始终能够保持清洁干燥；二是饲槽在高床外挂靠、安置，羊只能隔着栅栏进行采食，不会对饲料和饲草造成踩踏或由此造成污染，可节省大量饲草饲料，同时减少采食被污染饲草饲料引起的一些疾病；三是在采食过程中，每只羊在一个栅孔内觅食，故不会造成互相拥挤、打架和争食的现象；四是由于是离地饲养，粪尿直接漏到地面，这样便于饲养人员清扫粪便，能够减轻饲养管理劳动强度；五是及时清扫粪便，能够使羊舍内的空气质量有很大程度的提高，可减少诸如呼吸道疾病的发生，有利于羊的生长和发育；六是当羊长期生活在清洁干燥的环境时，能够远离地面平养造成的粪尿、饲料的混杂和污染，就能减少细菌、微生物和寄生虫的大量生长和繁殖的机会，羊感染和生病的机会就会大大降低，这样就能减少用药，既节约了生产成本，又能降低发病率和死亡率，可提高羊的健康状况。

图 8－33　高床舍饲

高床的修建包括以下几部分：一是材料的准备。高床修建使用的材料很简单，有红砖、木材、水泥、河沙、石灰、铁丝、铁钉等。其中红砖为 24 厘米×12 厘米×6 厘米规格即可；木材为 3 厘米×3 厘米×150 厘米规格木条若干；木板为 10 厘米×2 厘米×100 厘米规格木板若干；原木为直径为 10 厘米的原木若干；水泥，房屋建设经常使用的水泥即可。其他材料若干。二是圈舍面积的设定。圈舍的大小，一是根据羊的数量或计划规模和品种情况确定；二是根据房屋地点的具体情况设定。一般地讲，养育肥羊每只可按 0.6～0.8 平方米计，养种羊每只可按 1.2～1.5 平方米计，即养 10 只育肥羊应建 6～8 平方米羊床；养 10 只种羊至少应建 12～15 平方米的羊床。

三是圈舍建筑规格。农村建羊舍可用旧房改造，也可以依围墙而建，有条件的单独修建规范化和集约化的羊舍更好。无论采用哪种方式，都应遵循“因地制宜，就地取材，经济实用，科学合理”的原则，切不可盲目地追求贪大求洋。一般情况下，单列式羊舍宽不能少于 2.7 米，高不得低于 3 米，要保证足够的空间放置羊床，方便饲养管理。四是羊床的建造。羊床通常建成漏缝式的离地高床。一般用水泥和红砖砌半截立柱。柱高 45～50 厘米为宜，用以增强承重力和羊床的稳固性；也可以直接在房屋墙体上打眼或预留桩孔，直接建造羊床。高床的床面可用 3 厘米×3 厘米×150 厘米的方木和直径 10 厘米的原木制成。原木纵向作高床床面的承重条，方木条横向平整地排列放置，用铁钉均匀地钉在原木之上即可。方木条之间的间隔一般为 1.5～2 厘米，长度可根据养羊数量和羊舍长度而定。注意：要使床面尽量平整、均匀、无木屑飞刺；铁钉要钉牢固、无松劲，以免对羊的肢蹄造成损伤。

羊舍高床的侧栏可用 3 厘米×3 厘米×100 厘米的方木条和直径为 10 厘米的原木一破两开来制作。方木条平整均匀地钉在半片原木上，方木条之间的间隔一般为 5 厘米宽。羊舍前的栅栏可用 10 厘米×2 厘米×100 厘米的木板和半片原木制成，成竖向排列（半原木弧型向内：一是可防止羊的啃咬；二是可减少对羊的擦伤），有条件的可用钢材焊接建造。栅栏一般在一米长可设 3 个采食孔，采食孔间距为 5 厘米；采食孔下口离床面 35～50 厘米，上口高 75～80 厘米，并且采食孔上大下小形成漏斗状；上口最宽处可为 18 厘米（即两木片上各挖进 5 厘米，呈半弧形向下并缓慢缩进至采食下口）。床面固定在砖柱上，用铁钉将围栏、前栅栏和羊床分别钉在一起，床面距离地面 45～50 厘米高。在羊床外的采食孔前下可安放食料槽，食槽通常用木板或铁皮制成，食槽内板高 20 厘米，外板高 30 厘米，下底宽为 30 厘米，上口宽为 45 厘米，食槽两头用厚 2 厘米的木板封住。

羊床下的地面可用水泥或石板砌成，但要求做到前高后低，有一定坡度，前后高差最好为 10～15 厘米。地面要求平整光滑，便于清除粪便。在圈舍后面的墙外可设置粪沟，一般用水泥沙浆制成，粪沟向粪坑方向由高到低倾斜，这样粪便和尿液便可直接流入粪坑，方便羊舍清洁卫生。有条件的地方还可采取粪尿干湿分离，修建沼气池或化粪池对羊粪尿进行无害化处理，在减少环境污染时，合理利用羊粪尿。

在农区修建舍饲高床时，还需考虑和添加额外的辅助措施：一是羊经常在高床上生活，缺乏必要的运动，因此在建高床的同时，还要考虑设置羊的运动场或者要有一定的草坡或草地。每天尽量安排一定的时间，把羊赶下高床来活动锻炼一下，既可满足羊喜欢活动的生理特性，增强其体质，又可以通过活动减少一些肢蹄病和其他疾病的发生。二是修建高床时还必须在每个圈舍门前搭建一个木梯；使羊群进出高床能有一个搭脚、攀爬的地方，既可减轻饲养人员驱赶和抱羊的工作强度，利于管理，也可防止羊群上下羊床受到额外的伤害。三是羊具有怕热不怕冷的特点，在建高床时要考虑这一因素外，也要考虑羊舍通风透气的问题。尽可能在羊舍四周多开窗，房顶还可仿钟楼式建造透气式屋顶，同时安装日照灯，解决采光问题。如果羊舍是利用旧房改造的，必须解决门、窗安装问题。以上所讲的高床规格尺寸为育肥羊栏舍的标准，如果要建种羊高床，其宽度应适当放宽 20～30 厘米。

5.4　羊场的主要生产设备

5.4.1　饲草（料）贮藏设备

饲草、饲料是发展养羊业的物质基础。虽然羊一年四季均可放牧，通过采食牧草可以全部或部分地满足其生长发育的需要。但是我国不同地区的季节气候差异很大，特别是北方地区一年四季的气候变化剧烈，牧草生长期短，每年枯草期长达半年，因此仅靠放牧不能满足羊只的营养需要，必须进行补饲。无论在牧区、农区或半农半牧区，在入冬之前根据羊的数量贮备足够的饲草和饲料，通过冬春季节的补饲，才能达到全年的均衡饲养，发展优质高效的养羊业。有条件的地方应在羊场羊舍附近修建饲草贮藏设备，这包括饲料贮备仓、干草棚、青贮窖（塔）等。

5.4.1.1 饲草贮备棚

饲草贮备棚各地有所不同,在牧区或有打草条件的半农半牧区,主要贮备刈割的青干草;农区或以种植业为主的半农半牧区,主要贮备农作物秸秆和农副加工产品,如玉米秸、稻草、各种豆秸和薯蔓等以及各种籽实作物的皮壳和饼类。饲草贮备量的多少可根据养羊数量、生产性能、饲草质量和补饲期的长短而定。北方牧区冬春季较长,约 5～6 个月时间,农区一般约为 3～4 个月。饲草贮备大致可参考以下标准,农区改良羊 200 千克,土种羊 180 千克,牧区改良羊 180 千克,土种羊 90 千克。育种场或高产核心羊群等,应根据羊的饲养标准,按照日粮配方所需各种日粮进行贮备。

在进行草棚建设时,要因地制宜。如养羊数量少,可以建类似简易羊舍的草棚,即三面围墙,前面半墙敞口防止雨雪的侵袭和牲畜的踩踏。草棚内应保证通风和干燥,对青刈牧草尤其要注意通风。贮草棚应离开住户一定距离,并尽可能避免火源、预防火灾。草圈或草棚的地势应稍高于周围地面,并铺设排水道。

5.4.1.2 饲料贮备仓

修建饲料贮备仓主要是为了贮备羊只冬春用的饲料及产羔母羊和羔羊的补饲料,也可用来贮备一些预混料和添加剂等。贮料仓内要保证通风良好,要采取有效的方法来防鼠防雀,经常保持清洁和干燥。夏、秋季饲料容易受潮湿而发霉变质,所以要定期检查,要定时进行晾晒。在调制饲料时,要注意检查饲料中有无发霉变质及砂石、铁钉等异物。

5.4.1.3 青贮窖

为了改善羊只冬春的营养条件,贮备冬春饲草,有效保存青绿饲草的营养成分,提高羊只的生产能力,可将部分适宜的饲草料进行青贮。生产实践证明,青贮饲料是补饲各类羊只比较适宜的优质饲草料,特别适宜舍饲羊、短期育肥羊和奶山羊。因此,应在羊舍附近修建青贮设施,以制作和保存青贮饲草料。

青贮窖的形状和大小应视条件和青贮量的多少来建设,通常可分为全地下式和半地下式两种,前者适用于地下水位低的地区,后者适用于地下水位较高的地区。一般情况下,窖底要高出地下水位 0.5 米以上。建窖时先选好窖址,就地挖一个圆形坑,直径约 2～3 米,深度约 3 米;较小的直径为 1.5 米,深 2.5 米。要求窖壁光滑、平整。窖建好后需要晾晒 1～2 天,将窖壁晒干即可进行青贮。半地下青贮窖的建筑与地下窖的建筑基本相同,只是挖的坑较浅,青贮时使贮料高出地面,以增加贮备量。青贮窖的建筑简单,成本低,容易推广,在农户家庭院落即可建成,但不便于大型机械的操作。窖的边缘因直接接触土层,贮备中容易发生霉烂。近年来许多地方采用塑料薄膜铺垫与窖的土层相隔,可以避免青贮料的损失,增加利用率。

5.4.2 饲草(料)加工设备

为了保证正常养羊业生产,改善羊的营养状况和提高饲养水平,对精、粗饲料进行加工调制,以提高饲草料利用率,减少浪费。为此,须利用饲料加工机械来完成。养羊生产中常用的饲料加工机械有青干饲草与作物秸秆切碎机、饲料粉碎机、饲料压粒、压块机、秸秆调制与化学处理机和热喷机等。

5.4.2.1 青贮饲料收割机械

从调制工艺的角度,可将这类机械分为分段与联合收获调制机械两种。前者是先用机械或人工收获青饲作物，再用切碎机切碎装入青贮设施压紧密封，虽然收获时间长，劳动生产率低，但设备简单，成本低，易推广。后者是用联合收获机在收获的同时进行切碎，抛入自卸拖车后运回场内，直接卸入或用风机吹入青贮窖内，这种工艺可全盘机械化，劳动生产率高，青贮饲料质量高，适宜大型羊场。

5.4.2.1.1　铡草机。分段收获调制的主要机具是铡草机，按机型可分为大、中、小三型，按切割部件的型式可分为圆盘式、滚刀式、轮刀式，按固定方式可分为移动式和固定式。无论选用何种铡草机都要注意切割长度在 3～100 毫米范围内可以调节。铡草机的通用性能好，可以切割各种作物茎秆、牧草和青饲料；能把粗硬的茎秆压碎，切茬平整、无斜茬；喂料出料有较高的机械化水平；切碎时发动机的负荷均匀，能量比耗小；当用风机输送切碎的饲料时，其生产率要略大于切碎器的最大生产率。

5.4.2.1.2　联合收获机。青贮饲料联合收获调制机械按其结构大致可分为直接切碎式、直流式和通用式 3 种，直接切碎式青贮收获机结构简单，通过 1 个旋转的切碎器完成收割、切碎、输送工作。这种机型只能用于收获青绿牧草、燕麦、甜菜茎叶等，不适于收获青饲玉米等高秸秆作物。直流式青饲收获机具有较宽的收割台和运输带，割下的青饲料可以不加收缩而直接喂给滚刀式切割器，因其具有直径可调节的指示轮，生产率高，适应性能广。通用式青饲收割机由收割、切碎和输送部分组成，其收割部分安装 3 种割台。第一种是全幅割台，用来收割牧草及平播的饲料作物；第二种是中耕作物割台，用来收获青饲玉米；第三种是捡拾器，用来捡拾有萎谢的青饲料和集成草条的牧草，以便进行低水分的青贮。机器的切碎部分相当于 1 台铡草机，切碎的饲料由抛送机抛入拖车。选用青贮饲料联合收获机时要考虑割茬要尽可能低，生产率高，而切碎长度可以调节，总损失一般不大于总量的 3%。由于通用式青饲收获机适应性广，切碎质量好，因此，应用日益广泛。

5.4.2.2　饲料粉碎机

常用的饲料粉碎机有锤片式和齿爪式粉碎机两种。锤片式粉碎机按其进料方式不同可分为切向粉碎机和轴向粉碎机。切向进料粉碎机由进料斗、机体、转子、锤片、齿板、筛片、风扇和集料筒等组成。工作时，由进料口进入粉碎室，首先要受到高速旋转的锤片打击而飞向齿板，然后与齿板撞击而被弹回，再次受到锤片的打击和齿板相撞击，就被打碎成细小的颗粒，而由筛片筛孔漏出。留在筛面上的较大的颗粒再次受到锤片的打击和锤片与筛片之间的摩擦，直至从筛孔中漏出为止。由筛孔漏出的碎饲料由吸料管吸入风扇，送进集料筒。切向进料粉碎机的主要缺点是在粉碎稍为潮湿的长茎秆饲料时容易缠绕主轴。

5.4.2.3　饲料混合机

饲料混合机又称饲料搅拌机。羊的科学饲养，需要按饲养标准将各种饲料、维生素和微量元素等混合均匀，这就需要用搅拌机来完成。饲料混合机的种类很多，但归纳起来，常用的有立式、卧式及桨叶式搅拌机 3 种。养羊生产中常用的为前两种。混合机按工作的连续性分为间歇式和连续式，目前我国生产的大多为间歇式。立式混合机又称搅龙式混合机，是非连续作业机器。主要由料斗、垂直搅拢、圆筒、搅龙外壳、卸料活门、支架和电机等部分组成。工作时，将称量好的饲料倒入料斗，垂直搅拢将饲料向上抛送，由搅龙端部的敞开口排出，落于圆筒内，到圆锥形底部被垂直提升上运，又在搅龙端口排出。经多次反复，饲料混合均匀，由卸料口活门排出。其容积为0.8～2.0立方米，混合1次饲料(包括装料、混合、卸料)需时15～20分钟。这一类机械的特点是混合均匀，动力消耗少；缺点是混合时间长，生产率低，卸料不充分。卧式饲料混合机也是一种非连续作业机器。其构造包括H形槽外壳、外搅拌叶片、内搅拌叶片、主轴、叶片连接杆和卸料活门。工作时动力驱动，连接在叶片连杆上的内外叶片使饲料对向移动，使饲料混合均匀，由卸料口排出。卧式饲料混合机的容量分1立方米、2.5立方米、3.5立方米、7.5立方米几种，混合1次，包括装料、混合、卸料约4分钟。卧式饲料混合机的优点是混合效率高，质量好，卸料快，时间短；缺点是动力消耗大，但因混合时间短，故单位产品能量消耗并不比立式混合机高。

5.4.2.4　颗粒饲料机

颗粒饲料是近代饲料工业的新成果。是将粉状饲料按照一定比例配合，经过机器压制，形成柱状体，再经切刀割成颗粒。颗粒饲料具有成分分布均匀，避免家畜挑食，保证家畜全价营养，便于贮藏等特点，对发展集约化养殖业有利。

颗粒饲料机按其结构特点可分为成型窝眼孔式、齿轮圆柱孔式、螺旋式、平模式和环模式5种。我国生产的主要为平模式和环模式两种；平模式颗粒饲料机通常采用立式。主要由喂入量调节板、搅拌器、压辊、平模、切刀等组成，平模式压粒机具有结构简单、平模易于制造、造价较低、磨损后修复方便等特点；环模式颗粒饲料机通常为卧式，主要由机架、传动装置、喂料斗、搅龙输送器、压辊、环模、切刀等组成。

5.4.2.5　牧草收获机械

牧草收获机械是现代养羊业必不可少的主要机械之一，其作用是通过割、搂、集、捆、垛等工序为养羊生产贮备优质干草。此类机械按其用途可分为割草机、搂草机、饲草压扁机、拾压捆机、装载机和集垛机等；按切割方式割草机又分为往复式与旋转式；按搂成的草条方向，搂草机又分为横向搂草和侧向搂草机；压捆机又可分为方捆机和圆捆机。

目前使用的牧草收获机械分为畜力机具系统、传统收获机具系统、小方草捆收获机具系统、大圆打捆收获机具系统、集垛收获机具系统和散碎草收获机具系统。各种系统的选择还应根据当地劳力多少，成本的高低以及能源条件来决定。但无论选用何种机具系统收获牧草，都要尽可能做到适时收获，及时处理，迅速和均匀干燥，尽量避免雨淋和暴晒，最大可能地减少各作业环节的牧草损失。

5.4.2.6　粗饲料压粒、压块机

近年来，随着生产的发展和科技的进步，牧草和各类作物秸秆等粗饲料的复合化学处理、压粒和压块机械的研制和生产发展很快。压粒、压块机具包括粉碎机，牧草、秸秆、精料及各种添加成分的喂入与计量装置，混合机，压粒压块机的冷却器等。此类机具的主要优点是：牧草、秸秆经切铡、粉碎后可压制成的600～900千克/立方米的草块，其堆集密度比散贮存要高许多，便于实现装载、贮存和饲喂作业的机械化，降低贮运成本；压制过程中定量掺入氢氧化钠、氨水、尿素等碱性物质进行碱化处理，可使粗饲料消化率达到65%。同时还可掺入矿物质、微量元素等添加剂及其他必要的营养物质，以便配制全价饲料；压成草颗粒或草块后，牲畜采食量可提高30%，采食速度加快，减少饲料的浪费，减轻饲喂劳动强度，降低饲喂总成本 10%以上。

目前我国养羊生产中饲喂颗粒或块状粗饲料的还不多，随着养羊生产集约化规模的扩大及饲养管理水平的提高，在条件较好的种羊场、育肥场、奶山羊场、集中的饲料生产基地和社会化服务较好的商品羊生产基地，推广粗饲料复合化学处理，压粒和压块机具是非常必要的。

5.4.2.7　秸秆调制设备

我国农区、半农半牧区每年生产大量作物秸秆，这些作物秸秆如果进行适时收割，并进行必要加工调制，可成为羊的饲料。从理论上讲，大麦秸秆中约有 86%的物质对反刍动物是有营养价值的，但通常能被消化利用的仅占 35%左右，其原因主要是秸秆细胞壁中含有大量动物不能消化利用的木质素，虽然可以用机械方法或高速电子辐射方法破坏木质素，但成本很高，在生产中很难实现。而目前采用的氨、碱化学处理法则成本较低，制作简单，易于推广。氨化、碱化的方法很多，如坑埋、缸装、窖存、塑料薄膜包埋等，但其生产周期较长，质量不能保证，不能连续批量生产，又会造成环境污染。因此，不少国家研制出了各种以氨、碱为主体的秸秆调制方法和设备。

秸秆调质设备主要由秸秆喂入器、铡刀、喷液泵、草液搅拌器、风机输入管道等部件组成，有的机型还在喷洒作业之后增加 1 对压辊，目的是将切短的秸秆压裂，并将喷入的碱液压入秸秆组织内。调制过程主要是：首先通过喂入装置将秸秆送入铡切部分，切成 1～2 厘米的短秆，同时通过喷头喷入水蒸气，使秸秆湿度达到 68%～80%，温度达 100℃左右，再将相当秸秆重量 4%～10%，浓度为 30%的氢氧化钠溶液喷洒在秸秆上，通过的秸秆再进入搅拌器或压辊，使其充分混匀，最后通过风机和输送管道送入饲草贮存库即可饲喂。

5.4.2.8　其他加工设备

除上述饲草(料)加工设备外，还有一些其他的设备，如袋装青贮装填机、饲料热喷机等。总之，养羊生产可供选择的饲草料加工设备有许多，但各羊场可根据自己的人力和财力条件以及当地的生态条件等因素来决定选择使用哪些设备，从而做到既经济又有效地发展当地养羊生产。

5.4.3　兽医室

养羊生产中经常会遇到羊发生疾病，对发病的羊只若治疗不及时，将会影响生产，甚至造成巨大的经济损失。为了能够对发病的羊只及时治疗，特别是对各羊群提前进行疾病预防，各羊场都应修建兽医室和配备一定的药品和器械。兽医室需要配备有消毒器械、手术器械、诊断器械、投药和注射器械等，还应在羊群的兽医防治工作中逐步实现机械化和自动化，以减轻体力劳动，提高劳动效率。

兽医室应定期对羊舍进行清扫和药品喷洒消毒，一般每日消毒 1～2 次。兽医人员应建立常规的检疫制度，对布鲁氏菌病、破伤风、狂犬病、羊肠毒血症、羊快疫、羔羊痢疾、羊痘等要定期进行检疫和免疫注射等，如发现有可疑的病羊，应及时进行隔离治疗，并彻底消毒。同时，应经常对羊群进行观察，以便能及时发现和做出诊断，从而做到对症治疗。

5.4.4 人工授精室

人工授精对于良种的推广和繁殖起着很重要的作用，它能减少家畜疾病传染和不孕症，提供可靠的配种记录，减少种公畜的饲养费用。对绵羊进行人工授精，所收到的效果要比任何一种家畜要大。其优点主要表现在以下几个方面：一是增加种公羊交配羊的头数，扩大优良公羊的利用率；二是提高母羊的受胎率；三是可以节省购买和饲养大量种公羊的费用；四是可以减少疾病的传染；五是结合冷冻精液技术，可将公羊的精液进行长期保存和远距离运输，从而进一步发挥优秀种公羊的作用。为此，现代化羊场都应建立羊的人工授精室，或者在羊只(母羊)密度较大，羊群较多的地方建立人工授精站。

5.4.5 饲槽和饮水设备

5.4.5.1 饲槽

饲槽主要用来饲喂精料、颗粒饲料和青贮饲料等，根据建造方式和用途，大体可分为移动式、悬挂式、固定式饲槽。

5.4.5.2 饲草架

饲草架一般可用钢筋或木料制成，有固定于墙根的单面草架，有排放在饲喂场地内的双面草架。草架的形状为直角三角形和等腰三角形或梯形、正方形。草架的隔栅间距为9～10厘米，若使羊头伸入栅内采食饲草，间距放宽至15.9～20厘米。草架的作用是：防止羊只采食互相干扰、踏入草架、饲草落在羊身上影响羊毛质量。

5.4.5.3 饮水设备

养羊饮水全国各地情况不一，有的直接利用湖水、塘水、河水和降雪降雨积水；有的利用井水和饮水槽；也有使用先进的自动饮水器等。在干旱缺水地区，倘若当地没有河流湖泊，多饮用井水或降雨积水。凡利用这种饮水方式的地区，水井或饮水池，应建在离羊舍100米以上而且地势稍高的地方。为保持水源洁净，不受污染，应进行以下防护：一是离水井或贮水池3～5米远处设防护栏或围墙，维护水质的卫生。二是井口或贮水池口加设口盖，避免脏物入水。三是水井或贮水池周围30米范围内不得建有厕所、渗水坑、贮粪坑、垃圾堆或废渣堆等污染源。四是在距离水井或贮水池一段距离的地方设置饮水槽，防止羊只的粪、尿或其他污水倒流入水井或水池。

知识点小结

规模化养羊的羊场，场址的选择不仅要符合羊喜干厌湿的生活习性，附近有充足的水源、满足防疫需求、饲料来源充足、交通相对便利，同时也要因地制宜，节约成本。羊场按其经营管理功能不同，可分为饲养生产区、生产管理区、职工生活区。分区时还要考虑地势和主风方向。其中生活区应在全场上风和地势较高的地段，草棚的建设还应满足防火的需求。羊场一般由运动场、羊舍、饲料加工室、授精室、工人休息室、办公室等组成。羊舍及其设备的建筑必须考虑取材方便，材料和用工的成本等问题。羊舍的建设类型，因地方差异而不同，其中高床养殖是发展现代养羊过程中常采用的羊舍类型。羊场的主要生产设备有饲草(料)贮藏设备、加工设备、饲槽和饮水设备，以及辅助设施如兽医室、授精室等。

思政教育案例 8-1　“苏北羊王”陈家振——创新就是动手做

在徐州丰县的活羊交易市场，每年都有上百万羊被运往全国各地，当地的羊产业规模达 10 亿元。而繁荣市场的源头，是十多年前创办的一家只有一片草、一群羊的合作种羊场。这家种羊场的创办人陈家振坚持科研先行，带领群众科学养殖，致富一方乡亲，是远近闻名的“苏北羊王”。谈及自己的创新、创业路，陈家振的总结简洁朴素却格外动人：养活自己，奉献社会，实践出真知。

身残志坚，用科学知识武装自己

对于陈家振而言，别人走一步，他要走两步；常人一步跨出 70 厘米，他却只能挪动 30 厘米。1959 年，陈家振出生在丰县梁寨镇一个普通农民的家庭，3 岁时因患小儿麻痹症右腿落下残疾，后因此被迫辍学。一个偶然的机会，他得以学习畜牧兽医。之后，他“钻”进这个行业，先后放弃了两次晋升、六次进城的机会，在农村第一线兢兢业业工作了四十多个春秋。年近六旬的陈家振经常未语先笑，身上有着淳朴农民的勤恳与真诚，又透着搞研究的人的那种执着与坚持。若要用一个词来形容陈家振，最合适不过的应当是——“倔”。陈家振身上有一股倔劲，也正是这股劲儿支撑着他一路走来。

在陈家振的办公室中，摆满了几档案柜的笔记与书籍，其中有十几册都是由他自己亲手抄写的，共计八百万字。为什么抄书？陈家振深有体会。刚当上兽医时，买不到相关书籍，听说某乡有个老兽医家中藏书多，便拄着拐杖，步行 30 多里路，前去讨教求书。老兽医将最为珍惜的藏书借给了陈家振，为了能更好地学习并留作永久资料，陈家振便在工作之余，利用一年多的时间，将这些书都抄了一遍，学习中的陈家振，如图 8-34 所示。陈家振的勤恳钻研让他的专业技术得以不断进步，2000 年，他被任命为梁寨镇兽医站站长。但就在那时，他又犯了倔劲，决心辞职创业。做出这个决定，是因为受了当地一个养殖户一句话的“刺激”。在一次丰县畜牧局组织的畜牧知识讲座上，一位本家弟弟开玩笑地质问陈家振：“我的羊出现了毛病，根据你这个方法，不一定能治好。空口说白话，光说有什么用?”就是这番话，让陈家振做出了辞职养羊的决定。丰县有养羊的历史传统，几乎所有的农民家里都零星养殖了山羊，但因为管理粗放，效益一直不高。如何带领农民养羊致富，不能靠“空口说白话”，陈家振觉得“纸上得来终觉浅”，不如自己亲自试一试。就这样，他摇身一变，从兽医成了羊倌。

图 8-34　学习中的陈家振

创新不断、敢想敢做实现规模化

当时，整个丰县养羊达到100只的养殖户几乎没有。陈家振要探索规模化养羊，是破天荒头一次。2001年的中秋节，陈家振弟兄五个在家里筹划了一下，零零散散凑了20多万，承包了一个废弃的院落和40间圈舍，在丰县办起了第一家规模化养羊场，专业从事波尔山羊的饲养、繁育、改良、运销和技术推广。规模化养羊遇到的第一个问题，就是饲草哪里找。当羊的数量达到一百只时，陈家振想到了"种草养畜"的法子。"祖祖辈辈只听说过除草的，哪有种草的？"面对村民的质疑，陈家振却反复琢磨：牧区能够种草养畜，农区同样能行。抱着试一试的想法，陈家振多次到北京、兰州等地拜访专家，带回草种尝试"种草养畜"，并租用了50亩地当试验田交叉种植不同的草料，取得了初步成功。随后，通过开展草种试验研究，陈家振摸清了各种牧草的生长规律，筛选出近10个产量高、品质好的优良品种推广，破解了草食畜禽规模饲养的难题，又由此发展了草料深加工、全价颗粒饲料。至此，饲草再也不是养羊的制约因素。现在，养十万只羊，牧草都不是事儿了。

在陈家振的带动下，人工授精、程序免疫、配合饲料、快速育肥、高密度繁殖、胚胎移植等科学养羊技术首先在"丰县合作种羊场"试验示范，然后推广至全镇、全县乃至黄淮海地区。十多年来，陈家振秉承科技是第一生产力的观念，坚持以科技求生存，向科技要效益。他率先在国内提出了工厂化养羊的新概念，进行了工厂化养羊关键技术和配套技术的科技攻关。陈家振将传统的棚圈羊舍转变为养羊车间，将粗放的饲养管理转变为自动清粪、自动饮水、自动上料、自动消毒、羊群、人员智能监控。现在羊场的三千只羊，只需要两个人就能养好。在陈家振的养羊车间，自动饮水机、可拆卸羊围栏等机械化设备都是陈家振结合实践自己琢磨的。陈家振刻苦钻研畜牧技术，坚持了40年。1998年，他建起了规模羊场，申报专利30余项，发表科技论文36篇，带领乡亲父老共同致富。为了促进工厂化养羊技术的普及和提高，陈家振率先在国内建立的工厂化养羊技术体系，对工厂化养羊的圈舍建设、肉羊品种选择、饲草饲料开发、全混合日粮应用、羔羊快速育肥、疫病综合防治等方面进行了创新。

奉献不息初衷就是把经验推广开来

经过不断的创新突破，陈家振羊场的规模越来越大，效益越来越好，他也成了远近闻名的"苏北羊王"，全国各地向他求教技术的人络绎不绝。为了将自己的养羊经验传授给求学者，陈家振在羊场内开起食堂、腾出床铺，十年多来接待了8000多个前来学习养羊经验的人。为了向广大养羊户传播养羊技术，他还先后开了4个QQ号，向6000多人在线传播养羊技术。同时，陈家振在国内创建了首家羊业科技超市，面向养羊企业、养羊大户提供书籍光盘、牧草良种、饲草饲料、兽药疫苗、设施设备服务，实现了技物结合一站式服务。

因为了解身体不便的难处，陈家振对残疾人事业倍加支持。多年来，他用自己艰苦创业的故事，感召了1300个残疾人重新找回了自我，走上了自食其力的道路。在实施省设施农业项目过程中，他利用项目资金50万元，为100个残疾人家庭建设标准羊圈200间，永久性饲料青贮氨化池50个。2007年，他所领办的丰县绿缘养羊专业合作社被批准为省级残疾人扶贫基地。基地成立以来，向 70 个残疾人家庭赠送了 220 只波杂羊，并推行了赠母羊还羔羊的循环扶贫模式，使他们走上了养羊致富之路。

将一群羊、一片草发展成为一个十亿元的大产业，先后被评为全国自强模范、全国农技推广先进工作者、中国好人榜好人、江苏省劳动模范、第五届淮海奖优秀人才奖、江苏省创业之星……面对这些成果，陈家振却很淡然。他认为，这一切正如他最早初想的那样，只是通过实践检验真知，并将切实的经验推广给更多农民。养活自己，奉献社会，听起来简单做起来却不容易，但他做到了，还要一直做下去。向不忘初心的养羊人致敬！

第9章　羊的常见疾病诊治

近年来，我国的养羊业发展较快，但是许多羊的常见疾病仍没有得到有效的控制，并已成为制约我国养羊业发展的重要因素。因此，如何科学对羊常见疾病进行诊治是确保养羊业能够健康发展的关键。

第1节　羊的常见传染病及其诊治

1.1　口蹄疫

口蹄疫是由口蹄疫病毒引起的偶蹄类动物（如羊，偶见于人）的一种急性、热性、高度接触性传染病。发病特征为口腔黏膜、蹄部、乳房等无毛部位发生明显水疱、溃烂（烂斑）。羔羊多发生出血性冷热炎，也可能发生恶性口蹄疫，由于急性心脏停搏而死亡。本病是《中华人民共和国进境动物检疫疫病名录》中规定的一类动物传染病，感染动物种类多，传播速度极快，临床上对幼龄羊影响严重，其余年龄羊多呈良性经过，但影响生产性能，耗费人力物力，影响对外贸易。

1.1.1　病原

无囊膜病毒，为已知最早发现最小的动物 RNA 病毒。

具有多型性和变异性。各型之间抗原性不同，彼此不能产生交叉免疫力。

已知有7个血清型，即 A，O，C，SAT_1，SAT_2，SAT_3，亚洲Ⅰ型。国内主要是 O、A 和亚洲Ⅰ型。

体内分布：水疱液、水疱皮、淋巴液、血液、奶、尿、口涎、粪便等。

口蹄疫病毒对外界环境的抵抗力很强。20℃以下能存活3～4年，50～60℃存活30～40分钟，沸水中瞬间即死。对阳光中的紫外线敏感。

pH7.4～7.6的环境中最稳定，对酸比对碱敏感。

常用的消毒药物有1%～2%的氢氧化钠水溶液、1%～2%的甲醛、0.2%～0.5%过氧乙酸、1%的络合碘制剂等。

1.1.2　流行病学

易感动物　主要发生于偶蹄兽，家畜中绵羊、山羊均易感，人群对本病也具有易感性。

传染源　患病动物是主要传染源，有时在出现症状之前已有传染性。病毒存在于破溃的水疱皮、水疱液内。患病动物愈后可排毒 5 个月之久。

传播方式　直接接触传播；通过媒介物（空气、污染的水源、运输工具等）间接接触传播；感染途径是消化道、呼吸道、损伤的皮肤黏膜。呼吸道感染更易发生。

流行特点　不同种间可互相传播；新疫区的发病率可达 100%，老疫区的发病率为 50%左右。同区域内牛最易感，最先发病，症状最典型，俗称“指示器”；羊群带毒，为本病的“贮存器”，猪排毒量大，是本病的“扩大器”。本病具有一定的季节性差异，秋末开始，冬季加剧（11 月～次年 2 月为最剧烈），春季减缓，夏季平息；具有一定的周期性。

1.1.3　症状

1.1.3.1　绵羊

潜伏期一般为 1 周左右。发病率低，症状一般较轻。

口蹄疫病变多见于蹄部，很小，且迅速愈合，不易发现，很少见口腔内有较大水疱和烂斑。走路跛行，10 多天可痊愈，严重病例的蹄叉、蹄冠糜烂，若有继发感染常化脓或硬肿。

吮乳羔羊常发生出血性胃肠炎，常因急性心肌炎而死亡，妊娠期羊常流产。

1.1.3.2　山羊

潜伏期一周左右，在口、蹄均有病变，但流涎不明显，口腔水泡少见，最明显症状是突然发生急性跛行，50%的发病山羊蹄部有病变。

常见便秘和腹泻，便中常混有血液和黏液。体温常升高，病羊精神不振，跛行或卧地不起。

1.1.3.3　剖检变化

最特征的病变是心肌病变，心包膜有弥漫性及点状出血，心肌表面及切面有灰白色、淡黄色斑点或条纹，称“虎斑心”，心肌柔软，色淡，似煮肉状。

在咽喉、气管、支气管和前胃黏膜有时可见到圆形烂斑和溃疡，真胃和肠黏膜可见出血性炎症。

1.1.4　诊断

根据发病动物流行病学、临床症状进行初步诊断。实验室诊断主要依靠荧光定量 PCR 方法进行。

1.1.5　防治

严禁从有病国家或地区引进动物及动物产品、饲料、生物制品等。

坚持疫苗预防原则。目前 O 型口蹄疫灭活疫苗使用广泛。已有公司生产 A 型、亚洲Ⅰ型的口蹄疫疫苗，防疫效果确实。疫区和威胁区普遍进行预防注射。同时做好免疫水平监测工作。

发生口蹄疫时扑灭措施。上报疫情，遵照“早、快、严、小”的原则，采取综合的紧急措施，就地消灭；划定疫区，严格封锁；疫区内的患病动物和可疑患病动物要有严格隔离。受威胁区立即接种口蹄疫疫苗。

污染场所和用具要随时进行消毒，一般用2%火碱或10%石灰水消毒。贵重患病动物隔离在清洁而干燥的畜舍，加强饲养管理。口腔用清水、生理盐水、0.1%高锰酸钾、2%硼酸清洗。溃烂面上可涂5%碘甘油。蹄部可用3%来苏儿清洗，擦干后涂鱼石脂软膏，再用绷带包扎。乳房可用肥皂水、0.1%高锰酸钾液清洗，然后涂以青霉素软膏或磺胺软膏。对于恶性口蹄疫，应特别注意心脏机能的维护，减少对患病羊的各种刺激。

1.2 小反刍兽疫

小反刍兽疫俗称羊瘟，是由小反刍兽疫病毒引起的一种急性病毒性传染病，主要感染小反刍动物，以发热、口炎、腹泻、肺炎为特征。本病是《中华人民共和国进境动物检疫疫病名录》规定的一类动物传染病。

1.2.1 病原

小反刍兽疫病毒属副黏病毒科麻疹病毒属，有囊膜。

常用的消毒药物有苯酚和2%氢氧化钠。

1.2.2 流行病学

易感动物　山羊、绵羊是本病主要危害对象，且山羊更易感，症状严重。不同品种山羊的易感性有差异，其他反刍动物如牛、羚羊、鹿也可感染。在疫区，本病为零星发生，当易感动物增加时，即可发生流行。

传播途径　主要通过直接或间接接触传播，感染途径以呼吸道为主。

传染源　病畜的分泌物和排泄物是传染源。

季节性　本病一年四季均可发生，但多雨季节和干燥寒冷季节多发。

1.2.3 症状

本病潜伏期一般为4～6天，也可达到10天。易感羊群发病率通常达60%以上，病死率可达50%以上。

患病动物突然发热，第2～3天体温达40～42℃。发热持续3天左右，病羊死亡多集中在发热后期。

病初有水样鼻液，此后变成大量的黏脓性卡他样鼻液（图9-1），阻塞鼻孔造成呼吸困难。鼻内膜发生坏死。眼流分泌物，遮住眼睑，出现眼结膜炎。

图9-1　小反刍兽疫引起的黏脓性卡他样鼻液

发热症状出现后，病羊口腔内膜轻度充血，进行性广泛性损害，继而出现糜烂。初期多在下齿龈周围出现小面积坏死，严重病例迅速扩展到齿垫、硬腭、颊和颊乳头以及舌，坏死组织脱落形成不规则的浅糜烂斑。部分病羊口腔病变温和，并可在48

小时内愈合，这类病羊可很快康复。

多数病羊发生严重腹泻或下痢如图9-2所示，造成迅速脱水和体重下降。怀孕母羊可发生流产。特急性病例发热后突然死亡，无其他症状。

1.2.4　剖检变化

口腔和鼻腔黏膜糜烂坏死。

支气管肺炎，肺尖肺炎。

皱胃常出现病变，而瘤胃、网胃、瓣胃很少出现病变。有时可见坏死性或出血性肠炎，盲肠、结肠近端和直肠出现特征性条状充血、出血，呈斑马状条纹。

有时可见淋巴结特别是肠系膜淋巴结水肿，脾脏肿大并可出现坏死病变。

图9-2　小反刍兽疫引起的腹泻或下痢

1.2.5　诊断

根据发病动物流行病学、临床症状进行初步诊断。

实验室诊断主要依靠荧光定量PCR方法进行。

1.2.6　防治

本病的洁净国家和地区发现病例，应严密封锁，扑杀患羊，隔离消毒。对发病场(户)实施隔离、监控，禁止家畜、畜产品、饲料及有关物品移动，并对其内、外环境进行严格消毒。

本病的防控主要靠疫苗免疫。有市售小反刍兽疫疫苗。疫苗基本无副作用，能交叉保护其各个群毒株的攻击感染，但其热稳定性差。

本病尚无特效的治疗方法，利巴韦林有一定效果，发病初使用抗生素和磺胺类药物可对症治疗和预防继发感染。中药黄芪多糖和板蓝根也有一定疗效。

1.3　羊痘

羊痘是由痘病毒引起的各种家畜和人类的一种急性、热性、接触性传染病。其发病特征是在皮肤特别是在无毛部位发生痘疹，病羊发热并有较高的死亡率。本病是《中华人民共和国进境动物检疫疫病名录》规定的一类动物传染病。

1.3.1　病原

病原为羊痘病毒，有山羊痘和绵羊痘两种，两者之间一般不会形成交叉感染。不同种动物痘病毒感染后获得的交叉免疫力差。

对温度有高度的抵抗力，在干燥的痂块中可以存活几年，在干燥的羊舍可存活8个月。

常用的消毒药有碘酊、石炭酸、来苏水等。

1.3.2 流行病学

易感动物　在自然情况下，绵羊痘发生于绵羊，不能传染给山羊或其他家畜。细毛羊较粗毛羊有更高的易感性，病情也较后者重。羔羊较老龄羊敏感，病死率亦高。妊娠母羊易引起流产。

传播途径　本病主要通过呼吸道感染，病毒也可通过损伤的皮肤或黏膜侵入机体。饲养管理人员、护理用具、皮毛产品、饲料、垫草和外寄生虫等都可成为传播的媒介。

流行特点　本病主要在冬末春初流行，气候严寒、雨雪、霜冻、枯草和饲养管理不良等因素都有助于本病的发生和加重病情。

1.3.3 症状

潜伏期平均为6～8天。病羊体温升高到41～42℃，食欲减少，精神不振，结膜潮红，有浆液或脓性分泌物从鼻孔流出，呼吸和脉搏增速。

约经1～4天后发痘。痘疹多发生于皮肤少毛部分，如腿周围、唇、鼻、颊、四肢和尾内侧、阴唇、乳房、阴囊和包皮上如图9-3所示。

开始为红斑，1～2天后形成丘疹，突出皮肤表面，随后丘疹逐渐增大，变成灰白色或淡红色，半球状的隆起结节。结节在几天之内变成水疱，水疱内容物起初像淋巴液，后变成脓性液体，如果无继发感染则在几天内干燥变成棕色痂块。痂块脱落遗留一个红斑，后颜色逐渐变淡。

1.3.4 剖检变化

特征性病变是在咽喉、气管、肺和第四胃等部位出现痘疹。在消化道的嘴唇、食道、胃肠等黏膜上出现大小不同的扁平的灰白色痘疹，其中有些表面破溃形成糜烂和溃疡，特别是唇黏膜与胃黏膜表面更明显。

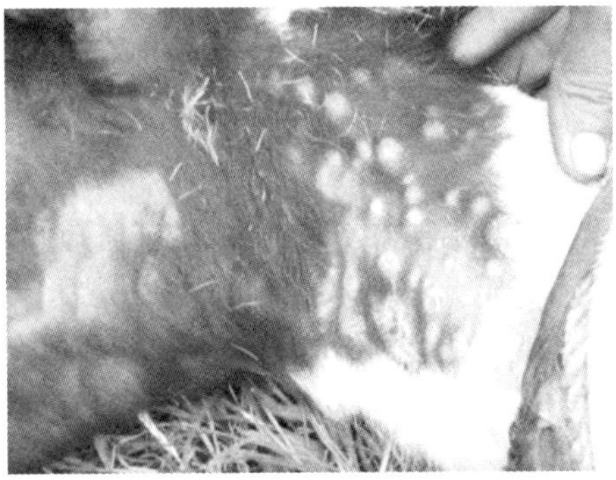

图9-3　羊痘

气管黏膜及其他实质器官，如心脏、肾脏等黏膜或包膜下则形成灰白色扁平或半球形的结节，特别是肺的病变与腺瘤很相似，多发生在肺的表面，切面质地均匀，但很坚硬，数量不定，性状则一致。在这种病灶的周围有时可见充血和水肿等。

1.3.5 诊断

根据流行病学、临床症状可做出初步诊断。确诊需要实验室诊断如分子生物学方法诊断。

1.3.6 防治

采用弱毒疫苗接种预防。

加强饲养管理，抓好秋膘，特别是冬春季节补饲，注意防寒过冬。

一旦发现病畜，立即向上报告疫情，按《中华人民共和国动物防疫法》规定，采取紧急、强制性的控制和扑灭措施。扑杀病羊深埋尸体，畜舍、饲养管理用具等进行严格消毒，污水、污物、粪便无害化处理，健康羊群实施紧急免疫接种。

1.4　羊口疮

羊口疮又称羊传染性脓疱病，是由痘病毒科、副痘病毒属羊传染性脓疱病毒引起的主要感染山羊和绵羊的一种高度接触性、嗜上皮性传染病。同时也是一种分布范围很广的人畜共患病。该病临床特征为嘴唇、鼻、口腔黏膜、蹄部（绵羊）、乳房和外阴等出现丘疹、水疱、脓疱和溃疡或疣状痂皮等。本病是《中华人民共和国进境动物检疫疫病名录》规定的二类动物传染病。

1.4.1　病原

该病毒环境适应能力强，在羊圈周围存在的病毒即使经过一年仍具有非常强的传染性。在干燥痂皮中可存活1个月以上，−80℃时在可耐受性甘油保存下痂皮中的病毒可存活多年。

病毒不耐高温和酸碱，在60℃放置30分钟可完全灭活，pH值11以上碱性和pH值3以下迅速失活。

病毒对氯仿、乙醚、甲苯敏感，紫外线照射30分钟能将其灭活。20%热草木灰溶液、10%石灰乳、2%氢氧化钠溶液、1%醋酸进行消毒，可将病毒杀死，如使用2%氢氧化钠溶液只需要大约5分钟就能够杀死病毒。

1.4.2　流行病学

该病主要感染山羊和绵羊，尤其是3～6月龄的羔羊和幼龄羊易受侵染，此外也可感染人，是一种人畜共患病。

羊群发病率为30%～60%，羔羊死亡率高达80%，而成羊死亡率通常低于20%，但其继发感染死亡率可达20%～80%。

传染源：主要为病羊和隐性感染羊。病毒存在于病羊唾液、鼻腔分泌物和痂皮等，羊恢复后存在再次感染现象。

传播途径：主要通过直接接触和间接接触传播。健康羊和病羊皮肤和黏膜的直接接触是感染该病的直接原因，病羊携带病毒的痂皮脱落及含病毒的分泌物的排出是感染该病的间接原因，羔羊和幼龄羊在该病流行期间被锋利的草叶或植物划破的伤口极易被病毒借助病羊脱落的痂皮产生间接接触侵染，是导致羊只发病的主要途径。

1.4.3　症状

潜伏期7天左右。

初期表现为嘴唇、舌、口腔黏膜、鼻孔和乳房周围红肿并产生红斑甚至丘疹，并会引起痛痒。随着疾病的发展，发病部位形成了丘疹、水疱、脓疱、溃烂、菜花状增生等病变，结痂变干，最终结痂脱落。

唇型是最为常见。病变出现在嘴唇和鼻孔时，如症状严重会导致整个嘴唇发生肿大、外翻如图9－4所示，包括鼻孔都被痂皮所覆盖，造成采食困难、呼吸困难。个别眼结膜发生潮红，存在炎性分泌物，甚至失明，体温能升高超过40℃，精神沉郁，往往卧地不起，最终发生死亡；当舌头和牙龈发生菜花样增生病变时，患畜特别是幼畜因疼痛而表现厌食、消瘦。如果没有继发感染，损伤通常是自限性的，一般3～8周愈合。

蹄型发病时只侵害绵羊，发病时，在蹄冠蹄叉以及系部皮肤上发生水疱和脓疱，水疱和脓疱破裂后形成溃疡灶，破溃后流淌脓液，数日后形成结痂。

感染外阴型较少见，羔羊吃奶引发母羊感染，公羊因交配感染后，外生殖器发生脓疱和溃疡；此外混合型是唇型、蹄型、外阴型中两种或以上同时感染，但以一种为主。

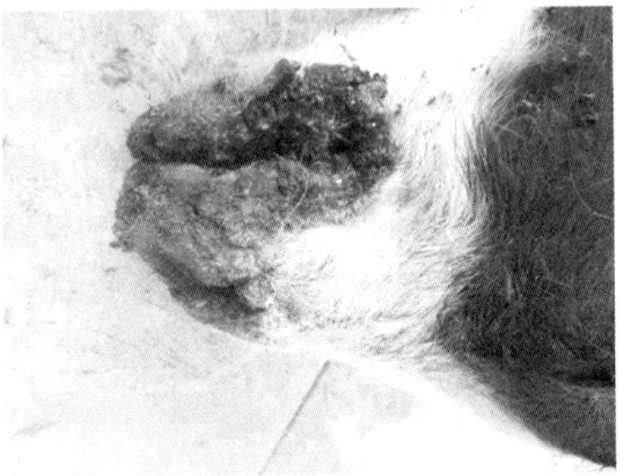

图9-4　羊口疮

乳腺的病变发生于乳头和乳房附近的皮肤，病变也可发生在其他毛稀处。

人感染后最典型症状是手上出现水疱样病变，但很少有人出现口疮症状。

1.4.4　剖检变化

主要表现有皮肤和黏膜病变，口唇黑色结痂，延伸至面部，口腔内有水疱、溃疡和糜烂，面部皮下有出血斑。

气管出现环状出血，肺部肿胀，颜色变暗。

1.4.5　诊断

根据临床症状和病理变化，可初步怀疑羊口疮病。

疑似病例采集痂皮、血液、病变组织、眼鼻分泌物等送实验室检测。其中，实时荧光PCR适用于个体动物移动前的无感染证明、临床病例确诊和监测感染流行率。

1.4.6　防治

病羊口疮患处涂抹2%的龙胆紫溶液或5%的碘酊溶液。或用青霉素、氨基比林水合剂彻底清疮，再将冰硼散粉剂撒于患处，每天1次，连用4天，并给病羊注射抗菌药物，每天2次，连用3天，10天左右可以痊愈。

控制疫病源头，严禁从疫区及缓冲区引进易感动物、购买饲料和动物产品等，即使是从非疫区引进的羊只也要有检疫部门和官方兽医的检疫证明，并且隔离观察3周以上。

切断传播途径，传播途径以直接接触和间接接触为主，因此要避免健康羊的皮肤和黏膜的破损处接触到有病毒的羊和被病毒污染的环境，同时保护羊的皮肤和黏膜不受损伤，严禁圈舍的栅栏、垫料、料槽等一切用具带有尖锐锋利的物体，羊舍最好用圆润、表面光滑的用具。

注意饲养管理，圈舍要定期无死角消毒，保持羊舍的干燥、清洁卫生，保证采光换气，温度湿度适中。加强对羔羊和幼龄羊的饲养看护，要确保饲草鲜嫩、没有杂质、不含尖锐物体，避免进食过程中嘴角部皮肤和口腔黏膜被扎破和划伤，从而避免病毒的侵染。

免疫接种，对羊口疮流行地区所在县和相邻县可采用国家批准的羊口疮疫苗，对全部羊只进行接种。

1.5　大肠杆菌病

羔羊大肠杆菌病是由致病性大肠杆菌引起的一种急性、致死性传染病，多发生在初生羔羊，临床上主要表现为腹泻、脱水发生自体中毒、败血症，死亡率很高。本病是《中华人民共和国进境动物检疫疫病名录》规定的其他传染病类别。

1.5.1　病原

本病的病原是致病性大肠杆菌，在自然界中广泛分布，是革兰染色阴性、中等大小的杆菌。血清型种类多，各型交叉免疫力差。

本菌对外界抵抗力不强，常用消毒药均能迅速将其杀死。

1.5.2　流行病学

易感动物　多发生于数日至6周龄的羔羊，有时3～8月龄的羊也有发生，呈现地方性流行，有时呈现散发。

传播途径　经消化道感染。

发病特点　大肠杆菌病是一种常见的条件性致病菌，发病与否与动物所处的环境密切相关。该病的发生与气候不良、营养不足、场地潮湿污秽等有关。放牧季节发生少，冬春舍饲期间常发。

1.5.3　症状

潜伏期1～3天，分为败血型和下痢型两种类型。

败血型多发于2～6周龄的羔羊。病羊体温41～42℃，精神沉郁，迅速虚脱，有轻微的腹泻，有时带有神经症状，运步失调，磨牙，视力障碍，也有的病例出现关节炎，多于病后4～12小时死亡。个别患病羔羊可发生突然死亡。

下痢型多发于2～8日龄的新生羔羊。病羊初体温略高，出现腹泻后体温下降，肛门处粘满粪污，粪便呈半液体状，带气泡，有时混有血液。羔羊腹痛，严重脱水，鸣叫，不能起立。如不及时治疗，常发生自体中毒，迅速死亡。

1.5.4　剖检变化

败血型病羊表现胸、腹腔和心包大量积液。关节肿大，内含浑浊液体或脓性絮片。脑膜充血，有出血点。

下痢型病羊表现为肠系膜充血、水肿和出血，肠系膜淋巴结肿胀。肠黏膜充血、水肿，内容物混有血液、气泡和脓性分泌物。

1.5.5　诊断

根据流行病学、临床症状可做出初步诊断，确诊需进行细菌分离与培养。

1.5.6　防治

使用多西环素、硫酸新霉素进行治疗，并发肺炎时可应用阿奇霉素治疗。临床上最好进行药敏试验确定敏感药物，有针对性用药。

调整胃肠机能，纠正酸中毒，防止脱水，补充5%葡萄糖生理盐水。

加强孕羊的饲养管理，确保新产羔羊的健壮，以增强机体抵抗力。

改善羊舍的环境卫生，定期消毒，尤其是在母羊分娩前后对羊舍彻底消毒1～2次。对污染的环境、用具，可用3%～5%来苏水消毒。

注意幼羊防寒保暖工作，尽早让羔羊吃到足够的初乳。

1.6 布鲁氏菌病

布鲁氏菌病（简称布病）是由布鲁氏菌引起的人、畜共患慢性传染病，是养羊过程中需要重点关注的疾病之一。常见于牛、羊家畜，以生殖器官和胎膜发炎，引起流产、不育和各种组织局部病状为特征。本病是《中华人民共和国进境动物检疫疫病名录》规定的二类动物传染病。

1.6.1 病原

短杆菌，无芽孢和鞭毛，革兰氏染色阴性。存在于羊的生殖器官、内脏和血液中。

需氧或兼性厌氧菌，在肝汤、马铃薯培养基上生长最好，绵羊布氏杆菌初分离时需要在10% 二氧化碳环境中生长。

抵抗力较强，在土壤中可存活24～40天，但对湿热和常用化学消毒剂较敏感。常用克辽林、漂白粉、生石灰、氢氧化钠等化学药物消毒。

对四环素敏感，其次是链霉素和土霉素。

1.6.2 流行病学

传染源　患病动物和带菌动物，以感染的妊娠母畜最危险。

传播途径　经口感染是主要传播途径，还可经交配、损伤的皮肤、黏膜及呼吸道传播。

易感动物　主要是羊，多种动物均易感染。

流行特点　常呈地方流行性，牧区发病率明显高于农区。常出现由典型株变成非典型株的现象。一年四季均可发生，以产仔季节为多，如羊型布鲁氏菌病的发生是春季开始发生，夏季为发病高峰期，秋季逐渐下降。母畜中以头胎发病较多，可占50%以上；在老疫区，发生流产的较少，但子宫炎、乳房炎、关节炎，局部脓肿、胎衣不下，久配不孕者较多。

1.6.3 症状

绵羊和山羊均易感，常呈隐性经过。

主要表现流产，发生在妊娠后的第3～4个月（妊娠期150天），其他症状还有乳腺炎、支气管炎、关节炎、滑液囊炎。

在流产前约2～3天，体温升高，精神不振，食欲减退，有的长卧不起。由阴道排出黏液或黏液带血样分泌物。流产的胎儿多死亡，成活的则极度衰弱发育不良。产后其阴道持续排出黏液或脓液，发生慢性子宫炎，往往使病羊不孕。有的病羊发生慢性关节炎及滑液囊炎，病羊跛行，行动困难，常因采食不足，饥饿而死。

公羊除发生关节炎外，有时发生睾丸炎、附睾炎。

1.6.4　剖检变化

急性期的附睾尾比正常大 1 倍以上，切面有乳白色絮状或干酪样物，精索呈结节或串珠状。羊子宫、胎儿与胎盘等处，有出血坏死现象。淋巴结、脾、肝脏等肿大。

1.6.5　诊断

根据流行病学、临床症状可做出初步诊断。实验室诊断有助于进一步确诊。

显微镜检查　在病畜胎盘绒毛膜的表面及水肿区的边缘，含有大量布鲁氏菌，取这些组织制成涂片，染色镜检，可在上皮细胞中看到布鲁氏菌。

血清学试验　一般是凝集试验(包括试管试验、平板试验和全乳环状反应及乳清凝集试验)和补体结合试验两者结合应用，可以互相补充。变态反应仅用于山羊和绵羊的布病诊断。

1.6.6　防治

1.6.6.1　非疫区的预防措施

必须贯彻预防为主的方针和坚持自繁自养的原则。

从外单位引进动物时，应从无此病地区购买，购进后隔离观察 2 个月，并进行检疫，确实健康的方可并群饲养。

1.6.6.2　疫区的预防措施

定期进行免疫注射，是控制本病的有效措施。免疫方法可采用皮下接种，连续接种 2～3 年，可间隔 1～1.5 年进行检疫，根据检疫结果，决定要否继续接种。

加强消毒及兽医卫生措施。建立监测制度，按照国家要求进行净化。

对患病动物数不多且价值不大者，以淘汰屠宰为宜。

1.6.6.3　不建议对此病进行治疗。

1.7　梭菌性疾病

梭菌性疾病是由梭状芽孢杆菌属中的微生物所致的一类疾病，包括羊快疫、羊猝疽、羊肠毒血症、黑疫、羔羊痢疾等。该类疾病常引起羊的急性死亡，对养羊业危害很大。本病是《中华人民共和国进境动物检疫疫病名录》规定的二类传染病。

1.7.1　羊快疫及羊猝疽

羊快疫及羊猝疽是梭状芽孢杆菌属中两种不同病原菌引起的最急性传染病。两者可发生混合感染，其特征是突然发病，病程极短，几乎看不到症状即死。羊快疫由腐败梭菌引起，以真胃呈出血性炎症为特征。羊猝疽由 C 型魏氏梭菌的毒素所引起，以溃疡性肠炎和腹膜炎为特征。

1.7.1.1　病原

羊快疫：腐败梭菌是革兰氏染色阳性的厌气大杆菌，不形成荚膜，在体内外均可产生芽孢。用病羊肝被膜做触片，经染色、镜检呈无关节长丝状的形态是腐败梭菌极突出的特征，具有重要的诊断意义。本病呈菌血症经过，因此采心血和肝等病料接种于厌气肉肝汤培养基进行分离培养。一般需要使用强力消毒药如 20%的漂白粉、3%～5%的氢氧化钠才能将其杀死。发病率低，病死率高。

羊猝疽：本病病原为C型魏氏梭菌，C型菌产β主要毒素和α次要毒素。本菌可在10%血琼脂培养基上进行厌氧培养。

1.7.1.2 流行病学

羊快疫：绵羊对羊快疫最易感，山羊也可感染本病。年龄多在6～18个月之间。一般经消化道感染，主要是因采食了污染的饲料或饮水。羊的消化道平时就有这种细菌存在，但并不发病。当存在不良的外界诱因，特别是在秋、冬和初春气候骤变、阴雨连绵之际，羊只受寒感冒或采食了冰冻带霜的草料，机体遭受刺激，抵抗力减弱时，特别是真胃黏膜发生坏死和炎症，产生的毒素经血液循环进入体内，刺激中枢神经系统，引起急性休克，使羊只迅速死亡。经常在低洼地、潮湿地、沼泽地放牧的羊易患上快疫病。

羊猝疽：本病发生于成年绵羊，以1～2岁绵羊发病较多。多发生于冬、春季节。常呈地方流行性。

1.7.1.3 症状

羊快疫：病羊突然停止采食和反刍，呼吸困难，磨牙，痉挛倒地，四肢游泳状，突然死亡。有的病羊离群独处，卧地，不愿走动，强迫行走时，表现虚弱和运动失调，腹部膨胀，有腹痛症状，粪便中带有炎性产物或黏膜，呈黑绿色。病羊最后极度衰竭、昏迷而死。

羊猝疽：病程短促，常未及见到症状即突然死亡。有时发现病羊掉群、卧地，表现不安、衰弱，痉挛，眼球突出，在数小时内死亡。

1.7.1.4 剖检变化

羊快疫：病羊新鲜尸体的主要损害为真胃出血性炎症变化显著。真胃黏膜常有大小不等的出血斑块，其表面发生坏死，出血坏死区低于周围的正常黏膜；黏膜下组织常水肿。胸腔、腹腔、心包有大量积液，暴露于空气易于凝固。心内膜下和心外膜下有多数点状出血。肠道和肺脏的浆膜下也可见到出血。

羊猝疽：病变主要见于消化道和循环系统。十二指肠和空肠黏膜严重充血、糜烂，有的区段可见大小不等的溃疡。胸腔、腹腔和心包大量积液，可形成纤维素絮块。浆膜上有小点出血。肌肉出血，有气性裂孔。

1.7.1.5 诊断

生前诊断较为困难。根据临床症状可建立初步诊断，死后剖检可见胃、肠道出血，确诊需要实验室进行细菌学检验。

1.7.1.6 防治

两种疾病病程短促，往往来不及治疗，因此，必须加强平时的防疫措施。发生本病时，将病羊隔离，对病程较长的病例试行对症治疗。

当本病发生严重时，转移牧地，可收到减少和停止发病的效果。应将所有未发病羊只，转移到高燥地区放牧，加强饲养管理，防止受寒感冒，避免羊只采食冰冻饲料，早晨出牧不要太早。

用菌苗进行紧急接种。在本病常发地区，每年可定期注射1～2次羊快疫、猝疽二联菌苗或快疫、猝疽、肠毒血症三联苗。由于吃奶羔羊产生主动免疫力较差，故在羔羊经常发病的羊场，应对怀孕母羊在产前进行两次免疫，第一次在产前1～1.5个月，第二次在产前 15～30 天，但在发病季节，羔羊也应接种菌苗。

1.7.2　羊肠毒血症

羊肠毒血症主要是绵羊的一种急性毒血症，是由魏氏梭菌在肠道内繁殖产生毒素引起的羊急性传染病，又称为“软肾病”。本病在临床症状上类似羊快疫，故又称“类快疫”。

1.7.2.1　病原

优势菌为 A 型魏氏梭菌，少数为 C 型和 D 型魏氏梭菌。可产生多种肠毒素，导致全身性毒血症。

1.7.2.2　流行病学

魏氏梭菌为土壤常在菌，也存在于污水中。正常情况下不发病。当春末夏秋季节从干草改吃了大量谷类或青嫩多汁和富有蛋白质的草料之后，本菌在肠道内大量繁殖，产生大量毒素，引起肠毒血症。

羊肠毒血症的发生在春夏之交。

多呈散发性流行。绵羊发生较多，山羊较少。

2～12 月龄的羊最易发病。发病的羊多为膘情较好的。

1.7.2.3　症状

本病的特点为突然发作，很少能见到症状。病状可分为两种类型。

以搐搦为其特征时，动物在倒毙前，四肢出现强烈的划动，肌肉颤搐，眼球转动，磨牙，口水过多，随后头颈显著抽缩，往往死于 2～4 小时内。濒死期发生肠鸣或腹泻，排出黄褐色水样粪便。

以昏迷和静静地死去为特征时，动物发病病程不太急，其早期症状为步态不稳，以后卧倒，并有感觉过敏，流涎，上下颌“咯咯”作响，继以昏迷，角膜反射消失，有的病羊发生腹泻，通常在 3～4 小时内静静地死去。

搐搦型和昏迷型在症状上的差别是由于吸收的毒素多少不一。

1.7.2.4　剖检变化

病变常限于消化道、呼吸道和心血管系统。真胃含有未消化的饲料。回肠呈急性出血性炎性变化，心包常扩大，内含灰黄色液体和纤维素絮块，左心室的心内外膜下有多数小点出血。肺脏出血和水肿。胸腺常发生出血。肾脏比平时更易于软化。

1.7.2.5　诊断

根据流行病学、临床症状和病理变化可做出初步诊断。实验室诊断与羊快疫实验室诊断相同。

1.7.2.6　防治

当羊群中出现本病时，可立即搬圈，转移到高燥的地区放牧。

在常发地区，应定期注射羊肠毒血症菌苗，羊快疫、猝疽、肠毒血症三联苗，或厌气菌七联干粉苗。

在牧区夏初发病时，应该少抢青，而让羊群多在青草萌发较迟的地方放牧，秋末发病时，可尽量到草黄较迟的地方放牧。在农区针对引起发病的原因，减少或暂停抢茬，少喂菜根菜叶等多汁饲料。

要加强羊只的饲养管理，加强羊只的运动。

病程较长时，可肌注青霉素治疗。

1.7.3 羊黑疫

羊黑疫又名传染性坏死性肝炎，是绵羊和山羊的一种急性高度致死性毒血症，以肝实质发生坏死性病灶为特征。

1.7.3.1 病原

B型诺维氏梭菌和羊快疫、羊猝疽、肠毒血症的病原一样，同属于梭状芽孢杆菌属。本菌为革兰氏阳性大杆菌，严格厌氧，能形成芽孢，不产生荚膜。

1.7.3.2 流行病学

易感动物　本菌能使1岁以上的绵羊感染，以2～4岁的绵羊发生最多。

流行特点　发病羊多为营养佳良的肥胖羊只，山羊也可感染，牛偶可感染。本病主要在春夏发生于肝片吸虫流行的低洼潮湿地区。

传播途径　经消化道传播，有时属于内源性感染。

1.7.3.3 症状

本病在临床上与羊快疫、肠毒血症等极其类似。病程十分急促，绝大多数情况是未见有病而突然发生死亡。少数病例病程稍长，可拖延1～2天，很少有超过3天的。

病畜掉群，不食，呼吸困难，体温41.5℃左右，呈昏睡俯卧，并保持在这种状态下毫无痛苦地突然死去。

1.7.3.4 剖检变化

病羊尸体皮下静脉显著充血，其皮肤呈暗黑色外观（黑疫之名即由此而来）。胸部皮下组织经常水肿。

浆膜腔有液体渗出，暴露于空气易于凝固，液体常呈黄色，但腹腔液略带血色。

左心室心内膜下常出血。真胃幽门部和小肠充血和出血。

肝脏充血肿胀，从表面可看到或摸到有一个到多个凝固性坏死灶，坏死灶的界限清晰，灰黄色，不整圆形，周围常为一鲜红色的充血带围绕，坏死灶直径可达2～3厘米，切面成半圆形。羊黑疫肝脏的这种坏死变化是很特别的，具有很大的诊断意义。

1.7.3.5 诊断

根据临床症状、病理变化可以做出初步诊断。

实验室检查，采集肝脏坏死灶边缘的组织制成涂片，染色镜检，可见粗大而两端钝圆的诺维梭菌，单个或成双存在。

1.7.3.6 防治

预防此病首先在于控制肝片吸虫的感染。

特异性免疫可用黑疫、快疫二联苗或厌气菌七联干粉苗进行预防接种。

发生本病时，应将羊群移牧于高燥地区。可用抗诺维氏梭菌血清治疗。

病程缓慢时，可用青霉素肌肉注射，每天两次。

1.7.4 羔羊痢疾

羔羊痢疾是初生羔羊的一种急性毒血症，以剧烈腹泻和小肠发生溃疡为其特征。本病常可使羔羊发生大批死亡，给养羊业带来重大损失。

1.7.4.1 病原

本病病原为B型魏氏梭菌。羔羊在生后数日内,魏氏梭菌可以通过羔羊吮乳、饲养员的手和羊的粪便而进入羔羊消化道。

1.7.4.2 流行病学

易感动物本病主要危害7日龄以内的羔羊,其中又以2～3日龄的发病最多,7日龄以上的很少患病。

传播途径传染途径主要是通过消化道,也可能通过脐带或创伤。

流行特点外界不良诱因如母羊怀孕期营养不良,羔羊体质瘦弱,气候寒冷,哺乳不当,羔羊抵抗力减弱时,细菌大量繁殖,产生毒素。

1.7.4.3 症状

自然感染的潜伏期为1～2天,病初精神委顿,低头拱背,不想吃奶。不久就发生腹泻,粪便恶臭,有的稠如面糊,有的稀薄如水,到了后期,有的还含有血液,直到成为血便。

病羔逐渐虚弱,卧地不起。若不及时治疗,常在1～2天内死亡。

羔羊以神经症状为主者,四肢瘫软,卧地不起,呼吸急促,口流白沫,最后昏迷,头向后仰,体温降至常温以下,常在数小时到十几小时内死亡。

1.7.4.4 剖检变化

尸体脱水现象严重。最显著的病理变化是在消化道。第四胃内往往存在未消化的凝乳块。小肠(特别是回肠)黏膜充血发红,溃疡周围有一出血带环绕;有的肠内容物呈血色。

肠系膜淋巴结肿胀充血,间或出血。

心包积液,心内膜有时有出血点。肺常有充血区域或瘀斑。

1.7.4.5 诊断

根据流行病学、临床症状和病理变化可做出初步诊断。实验室诊断与羊快疫实验室诊断相同。

1.7.4.6 防治

本病发病因素复杂,应综合实施抓膘保暖、合理哺乳、消毒隔离、预防接种和药物防治等措施才能有效地予以防制。

每年秋季注射羔羊痢疾苗或厌气菌七联干粉苗,产前2～3周再接种一次。

羔羊出生后12小时内,灌服土霉素有一定的预防效果。治疗羔羊痢疾的方法很多,各地应用效果不一,应根据当地条件和实际效果,试验选用。

1.8 羊传染性胸膜肺炎

传染性胸膜肺炎是由丝状支原体丝状亚种引起的一种高度接触性传染病。羊传染性胸膜肺炎其临床特征为高热,咳嗽,胸和胸膜发生浆液性和纤维素性炎症,取急性和慢性经过,病死率很高。本病是《中华人民共和国进境动物检疫疫病名录》规定的其他传染病类别。

1.8.1 病原

病原体为丝状支原体山羊亚种，为细小、多变性的微生物，革兰氏染色阴性。

培养基要求苛刻，低浓度(0.7%)琼脂培养基上菌落呈"煎蛋"状。

在自然条件下，丝状支原体山羊亚种只感染山羊，3岁以下的山羊最易感染，而绵羊肺炎支原体则可感染山羊和绵羊。

1.8.2 流行病学

传染源　病羊和带菌羊是本病的主要传染源。

传播途径　本病呈地方流行性，接触传染性很强，主要通过空气一飞沫经呼吸道传染。

流行特点　呈地方性流行，冬季流行期平均为15天，夏季可维持2个月以上。流行季节主要见于冬季和早春枯草季节，羊只营养缺乏，容易受寒感冒，因而机体抵抗力降低，较易发病，发病后病死率也较高。阴雨连绵，寒冷潮湿，羊群密集、拥挤等因素加重本病的发生。

1.8.3 症状

潜伏期短者5～6天，长者3～4周，平均18～20天。根据病程和临床症状，可分为最急性、急性和慢性三型。

最急性：病初体温增高，可达41～42℃，极度委顿，食欲废绝，呼吸急促而有痛苦的鸣叫。数小时后出现肺炎症状，呼吸困难，咳嗽，并流浆液带血鼻液，肺部叩诊呈浊音或实音，听诊肺泡呼吸音减弱、消失或呈捻发音。12～36小时内，渗出液充满病肺并进入胸腔，病羊卧地不起，四肢直伸，呼吸极度困难，每次呼吸则全身颤动；黏膜高度充血，发绀；目光呆滞，呻吟哀鸣，不久窒息而亡。病程一般不超过4～5天，有的仅12～24小时。

急性：最常见。病初体温升高，继之出现短而湿的咳嗽，伴有浆性鼻漏。4～5天后，咳嗽变干而痛苦，鼻液转为黏液一脓性并呈铁锈色，高热稽留不退，食欲锐减，呼吸困难和痛苦呻吟，眼睑肿胀，流泪，眼有黏液一脓性分泌物。口半开张，流泡沫状唾液。头颈伸直，腰背拱起，腹肋紧缩，最后病羊倒卧，极度衰弱委顿，有的发生臌胀和腹泻，甚至口腔中发生溃疡，唇、乳房等部皮肤发疹，濒死前体温降至常温以下，病期多为7～15天，有的可达1个月。孕羊发生流产。

慢性：多见于夏季。全身症状轻微，体温降至40℃左右。病羊间有咳嗽和腹泻，鼻涕时有时无，身体衰弱，被毛粗乱无光。在此期间，如饲养管理不良，与急性病例接触或机体抵抗力由于种种原因而降低时，很容易复发或出现并发症而迅速死亡。

1.8.4 剖检变化

胸腔常有淡黄色液体，间或两侧有纤维素性肺炎；肝变区凸出于肺表面，颜色由红至灰色不等，切面呈大理石样。

胸膜变厚而粗糙，上有黄白色纤维素层附着，直至胸膜与肋膜，心包发生粘连。心包积液，心肌松弛、变软。急性病例还可见肝、脾肿大，胆囊肿胀，肾肿大和膜下小点溢血。

1.8.5 诊断

根据本病流行规律、临床表现和病理变化做出综合诊断并不困难。确诊需进行病原分离鉴定和血清学试验。

1.8.6　防治

防止引进病羊和带菌者。新引进羊只必须隔离检疫 1 个月以上，确认健康时方可混入大群。

免疫接种是预防本病的有效措施。我国除原有的用丝状支原体山羊亚种制造的山羊传染性胸膜肺炎氢氧化铝苗和鸡胚化弱毒苗以外，研制成绵羊肺炎支原体灭活苗。

用足够剂量的土霉素、四环素或氯霉素等有治疗效果。

病羊群应进行封锁，及时对全群进行逐头检查，对病羊、可疑病羊和假定健康羊分群隔离和治疗；对被污染的羊舍、场地、饲管用具和病羊的尸体、粪便等，应进行彻底消毒或无害处理。

1.9　放线菌病

羊放线菌是由放线菌感染引起的动物的慢性传染病，多为散发病例。以头、颈、颌下和舌出现放线菌肿和慢性化脓为特征。患畜流涎，咀嚼、吞咽、呼吸困难，不及时治疗可导致死亡。如乳房被侵害，则呈坚韧肿胀或皮下有局限性硬结。本病是《中华人民共和国进境动物检疫疫病名录》规定的其他传染病类别。

1.9.1　病原

放线菌是一种不运动、无芽孢的杆菌。主要由牛放线菌和林氏放线菌感染引起。林氏放线杆菌是皮肤和柔软器官放线菌的主要病原菌，不形成芽孢和荚膜。病灶的受潮中形成黄色或黄褐色的颗粒状物质，外观似硫黄。

本菌抵抗力不强，多种消毒剂如络合碘均有效。

1.9.2　流行病学

放线菌常寄生于动物呼吸道内和皮肤上。污染的土壤、饲料和饮水中也存在放线菌。

病羊，特别发病部位破溃的为该病的重要传染源。

成年羊易发病。年轻羊更换永久齿时易感染。

经口腔黏膜或唾液腺损伤处侵入，大多与采食粗硬的饲料有关。

1.9.3　症状

患病动物下颌部、面部、颈部或乳房处有肿块如图 9－5 所示为放线菌性肿大，有的硬实，有的柔软呈波动感。脓肿部位被毛脱落，皮肤变薄，之后自然破溃形成瘘管，流出大量脓性分泌物。

放线菌性肿大。肿大部分初期疼痛，有硬的结块，引起咀嚼、吞咽困难；后期硬结破溃、流黄色或白色脓汁，经久不愈，形成瘘管。长期导致下颌骨破坏，导致牙齿松动，采食、反刍困难，体质状况恶化，逐渐消瘦而死亡。

皮肤由于受到圈舍硬物的刮擦，也可感染放线菌，引起皮下脓肿。

乳房患病时，出现硬块或乳房肿大，变形，排出黏稠、含脓汁的汁。

图 9-5 放线菌性肿大

1.9.4 剖检变化

切开肿胀部位，可见到脓肿和肉芽肿。

受侵害的骨骼肥大，骨质疏松。

舌放线菌的舌面可出现溃疡。

1.9.5 诊断

根据下颌部肿胀、感染、化脓，形成久经不愈的瘘管等临床症状，可做出初步诊断。确诊进行实验室显微镜检查。

1.9.6 防治

保守治疗　发病初期采用喹诺酮类药物治疗，也可应用青霉素、链霉素和普鲁卡因在肿胀部位周围分 4 点局部封闭治疗。另外，可口服或者注射碘化钾。

手术治疗　常规手术摘除肿胀物时要注意索状根蒂切断与结扎，同时加强抗菌消炎。对于巨大的放线菌肿，骨骼受到侵蚀，动物生产性能下降，建议淘汰。

对于单纯性放线菌脓肿，脓肿成熟后，切开排脓，脓腔用 0.1%高锰酸钾冲洗，用碘酊纱布填塞，1～2 天换药 1 次。全身应用抗生素治疗防止继发感染。

加强饲养管理，防止皮肤、黏膜创伤，不用过长、过硬的干草饲喂羊。

智能化生产案例 9-1　羊疫病大数据智能监测与服务云平台

9-1-1 背景分析

近年来，随着我国畜牧业集约化、规模化养殖模式的加快推进，羊的疫病问题越来越凸显，疫病的发生不仅会影响羊产业的现代化进程，更会对羊产品安全、人民健康及生态环境造成严重危害。兽医在畜禽养殖舍内每日巡检为主要手段，但是巡检工作量巨大；工作环境恶劣，专业巡检员供不应求，存在交叉感染风险；疾病动物诊断滞后，错过治疗窗口时间，容易带来群体感染。鉴于此，借助大数据智能监测与服务云平台开展羊疫病监测、预警、预防等工作尤为重要。

9-1-2 羊疫病大数据智能监测与服务云平台

随着计算机和网络技术的发展，畜禽疫病防控逐渐信息化，机器视觉、语音识别、物联网等技术手段能够多角度采集畜牧生产中的动物疫病信号，进而利用大数据、云计算技术进行数据智能化分析，提前进行预警预报如图9-6所示，信息技术为畜禽疫病防控提供了有力的支撑，成为解决畜禽疫病防控的有效手段。

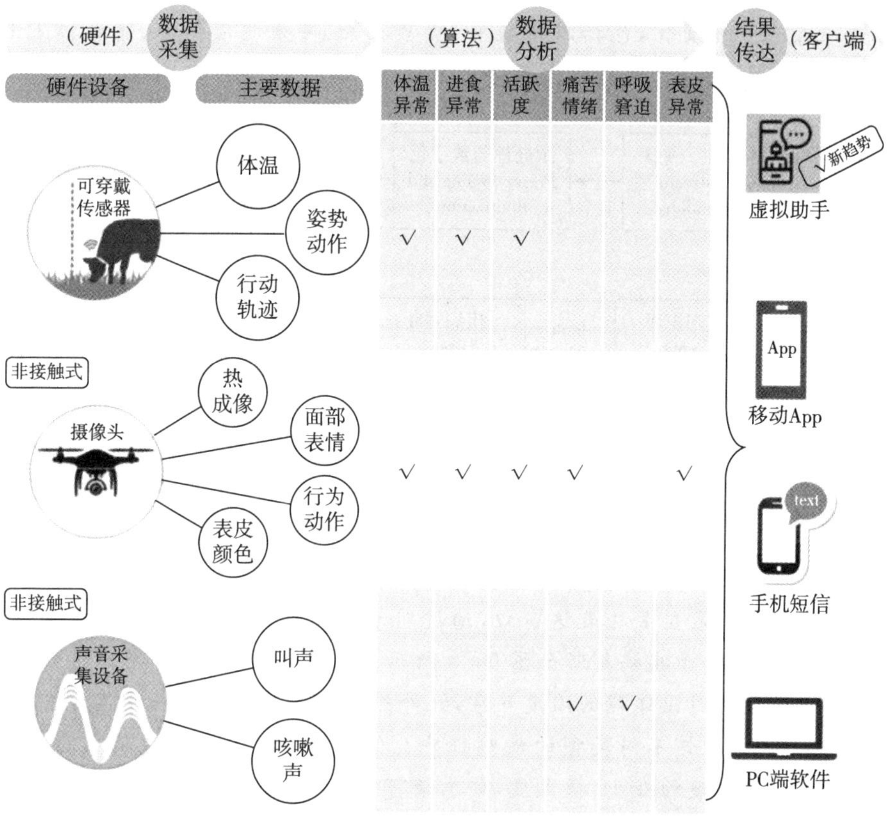

图9-6 羊疫病大数据智能监测与服务云平台功能结构

9-1-3 技术原理

羊疫病大数据智能监测与服务云平台通过信息化和人工智能技术手段采集动物的各类特征信息，构建智能分级评分模型或专家系统对动物疫病做出自动诊断。具体技术原理如下：

1. 数据采集

羊可穿戴产品通常配置有多种传感器，GPS定位装置等。羊健康反馈最敏感的数据还是体温，可穿戴设备可进行7＊24小时监测体温变化。此外，可穿戴设备还能收集到动作行为数据，反馈羊的活动度，有些还包括进食相关的动作例如反刍，或其他动作行为活动轨迹等数据。羊可穿戴产品形式常见的有两种：一种是智能颈带；另一种则为智能耳标。

2. 形态与行为分析

形态与行为特征是畜禽动物发生疾病最直观的外在表现，是动物健康状态评价的重要指标，通过摄像头采集图像数据作为分析依据。

动物行为一般包括其采食、饮水、排泄、躺卧、站立等基础生理行为，以及步态、反射、交互、咬尾等高级社交行为，系统可以对面部动作或行为动作的监测采集如图9－7所示。通过AI图像识别技术，及机器学习训练的算法模型，对羊只面部表情图像进行采集，用以分析评估羊只情绪压力，反馈染病或受伤引起的疼痛、特殊生理状态等，如羊只感到疼痛时，面部会发生一些变化，包括眼睛狭窄、脸颊收紧、耳朵向前折叠、嘴唇拉下来后缩，鼻孔从U形变成V形等。通过对大量羊只面部图片的分析学习来训练算法。

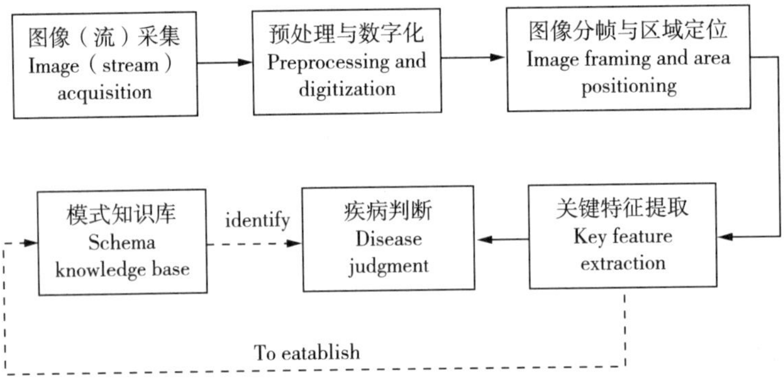

图9－7　基于羊只形态与行为的疾病分析流程

3. 体温分析技术

体温异常是疾病最显著的表达窗口，通过对动物体温的监控，可以有效发现健康状态异常的动物，直接给予疾病判断如图9－8所示。图像数据中，一种是通过红外线摄像头来监测热成像数据对应体现的温度异常，红外热成像反馈温度的一大优势是它可以测量不同部位的温度，反馈不同类型的疾病征兆。例如关于羊只耳标感染风险，有研究显示正常羊只耳朵的温度约在19摄氏度，如感染可能上升到26摄氏度。区分部位获得的体温信息能够根据疾病类型定向了解患病风险。区分部位的红外摄像设备目前看到的主要还是手持式。

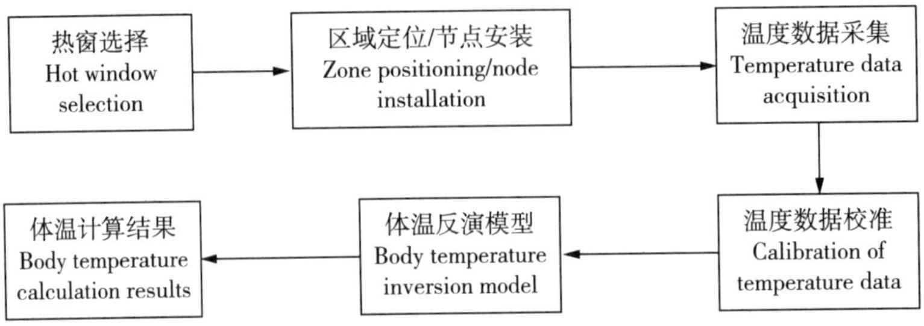

图9－8　基于羊只体温疾病分析流程

4. 声纹分析技术

动物发出的声音是其情绪、健康情况判别的重要依据，因此音频技术可用于动物的疾病预警、行为检测、饮食检测、情绪识别等方面。在实际研究与应用中。通常在动物养殖区域的特定位置安放拾音器，实时采集舍内声音，如采集羊只发出的声音信号，并将啃咬声音、咀嚼声音进行分类识别，可实现针对羊觅食状态的监控，进而判断其健康状况。如图9－9所示。

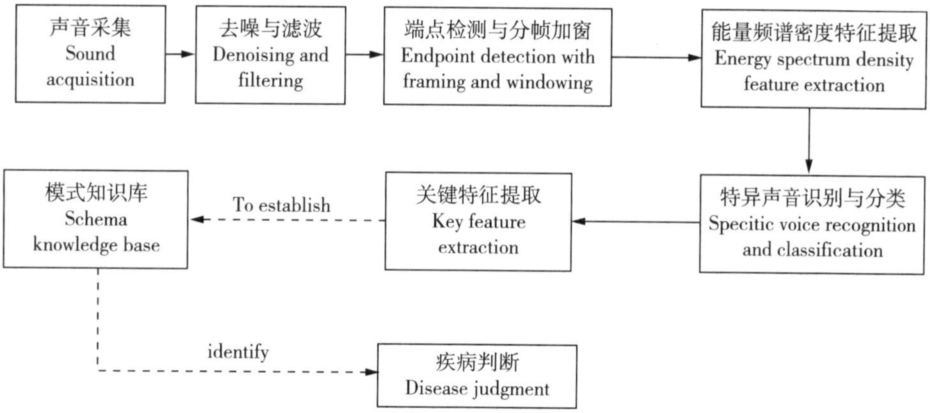

图9－9　基于羊只声纹疾病分析流程

9－1－4　应用前景

为适应市场需求与转型升级，羊只饲养朝向集约化、规模化与智能化发展，生产密度急剧扩大。在这种条件下，疫病暴发风险增大、人畜共患病危险升级，继而会对动物福利、生产效益、产品出口、公共卫生安全构成严重威胁。提升动物疫病防治信息化与智能化水平是应对威胁的重要手段，实现实时、高效、智能、精准的羊只健康诊断疾病，可以避免动物诊断滞后，错过治疗窗口时间，带来群体感染等情况，有效地减少养殖过程中疾病造成损失。

知识点小结

口蹄疫、小反刍兽疫、羊痘、羊口疮、大肠杆菌病、布鲁氏菌病、梭菌性疾病、羊传染性胸膜肺炎及放线菌病等是羊生产中常见的传染性疾病，在生产在要注意预防，特别是布鲁氏菌病。

第2节　霉菌性胃肠炎及绦虫病

2.1　霉菌性胃肠炎

霉菌性胃肠炎是指动物采食了被真菌污染的草料，由其代谢产物—多种霉菌毒素引起胃肠黏膜及其深层组织的炎症。发病具有地方性和季节性。

2.1.1　病原

青贮饲料密封不严，空气进入，导致青贮料真菌滋生，发生霉变。

梅雨季节收割的谷物没有及时脱水或晾晒,久贮发霉。

精饲料湿度大,或在高温高湿的环境中发生霉变。

2.1.2 流行病学

常突然发病,患畜精神不振,反应迟钝,可视黏膜潮红、黄染或发绀。

食欲废绝。粪便稀,有时呈黑色或混有血液。

呼吸急促、流鼻液,有时伴有流涎或流出泡沫状物。

2.1.3 症状

无特征性变化。肠道水肿、出血是常见现象。

2.1.4 剖检变化

无特征性变化。肠道水肿、出血是常见现象。

2.1.5 诊断

根据流行病学、临床症状和病理变化可做出初步诊断,实验室诊断主要通过化验饲料中毒素含量确诊。

2.1.6 防治

杜绝饲喂发生霉变的青饲料、粗饲料和精料。

应用鞣酸蛋白,活性炭清理肠道。

使用肠道或全身抗菌药物抑制细菌继发感染。对症治疗如强心、止泻、补液以及纠正酸中毒。

2.2 羊绦虫病

2.2.1 病原

绦虫病是由莫尼茨绦虫、曲子宫绦虫和无卵黄腺绦虫寄生于绵羊、山羊的小肠所引起。其中莫尼茨绦虫危害最为严重,特别是羔羊感染时,不仅影响生长发育,甚至可引起死亡。该病在全国广泛分布。

2.2.2 流行病学

莫尼茨绦虫主要危害 1.5～8 个月的羔羊。动物感染莫尼茨绦虫是由于吞食了含囊尾蚴的地螨引起。地螨在富含腐殖质的林区,潮湿的牧地及草原上数量较多,而在开阔的荒地及耕种的熟地里数量较少。在早晚或阴雨天气时,经常爬至草叶上被羊采食而导致感染。

2.2.3 症状

一般可表现为食欲减退,出现贫血与水肿;羔羊腹泻时,粪中混有虫体节片,有时还可见虫体的一段吊在肛门处。

夺取营养。动物被毛粗乱无光,喜躺卧,起立困难,体重迅速减轻。

机械作用。若虫体阻塞肠管时,则出现臌胀和腹痛表现,甚至因肠破裂而死亡。

中毒作用。患畜仰头倒地，经常作咀嚼运动，有时亦可出现转圈、肌肉痉挛或头向后仰等神经症状。口周围有泡沫，对外界反应几乎丧失，直至全身衰竭而死。

2.2.4　剖检变化

剖检死畜可在小肠中发现数量不等的虫体，羊绦虫囊尾蚴，如图 9－10 所示。寄生处有卡他性炎症，有时可见肠壁扩张、肠套叠乃至肠破裂。肠系膜、肠黏膜、肾脏、脾脏甚至肝脏发生增生性变性过程。肠黏膜、心内膜和心包膜有明显的出血点。脑内可见出血性浸润和出血。腹腔和颅腔贮有渗出液。

2.2.5　诊断

根据流行病学、临床症状结合实验检查进行诊断。

查找可疑羊粪便中是否有排出的虫体节片，必要时亦可用饱和盐水漂浮法进行虫卵检查。

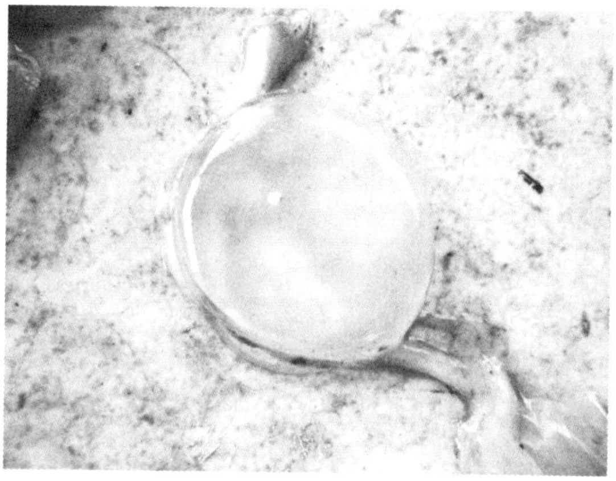

图 9－10　羊绦虫囊尾蚴

2.2.6　防治

可使用丙硫咪唑、氯硝柳胺、硫双二氯酚等进行治疗。

在虫体成熟前，即羊放牧后 30 天内进行第一次驱虫；再经 10～15 天后进行第二次驱虫。此法不仅可驱除寄生的绦虫，还可防止牧场或外界环境遭受污染。有条件的地区，可有计划地与单蹄兽进行轮牧。

尽可能避免雨后、清晨和黄昏放牧，以减少羊吃人中间宿主地螨的概率。结合牧场改良，进行深耕、种植优良牧草或农牧轮作，不仅能大量减少地螨，还可提高牧草质量。

智能化生产案例 9－2　羊疫病智能检测与服务

9－2－1　背景分析

为了保障社会稳定和人类健康，对于养殖疫情防控需要加强关注。如果发生养殖业的疫病大规模传播，会导致养殖经济效益明显下降，且人类在食用发生疫病的动物时，也有可能会造成人体的疫病感染，进而危害社会稳定和安全，因此需要对养殖对象进行疫病监测。

由于规模化圈养羊的模式导致羊群密度大，活动范围小。如果不能及时发现羊群疫病现象，会导致生病的羊不被及时隔离、进而让疫病在羊群中迅速蔓延，使羊场经济损失严重。

此外，由于养殖过程中必须经常对羊进行疫病检查，但规模化养殖场中圈养羊的数量大，导致疫病检测工作量繁重，需要大量的人工和时间，而实际养殖场人员紧缺，致使巨大的羊群疫病检测工作无法在短时间内被完成，有些问题也不能及时地发现。鉴于生病的羊群最初体温变化微小，人工检测可能无法在第一时间发现，只有在观察到羊行动缓慢、进食减少、饮水减少、拉稀或其他并发症状的时候，才能对羊进行详细检查，从而确定羊群生病状态并进行隔离治疗。但滞后发现的这段时间也会让羊群疫病发生传染，导致疫病传染量增加。体温检测是羊病的一个发现手段，传统对羊病的观察方法是通过"望""闻""摸"来判断羊的健康状况，其中"摸"就是用手摸羊耳根部或把手伸入羊口腔中，或把手伸入羊的腋下触摸羊是否发热，只能据经验判断体温大致的范畴，无法及时准确发现羊的疫病症状，且此种检测方法也容易导致羊群的应激反应，不利饲养。因此，羊疫病智能检测与服务呼之欲出。

9-2-2 羊疫病智能检测与服务技术研究

本案例用于羊疫病智能检测与服务领域技术指导，包括关于羊的物联网智能疫病检测与采集装置、羊群信息管理云平台服务两大核心功能。所述关于羊的物联网智能疫病检测与采集装置主要用于监测并采集羊群的体温变化趋势数据、识别并收集羊群声音数据、识别并计算羊群行为图片数据，并给羊群建立一个非接触式管理的健康档案；而羊群信息管理云平台服务是对智能检测与采集装置采集来的信息数据进行整理、存储、计算、监测预警等，如羊的体温测量数据发现异常时报警，可以提前发现疑似病羊，做到早发现、早隔离，减少疫病传染蔓延，同时也可以为羊肉追溯提供数据源、为专家和管理者调整羊养殖流程提供依据(图 9-11)。

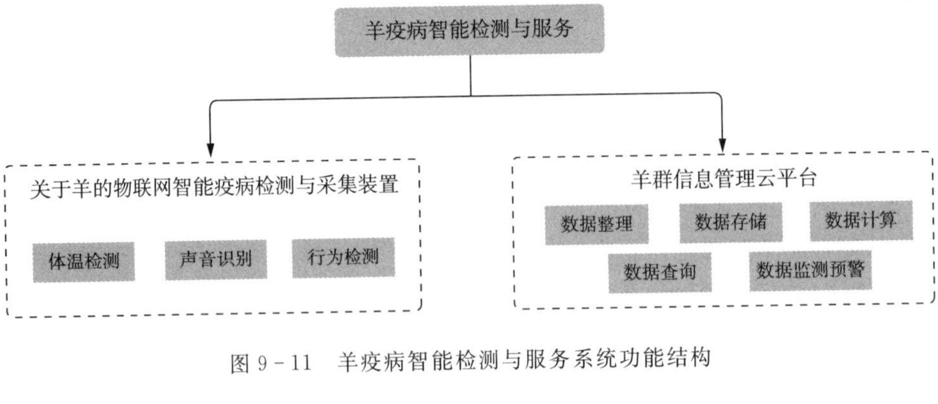

图 9-11　羊疫病智能检测与服务系统功能结构

9-2-3 技术原理

本系统主要基于物联网技术、人工智能技术、计算机与通信技术等，实现对羊群疫病检测识别与计算的功能，所采集的数据在终端可视化平台中应用。具体技术原理如下：

1. 关于羊的物联网智能疫病检测与采集装置

系统硬件主要依靠 AI 摄像头进行数据采集，如图 9-12 所示，主要包括羊的体温变化数据采集，羊的声音数据采集、羊的行为数据采集这三个方面。AI 摄像头需架设在羊群圈养的栏舍中，便于获取羊群响应信息。同时摄像头还需要搭配不同业务场景所需的传感器来获取数据，通过边缘计算法对数据做初步处理，同时存储并上传至终端，作为后续应用场景服务的数据依据。同时所有数据的计算均搭载人工智能算法，通过机器学习，不断提高异常数据计算的准确性，以提高智能检测的准确性。

（1）羊体温检测。通过在摄像头中搭载红外线传感器，基于红外热成像技术，对羊圈中的羊体温进行实时检测。红外线热成像仪将羊群发出的不可见红外能量转变为可见的热图像，传感器将获取到的热图像（羊群体温）数据存储在黑盒子里，利用边缘计算法对采集来的体温数据进行算法计算，当计算结果中有异于其他羊的体温数据或异于标准范围内的体温数据时，数据将被上传至终端，作为后续监控处理的数据依据。

（2）羊声音检测。通过在摄像头中搭载声音传感器，基于语音识别技术，对羊圈中的羊咳嗽情况进行实时检测。语音识别技术将声音利用双门限法、Mel 频率倒普系数法、矢量量化法对羊群咳嗽声音与正常声音进行计算，并对比正常羊叫的声音进行分析，当对比异常时，数据将被上传至终端，作为后续监控处理的数据依据。

（3）羊行为检测。通过在摄像头中搭载视觉传感器，基于图片识别技术，对羊圈中的羊异常行为情况进行实时检测。图片识别技术通过建立异常行为图片数据库，与视觉传感器获取的图片进行对比分析来检测羊群的异常行为。例如当羊群都在吃料时，有一只羊单独在角落中不吃食，图片识别技术通过对比分析，将不吃食的小羊标识出来；或者当羊群中，有一只羊走路异于其他羊只，出现跛腿行为，图片识别技术同样与异常图片数据库做对比，标识出走路异常的小样来。此时数据将被上传至终端，作为后续监控处理的数据依据。

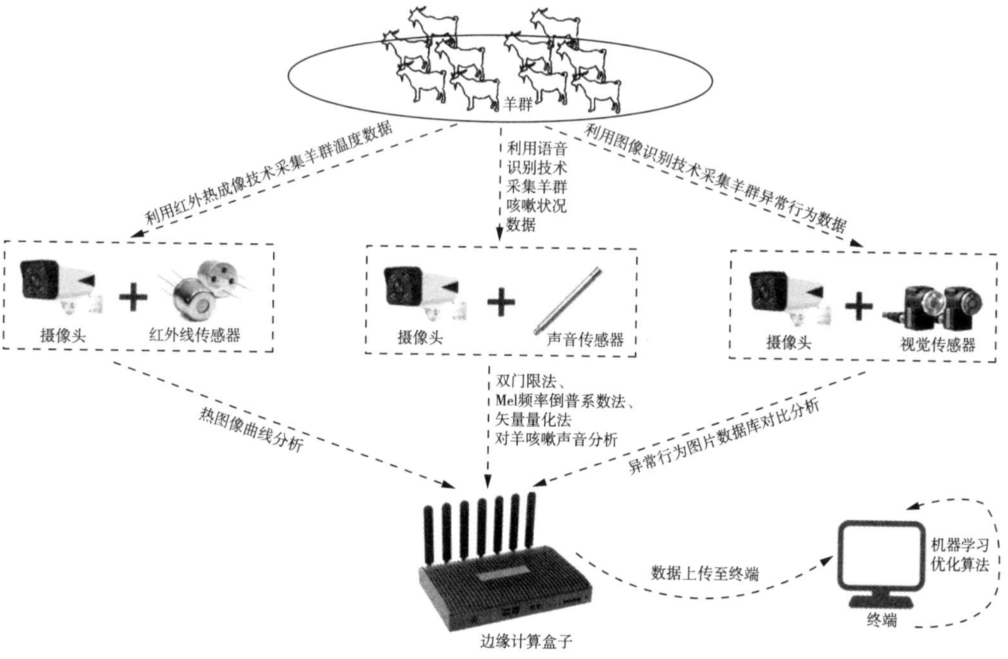

图 9－12　羊的物联网智能疫病检测与采集装置原理

2. 羊群信息管理云平台

利用计算机与通信技术搭建羊群信息管理云平台（图 9－13），通过大数据技术对各传感器采集来的数据进行加工并提供相关服务。

（1）数据整理。利用 ETL 技术，对羊群的体温、咳嗽语音、异常行为图片进行转化处理，便于后期的数据分析与查询。

（2）数据存储。建立关系型数据库，对处理好的羊群相关数据进行存储。

（3）数据计算。根据信息系统开发语言，对羊群异常数据按月、季度、年进行统计，并记录各病情发生数的趋势。

（4）数据查询。根据数据库指令，结合用户自定义的查询条件，进行数据库搜索，并将结果数据展示在终端平台。

（5）数据检测预警。平台通过计算处理后，根据系统预制模版编辑预警短信，利用 SMPP 协议将短信发送至用户终端手机上，管理人员收到后及时对羊群进行进一步人工检测。

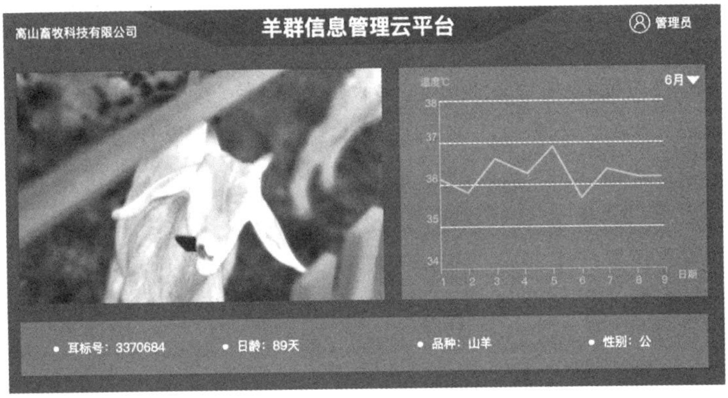

图 9－13　羊群信息管理云平台

9－2－4　应用前景

随着羊产业逐步向现代畜牧业转型，对羊产业管理开始走向规模化、产业化，导致一些羊常见的疾病不断发生，危害程度越来越严重，同时还伴有新的病种和外来病的入侵发生。为了避免大规模疫病传染现象发生，需要对羊群疫病发生情况进行检测与预测，引进智能化技术手段是当前高密度养殖所需的基本手段。羊疫病智能检测与服务系统可以很好地降低人员检查工作量，提高疫病与监测准确率，从而保障了羊群的生物安全，为羊生产企业带来规模化的经济效益，也为羊群消费市场提供了高质量的保障。

知识点小结

霉菌性胃肠炎是指动物采食了被真菌污染的草料，由其代谢产物——多种霉菌毒素引起胃肠黏膜及其深层组织的炎症，在生产中应杜绝饲喂发生霉变的青饲料、粗饲料和精料。绦虫病是由莫尼茨绦虫、曲子宫绦虫和无卵黄腺绦虫寄生于绵羊、山羊的小肠所引起，应及时驱虫。

第3节　羊常见代谢性疾病

3.1　羔羊消化不良

羔羊消化不良的主要特征是明显的胃肠消化机能障碍和不同程度的腹泻。临床上主要分为单纯性消化不良和中毒性消化不良两种。单纯性消化不良(饲料性消化不良)，主要表现为消化、营养的急性障碍和轻微的全身症状。中毒性消化不良主要呈现严重的消化障碍、明显的自体中毒和重剧的全身症状。本病通常无传染性，但具有群发性。

3.1.1　病因

妊娠母羊特别妊娠后期饲养不良，饲料营养物质不足，可使母畜营养代谢过程紊乱，胎儿发育不良，吮乳反射较弱，抵抗力低下，极易患胃肠道疾病。

哺乳母畜母乳的数量少、质量差。母畜初乳中蛋白质(白蛋白、球蛋白)、脂肪含量低，维生素、溶菌酶以及其他物质缺少。新生幼畜只能吃到量少、质差的初乳，从初乳中得不到足够的免疫球蛋白，引起消化不良。

羔羊因饥饿等原因舔食污物，致使肠道内乳酸菌的活动受到限制，乳酸缺乏，肠内腐败菌大量繁殖，从而破坏对乳汁的正常消化作用。

羔羊人工哺乳不定时，不定量，乳温过高、过低、使用配制不当的代乳品、哺乳期幼畜补饲不当等妨碍消化腺的正常机能活动，抑制或兴奋胃肠分泌和蠕动机能，从而引起消化机能紊乱，导致发病。

畜舍潮湿，卫生不良、拥挤或气候变化而未得到良好保护引起的应激，引起幼畜消化不良。

自体免疫因素引起幼畜消化不良。母畜初乳中含有与消化器官及其酶类抗原相应的自身抗体和免疫淋巴细胞时，幼畜食入这种初乳后，发生免疫反应，引起消化不良。

中毒性消化不良。单纯性消化不良的治疗不当或治疗不及时，导致肠内容物发酵、腐败，所产生的有毒物质被吸收或是微生物及其毒素的作用而引起自体中毒的结果。

3.1.2　症状

羔羊单纯性消化不良时，精神不振，多卧少站，食欲减退或废绝，体温正常或偏低。羔羊多排粥样稀粪，粪便多呈灰绿色，混有气泡和白色小凝块。肠音高朗，并有轻度臌气和腹痛现象。心音增强、心率增快、呼吸加快。当腹泻不止时，皮肤干皱，弹性降低，被毛蓬乱、失去光泽，眼窝凹陷。严重时，站立不稳，全身战栗。

中毒性消化不良时，病畜精神沉郁、目光痴呆、食欲废绝、全身无力、体温升高，对刺激反应减弱，全身震颤，有时出现短时间的痉挛。腹泻，频排水样稀粪，粪内含有大量黏液和血液，由于肠道内腐败菌的作用致使腐败过程加剧，粪便内氨的含量显著增加，出现恶臭或腐败臭气味。持续腹泻时，则肛门松弛，排粪失禁。皮肤弹性降低，眼窝凹陷。心音减弱、心率增快、呼吸浅快。病至后期，体温多突然下降，四肢及耳实，鼻端冰冷，终至昏迷而死亡。

3.1.3 剖检变化

皮肤干燥，眼窝深陷。胃肠道黏膜充血、出血。肝脏肿胀、脆弱；心肌质地变软。心内膜与心外膜有出血点。脾脏及肠系膜淋巴结肿胀。

3.1.4 诊断

根据病史、临床表现，病理变化等，可以做出初步诊断。幼畜消化不良应与由特异性病原体引起的腹泻进行鉴别。在羔羊应与羊副伤寒，羔羊痢疾等相鉴别。

3.1.5 治疗

应采取饮食疗法、药物疗法及改善卫生条件等综合措施。

妊娠母羊获得充足的营养物质，改善母畜的卫生条件和加强运动。将患病羔羊置于干燥、温暖、清洁的畜舍或畜栏内，加强母羊的饲养管理，给予全价日粮，保持乳房卫生。

保证新生幼畜尽早地吃到初乳。母乳不足或质量不佳时，可采取人工哺乳。畜舍应保持温暖、干燥、清洁，防止幼畜受寒。幼畜的饲具，必须经常洗刷干净，定期消毒。

为缓解胃肠道的刺激作用，可施行饥饿疗法。绝食8～10小时，可适量饮盐酸水溶液（氯化钠5克，33%盐酸1毫升，凉开水1升），3次/天。

腹泻不甚严重的病畜，可应用油类泻剂或盐类泻剂进行缓泻以排除胃肠内容物。清除胃肠内容物后，可给予稀释乳或人工初乳。饲喂人工初乳时要稀释，开始时以1.5倍稀释，以后为1倍稀释，羔羊50毫升，5～6次/天。

对中毒性消化不良的幼畜，可肌肉注射链霉素、卡那霉素、庆大霉素等，或内服磺胺脒以防止肠道感染。腹泻不止时，可选用明矾、鞣酸蛋白、次硝酸铋等药物。

为防止机体脱水，保持水盐代谢平衡，病初可给幼畜饮用生理盐水，亦可静脉或腹腔注射10%葡萄糖注射液或5%葡萄糖生理盐水。

3.2 食毛症

食毛症是绵羊常发的一种营养代谢紊乱性疾病，表现喜欢舔食羊毛，如图9-14所示。由于食毛过多，影响消化，常伴发瘤胃臌气和腹痛，影响羔羊生长发育，严重时并发肠梗阻造成死亡。尤以冬春圈养哺乳羔羊常发，成年绵羊、山羊也可见。

3.2.1 病因

物质代谢障碍引起。母羊及羔羊饲料中营养成分不全，尤其缺硫是发生食毛症的主要原因。饲料中缺乏硫时，常引起含硫氨基酸缺乏。

各种原因引起的羔羊瘤胃发育尚不完善，无法合成氨基酸。

无机盐、微量元素铁、钴、铜缺乏、钙磷缺乏或比例失调。

圈养母羊投放牧草、农作物秸秆，不补充精料或补充劣质精料，严重营养不良，产后奶水不足或质量不良，导致羔羊异嗜。

圈养饲舍十分拥挤，饲养密度大，积粪多，环境卫生差，异味严重，以致羊群互相舔食现象严重。

寄生虫感染(啃食自身羊毛)。驱虫不规范,体内寄生虫感染严重,成年母羊身体瘦弱,严重营养不良,舔食土块、破布等异物,互相摩擦、啃咬,以致顺口吞下羊毛。

3.2.2　症状

病羊表现为生长缓慢、消瘦、消化紊乱等症状。喜食腹部、后肢及尾部的脏毛。病羊之间相互啃咬被毛,严重时全身毛被吃光。

图 9-14　羊食毛症

食毛严重时,病羊精神沉郁,四肢软弱无力,喜卧,站立时低头磨牙,嘴角有少许泡沫。食欲废绝,呼吸急促,回头顾腹,小便消失,肛门皮毛被稀便污染,最终四肢抽搐而死亡。

吃下去的毛常在幽门部和肠道内彼此黏合,形成大小不同的毛球。发生消化不良或便秘,逐渐消瘦和贫血;肠梗阻时,食欲丧失、腹痛、胀气、腹膜炎等,最后心脏衰弱而死亡。

3.2.3　诊断

注意观察羊群,根据临床症状及处于冬季饲料青黄不接时做出初步诊断。本病早期很难诊断。病羊发病前,因疏于管理、饲养数量多而不易发现。对发病地区的饲料原料、水、土等进行硫元素分析,若是低于正常值则可以确诊。

3.2.4　治疗

寄生虫感染(食自身羊毛)。立即隔离病羊,全群预防性驱虫治疗。可进行敌百虫(药浴)加伊维菌素(皮下注射)双重驱虫。有条件的可进行实验室检查寄生虫的种类,有针对性地驱虫。

缺乏营养时,症状较轻时将食毛羊与健康羊只隔离(特别是羔羊)。加强饲养管理,供给多样化的饲料和富钙饲料。精料中加入食盐、鱼肝油等。保证一定量的运动。

症状严重时,灌肠通便。便秘和消化紊乱的羊,给予泻剂。如石蜡油或硫酸钠,也可用人工盐。仍无法排出时可实施胃切开术。

加强营养,调整日粮结构,饲喂全价饲料。对于羔羊,应供给富含蛋白质、维生素和矿物质的饲料,如青绿饲料、红萝卜、甜菜和麸皮等。春冬季补饲硫化物(硫酸铝、硫酸钙、硫酸亚铁等)。用有机磷,尤其是蛋氨酸等含硫氨基酸防治本病,取得良好效果。

加强管理。合理圈养密度,保持圈舍卫生,及时清理羊体上散落的羊毛,定时消毒。合理安排户外活动,延长羔羊放牧时间,保证充足的日光照射。定期巡栏,发现病羊及时隔离,避免导致群食现象。

定期驱虫。加强羔羊卫生,驱除羔羊身上的虱、蜱等寄生虫,避免羔羊啃食叮咬。严格定期驱虫,春秋两季药浴彻底,定期饲喂驱虫药,防止寄生虫病发生。一旦发现病羊,隔离驱虫,全群给予预防性驱虫。

3.3 妊娠毒血症

妊娠毒血症(图 9-15)是妊娠后期母羊由于碳水化合物和脂肪酸代谢障碍而发生的一种以低血糖高酮体(酮血、酮尿)、虚弱和失明为主要特征的亚急性代谢病。

3.3.1 病因

本病主要见于母羊怀双羔、三羔或胎儿过大时,多发于妊娠后期。

营养不足,饲粮单一。母羊无法满足自身及胎儿所需营养物质。一方面,妊娠后期,胎儿发育迅速,母羊体内蛋白质、糖原、脂肪代谢紊乱,引起肝功能损伤,酮体生成增加。另一方面,垂体-肾上腺系统平衡紊乱,致使神经细胞丧失对糖的利用率,病羊出现神经症状。

不良环境条件(温度、湿度、密度、通风不合理)、舍饲养运动量不足等。

母羊自身原因(异地购买,无法适应,采食量下降,导致营养缺乏)。

3.3.2 症状

病初精神沉郁,常离群,对周围事物漠不关心,随着病情发展,精神极度沉郁。瞳孔散大,视力减退,角膜反射消失,出现意识紊乱。

食欲减退或消失,磨牙,瘤胃弛缓,反刍停止。粪粒小而硬,常包有黏液,甚至带血。小便频数。黏膜黄染。呼吸浅快,呼出气体烂苹果味。

运动失调,表现为行动拘谨或不愿走动,步态不稳,无目的地走动,或将头部紧靠在某一物体上,或做转圈运动。死前昏迷,全身痉挛,四肢做不随意运动。

病后期双目/单目失明,肌肉震颤,头向后仰或歪向一侧,多在 1~3 天内死亡。

所产羔羊极度虚弱,多不久死亡。

3.3.3 诊断

根据病羊病史和临床症状可做出初步诊断。

血液检查。低血糖和高血酮、血清总蛋白减少。血浆游离脂肪酸和皮质醇含量增多。淋巴细胞及嗜酸性粒细胞减少。病后期有时可发展为高血糖。尿丙酮呈强阳性反应。血清生化显示骨骼肌、心肌、肝脏受损。

尿液乳液酮体检查。取测酮粉少量置于载玻片上，滴加患病羊的尿液、乳汁或血清2～3 滴，立即出现紫红色的显色变化，显示尿液、乳液、血清酮体检测呈阳性。

3.3.4　防治

预防以加强母羊饲养管理，避免突然更换饲料为主。治疗以补糖（葡萄糖）、解毒、保肝、补液为主。

10%葡萄糖静脉注射，1 次/天。患病羊口服氯化胆碱、丙酸钠/丙酸钙、甘油、乳酸铵等，1 次/天，连续 3～5 天。

纠正酸中毒。5%碳酸氢钠注射液静脉注射，1 次/天，连续使用 5 天。

促进机体营养代谢。地塞米松、维生素 B1 肌肉注射，1 次/天，连续使用 5 天。使用大剂量静脉注射地塞米松，可以人工引产。还可施行剖宫产，一旦胎儿排出，症状随即减轻。

抑制脂肪分解。静脉补糖后皮下注射胰岛素，1 次/天，连续使用 5 天。

死胎的情况下，已发生子宫内膜炎，必要时进行子宫消炎和清洗子宫。

预防时提前补糖，增加母羊产前精料量，舍饲羊注意增加运动。

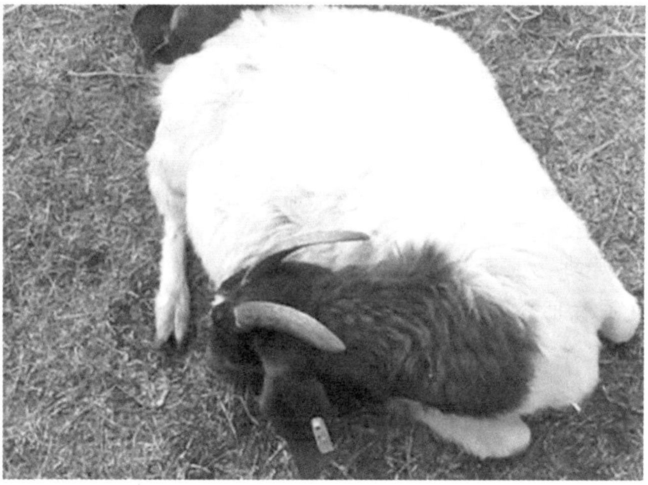

图 9 - 15　羊妊娠毒血症

智能化生产案例 9 - 3　羊疫苗接种智能管理体系

9 - 3 - 1　背景分析

为了保证羊群疫苗接种的安全性，对疫苗接种对疫苗存储、库存管理、接种登记等具有严格的制度要求和管理要求。在疫苗接种过程中，需要对羊群的基本信息、健康状况、疫苗的基本信息、注射事项等情况数据进行了解，但目前信息分散，查询过程烦琐，过度依赖人工处理，增加工作量，出错率高，流程也不易追溯，严重影响羊群的接种安全。

在疫苗保存方面，由于疫苗属于生物制品，对温度比较敏感，温度过高或过低都会对它产生影响。从疫苗生产出厂到疫苗接种，其中要经历多个流通、运输和存储的环节，为了保证疫苗的稳定性和抗原性，全程冷链就格外重要，在不适合的温度下，疫苗中的抗原成分失活，接种之后也无法激活免疫反应，羊群机体就无法得到保护。在库存管理方面，需要做好疫苗的出入库管理，防止过期疫苗、质量疫苗等问题疫苗入库，并保证合格的疫苗不会因库存管理不善导致过期失效，更重要的是要杜绝问题疫苗出库，导致羊群生物安全事故发生，接种完还要准确及时的更新库存记录。

9-3-2 羊疫苗接种智能管理体系研究

本体系用于羊疫苗接种智能管理体系领域，通过大数据技术、物联网技术、信息系统开发技术等实现对羊的疫苗接种情况及羊疫苗管理流程。包括羊疫苗接种、疫苗仓储管理、疫苗信息数据库、报表四大核心能力，如图 9-16 所示。实现对羊疫苗接种计划制定与接种提醒、接种信息登记、羊基本信息数据对接查询的流程；同时建立羊疫苗信息数据库，查询疫苗电子说明书、疫苗基本信息、疫苗使用记录等；对于疫苗仓储，实现自动远程管理控制疫苗存储温度等信息；一键生成分析羊疫苗相关的统计报表。本体系能够实现关于羊疫苗全流程的智能管理，降低人员管理成本，进而提高羊健康管理工作效率。

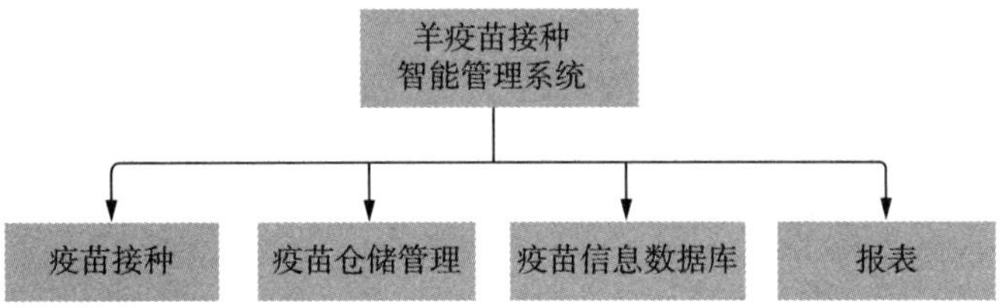

图 9-16 羊疫苗接种智能管理体系功能结构

9-3-3 技术原理

本系统共涉及大数据技术、物联网技术、RFID 射频识别技术、计算机与智能技术、自动控制技术、通信技术等，对羊群疫苗接种与疫苗仓储管理等流程进行综合应用。具体技术原理如下：

1. 疫苗接种管理

支持多种数据对接方式对接羊群基本信息数据和健康状况信息数据，如图 9-17 所示。可开放羊群基本信息数据库，将两个系统的数据库部署在同一个服务器上，通过数据库直连的方式获取每只羊的耳标号、品种、日龄、性别、批次、栏舍等信息；还可以利用 J2EE/EJB 接口技术，对羊群健康状况数据进行封装，生成 API 接口链接，疫苗接种管理平台访问 API 接口时，同步发送请求参数，接口链接验证通过后返回结果数据，包括每只羊的耳标号、药物或抗生素的使用记录、体温变化等数据。根据这些数据制定羊群疫苗接种计划，并设置提醒通知。

系统平台通过数据库指令来提取存在数据库里的提醒信息，再利用短信猫将短信信息发送到 GSM 网络上，最终羊群疫苗接种计划的信息就被按照指定的时间发送到了生产管理员的手机上，实现了羊群疫苗接种自动提醒的功能。

工作人员按照计划，按时准备相关工具与疫苗。在疫苗注射前，工作人员还需通过电子耳标识别器，识别每一只羊独一无二的 RFID 射频识别码，以定位羊群，便于记录羊群的疫苗注射记录，包括注射时间、疫苗注射对象、疫苗名称、疫苗用量、疫苗生产批次、有效期、接种后不良反应等信息，作为后期追溯的数据信息流。

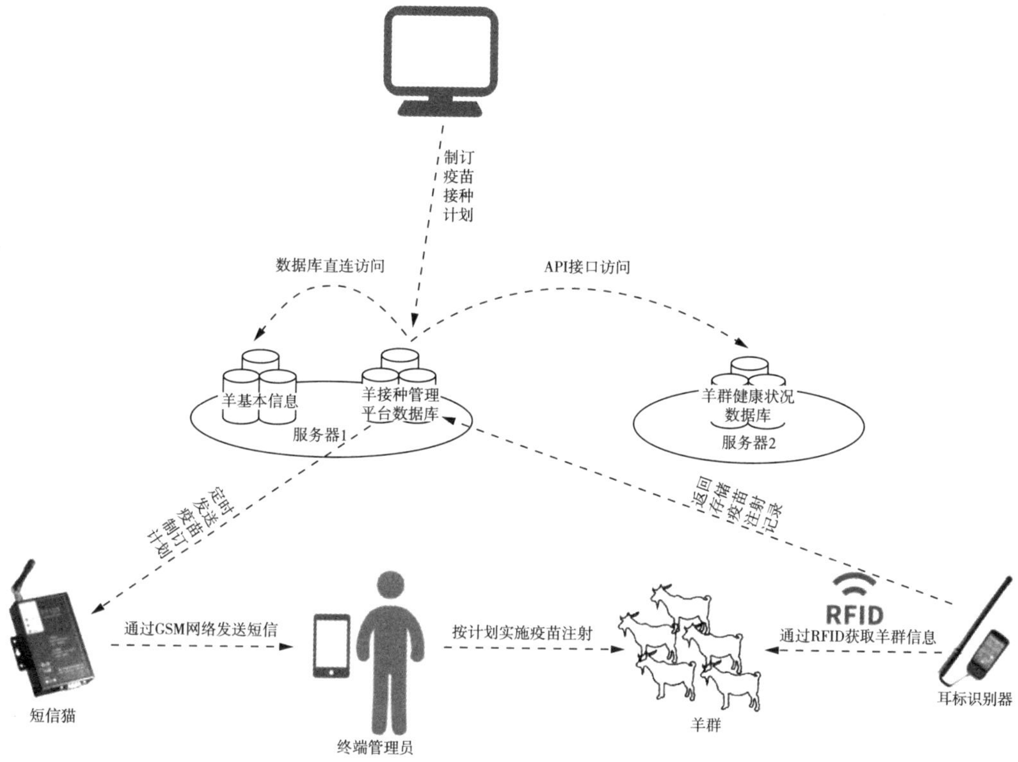

图9-17 疫苗接种管理技术原理

2. 羊疫苗信息数据库

利用大数据技术建立疫苗基本信息库、疫苗购买数据库、疫苗使用记录库三大库，通过信息技术搭建终端查询入口，根据数据库指令，管理员可自定义条件快速查询疫苗的库存量、购买记录、出库使用情况、有效期、疫苗厂家与批次、疫苗用法与用量、疫苗注射方法、疫苗使用注意事项与不良反应等信息，利用计算机开发语言，对关键数据作出逻辑判断。如疫苗时间是否过期，记录标签，平台给出查询入口，同时管理员利用条形码识别器，识别登记所有出库与入库的疫苗信息，当发现疫苗过期状态，及时作出处理，防止问题疫苗流入流出导致的羊群生物安全问题；同时也便于及时更新羊疫苗信息数据库数据记录情况，减少人员管理工作。

3. 疫苗仓储管理

利用自动控制技术控制疫苗仓储的适宜温度，在疫苗仓库温控自动控制器终端计算机内设置好羊疫苗存储的温度范围，仓库内利用温度传感器实时收集仓内温度数据，并反馈给终端计算机。当温度不在设置的范围内时，自动控制器终端计算机发出数字信号指令，控制仓储室内的温控系统，固定时间范围内温度传感器获取的温度数据未达到设定好的存储温度时，自动控制器终端计算机再次发出数字信号指令，仓库温度报警器响起，管理人员及时介入调节或处理。疫苗仓库门禁通过 RFID 射频识别技术识别管理人员的身份信息，记录疫苗管理仓库所有人员的流动记录，并存储至终端平台，供后期生物安全事件的追溯管理，具体流程如图 9－18 所示。

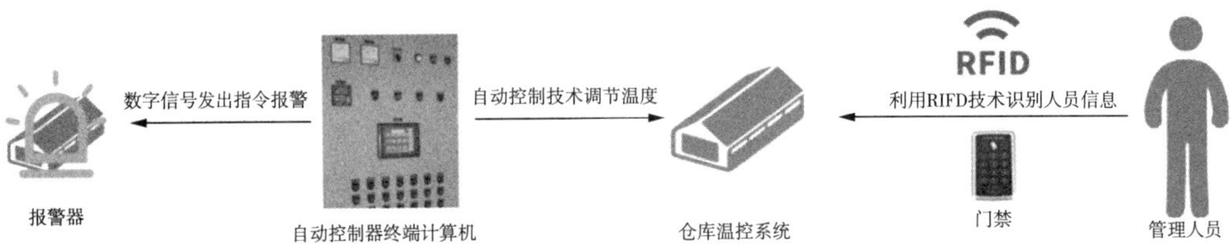

图 9－18　疫苗仓储管理流程

4. 报表管理

利用大数据与 BI 技术创建羊疫苗使用情况的报表，从时间的角度分析、羊群品种的角度分析、使用计量与费用的角度分析。利用数据库语言开发报表定时脚本，按时自动生成需对应的羊疫苗使用情况报表。

9－3－4　应用前景

随着羊产业逐步向现代畜牧业转型，对羊产业管理开始走向规模化、产业化，导致一些羊常见的疾病不断发生，危害程度越来越严重，同时还伴有新的病种和外来病的入侵发生。为了提高羊群自身的免疫力，需要对其引进科学的免疫程序。智能化的羊群疫苗接种管理系统可以很好地提高规模化羊群疫苗接种效率，同时系统化管理所有疫苗资产，保证疫苗自身质量问题，同时也保障了羊群的生物安全，降低人员管理难度，为羊生产企业带来规模化的经济效益，也为羊群消费市场提供了高质量的保障。

思政教育案例 9－1　做一名优秀的兽医，服务于民

兽医在我国具有悠久的职业史，俗话说："家财万贯，带毛的不算"，羊病防治是养羊过程中的重要环节之一。兽医是从事动物疾病诊疗活动的主体，其在我国西周时期已开始分立，较为正式的文字记载出现于《周礼》。羊病诊断过程中的整体观念，辨证论治和治疗实施过程中采用的灌药、手术、针灸等手段至今仍具有现实意义。

知识点小结

羔羊消化不良常具有群发性，且危害较大，应采取饮食疗法、药物疗法及改善卫生条件等综合措施防治。食毛症是绵羊常发的一种营养代谢紊乱性疾病，饲喂时应注意补充硫等矿物质元素和含硫氨基酸。妊娠毒血症是妊娠后期母羊常见的亚急性代谢病，需加强母羊饲养管理。

主要参考文献

[1] 孙彦德．中国传统吉祥文化——羊图腾[EB/OL].(2019-04-25)[2021-12-07]. https://zhuanlan. zhihu. com/p/63691988.

[2] 中国孝心网．中华孝道文化的基本内涵(图文)[EB/OL].(2017-09-29)[2021-12-07]. http://www. cncaprc. cn/? a=lList_mod&c=i&id=1117&myid=12.

[3] 南阳日报一南阳网．"羊"文化:不变的孝道[EB/OL].(2015-03-06)[2021-12-07]. http://www. 360doc. com/content/15/0306/08/7544182_452884014. shtml.

[4] 中天羊业．不得不看的中国羊文化[EB/OL].(2018-05-14)[2021-12-08]. https://www. 360kuai. com/pc/9a007311e2a84887e? cota = 4&tj _ url = so _ rec&sign=360_57c3bbd1&refer_scene=so_1.

[5] 王瑟．新疆首次发现五羊纹彩陶　证明古代先民对羊很重视[EB/OL].(2015-02-16)[2021-12-08]. http://culture. people. com. cn/n/2015/0215/c22219-26569598. html.

[6] 铁马金戈的博客．几种常见裘皮的特点[EB/OL].(2007-12-14)[2021-12-09]. http://blog. sina. com. cn/s/blog_3dc464e101007r47. html.

[7] 360 百科．羊奶[EB/OL].(2020-09-29)[2021-12-09]. https://baike. so. com/doc/5403751-5641447. html.

[8] 国家粮食和物资储备局．《中国的粮食安全》白皮书(全文)[EB/OL].(2019-10-14)[2021-12-10]. http://www. lswz. gov. cn/html/xinwen/2019-10/14/content_247014. shtml.

[9] 腾讯网．2020 年我国进口粮食达到 1.4 亿吨新高,怎么看? [EB/OL].(2021-06-14)[2021-12-10]. https://new. qq. com/rain/a/20210614A08C9Z00.

[10] 观研报告网．2015-2020 年我国生猪行业出栏存栏量、屠宰量、产量、上市猪企销量、价格情况[EB/OL].(2021-04-21)[2021-12-11]. http://data. chinabaogao. com/nonglinmuyu/2021/04215392M2021. html.

[11] 前瞻经济学人．2020 年中国猪肉进出口市场现状与发展趋势分析　猪肉进口量增幅大「组图」[EB/OL].(2020-08-19)[2021-12-11]. https://baijiahao. baidu. com/s? id=1675445087186307588.

[12] 乐想一派．全国吃肉图鉴丨猪鸡牛羊肉消费大省分别是哪些? [EB/OL].(2019-10-22)[2021-12-11]. https://www. 360kuai. com/pc/9e3d6f7d9e661e1f3?

cota=3&kuai_so=1&sign=360_57c3bbd1&refer_scene=so_1.
[13] 张正河．人民论坛：习近平关于粮食安全的重要论述解析[EB/OL].（2019—11—22）[2021—12—11]. http://www.rmlt.com.cn/2019/1122/562293.shtml.
[14] 新浪财经一自媒体综合．全球粮食大减产，6.9 亿人在挨饿，会爆发粮食危机吗？[EB/OL].（2021—01—05）[2021—12—11]. https://finance.sina.com.cn/money/future/fmnews/2021—01—05/doc—iiznezxt0611641.shtml.
[15] 范玉梅．我国少数民族的禁食习俗[J]. 中央民族学院学报，1984(01)：59—63.
[16] 宏瑞．中国五大少数民族的饮食习惯[EB/OL].（2020—02—05）[2021—12—11]. http://www.szbiling.com/szms/13368.html.
[17] 鸿蒙圣主．羊在古代有什么作用？什么时候被驯化？一口气搞懂羊的前世今生[EB/OL].（2019—06—08）[2021—12—16]. http://www.360doc.com/content/19/0608/18/26624732_841184074.shtml
[18] 周占琴，武和平，陈小强．论我国汉唐时期的养羊业[J]. 农业考古，2009(01)：291—296.
[19] 魏露苓．晚清近代化农事试验场的科研活动探讨[J]. 农业考古，2009(04)：65—72.
[20] 王曙明．试论近代宁夏的羊皮毛贸易[J]. 青海民族大学学报(社会科学版)，2011，37(03)：99—105.
[21] 杨常伟．民国时期山西省绵羊改良实证考查[J]. 中国农史，2009，28(01)：22—30.
[22] 陈甜，肖海峰．中国羊肉消费状况及影响因素研究[J]. 中国畜牧杂志，2016，52(12)：15—20.
[23] 参见联合国粮食及农业组织网站，https://www.fao.org/faostat/zh/#data/QCL，2021 年 12 月 23 日访问．
[24] 宋蕾．高温热湿处理羊毛的微观结构与性能研究[D]. 西安：西安工程大学，2007.
[25] 王洪燕，潘福奎，张守斌．羊毛纤维结构和细化方法概述[J]. 现代纺织技术，2009，17(01)：55—58.
[26] 赵喜印，王继男，赵英辉，等．影响羊毛生产的因素[J]. 毛皮动物饲养，1996(01)：30—48.
[27] 徐晨晨，罗海玲．胴体分割与羊肉品质的关系研究[J]. 现代畜牧兽医，2017(10)：24—28.
[28] 郭叶芳．肥羔肉生产的关键技术[J]. 中国畜牧兽医文摘，2014，30(06)：77—78.
[29] 杨志操．浅谈羔羊的肥育生产技术[J]. 中国畜禽种业，2015，11(04)：69.
[30] 吉帅，侯鹏霞，王洁，等．影响羊肉品质的因素及改善措施[J]. 饲料研究，2012(05)：12—14. DOI：10.13557/j.cnki.issn1002—2813.2012.05.005.
[31] Wood, J. D. Meat composition and nutritional value [M]//Lawrie s Meat Science. Woodhead Publishing，2017：635—659.
[32] 倪蓉，孙伟，张有法，等．对湖羊羔皮形成遗传机理的探讨[J]. 中国草食动物科学，2012(S1)：23—26.

[33] 张东弧．我国绵山羊毛皮生产现状[J]．草与畜杂志，1997(01).
[34] 郭天芬，杨博辉，牛春娥，等．我国羔裘皮羊品种资源及产业发展现状[J]．中国草食动物科学，2013，33(03)：68－71.
[35] 王歌．宁夏滩羊及二毛皮鞣制的本土知识[J]．原生态民族文化学刊，2019，11(05)：8－14.
[36] 养羊与羊病技术交流热线羊的纯种繁育和杂交繁育方法，自繁必看！[EB/OL]．(2020－06－14)[2022－02－17]. https://www.sohu.com/a/401720568_786077.
[37]农业农村部．全国羊遗传改良计划(2021—2035 年)
[38] 邱海强．"羊院士"六十六年初心不变——记全国优秀共产党员、新疆农垦科学院名誉院长、研究员、中国工程院院士刘守仁[J]．当代兵团，2021(14)：19－20.
[39] 杜立新．2021 乡村振兴与羊产业发展[J]．畜牧产业，2021(05)：25－30.
[40] 李光红．牛羊育种与培育技术[J]．兽医导刊，2022(01)：119－120.
[41] 李发弟，王维民，乐祥鹏，等．肉羊种业的昨天、今天和明天[J]．中国畜牧业，2021(13)：29－33.
[42] 马友记．我国绵、山羊育种工作的回顾与思考[J]．畜牧兽医杂志，2013，32(05)：26－30.
[43] 谭晓山，李冰，赵永聚．我国绵、山羊育种工作现状与发展前景[J]．中国畜牧杂志，2015，51(16)：15－19.
[44] 徐振飞，牛春娥，赵福平，等．我国绵羊育种现状及展望[J]．中国草食动物科学，2020，40(02)：60－65.
[45] 郭立宏，丁昕颖，周景明．现代育种技术在中国肉羊育种中的应用[J]．黑龙江畜牧兽医，2012(05)：52－53.
[46] 黄洁，张佩华，黄生强．羊的育种技术进展[J]．湖南畜牧兽医，2017(04)：38－39.
[47] 甘肃高山细毛羊与高山美利奴羊的培育历程[J]．甘肃畜牧兽医，2018，48(04)：23－27.
[48] 陈圣偶．凉山半细毛羊新品种的选育技术与经验[J]．四川草原，2003(03)：29－32.
[49] 彭宝松．肉羊繁殖技术[J]．现代畜牧兽医，2012(11)：26－27.
[50] 刘洋，王野，王赫勇，毛天红．提高肉羊繁殖效率的措施[J]．吉林畜牧兽医，2021，42(09)：89－91.
[51] 郭继常．提高羊繁殖能力技术管理措施[J]．中国畜禽种业，2021，17(09)：108－109.
[52]王云锋．羊的繁殖配种技术[J]．黑龙江动物繁殖，2017，25(06)：49－50.
[53] 其布尔．羊的品种、保种与高效繁殖方法[J]．中国畜牧业，2021(24)：59－60.
[54] 康凤，乔俊仙，李瑞，王平飞，武文华．羊配种技术[J]．畜牧与饲料科学，2013，34(03)：67－69.
[55] 郑鹏举．种羊繁殖配种技术[J]．现代畜牧科技，2021(07)：72－73.
[56] 北野．范必勤：著名动物胚胎学家[EB/OL]．(2007－09－09)[2022－02－26].

http://blog. sina. com. cn/s/blog_4e69259701000b8d. html.
[57]杨果平．哺乳羔羊的饲养管理要点[J]. 云南农业科技,2022(01):62—64.
[58] 刘永旭．羔羊不同阶段饲养管理要点[J]. 特种经济动植物,2022,25(02):57—58.
[59] 刘金平．羔羊早期断奶饲养管理技术[J]. 吉林畜牧兽医,2021,42(11):77—79.
[60] 陈春梅．规模化羔羊养殖的管理技术[J]. 中国动物保健,2022,24(01):93—111.
[61] 闵令男．规模化羊场阶段化饲养管理技术[J]. 养殖与饲料,2022,21(01):31—33.
[62] 李晓锋．母羊流产发生的原因、临床症状及预防措施[J]. 中国动物保健,2021,23(12):39—40.
[63] 孙爱平．妊娠母羊的保胎技术[J]. 养殖与饲料,2022,21(02):31—33.
[64] 张毅．育成羊饲养管理要点[J]. 现代农村科技,2022(01):56.
[65] 刘建平．种公羊和母羊的饲养管理技术[J]. 畜牧兽医科技信息,2021(10):124.
[66] 杨大隽,郑圣体．种公羊饲养管理要点[J]. 养殖与饲料,2022,21(02):29—30.
[67] 刘宁．种公羊饲养管理的要点[J]. 吉林畜牧兽医,2021,42(10):95.
[68] 中国养羊网．养羊故事:"苏北羊王"陈家振,创新就是动手做 [EB/OL]. (2017—05 — 15) [2022 — 03 — 15] . http://www. zgyangyang. com/news/xinwen/1554. html.

图书在版编目(CIP)数据

智慧羊生产学/任清长主编．--合肥：合肥工业大学出版社，2024.12
ISBN 978－7－5650－6479－1

Ⅰ.①智…　Ⅱ.①任…　Ⅲ.①羊-饲养管理　Ⅳ.①S826

中国国家版本馆 CIP 数据核字(2023)第 201761 号

智慧羊生产学

任清长　主编　　　　责任编辑　马成勋

出　版	合肥工业大学出版社	版　次	2024 年 12 月第 1 版
地　址	合肥市屯溪路 193 号	印　次	2024 年 12 月第 1 次印刷
邮　编	230009	开　本	787 毫米×1092 毫米　1/16
电　话	理工图书出版中心：0551－62903018	印　张	19.25
	营销与储运管理中心：0551－62903198	字　数	410 千字
网　址	press.hfut.edu.cn	印　刷	安徽联众印刷有限公司
E-mail	hfutpress@163.com	发　行	全国新华书店

ISBN 978－7－5650－6479－1　　　　定价：57.00 元